기초
자연과학

조봉래 지음

자유아카데미

머리말

자연과학(Natural Science)이란 자연에서 일어나는 현상을 관찰하고, 관찰한 내용을 실험 및 분석하여, 마침내 자연 현상의 원리를 규명하고 연구하고자 하는 학문 분야이다. 자연에는 물질, 에너지, 생명, 우주와 지구 등 다양한 요소가 포함되며 이들을 과학적 방법을 이용해서 체계적으로 이해하고 설명하려는 것이 자연과학이다. 오늘날 우리가 누리고 있는 풍요로운 물질문명의 혜택은 과학의 발전이 이룬 성과라고 할 수 있다. 이제는 과학이 주는 혜택을 떠나서는 하루도 살 수 없는 시대가 되었다. 이 책은 자연과학을 쉽게 이해함으로써 자연과학에 대한 이해 폭을 넓히고자 하였다.

이 책의 구성은 태초의 우주 생성 과정의 흐름을 따라 물리학(천문학)을 시작으로 화학, 생명과학 및 지구과학으로 이어진다. 오늘날에는 이 분야들의 경계가 무너지고 융합하여 그 구분이 없어지고 발전하고 있다. 특히, 화학에 좀 더 많은 내용을 할애하였는데, 이는 각 분야를 연결하는 중심과학의 역할을 화학이 하고 있기 때문이다. 또한 우리 주위에서 쉽게 관찰할 수 있는 자연 현상과 그와 관련된 자연과학 지식뿐만 아니라 생활에서 밀접하게 사용되는 과학 제품들에 대해서도 다루고 있다. 각 장에서는 주요 내용과 관련이 있는 예제를 통해 이해를 돕고자 하였고, 참조와 쉬어가기 요소를 넣어 흥미를 유발하고자 하였다.

이 한 권에 자연과학의 전반적인 내용을 모두 담는 것은 불가능하지만, 독자들이 이 책을 통해 자연과학에 대한 이해 폭을 넓히고 기초 지식을 다지는 데 소기의 목적을 달성할 수 있다면 큰 보람을 느낄 것이다. 한편으로는 이 책을 쉽고 간결하게 집필하려고 노력하다 보니 그 뜻을 제대로 전달하지 못할 우려도 있다. 이에 여러분의 많은 편달을 기대하며, 출간 후 수정사항이 있으면, 자유아카데미 홈페이지(www.freeaca.com) 자료실에 제공할 예정이니 참고하기를 바란다.

끝으로 이 책의 출판을 맡아 협조하여 주신 자유아카데미 임직원 여러분에게 감사드린다.

2025년 12월

저자 씀

차례

I 자연과학

II 우주

III 물리 · 천문학

IV 화학

V 생명과학

VI 지구과학

자연과학 I

1장 자연과학

1장

자연과학

1.1 자연과학의 정의 | 1.2 과학적 방법 | 1.3 과학과 기술의 관계

1.1 자연과학의 정의

자연과학(Natural Science)이란 자연에서 일어나는 현상을 관찰하여 측정한 것을 실험과 분석을 통해 그 원리를 연구하는 학문 분야이다. 자연에는 물질, 에너지, 생명, 우주와 지구 등 다양한 요소가 포함되며 이들을 과학적 방법을 이용해서 체계적으로 이해하고 설명하려는 것이 곧 자연과학이다.

자연과학은 크게 5분야로 나눌 수 있다. 첫째는 물리학으로, 물질과 에너지 및 운동과 힘 등 자연의 기본 원리를 연구한다. 둘째는 화학으로, 물질의 구성, 성질과 변화 등을 탐구한다. 셋째는 생물학으로, 생물의 구조, 기능, 진화와 생태 등을 탐구한다. 넷째는 지구과학으로, 지구의 구조, 해양, 대기와 기후 등을 연구한다. 마지막 다섯째는 천문학으로, 우주와 별, 행성 및 은하 등의 천체를 탐구한다. 지금은 이 5분야의 경계가 무너지고 융합하여 그 구분이 없이 상호 연관되어 발전하고 있다.

자연과학은 자연 현상을 이해 설명하고 미래를 예측하거나 기술에 적용하여 인류의 삶의 질을 향상하고 또한 오랜 기간 지속하도록 하는 것을 그 목적으로 한다.

1.2 과학적 방법

우리는 새로운 곳으로 이사하면, 다음 날부터 집에서 직장 혹은 학교에 가는 방법에 대하여 생각하게 된다. 이때 지도를 펴 놓고 가장 빠른 길을 선택하기도 하고, 주위의 사람들로부터 정보를 얻기도 한다. 이렇게 얻은 정보를 토대로 며칠간은 가능한 길들을 시도해 보고 그 결과들을 비교한 후에 가장 빠른 길을 선택한다. 과학자들도 자연을 연구하기 위해서 비슷한 과정을 거친다. 먼저 관찰하고, 그 결과들을 자료화해서 모으고, 이것을 토대로 가정(가설)을 제기하고, 이 가설을 확인하기 위해 많은 다양한 실험을 한다. 과학자들이 행하는 이와 같은 과정을 과학적 방법(scientific method)이라고 한다. 이는 문제 해결이나 자연 현상을 체계적이고 논리적인 절차를 통해 접근하는 방법이며, 실험과 관찰을 통해 가설을 검증하고 이론을 확립해 가는 과정이다.

과학적 방법은 영국의 로저 베이컨과 프랜시스 베이컨에 의해서 제안되었고, 그림 1.1에서 나타낸 것처럼 여러 단계로 이루어진다. 첫째, 문제 정의(Observation) 단계에서는 문제를 명확하게 정의하거나 자연 현상을 관찰하고 이를 통해 연구의 초점을 정하고 질문을 설정한다. 예를 들면, 특정 질병의 원인을 알고 싶거나 물리적인 법칙을 이해하고자 할 때 문제가 정의된다. 둘째, 가설 설정(Hypothesis) 단계에서는 문제에 대한 예측 또는 설명을 세운다. 가설은 테스트할 수 있고 실험이나 관찰

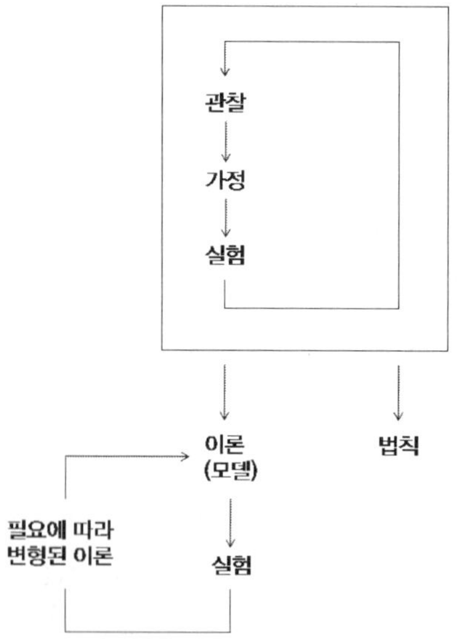

그림 1.1 과학적 방법의 주요 단계들

을 통해 확인할 수 있다. 예를 들면, "이 약물이 특정 질병을 치료할 것이다"와 같은 예측이 가능하다. 셋째, 실험 및 자료 수집(Experimentation and Data Collection) 단계에서는 가설을 검증하기 위해 실험을 설계하고 자료를 수집한다. 실험은 통제된 환경에서 진행되어야 하고 변수들을 관리하여 실험의 결과가 정확하고 신뢰할 수 있도록 한다. 넷째, 결과 분석(Analysis) 단계에서는 실험에서 얻은 자료를 분석하여 가설의 옳고 그름을 평가한다. 수학적이고 통계적 방법을 사용하여 결과를 정리하고 해석한다. 이 단계에서는 자료를 시각화하거나 통계적 방법을 통해 결과의 신뢰도를 높일 수 있다. 다섯째, 결론 도출(Conclusion) 단계에서는 실험 결과를 바탕으로 가설을 받아들이거나 반박한다. 만약 결과가 가설을 지지하면 그 가설이 이론으로 발전한다. 반대로 결과가 가설을 반박하면 새로운 가설을 설정하여 실험을 재설계하거나 폐기한다. 여섯째, 재검토 및 반복(Replication and Review) 단계에서 실험은 반복 가능하며, 다른 연구자들이 같은 연구 결과를 도출해야 한다. 이 과정을 통해 과학적 이론이나 결론이 확고해진다. 그리고 새로운 질문이 생기면 다시 문제를 정의하고 실험을 반복하여 지식을 확장한다.

과학적 방법의 특징은 다음과 같다. 첫째는 객관성으로, 개인적인 의견이나 감정을 배제하며 자료만을 기반으로 결론을 내린다. 둘째는 재현성으로, 같은 실험을 다른 연구자가 수행해도 같은 결과를 도출해야 한다. 셋째는 검증 가능성으로, 실험과 관찰을 통해 결과를 검증할 수 있어야 한다. 넷째는 결과의 일반화로, 실험 결과가 특정 조건에서만 적용되지 않고 널리 적용 가능한 이론으로 발전해야 한다.

과학적 방법은 자연과학뿐 아니라 사회 과학과 심리학 등 다양한 분야에도 적용할 수 있다.

1.3 과학과 기술의 관계

자연 현상을 이해하고자 하는 과학(science)과 그 이해를 바탕으로 도구나 시스템을 개발하여 인간의 일상생활에 응용하는 기술(technology)은 서로 밀접하게 연관된다. 간단히 말하면 새로운 과학적 발견은 새로운 기술 개발의 토대가 된다. 예를 들면, 전자기 이론과 같은 과학적 발견이 전기, 라디오 혹은 스마트폰의 개발로 발전하였고 유전자 구조를 이해함으로써 유전자 조작 기술과 백신 개발이 가능해지게 되었다.

역으로 기술이 과학의 심층 연구를 가능하게 하거나 과학을 더 발전시키도 한다. 예를 들면, 망원경과 현미경 등의 개발로 천문학과 생물학이 더 급속하게 발전하게 되었고 슈퍼컴퓨터의 개발로 복잡한 시뮬레이션이 가능해지게 되었다. 이처럼 과학과 기술은 한쪽이 일방적으로 영향을 주는 것이 아니라 상호작용하면서 현대 사회 발전에 공헌한다. 과학이 우주 탐사선 개발을 가능하게 하였고 탐사 결과가 우주 과학 이론을 발전시키는 데 공헌하였다. 또한 생물에 대한 과학적 이해가 진단과 치료법과 같은 기술 개발로 이어짐으로써 의학의 발달에 공헌하였다. 결론적으로 과학은 '왜(why)'에 대한 답을 찾는 것이고, 기술은 '어떻게(how)'에 대한 해결(solution)을 제공한다.

우주 II

2장 우주

2장

우주

2.1 우주의 생성과 팽창 | 2.2 은하(계) | 2.3 별 | 2.4 별의 진화와 원소의 생성

2.1 우주의 생성과 팽창

여러분들은 우주의 나이가 몇 살 정도일 것으로 생각하는가? 과학자들은 현재 우주의 나이는 약 138억 년 정도로 추정한다. 나이가 있다는 것은 시작, 즉 탄생이 있고 나아가 성장과 소멸도 존재한다는 것을 의미한다. 이 장에서는 먼저 우주가 어떻게 발생하고 성장해 왔는지 알아보고 지금의 우주 나이는 어떻게 알 수 있었는지에 대해 알아보자(우주가 어떻게 끝이 날지 그 종말에 대해서는, 계속해서 무한히 팽창하거나 약 700억 년 정도의 시간이 지난 후 우주의 팽창이 중단되고 다시 수축할 것이라는 등 여러 가지 가능성이 제시되고 있다).

러시아 출신의 미국 물리학자인 가모(George Gamow, 1904 ~ 1968)는 우주의 생성에 대하여 빅뱅(big bang) 모델을 제안하였다. 이 모델에 의하면 태초에 우주의 모든 물질과 에너지가 집중되어 있던 높은 온도와 높은 밀도의 상태가 모래 알갱이보다도 작은 공간인 특이점(singularity) 상태를 이루고 있다가 어느 순간 대폭발로 팽창한 것으로 생각한다. 미국 천문학자인 슬라이퍼(V. M. Slipher, 1875 ~ 1969)는 이렇게 대폭발로 생성된 우주가 지금도 여전히 팽창하고 있다는 사실을 발견하였다. 그는 1914년경부터 미국 애리조나주에 있는 로웰 천문대(Lowell observatory)에서 멀리 떨어져 있는 나선 성운(nebula, 별들 사이에 있는 가스와

티끌로 이루어진 구름)으로부터 나오는 별빛을 관찰하고 그것의 선 스펙트럼이 장파장 쪽으로 옮겨진다는 것, 즉 적색 이동(red shift)된다는 것을 발견하였다. 그가 관측한 성운은 우리 은하계 안에 있는 것으로 생각되었지만 1918년에 성운 안에 있는 세페이드 변광성을 이용해서 거리를 재어 본 결과 외부 은하계로 밝혀졌다. 그 후 허블에 의하여 외부 은하계에서 나오는 모든 별빛이 적색 이동된다는 것이 관측되었고 이것은 우주 팽창의 중요한 단서가 되었다.

참조

로웰 천문대

1894년에 미국의 천문학자인 로웰(Percival Lowell; 1855~1916)이 애리조나주에 있는 해발 2,210 m의 플래그스태프 산에 세운 천문대로 24인치 반사망원경이 설치되어 있다. 이곳에서 우주가 팽창하고 있다는 증거와 명왕성이 발견되었다.

빛을 분해하여 파장에 따라 늘어놓은 것을 스펙트럼이라고 한다. 태양광선을 프리즘에 통과시키면 빨간색, 주황색, 노란색, 초록색, 파란색, 남색, 보라색 등의 무지개를 얻을 수 있다. 이를 미루어 보면 태양 빛은 단 한 종류가 아닌 여러 가지 다른 전자기 복사선으로 구성되어 있다는 것을 알 수 있다. 무지개를 관찰하면 색깔들 사이의 경계가 명확하지 않은데, 이것을 연속 스펙트럼(continuous spectrum)이라고 한다. 이에 반해 특정 원소를 불꽃으로 가열하거나 전기방전을 시켜서 나오는 색을 분광기에 통과시키면 불연속적인 가느다란 몇 개의 선들을 관찰할 수 있는데 이를 선 스펙트럼(line spectrum)이라고 한다. 원자나 분자가 내놓는 선 스펙트럼은 원자나 분자의 종류에 따라 다르므로 사람을 식별할 때 지문을 사용하는 것처럼 원소를 확인하는 데 사용된다.

선 스펙트럼에는 방출 스펙트럼(emission spectrum)과 흡수 스펙트럼(absorption spectrum)의 두 가지가 있다. 원자 내의 전자는 에너지 준위라는 특정한 에너지 값을 가지는데, 방출 스펙트럼에서는 물질을 구성하는 원자 내의 전자가 높은 에너지 준위로 들뜬 후 가장 에너지 준위가 낮은 바닥 상태로 되돌아갈 때 허용된 전이의 에너지에 해당하는 진동수를 가진 빛이 어두운 배경에 밝은 선으로 나타나게 된다. 반면에 흡수 스펙트럼에서는 바닥 상태에 있는 전자가 들뜬 상태(여기 상태)로 되면서, 허용된 전이의 에너지에 해당하는 진동수를 가진 빛을 흡수하게 되므로 밝은 무지개 배경에 어두운 선으로 나타나게 된다. 흡수 스펙트럼을 분석하면 태양

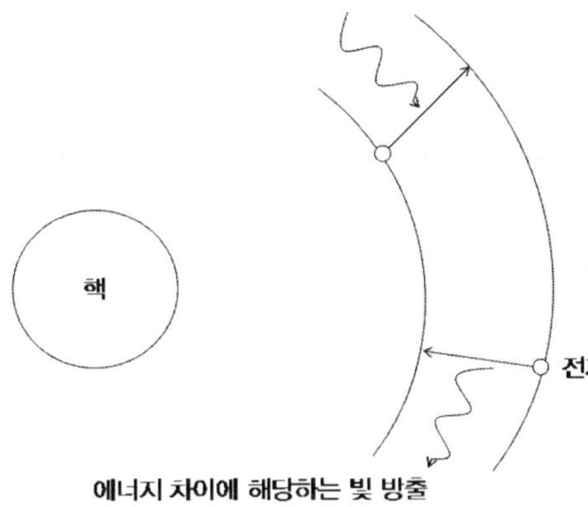

그림 2-1 방출 스펙트럼과 흡수 스펙트럼

주위의 기체가 어떤 것인지 그 성분을 알 수 있게 된다. 어떤 원소의 방출 스펙트럼과 흡수 스펙트럼에서 나타나는 선의 위치는 똑같다(그림 2-1).

참조

바닥 상태

양자 역학계에서 에너지가 가장 낮은 상태를 바닥 상태라고 하고 이보다 높은 에너지 상태를 들뜬 상태라고 한다. 바닥 상태에 있는 물질은 가장 안정한 상태이다. 선 스펙트럼에서 원자핵 주위의 전자들은 다른 많은 에너지 상태를 가질 수 있고 그중에서 에너지가 가장 낮은 상태가 바닥 상태이다. 덴마크 출신의 물리학자인 보어(Niels Bohr; 1885~1962)는 들뜬 상태에 있는 전자가 에너지를 방출하여 바닥 상태로 가는 것을 관찰하고 새로운 원자 모형을 제시하였다.

방출 스펙트럼

시료를 증발시켜서 원자로 만든 다음 전기방전, 연소 불꽃, 레이저 광선 혹은 플라스마를 쏘여 원자를 높은 에너지 상태로 만들면, 낮은 에너지 상태로 되돌아가면서 나오는 스펙트럼이 방출 스펙트럼이다. 이때 관측되는 선의 위치는 원자의 종류에 따라 고유한 값을 가지며 시료에 들어 있는 원자의 개수에 따라 선의 세기가 결정된다. 그러므로 시료에 들어 있는 원소의 종류(정성 분석)와 원소의 양(정량 분석)을 알고자 할 때 원자의 방출 스펙트럼을 사용한다. 빛으로 분자를 들뜨게 하면 분자의 방출 스펙트럼을 얻을 수 있는데 이때 나오는 빛에는 쏘인 빛이 존재할 때만 나오는 형광과 쏘인 빛을 제거한 후에도 나오는 인광이 있다.

▶ 1814년에 독일의 프라운호퍼(Joseph von Fraunhofer; 1787~1815)는 회절발을 사용하여 빛의 파장을 측정하였고, 자신이 직접 제작한 분광기를 이용하여 태양 빛에 존재하는 500개 이상의 어두운 선들의 흡수 스펙트럼을 발견하였다. 1822년에 영국의 천문학자 허셀(Frederick William Herschel; 1738~1822)은 물질을 불꽃 반응시키면 선 스펙트럼이 나오는 것을 관찰하였다. 그리고 19세기 중반에 높은 온도의 불꽃을 얻을 수 있는 분젠 버너를 발명한 독일의 화학자 분젠(Robert Wilhelm Busen; 1811~1899)과 물리학자 키르히호프(Gustav Robert Kirchhoff; 1824~1887)는 스펙트럼을 세밀하게 관찰할 수 있는 분광기를 처음으로 고안하여 금속염을 불꽃과 반응시키면 원소 고유의 특이한 색깔의 파장이 나타나는 것을 관찰하고, 이 사실을 이용하여 새로운 화학 원소를 발견하였다.

전자기 복사선 가운데 우리 눈으로 확인할 수 있는 가시광선 영역은 일부분에 불과하며, 이 영역 내에는 빨간색, 주황색, 노란색, 초록색, 파란색, 남색, 보라색 등의 색깔이 존재한다. 이 가시광선 영역에서 빨간색 쪽으로 갈수록 빛의 파장이 길어지고 반대로 보라색 쪽으로 갈수록 빛의 파장은 짧아진다. 반면에 진동수와 에너지는 파장과 반대이다. 즉, 빨간색 쪽으로 갈수록 빛의 진동수와 에너지 값은 작아지고 보라색 쪽으로 갈수록 빛의 진동수와 에너지값은 커진다(그림 2-2).

$$E = h\nu = hc/\lambda$$

여기서 h는 플랑크 상수이고 그 값은 6.626×10^{-34} J·s이며, ν와 λ는 각각 복사선의 진동수와 파장이고 c는 광속도(진공에서 약 3.00×10^{8} m/s)이다.

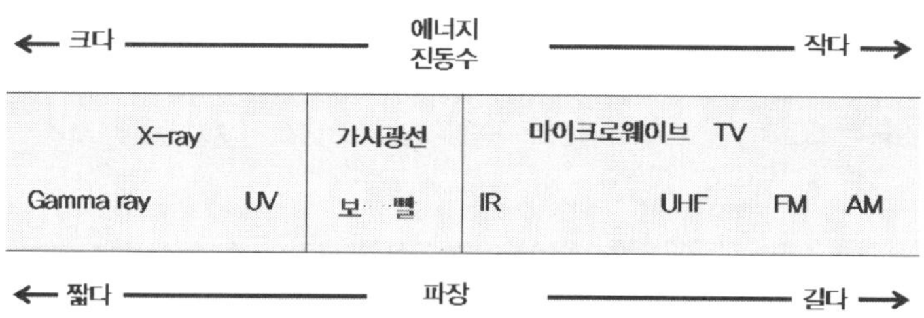

그림 2-2 전자기 복사선의 스펙트럼

쉬어가기

광속도는 얼마나 빠른 것인가?

빛은 1초에 얼마나 빠르게 진행할 수 있을까? 지구 반지름은 약 6,400 km로, 원의 둘레를 구하는 식인 $2\pi r$에 넣으면 지구 둘레는 약 40,000 km가 된다. 따라서 빛은 1초에 지구를 약 7바퀴 반이나 돌 수 있다.

경적을 울리는 자동차나 기차가 관찰자에게 접근하면 관찰자는 고음을 느낄 수 있고 반면에 관찰자에게서 멀어지면 음이 낮아진 것처럼 들린다. 파원이나 관측자가 움직여서 관측된 파동의 진동수가 변하는 현상을 도플러 효과(Doppler effect)라고 한다. 예를 들면 경적을 울리면서 자동차가 접근하면 음파의 간격이 좁아져서 정지해 있는 관측자는 높은 소리를 듣게 되고 반면에 자동차가 멀어지면 음파의 간격이 길어져서 낮은 소리를 듣게 된다. 여기서 높은 소리는 높은 진동수를 가진다는 것을 의미한다.

도플러 효과는 소리뿐만 아니라 빛에도 적용될 수 있다. 아인슈타인(Albert Einstein; 1879~1955)의 특수 상대성 이론에 의하면 물체의 상대적 운동에 무관하게 광속은 일정하다. 그러므로 빛을 내는 물체가 관찰자에게서 멀어지면 파장이 길어져야 같은 속도로 도달할 수 있고 반대로 관찰자에게 가까워지면 파장이 짧아져야 같은 속도로 관찰자에게 도달할 수 있다(그림 2-3). 따라서 별빛이 적색 이동된다는 것은 빨간색의 긴 파장으로 길어진다는 것을 나타내고 이는 별이 지구로부터 멀어진다는 것을 의미한다. 반면에 지구 쪽으로 접근하는 별에서 나오는 별빛은

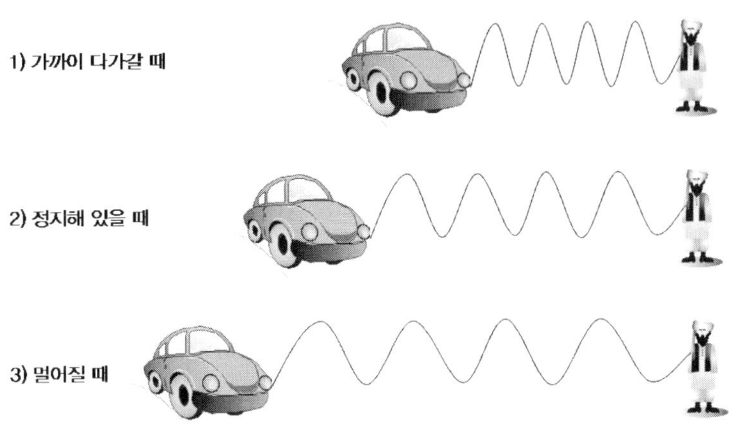

그림 2-3 도플러 효과

푸른색 쪽으로 편향되어 나타나므로 이를 청색 이동(blue shift)이라 한다.

인물보기 도플러

도플러(Christian Johann Doppler; 1803~1853)는 오스트리아의 잘츠부르크에서 탄생하였으며 잘츠부르크 대학교와 빈 공과대학에서 공부하였다. 1841년에 프라하 국립 공과대학 수학 교수가 되었으며 그 후 1850년에 빈 공과대학에서 물리학 교수로 재직하면서 물리학 연구소 소장직도 역임하였다. 1842년에 파원과 관측자의 상대적인 운동으로 인하여 소리의 높낮이가 다르게 관측되는 현상인 도플러 효과를 발견하였다. 그는 이 효과를 별과 지구 사이의 상대적 운동에도 적용하였다. 즉 별에서 나오는 빛의 색깔도 별과 지구 사이의 상대적인 운동의 결과로 다르게 관측된다.

미국의 천문학자인 허블은 캘리포니아주 남서쪽의 해발 1,740 m에 위치한 윌슨산 천문대(Mount Wilson Observatory)에 있는 254 cm 반사망원경을 사용하여 멀리 떨어져 있는 은하계의 모든 별의 선 스펙트럼이 적색 이동을 나타낸다는 것을 관찰하였다. 즉, 먼 은하가 지구로부터 멀어지고 있다는 것을 발견하였다. 그는 멀어져 가는 속도, 즉 적색 이동의 정도가 그 은하계까지의 거리에 정비례한다는 허블 법칙(Hubble's law)을 1929년에 발표하였다. 이 법칙에 의하면 멀리 떨어져 있는 은하계일수록 더 빨리 멀어져 간다. 다시 말해서 은하들은 서로 멀리 떨어져 있으며 은하의 후퇴 속도는 은하 사이의 거리에 비례한다. 즉 우주는 팽창하고 있으며 그 속도는 그 은하계까지의 거리에 정비례한다는 것이다(그림 2-4). 허블 법칙

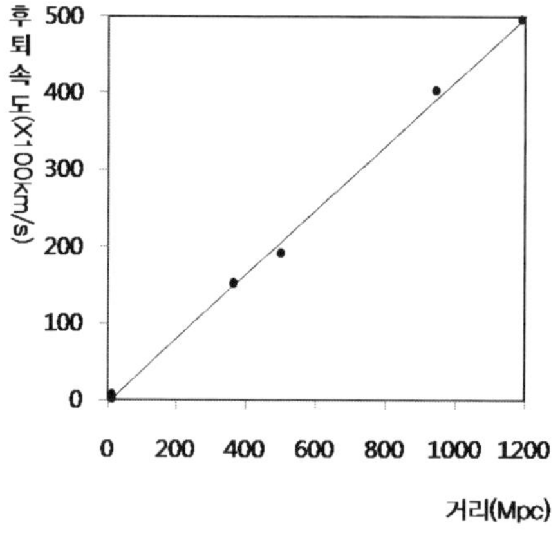

그림 2-4 은하계까지의 거리와 후퇴 속도 사이의 관계

은 다음 식으로 나타낼 수 있다.

$$v = H \times r$$

이 식에서 v는 우주의 팽창 속도(또는 은하의 후퇴 속도), r은 은하계까지의 거리이고 비례 상수 H는 허블 상수라고 한다. 허블 상수는 아직 논란이 되지만 67~74 km/s/Mpc 범위 내에서 논의되고 있으며 최근의 관측에 의한 허블 상수는 67.4 km/s/Mpc라는 값이 많이 사용되며 [어떤 항성을 지구에서 본 방향과 태양에서 본 방향 사이의 차를 연주시차라고 하고 연주시차 1초(″)까지의 거리를 파섹(pc; parsec)이라고 한다. 1 pc은 206,265 AU(천문단위) = 3.26광년], 이것은 지구로부터 326만 광년 떨어진 별이 매초 67.4 km의 속도로 멀어진다는 것을 의미한다. 거리 r만큼 떨어진 두 은하가 상대 속도 v로 서로 가까워지면 두 은하가 만나는 데 걸린 시간, 즉 빅뱅이 일어난 시간은 $t = r/v$이다.

$$t = r/v = 1/H = 138\text{억 년}$$

허블 상수의 역수를 취하면 우주의 나이를 계산할 수 있다. 즉 매초 67.4 km의 속도로 326만 광년의 거리를 움직이는 데 138억 년이 걸리므로 우주의 나이는 약 138억 년 정도로 추정한다.

참조

연주시차

태양에서 관측한 별의 방향과 지구에서 관측한 별의 방향의 차이를 말한다. 지구 공전 궤도 상에서 6개월 간격으로 측정한 시차(각도의 차이)의 절반(1/2)에 해당하는 값(x)을 연주시차라고 한다. 지구에서 가까운 별까지의 거리를 구하고자 할 때 연주시차가 사용된다. 연주시차의 단위는 초(″)로 나타낸 별까지의 거리는 1/연주시차(″)로 나타낼 수 있고 파섹(pc)이라는 단위를 사용한다. 즉 연주시차가 1초인 별까지의 거리는 1 pc이다. 이런 식으로 지구에서 가장 가까운 별인 센타우루스자리의 가장 밝은 별인 알파 별 세 개 가운데 가장 어두운 프록시마의 연주시차는 0.76″이고 그 거리는 약 1.3 pc이다. 연주시차가 1초인 별까지의 거리인 1 pc은 3.26광년(LY)에 해당하고 약 3.09×1013 km와 같다. 1도(°)는 60분(′)이고 1분(′)은 60초(″)이므로 1초(″)는 1/3600도(°)이다.

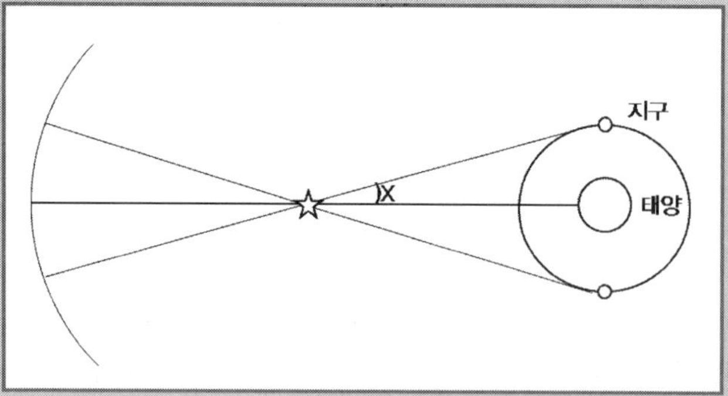

허블 우주 망원경

미국의 천문학자인 허블의 이름을 따서 지은 허블 우주 망원경(Hubble Space Telescope)은 1990년 4월 25일에 미국항공우주국(NASA)에 의해서 우주 왕복선 디스커버리호에 탑재되어 발사되었다. 빛을 모으는 주 반사경의 직경이 2.4 m인 광학 반사망원경이고 우주에서 오는 별빛을 굴절시켜서 상을 흐리게 만드는 대기의 영향을 받지 않도록 지표면으로부터 고도 600 km 정도의 우주에 설치되어 우주 관측 능력이 지상에 있는 망원경들보다 훨씬 뛰어나다. 이 망원경은 우주의 크기와 나이에 대한 정보를 얻고, 은하의 중심에 있는 거대한 블랙홀(black hole)의 존재와 지구 대기 밖의 자외선을 연구하는 데 이용된다. 90분 주기로 지구를 돌고 있는 이 망원경의 총길이는 13.1 m이고 중량은 12 ton이며 그 수명은 약 15년 정도이다. 미국 메릴랜드의 고더드 우주비행센터에서 내보내는 전파에 의해 조정되고 있다.

인물보기 허블

미국의 천문학자인 허블은 미국 미주리주의 마시필드에서 태어나서 1910년에 시카고 대학교 법학과를 졸업한 후 옥스퍼드 대학교에 진학하였다. 처음에는 변호사로 일하였으나 천문학에 흥미를 느껴 1917년에 시카고 대학교에서 박사 학위를 받았다. 이후 제일 차 세계 대전 후인 1919년에 캘리포니아주의 윌슨산 천문대의 연구원이 되어 천문학자로서의 경력을 쌓기 시작하였다. 그는 지름이 100인치(254 cm)인 망원경으로 안드로메다 성운 속에 있는 세페이드 변광성을 여러 개 발견하고 그 거리가 당시의 생각보다 훨씬 먼 것을 확인하였다. 수많은 별로 이루어진 은하를 그 모양에 따라 분류하는 등 은하에 관한 그의 연구는 우주의 크기, 구조 및 진화를 이해하는 데 크게 공헌하였다. 1929년 은하들의 스펙트럼선이 나타내는 적색 이동 정도가 그 은하까지의 거리에 비례한다는 '허블 법칙'을 발표하여 우주 팽창설에 대한 기초를 제공하였다.

허블 법칙에 의하면 아주 오랜 시간을 거슬러 올라간 옛날에는 은하들 사이의 거리가 지금보다는 훨씬 더 가까울 것이고 우주 탄생 초기에는 아주 작은 공간에 모여 있었을 것으로 생각된다(우주가 계속 팽창한다면 우주의 평균 온도가 지금보다 훨씬 낮아질 것으로 추정된다). 따라서 러시아 출신의 미국 물리학자인 가모는 1948년에 '화학 원소의 기원(The Origin of Chemical Elements)'이라는 제목의 논문에서 우주 생성에 대한 빅뱅 모델(big bang model)을 주장하였다. 이 모델에 의하면 우주의 모든 질량과 에너지가 모래 알갱이보다도 작은 공간에 모여 높은 밀도의 에너지 상태를 이루다가 어느 순간 갑자기 폭발하여 팽창하였다는 것이다. 그리고 그는 태초의 높은 에너지 상태의 우주가 팽창하여 식었으면, 그 에너지 잔재가 절대 온도 3 K 정도의 마이크로파로 우주의 곳곳에 존재할 것이기 때문에 검출할 수 있을 것으로 생각하였다.

실제로 미국 뉴저지주의 벨 전화회사 연구소의 펜지어스(Arno Pansias, 1933 ~)와 윌슨(Robert W. Wilson, 1936 ~)에 의해서 가모의 예측을 지지하는 중요한 발견이 이루어졌다. 1965년에 그들은 마이크로파 안테나를 이용하여 절대 온도 3 K 정도의 마이크로파가 우주에서 지구로 모든 방향에서 끊임없이 들어오고 있다는 것을 확인하였다(뜨거운 물체에서 내는 빛의 파장은 짧고 차가운 물체에서 나오는 빛의 파장은 길다. 이처럼 물체 온도와 거기서 나오는 빛의 파장 사이의 관계로부터 절대 온도 3 K 정도에서 나오는 빛의 파장은 7.2 cm에 해당하는 마이크로파 영역에 속한다). 이것은 후에 우주 배경 복사(cosmic microwave background, CMB)로 불리게 되었다. 그리고 빅뱅 당시 생긴 원소로는 헬륨을 비롯한 가벼운 원소뿐이라는 것이 이론적으로 제시되었고 이론적으로 예측된 헬륨 원소의 양이 실제로 관측된 양과 일치한다는 것이 밝혀졌다. 따라서 우주 생성에 대한 가모의 가설은 더 이상 이론적 추측이 아니고 일반 상대성 이론과 원자핵 물리학을 기초로 하여 얻어진 결과이다.

이 결과로 우주의 생성에 대한 또 다른 이론인, 1948년에 영국의 천문학자인 토마스 골드(Thomas Gold, 1920 ~ 2004)와 수학자인 헤르만 본디(Hermann Bondi, 1919 ~ 2005) 및 호일(Fred Hoyle, 1915 ~ 2001)이 제창한 정상 우주론(steady state cosmology)[1]이 쇠퇴하고 빅뱅 모델이 더욱 확고하게 자리 잡게 되었다(정상 우주론에 의하면 우주는 팽창하고 있으며 우주 공간에 퍼져 있는 물질의 평균 밀도가 일정하게 유지되기 위해서는 계속해서 새로운 물질이 만들어져서 새로

---

1) 우주는 언제나 지금처럼 시간적으로 영구불변이며 공간적으로 무한히 퍼져 있어서 물질의 밀도는 일정하며 과거의 우주가 현재처럼 같은 상태를 계속 유지하고 있다는 가설

운 은하를 형성한다. 그러나 이 우주론은 새로운 물질이 어디에서 생겨나는지를 설명하지 못한다).

빅뱅 모델에 의하면 우주는 현재도 계속해서 팽창하고 있으며 팽창 속도는 시간이 지날수록 더 빨라질 것으로 생각한다. 이 팽창의 미래에 대한 예측으로 여러 가지가 있으나, 그 가운데 빅 크런치(Big Crunch), 빅 립(Big Rip)과 빅 프리즈(Big Freeze) 등과 같은 시나리오들이 제시되고 있으며, 현재는 빅 프리즈 이론이 가장 널리 받아들여진다. 이 이론에 의하면 우주는 계속 팽창하며 점점 차가워지고 결국 별이 죽고 우주가 텅 비게 될 것이다.

빅뱅 모델을 지지하는 주요한 증거 세 가지로, 첫째, 우주 배경 복사(CMB): 우주 초기 상태에서 나온 빛이 냉각되면서 마이크로파 형태로 존재하는 우주 배경 복사는 빅뱅 모델을 지지하는 증거이다. 둘째, 허블의 법칙과 우주 팽창: 먼 은하들이 지구에서 멀어지고 있다는 허블의 발견은 우주가 팽창하고 있다는 것을 보여주고 이 팽창은 빅뱅 모델과 일치한다. 셋째, 원소의 분포: 빅뱅 모델은 우주 초기의 조건에서 발생한 원소들의 비율(수소와 헬륨 사이의 3:1)과 실제 관측되는 원소의 분포가 일치한다는 점이다.

결론적으로 빅뱅 모델은 현대 우주론의 중심적인 이론으로 우주의 기원과 진화를 설명하는 데 중요한 역할을 한다. 우주 배경 복사, 우주의 팽창과 원소의 분포 등 다양한 관측 결과들이 이 이론을 뒷받침하며 이 모델을 통해 우주의 기원과 구조를 이해하게 된다.

참조 **마이크로파**

파장의 범위가 1 mm～30 cm인 전파의 한 종류로서 비나 연기 및 안개 등을 통과할 수 있다. 그리고 전리층도 통과하기 때문에 이 파는 위성 통신, 우주 교신과 항해 등에 사용된다. 또한 방송국이나 팩스로 그림이나 인쇄물들을 송신하거나 음식물을 데우는 전자레인지에도 이 파를 이용한다.

인물보기 **가모**

가모는 러시아 출신의 미국 물리학자로, 고등학교 국어 교사인 아버지와 여학교 지리와 역사 교사인 어머니 사이에서 태어났다. 그는 레닌그라드 대학을 졸업하고 런던을 거쳐 미국으로 건너가 1934년에 미국의 조지워싱턴 대학교의 교수가 되었다. 1948년 가모는 그의 제자인 알퍼(Ralph Asher Alpher)와 함께 자연에 존재하는 많은 원자핵은 우주가 팽창하고 냉각되면서 단계적으로 생성되었다는 논문을 발표하였다. 이 논문에서 그는 독일 출신의 미국 물리학자인 베테(Hans Albrecht Bethe; 1906~2005)를 공동 연구자로 넣었고 이 이론은 저자들의 이름 머리글자를 따서 알파－베타－감마 이론으로 알려지게 되었다(가모 자신의 이름이 감마와 유사). 우주 생성에 대한 그의 대폭발 이론은 미국 벨 연구소의 펜지어스와 윌슨에 의한 1965년의 관찰로 현대 우주론의 정설로 받아들여지게 되었다. 이 업적으로 1978년에 펜지어스와 윌슨은 노벨 물리학상을 받았다. 아쉽게도 가모는 대폭발 이론이 받아들여진 직후인 1968년 8월 20일에 세상을 떠나 수상하지 못하였다.

인물보기 **호일**

영국의 천문학자이자 우주론자로, 1915년 6월 24일에 영국의 웨스트요크셔 빙글리에서 출생하였다. 그는 우주 탄생에 대한 정상 우주론인 연속 창조설을 옹호하였고 빅뱅에 의한 우주 폭발 이론을 반대하였다. 그리고 화학 원소에 관한 별의 기원에 관한 연구도 하였다. 호일은 케임브리지 대학교를 졸업하고 이 대학의 천문학과 교수로 1958년에서 1972년까지 재직하였다. 1953년과 1954년에는 미국 캘리포니아 대학에서, 그리고 1972년에서 1978년에는 코넬 대학에서 근무하였다. 1957년에서 1962년에는 팔로마 천문대에서 미국의 천문학자 윌슨과 함께 일하였다. 1986년에 『호일의 작은 세상』이라는 자서전을 출간하였다. 2001년 8월 20일에 영국의 남서안 본머스 자택에서 사망하였다.

참조 **광년**

지구에서 별까지의 거리나 별들 사이의 거리를 나타내는 데 사용되는 단위로서 빛이 1년 동안 진행하는 거리인 1광년은 대략 9,460,000,000,000 km에 해당한다(빛의 속도는 300,000 km/s이다). 이 거리를 800 km/h의 속도로 날아가는 비행기로 가려면 134만 년 정도 걸린다.

2.2 은하(계)

중력에 의한 가스, 먼지, 암흑 물질과 별들로 형성된 거대한 구조를 은하 또는 은하계(galaxy)라고 한다. 은하는 우주에 널리 퍼져 있으며 그 크기는 지름이 수천 광년에서 50만 광년에 이를 정도로 다양하다. 우주에는 수십억 개의 은하가 있을 것으로 추정한다. 은하 사이의 거리는 광년 단위로 측정하고 우리의 은하와 가장 가까운 안드로메다은하까지 거리는 약 250만 광년이다. 우리가 사는 태양계를 포함한 우리 은하계의 모습은 가운데 부분의 두께가 약 1,000광년 정도인 중간이 두꺼운 접시 모양이고, 지름은 약 10만 광년이다. 우리 태양계는 은하 중심으로부터 약 2.5만 광년 떨어진 곳에 있으며 우리 은하계 내에는 수천억 개 정도의 별들이 존재한다. 이 별들은 은하보다 규모가 작은 성운이나 성단이라는 집단에 포함된다. 이들 중에서 서로의 주위를 공전하는 한 쌍의 별을 이중성 또는 쌍성이라고 하는데, 절반 이상의 별들이 쌍성 계열에 속한다. 우리의 은하에 있는 별들은 은하 중심 주위를 도는 데 태양은 19 km/s의 속도로 움직이며 한 바퀴 도는 데 약 2억 5천만 년 정도 걸린다. 이 별들 사이에는 서로 인력이 작용하고 있으며 은하계의 중심을 기준으로 회전 운동을 하고 있다. 우리 은하계를 구성하는 별들은 크게 두 세대로 구분된다. 젊은 세대인 I 족의 별들은 밝은 별들로, 나선 팔에 많이 분포하고 주로 무거운 원소들로 구성되어 있다. 태양이 이에 속하는 젊은 별이다. 초기 우주의 가스들로부터 생성된 II 족의 별들은 늙은 별들로서 은하계의 중심에 위치하고 주로 수소와 헬륨과 같은 가벼운 원소들로 이루어져 있다. 우리의 은하의 중심에는 지름이 약 5광년인 은하의 핵이 존재할 것으로 생각하며 이 핵의 질량은 태양의 것보다 훨씬 클 것으로 추측된다.

우주에는 우리 은하계와 비슷한 다른 은하계들이 수없이 많이 존재하며 은하는 그 형태와 특성에 따라 몇 가지로 나눌 수 있다. 첫째, 타원형 은하(elliptical galaxy)는 나선 팔이 없고 거의 원 모양에서 타원 모양까지 다양한 형태를 가지고 별이 균일하게 분포되어 있다. 별이 새로 만들어지지 않는 늙은 은하가 여기에 속한다. 둘째, 나선형 은하(spiral galaxy)는 우리의 은하와 같이 중앙은 불룩한 원판 모양을 하며 은하의 중심으로부터 뻗어 나온, 빠르게 회전하는 나선 팔을 가진다. 이 팔에는 가스, 먼지와 별 등이 많이 존재한다. 여기에는 우리의 은하뿐만 아니라 북반구에 사는 사람들이 관측할 수 있는 우리 은하로부터 약 250만 광년 떨어진 안드로메다 은하(M31)가 포함된다. 그리고 셋째, 불규칙 은하(irregular galaxy)는 일정한 모양을 갖지 않는 부정형의 은하로서 관측된 은하의 10% 정도가 여기에 포함되고 새로운 별들이 활발하게 만들어진다. 마젤란 구름이 여기에 해당한다. 넷째, 렌즈형 은하(lens-shaped galaxy)는 타원 은하와 나선 은하 사이의 중간 형태의 은하이다.

우주를 구성하는 많은 은하계는 우주 공간에 고루 분포하는 것이 아니라 여러 곳에 모여서 집중적으로 분포한다. 은하계가 수백에서 수천 개 모여서 형성된 밝은 은하의 집단을 은하단(cluster of galaxies)이라고 하고 은하단들이 모여 더 큰 규모의 은하 집단인 초은하단(supercluster of galaxies, 1953년에 드보쿨뢰르가 초은하단의 존재를 제시하였다)을 만든다. 그리고 초은하단들이 모여서 우주를 형성한다. 우주의 물질 평균 밀도가 1.5×10^{-28} g/cm^3 정도인 것으로 보아서 우주는 거의 진공에 가깝다(지구 대기의 밀도는 약 1.3×10^{-3} g/cm^3 정도이다).

은하단보다 규모가 작은 10~50개 정도의 밝은 은하들의 집단을 은하군(group of galaxies)이라고 하고, 은하계보다 규모가 작은 별들의 집단을 성단(star cluster)이라고 한다. 성단을 구성하는 별들은 중력으로 천구의 한 곳에 모여서 집단을 이룬다. 별들이 모여 있는 모양에 따라 성단은 구(공) 모양을 하는 구상 성단과 불규칙한 모양을 하는 산개 성단으로 나뉜다. 구상 성단에는 수만에서 수백만 개 정도의 별들이 강한 중력으로 공 모양으로 밀집해서 모여 있으며 중심으로 갈수록 밀도가 증가한다. 중심부의 밀도는 산개 성단보다 10배 이상이다. 우리의 은하에서 구상 성단에 속하는 별들은 비교적 오래된 것들이며 무거운 원소의 비율이 낮다. 불규칙한 모양의 성단(산개 성단 또는 은하 성단이라고 한다.)은 수십에서 수백 개의 별로 구성된다. 지금까지 알려진 산개 성단의 개수는 1,000여 개 정도이고 이들은 주로 은하면에 위치한다. 이 성단의 별들은 우리의 은하에서 비교적 젊은 별들이고 무거운 원소들의 비율이 높다. 성단에 있는 별들은 거의 같은 시기에 만들어졌으므로 이 별들의 나이는 비슷하다. 수소 연소를 하는 청색 거성을 가지는 성단은 젊고 반면에 적색 거성을 많이 함유한 성단은 오래된 것이다. 은하는 시간에 따라 진화를 계속하며, 중력에 의해 상호작용하거나 충돌·병합하기도 한다. 이 과정에서 은하의 형태가 바뀌거나 새로운 별이 만들어지거나 기존의 별이 없어지기도 한다.

참조

안드로메다 은하

북반구의 안드로메다자리의 가운데 위치한 은하로서 수천 개의 별과 가스로 구성되어 있으며 우리의 은하와 구조가 비슷한 나선형 은하이다. 맨눈으로 보면 5등급으로 희미하게 보이며 지구로부터 250만 광년 정도 떨어져 위치하고 은하의 지름은 10만 광년 정도이다. 은하의 가운데는 밝지만, 주변으로 갈수록 급격하게 어두워진다.

2.3 별

맑은 날 밤하늘을 쳐다보면 무수히 많은 거대한 가스 덩어리인 별이 아름답게 빛나는 것을 관찰할 수 있다. 별은 지구로부터 너무 멀리 떨어져 있어서 마치 작은 점으로 보인다. 지구에서 1억 5천만 km 정도 떨어진 비교적 가까이에 있는 별인 태양은 지구 지름의 약 109배인 139만 2천 km 정도의 큰 별이지만 우주에서는 중간 정도 크기의 별에 해당한다. 별들은 그 크기에 따라 초거성, 거성, 중간 크기의 별, 백색 왜성 그리고 중성자별로 나누어진다. 초거성에는 태양 지름의 330배 정도인 안타레스와 375~595배까지 다양하게 크기가 변하는 베텔지우스 등이 있다. 알려진 가장 큰 별은 태양 지름의 약 1,000배 정도인 16억 km의 지름을 가진다. 거성은 태양 지름의 10~100배 정도의 크기를 가지고 태양 지름의 36배 정도인 알데바란이 여기에 포함된다. 중간 크기의 별인 주계열성이나 왜성은 태양 지름의 1/10~10배 정도 되며 여기에는 견우성, 시리우스, 직녀성 등이 포함된다. 가장 작은 별은 지름이 20 km 정도의 중성자별이다. 태양을 제외한 지구에서 가장 가까운 별은 지구에서 4.3광년, 즉 40조 km 정도 떨어진 센타우리 자리의 프록시마 별이고 가장 멀리 떨어진 별은 수십억 광년 떨어진 은하의 별일 것으로 추정된다.

별 표면의 온도에 따라 별의 색깔은 다르게 나타난다. 별의 표면 온도가 2,800℃ 정도의 베텔지우스는 붉은색을 띠고 표면 온도가 약 2만 8,000℃인 리겔은 푸른색을 나타낸다. 표면 온도가 5,500℃ 정도인 태양은 노랗게 보인다.

별을 연구하기 위해 별빛의 세 가지 특성인 밝기, 색깔, 스펙트럼 등이 사용된다. 밝기를 통해 별의 질량을 알 수 있고 색깔로는 별의 표면 온도를 알 수 있다.

그리고 스펙트럼은 별 온도와 화학 조성에 대한 정보를 준다. 별의 밝기는 숫자를 이용한 등급으로 나타내는데, 등급이 낮을수록 밝은 별이다. 1등급 별은 2등급 별보다 밝다. 겉보기 등급은 지구에서 보이는 별의 밝기를 나타내는 것으로 별의 실제 밝기를 나타내지 못한다. 왜냐하면 아주 밝은 별도 지구로부터 멀리 떨어져 있으면 어둡게 보이기 때문이다. 따라서 별의 실제 밝기를 비교하기 위해서는 별들을 같은 거리에 놓고 비교해야 한다. 별들을 지구로부터 32.6광년 떨어져 있다고 가정하였을 때의 별의 밝기를 절대 등급이라고 한다. 붉은색을 띠는 별일수록 별의 표면 온도는 낮고 푸른색의 별일수록 별의 표면 온도는 높다. 별의 스펙트럼은 빛을 분산시키는 분광기를 이용하여 측정한다. 모든 원소는 특유의 색깔 빛을 방출하므로 별의 스펙트럼을 분석하면 별의 화학 조성과 온도에 대한 정보를 얻을 수 있다. 별의 스펙트럼형은 O, B, A, F, G, K, M으로 분류되고 이것은 별 온도와 관련이 있다. 예를 들면 스펙트럼 O형의 푸른색 별의 온도는 약 2만°C이다. 세로축은 절대 등급을, 가로축은 스펙트럼형과 온도를 나타내는 H-R(Hertzsprung-Russell diagram)도는 별의 색깔, 밝기, 온도와 스펙트럼형 사이의 관계를 나타낸다. 이 도표에 의하면 태양은 절대 등급이 5등급이고 스펙트럼형이 G이다.

참조

H-R도

1910년에 덴마크의 천문학자인 헤르츠스프룽(Ejnar Hertzsprung; 1873~1967)과 미국의 천문학자인 러셀(Henry Norris Russel; 1877~1957)은 별의 스펙트럼형(표면 온도)과 절대 등급(밝기)(실제 관측된 별의 밝기를 10 pc의 거리에 놓았다고 가정한 밝기로 보정한 값) 사이의 관계를 나타내는 도표인 헤르츠스프룽 - 러셀 도(H-R도)를 완성하여 발표하였다. 이 도표는 별을 분류하거나 별의 내부 구조, 물리적 상태와 진화에 관한 연구에 많은 영향을 끼쳤다. 이 도표의 세로축은 절대 등급을, 가로축은 스펙트럼형과 온도를 나타낸다. 이 도표에서 왼쪽 상단에 있는 별일수록 고온의 밝은 별이고 오른쪽 하단에 있는 별들은 저온의 어두운 별에 해당한다. 대부분 별은 왼쪽 상단에서 오른쪽 하단의 대각선에 위치하는데 이 별들을 주계열성이라고 한다. 오른쪽 상단에 있는 적색 거성이나 초거성은 크기가 매우 크고 광도가 높다. 반면에 왼쪽 하단에 있는 백색 왜성은 크기가 매우 작고 광도도 매우 낮다.

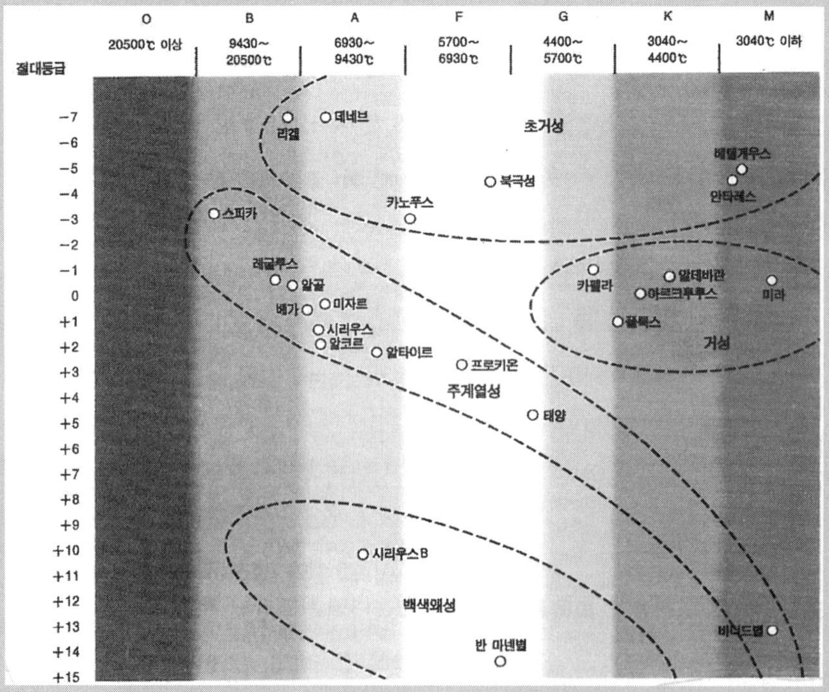

헤르츠스프룽 – 러셀 도(H – R도)

주계열성

H–R도의 왼쪽 위에서 오른쪽 아래로 비스듬하게 대각선에 있는 별로서 이 계열의 별은 일생의 90%를 주계열성으로 보낸다. 주계열성은 태양처럼 수소로부터 헬륨을 핵융합 반응시켜서 에너지를 얻는 항성(오랜 기간 겉보기 위치가 변하지 않는 별)이다. 분광형을 먼저 표시하여 주계열성을 자세하게 분류하기도 한다. 예를 들면 태양은 G형 주계열성이고 베가는 A형 주계열성이다.

인물보기 헤르츠스프룽

덴마크의 천문학자로 1911년에 별의 절대 등급과 색의 관계 그래프인 H–R도를 발표하여 별의 진화와 분류 연구에 크게 공헌하였다. 처음에 화학을 전공하였다가 후에 천문학으로 전공을 바꾸었다. 1909년에 포츠담의 천체물리학 연구소에서 연구원으로 항성에 관한 연구하였고 1912년에 미국의 윌슨산 천문대에서 2년간 연구하였으며 1919년에 네덜란드의 레이덴 천문대장으로 임명되었다.

인물보기 러셀

미국의 천문학자인 러셀은 1912년에서 1947년까지 프린스턴 대학교 천문대장으로 재직하였다. 1910년에 헤르츠스프룽과는 별도로 별 표면의 온도와 밝기 사이의 관계 도표를 만들어 H-R도를 완성하였다. 그리고 1929년에 별의 대기를 구성하는 가장 풍부한 원소가 수소라는 증거를 제시하였다.

2.4 별의 진화와 원소의 생성

맑은 날 밤하늘을 쳐다보면 무수히 많은 별이 아름답게 빛나는 것을 관찰할 수 있다. 놀랍게도 별들도 생물처럼 태어나서 자라고 소멸한다. 이제 별들이 어떻게 진화하며, 그 과정에서 원소들이 어떻게 생성되는지에 대하여 알아보자.

대부분 별의 일생이 수십억 년인 것에 비해 우리 인간들의 삶은 너무나도 짧다. 어떻게 하면 길고 긴 별의 일생에 대한 정보를 얻을 수 있을까? 달리기에서 주자들 사이에 배턴을 넘기는 것처럼 이전 연구자의 연구 결과를 다음 사람이 이어받아 가면서 연구를 해야 할 것인가? 이것은 너무나도 긴 시간을 요구하기 때문에 적당한 방법이 될 수 없을 것이다. 시장에 가면 어린아이부터 나이 드신 어른까지 시기에 따른 사람들의 일생에 대한 단계들을 볼 수 있다. 마찬가지로 우주에 퍼져 있는 많은 별을 관찰하면 별의 일생에 대한 우리들의 궁금증을 해소할 정보를 얻을 수 있을 것이다.

별의 일생에 관한 연구를 했던 대표적인 과학자로는 인도 출신의 미국 천체물리학자 찬드라세카르(Subrahmanyan Chandrasekhar; 1910~1995)를 들 수 있다. 그는 항성 진화 단계의 마지막에 나타나는 질량이 크고 부피가 작아서 밀도가 아주 높은 상태이면서 어두운 별인 백색 왜성의 최대 질량 한계를 공식화하여 찬드라세카르 한계(Chandrasekhar limit)라고 하였다. 이 한계는 태양 질량의 1.4배로서 별의 일생의 진로를 결정해 주는 중요한 값이다.

인물보기 **찬드라세카르**

예전에는 인도, 지금은 파키스탄인 라호르 지역에서 출생한 그는 1930년에 인도의 프레지던시 대학을 졸업하였고 1933년에 영국의 케임브리지 대학교에서 물리학 박사 학위를 받은 후 1938년에 미국의 시카고 대학교로 옮겼다. 케임브리지 대학교로 유학 가는 배에서 별의 운명에 대한 중요한 원리를 발견하고서 별의 진화와 죽음에 관한 연구로 1983년에 노벨 물리학상을 받았다. 그는 태양 질량의 1.4배 이하인 별의 진화 단계인 백색 왜성에 관한 연구로 유명하다. 또한 수강 인원이 단 두 명뿐인 겨울 학기 강의를 위해 추운 겨울날 한 시간이 넘는 시카고 대학교로 매주 두 차례나 한 번도 빠지지 않고 강의를 하였다는 일화로도 유명하다. 당시 수강생이었던 두 명의 학생(Yang, C.N.과 Lee, T.D.)들은 1957년에 공동으로 노벨 물리학상을 받았다.

참조 **성간 물질(interstellar matter)**

별과 별 사이의 우주 공간을 채우는 성간 가스와 성간 티끌(성간 먼지)을 지칭하는 것으로 밀도는 매우 낮지만, 지역에 따라서는 그 밀도가 1,000배 이상 큰 곳이 존재하는데 이곳을 성간운이라고 한다. 성간운에서는 별이 탄생하기도 한다. 1기압의 지구 대기 1 cm^3 속에는 10^{19}개의 기체 분자가 들어 있지만 같은 부피의 성간 가스 속에는 1~10개 정도의 기체가 존재한다. 실험실에서 인위적으로 만든 진공 상태 속에도 10^4개 정도의 기체 분자가 존재하는 것으로 보아서 성간 가스는 매우 희박하다.

우주 공간에는 성간물질이 있고 이것은 주로 수소와 헬륨(둘 사이의 질량비는 3 대 1이다.)으로 이루어져 있다. 영하 200℃ 이하의 추운 우주 공간에서 이 원자들의 운동 에너지는 낮은 온도로 인해 매우 작아서 거의 움직이지 못하고 만유인력의 작용으로 수백만 년 동안 서로 끌어당기면서 응축하게 되었다. 중력 수축으로 그 중심의 압력이 증가하고 매우 뜨거워지면 내부 온도가 핵융합 반응을 일으킬 수 있는 온도인 1,000만 K에 이르게 되고, 그러면 태양과 같은 주계열성은 약 100억 년 동안 핵융합 반응인 수소 연소(hydrogen burning)를 수행한다. 수소 원자핵 4개로부터 헬륨 원자핵(He) 한 개가 만들어지는 이 과정에서 많은 에너지가 방출되고 이 에너지는 빛으로 바뀌어 별빛이 된다.

현재 태양은 약 50억 년 동안 수소 연소를 해왔고 앞으로 나머지 50억 년 동안 더 빛을 발할 것으로 생각된다. 수소 연소를 마치게 되면 별의 중심에는 안정한 헬륨이 생성되면서 폭발력과 온도가 줄어들게 된다. 그러면 다시 중력에 의한 수축이 일어나서 중심의 밀도와 온도가 증가하게 되고 남아 있는 수소가 다시 연소를 시작할 수 있는 온도에 이르게 되면 별의 크기가 100배 정도로 팽창하여 표면 온도가 낮고 붉게 보이는 적색 거성(red giant star)이 된다. 오리온자리의 초거성인 베텔게우스(Betelgeuse)가 여기에 포함된다. 이처럼 주로 수소와 헬륨 기체로 이루어진 별의 내부는 항상 중력과 폭발력이 균형을 이루고 있다. 50억 년 후 태양의 수소 연소가 끝나면, 태양은 팽창하여 적색 거성이 되어 그 크기가 현재의 금성 위치까지 이를 것으로 예측된다.

수소를 다 소모하고 나면 다시 수축하여 온도가 높아져서 헬륨 연소(helium burning, 핵융합 반응)를 시작할 정도에 이른다. 이 연소 과정에서 헬륨 원자핵 2개가 충돌하면 4개의 양성자와 4개의 중성자를 가진 베릴륨(^{8}Be) 원자핵이 되고 여기에 또 하나의 헬륨 원자핵이 융합하면 6개의 양성자와 6개의 중성자를 가진 탄소(^{12}C) 원자핵이 만들어진다 이처럼 별 내부에서는 핵융합 과정으로 인해 가벼운 원소로부터 무거운 원소가 만들어진다. 그러나 이 단계의 별은 불안정한 상태이므로 헬륨 연소는 오래 지속되지 않고 대략 1억 년 정도 지난 뒤 헬륨이 다 소모되면 별의 중심에 탄소 핵(carbon core)이 생성된다.

$$^{4}He + {}^{4}He \longrightarrow {}^{8}Be$$

$$^{8}Be + {}^{4}He \longrightarrow {}^{12}C$$

참조 **베텔게우스**

오리온자리의 알파 별로서 밤하늘에서 밝게 빛나지만 크기와 밝기가 변하고 그 기간도 불규칙한 변광성이다. 이 별의 밝기는 보통 1등급이고 표면 온도가 낮으므로 어두운 적색으로 보인다. 베텔게우스는 지구로부터 약 300광년 정도 떨어져 있고 그 크기는 태양의 460배 정도이다.

별의 진화 속도는 별의 질량에 따라 달라진다. 질량이 큰 별일수록 별 내부의 핵융합 반응 속도가 빨라지므로 진화 속도가 빠르다. 태양 질량의 10배 정도인 별의 진화 속도는 수백만 년 정도 걸리지만 태양 질량의 1/10 정도의 별의 진화 속도는 몇십억 년 정도이다.

적색 거성 이후의 별의 진로는 질량에 따라 달라진다. 태양 질량과 비슷한 별이 헬륨 연소를 끝내면 다시 수축하여 내부 밀도와 온도가 증가한다. 그러나 별의 질량이 크지 않기 때문에 중력에 의한 수축은 그리 크지 않아서 별의 중심 온도가 크게 올라가지 못하고 백색 왜성이 된다. 이 백색 왜성은 다음 단계의 핵융합 반응을 하지 못하고 수십억 년 동안 우주에서 그저 빛만 발할 뿐이다. 최초로 발견된 백색 왜성은 1863년에 발견된 시리우스 B별이다. 서서히 빛을 발하면서 냉각된 백색 왜성은 우주에서 차가운 재로 변하여 늙어 죽은 별들의 묘지인 흑색 왜성이 되어 사라진다.

참조

백색 왜성

주계열성보다 매우 작으며 온도가 높아 희게 빛나는 별로서 핵융합 반응의 원료를 다 소모하였기 때문에 남아 있는 에너지를 완전히 소모하면 검은 재로 변하게 된다. 강한 중력으로 인하여 백색 왜성은 더욱 수축하여 밀도가 매우 크다.

태양 질량의 3배 이상의 별들은 초거성이 되는데 이 별들이 헬륨 연소를 마치면 다시 중력에 의한 수축을 하게 된다. 이 별들은 질량이 크기 때문에 수축하는 힘이 굉장히 커진다. 그러면 별의 내부 온도가 매우 높아져 탄소 연소가 시작된다. 탄소 원자핵이 수소 원자핵과 융합하면 7개의 양성자와 6개의 중성자를 가진 질소(^{13}N) 원자핵이 되거나 하나의 헬륨 원자핵과 융합하면 8개의 양성자와 8개의 중성자를 가진 산소(^{16}O) 원자핵이 만들어진다.

$$^{12}C + {}^{1}H \longrightarrow {}^{13}N$$

$$^{12}C + {}^{4}He \longrightarrow {}^{16}O$$

이렇게 형성된 탄소와 산소로부터 네온(Ne)과 마그네슘(Mg) 등의 다양한 원소들이 차례로 생성된다. 반복되는 수축과 폭발 과정을 거치면서 별의 바깥층에서 안쪽으로 헬륨, 탄소, 질소, 산소, 네온, 마그네슘의 원소들의 층이 생성되며, 핵융합 반응은 안정한 철(Fe) 원자핵이 생성되면 끝난다. 별의 중심에 안정한 철이 생성되면 폭발력이 떨어지고 중력 수축으로 별의 질량이 중심으로 무너져 내린다. 그로 인해 내부 온도가 급격하게 상승하면서 대폭발이 일어난다. 이것이 바로 초신성(supernova) 폭발이다. 이 폭발로 별에서 생성된, 즉 별의 바깥쪽에 양파 껍질처럼 층으로 존재하는 원소들이 우주 공간으로 방출되고 이렇게 방출된 원소들은 생명체와 우주를 구성하는 원소들로 공급된다. 즉, 우리 인간을 비롯한 모든 생물은 별의 먼지에 의해 만들어진 것이고 죽으면 다시 한 줌의 재로 자연으로 되돌아가는 것이다. 그리고 우주에 공급된 원소들은 다른 새로운 별들을 만드는 데 제공된다(새롭게 만들어진 젊은 별일수록 별을 구성하는 원소 중에 무거운 원소들을 많이 함유하게 된다).

그런데 초신성 폭발을 한 별의 바깥층과는 달리, 별의 중심은 중력에 의한 수축을 계속하고 내부 밀도가 증가하면서 온도가 급격히 상승한다. 그러면 별의 중심에 존재하는 철 원자핵 주위를 도는 전자는 광속에 가까운 속도까지 가속되어 원자핵으로 들어가 양성자와 결합하여 중성자(neutron)를 형성하고 결과적으로 원자핵 속에 중성자가 많아져서 베타 붕괴가 일어나게 된다.

$$\text{중성자} \longrightarrow \text{전자} + \text{양성자 (원자 번호 하나가 증가함.)}$$

이처럼 베타 붕괴가 연속적으로 일어나게 되면서 철에서 무거운 원소인 우라늄까지 순간적으로 생성된다. 이처럼 초신성 폭발은 무거운 원소를 생산해 내는 과정이다. 초신성 폭발에 대하여 가장 오래된 기록은 1054년 중국 『사서(史書)』에서 발견되었다. 그러나 그 당시 서양에서는 천체 관측이 허용되지 않은 암흑의 시대였으므로 기록이 존재하지 않는 것으로 생각된다. 덴마크의 천문학자 브라헤(Tycho Brahe; 1546~1601)는 1572년 11월에 카시오페이아자리 근처에서 폭발로 갑자기 밝아졌다가 몇 달 동안 사라지지 않고 빛을 발한 뒤 서서히 원래의 밝기로 돌아가는 별을 관찰하였는데 이것이 서양에서 발견된 최초의 초신성에 관한 기록이다.

참조

초신성

대부분의 초신성은 태양의 몇십억 배 밝기로 폭발한 후에 며칠 안에 최대의 밝기가 되며 짧게는 몇 주에서 길게는 몇 달 또는 몇 년 동안 밝은 빛을 내면서 서서히 어두워진다. 초신성이 폭발하면 태양 무게의 10배 이상의 엄청난 양의 가스와 티끌이 우주 공간으로 방출된다. 초신성은 1년 동안 대체로 20여 개 정도가 관측되는데, 덴마크의 천문학자인 브라헤가 1572년에 우리의 은하 안에서 관측하였고 폴란드의 천문학자인 케플러(Johannes Kepler; 1571~1630)는 1604년에 초신성을 발견하였다. 케플러가 발견한 초신성은 1609년에 갈릴레이(Galileo Galilei; 1564~1642)가 지름 3 cm의 굴절 망원경을 사용하여 관측하였다.

방사성 붕괴

한 원소의 원자핵이 자발적으로 다른 원소의 원자핵으로 변화하는 현상으로, 알파 붕괴와 베타 붕괴가 있다.

알파 붕괴

한 원자핵이 양성자 두 개와 중성자 두 개로 이루어진 알파 입자를 잃어버리는 과정이다. 예를 들면 우라늄-238은 알파 붕괴를 하면 토륨-234가 된다.

$$^{238}_{92}\mathrm{U} \longrightarrow \, ^{234}_{90}\mathrm{Th} + \, ^{4}_{2}\mathrm{He}$$

베타 붕괴

핵이 베타 입자, 즉 전자를 방출하면 반중성미자도 함께 방출되는데 핵 안의 한 개의 중성자가 양성자, 전자 및 반중성미자로 바뀌는 현상이다. 베타 붕괴가 일어나면 핵 안의 양성자 수는 한 개 증가하고 중성자 수는 한 개 감소하지만, 질량수는 변하지 않는다. 예를 들면 탄소-14가 베타 붕괴를 하면 질소-14가 된다.

$$^{14}_{6}\mathrm{C} \longrightarrow \, ^{14}_{7}\mathrm{N} + \, ^{0}_{-1}\mathrm{e}$$

초신성 폭발을 마치고 중심 부분에 중성자를 가지는, 즉 태양 질량의 3배 이하의 별은 지금까지 알려진 별 가운데 크기가 가장 작은 지름이 10~30 km 정도이면서 밀도는 가장 큰 중성자별(neutron star)로 남게 된다. 이 중성자별은 1967년 영국의 케임브리지 대학교의 천문학자인 휴이시(Anthony Hewish; 1924~ 2021)와 벨(Dame Susan Jocelyn Bell Burnell; 1943~)이 전파망원경을 사용하여 우주에서 오는 전파의 규칙적인 폭발을 관측한 후에 비로소 천체로 인정받았다. 진동하는 강한 전자기파를 외부로 매우 규칙적으로 보내는 펄서(pulsar)가 중성자별에 해당된다. 그러나 태양 질량의 3배 이상의 별은 매우 좁은 공간에 엄청난 양의 질량과 물질이 들어 있으므로 그 밀도가 매우 크고, 이에 따라 중력에 의한 수축이 아주 강해서 천체가 쪼그라들어서 보이지 않는 검은 구멍이 된다. 이것이 빛조차 끌어당길 수 있는 지름 3 km 이하의 블랙홀이다. 만약 지구가 블랙홀이 될 정도로 쪼그라든다면 구슬 정도의 크기로 될 것이다.

아인슈타인은 일반 상대성 이론에서 블랙홀의 존재에 대하여 예언하였고 블랙홀의 크기는 태양보다 10만 분의 1 정도로 작으면서 형체가 없을 것으로 생각하였다. 따라서 블랙홀의 실제 존재에 대한 발견은 쉽지 않을 것으로 생각되었지만 1994년에 미국의 천문학자들은 블랙홀의 실제 존재를 확인하였다. 우리 은하 안에는 수백만 개 정도의 블랙홀이 있을 것으로 추측되는데, 백조좌 X−1(Cygnus X−1), 컴퍼스좌 X−1(Circinus X−1) 그리고 전갈좌 V861(Scorpio V861) 등의 천체가 블랙홀로 생각된다.

지구에서 발견된 91가지의 원소들 가운데 현재 우주에 가장 많이 존재하는 수소와 헬륨의 두 가지 원소의 양의 비율이 99.9% 정도이고 나머지 89종의 원소의 비율이 약 0.1%에 불과하므로 우주 내에서 새로운 별의 탄생, 성장 그리고 소멸은 오랜 시기 동안 계속될 것이다. 따라서 별들의 진화와 더불어 새로운 원소들도 끊임없이 만들어질 것이다.

참조

펄서

중성자로 뭉쳐져 있어 밀도가 대단히 높고 빠르게 자전하는 중성자별에 해당한다. 이 별을 감싸고 있는 매우 강력한 자기장이 별과 함께 자전하므로 별 표면의 양성자와 전자를 떨어뜨려서 강력한 전기장을 만든다. 이 입자들은 별로부터 빠져나오면서 마치 회전하는 등대 불빛처럼 전파의 형태로 에너지를 방출하는데 펄서는 보통 1초에 두 번 정도 회전하고 밀도가 높은 구상 성단에서 만들어지는 것으로 생각된다.

물리 · 천문학 III

3장

태양계와 운동 역학

3.1 태양 중심설의 확립

오늘날 태양을 중심으로 여덟 개의 행성이 돌고 있다는 태양 중심설(지동설)은 자연스럽게 받아들여지고 있는데, 이 지동설 이전에는 지구를 중심으로 여러 별이 돌고 있다는 천동설이 오랜 시기 동안 받아들여지고 있었다. 어떻게 천동설(지구 중심설, geocentric theory)에서 지동설(태양 중심설, heliocentric theory)로 넘어가게 되었는지 그 과정에 대하여 알아보자.

아리스토텔레스(Aristotle; B.C. 384~322)의 과학 철학은 중세까지 과학 철학의 중심이 되었지만 16세기와 17세기에 접어들면서 붕괴하기 시작하였고 새로운 과학 체계가 확립되기 시작하였다. 이 시기를 과학 혁명기라고 한다. 이 시기에는 과학이 그동안 함께 해 온 철학과 이별하고 새로이 기술과 합치는 시기였다. 그리고 이 과학 혁명은 코페르니쿠스(Nicolaus Copernicus; 1473~1543)에서 시작하여 케플러와 갈릴레이를 거치면서 뉴턴(Isaac Newton; 1642~1727)에 와서 완성되었다.

2000여 년 전, 당시 천체관에 대한 지구 중심의 생각을 가진 그리스의 철학자이자 과학자인 아리스토텔레스는 해, 달, 화성, 수성, 목성, 금성, 토성 그리고 나머지 모든 항성을 포함한 하나의 구가 지구를 중심으로 돈다고 생각하였다. 즉 전체적으로 여덟 개의 완전한 원 상에서 모든 별이 지구를 중심으로 등속으로 회전한다고 생각하였다. 아리스토텔레스의 천체관에 영향을 받은 그리스의 천문학자 프톨레마이오스(Klaudios Ptolemaeos; A.D. 85~165)는 '천체들이 지구를 중심으로 원운동하도록 만들어졌다.'고 생각하였으며 그의 우주관은 14세기 당시 전 유럽을 지배하였다. 그는 지구와 달 사이의 불완전한 공간에서만 새로운 천체가 나타날 수 있다고 생각하였는데, 그의 이런 생각은 17세기까지 지속되었다. 그의 우주관에 문제점이 있다고 처음으로 지적한 사람은 독일의 뮐러(Muller; 1436~1476)였다. 프톨레마이오스는 화성과 같은 외행성이 역행(retrograde motion, 천체의 겉보기 운동이 시계 방향으로 진행하는 것)하는 것처럼 보이는 현상을 하나의 작은 원(주전원)을 도입하여 설명하였고, 다른 현상들도 억지로 맞추기 위해 더욱 많은 원을 도입할 수밖에 없었다. 그러다 보니 80개의 주전원을 갖게 된 그의 우주관은 매우 복잡하였다. 1463년 뮐러는 프톨레마이오스가 도입한 작은 원은 지구 중심의 생각에서 오는 억지라고 지적하였고 이것은 천동설에서 지동설로 넘어가는 시발점이 되었다(태양 중심설은 기원전 270년경에 그리스의 아리스타르코스가 이미 주장하였다).

인물보기 **프톨레마이오스**

150년경에 알렉산드리아와 이집트에서 활동한 고대 천문학자이자 지리학자이다. 그는 13권으로 이루어진 『수학적 모음집(일명 알마게스트)』을 집필하여 고대 천동설을 완성하였다. 이 책에서 그는 지구는 둥글며 움직이지 않고, 지구가 우주의 중심으로서 그 주위에 태양과 달, 그리고 다른 행성들이 돈다고 생각하였다. 그리고 별은 회전하는 천구에 붙어 있는 고정된 것으로 생각하였다. 그가 집필한 『지리학』이라는 책에는 경도와 위도 표와 함께 세계 지도가 수록되어 있다. 이 지도에서 그는 스페인과 중국을 실제보다 크게 그렸고 대양을 작게 그리는 실수를 하였다. 이 지도로 인해 1492년에 콜럼버스(Christopher Columbus; 1451~1506)가 항해할 수 있는 용기를 얻었다는 일화도 있다.

참조 **알마게스트(Almagest, 그리스어와 아랍어의 합성어로 '가장 위대한'이라는 뜻)**

2세기경에 프톨레마이오스가 그리스 천문학을 집대성하여 편찬한 천문서로서 코페르니쿠스의 태양 중심설이 받아들여질 때까지 1,500년간 그 권위를 인정받았다. 이 책에서는 지구 중심설이 받아들여졌고, 해와 달의 위치, 월식과 일식 등 여러 천문 현상들이 수학적으로 기술되어 있다. 그리고 경도와 위도를 사용하여 지구의 위치를 나타내는 것처럼 별의 위치도 같은 방법으로 나타내었다. 또한 별의 밝기를 6등급으로 분류하였고 이 등급은 오늘날까지 사용되고 있다.

고대 로마에서 사용한 달력은 겨울이 지금의 9월에 그리고 가을은 지금의 7월에 시작될 정도로 실제 시기와 달랐고 사용하기에도 불편하였다. 이에 카이사르(Julius Caesar; B.C. 100~44)는 로마력을 개정하여 율리우스력을 만들어서 기원전 46년부터 시행하였다. 율리우스력은 이후 1,500년 이상 광범위하게 사용되었다(7월의 July는 율리우스에서 나온 것이다). 율리우스력의 1년은 365.25일이고 반면에 정확한 지구 공전 주기는 365.2422일이므로 율리우스력은 1년에 11분 14초 더 길었다. 따라서 128년이 지나면서 실제와 달력 사이에는 1일의 오차가 발생하게 되었다. 코페르니쿠스 시대에는 교회력과 실제 절기가 부합하지 않아서 종교적 권위가 문제시되었고, 천동설을 근거로 한 천체의 위치가 정확하지 않아서 항해에 심각한 문제를 끼치고 있었다.

이에 따라 1514년 교황청은 달력과 실제 절기 사이에 발생한 10여 일간의 오차를 해결하도록 폴란드 출신의 천문학자 코페르니쿠스에게 명하였다. 그는 프톨레마이오스의 우주관은 근본적으로 잘못되었고 지구가 태양 주위를 회전해야 천체 관측 자료와 잘 일치한다는 태양 중심설의 생각을 갖고 있었다. 그러나 태양, 지구 및 달 사이의 관계를 더 잘 이해해야만 달력의 오차 문제를 해결할 수 있다고 하여 교황청의 요청을 피해 나갔다. 그 당시에는 태양 중심설을 주장하면 화형을 당하는 시기였기 때문에 이러한 방법을 택한 것이다.

그러던 중에 1536년 코페르니쿠스는 당시 교황 클레멘트 7세에 의해 지동설에 관한 자신 생각을 출판할 수 있도록 허가를 받고, 그의 제자들인 독일의 수학자 레티커스(Greg Joachim Rhaticus; 1514~1576)와 신학자인 오시안더(Andreas Osiander; 1498~1552)가 『천체의 회전에 관하여(On the Revolutions of the Celetial Spheres)』라는 제목의 책을 코페르니쿠스가 숨진 1543년에 출판하게 되

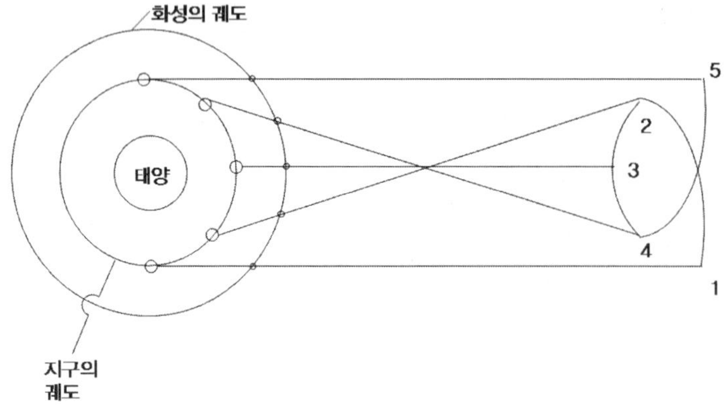

그림 3-1 지동설에 의한 화성의 겉보기 운동

었다. 그는 이 책을 통해 현대적 지동설 체계를 제시하였고 서문에서 "태양 중심설은 행성의 운동을 설명하기 위한 하나의 모델이며 실제로 지구가 태양 주위를 도는 것은 아니다."라고 하였다. 그리고 이 책에서는, 항해를 하는 배에서 볼 수 없는 육지가 돛대 위에서 보이는 이유는 지구가 둥글기 때문이며 지구를 포함한 모든 행성이 둥글다고 설명하였다. 또한 이들은 자전하면서 태양 주위를 공전하고 태양에 가까운 행성일수록 공전 주기가 짧다는 두 가지 가정을 하였는데, 그 증거는 밝혀내지 못하였다. 또한 프톨레마이오스의 작은 원을 도입하지 않고서도 화성과 같은 외행성이 역행하는 것처럼 보이는 현상이 지구에서 보이는 겉보기 운동의 결과라는 것을 태양 중심설로 명확하게 설명하였다(그림 3-1). 그림에서처럼 안쪽 궤도에 있는 지구의 공전 주기가 화성보다 짧으므로 지구가 화성을 점점 따라잡고 결국에는 앞서가게 된다. 지구에서 뒤에 처진 화성을 쳐다보면 마치 화성이 방향을 바꾼 것처럼 보이게 되는 것이다.

그러나 코페르니쿠스는 프톨레마이오스의 80개의 주전원을 30개 정도로 단지 줄였고, 하늘에 있는 별들은 원운동을 하며 수정으로 되어 있는 천구에 붙어 있다는 아리스토텔레스의 생각을 그대로 받아들였으므로 아리스토텔레스의 한계를 극복하지 못하였다. 따라서 그는 근대 천문학을 시작한 사람인 동시에 최후의 고대 천문학자인 셈이다.

참조

순행

천체의 공전, 자전과 겉보기 경로 등이 서쪽에서 동쪽으로, 즉 시계 반대 방향으로 진행하는 운동을 말한다. 지구와 행성의 공전 속도가 차이가 나기 때문에 지구에서 행성의 겉보기 운동을 관찰하면 순행, 속도가 느려져 행성이 잠시 멈추는 유 그리고 역행, 그리고 다시 유를 거쳐 순행하게 된다. 태양계의 모든 행성의 공전과 자전은 순행이지만 예외적으로 금성과 천왕성의 자전은 역행이다.

그레고리력

1582년 교황 그레고리우스 13세가 율리우스력의 오차를 수정하여 만든 달력으로, 현재 우리가 사용하고 있는 태양력이다. 이 달력을 만들기 위해 교황은 10월에서 10일을 빼고 실제 태양년과 가깝게 하였으며 2월에 하루를 더 첨가하여 4년마다 한 번씩 윤년이 되도록 하였다. 그러나 새로운 100년의 한 세기가 시작되는 해가 1700, 1800, 1900년처럼 400으로 나누어지지 않는 해는 윤년에서 제외하였다. 그리고 그 해가 1600과 2000년처럼 400으로 나누어지면 그 해는 윤년이 되도록 하였다. 그레고리력에 의한 평균 1년은 태양년보다 26.3초 정도 길지만, 태양년이 점점 짧아지고 있으므로 그 차이는 0.53초씩 증가하게 될 것이다. 유럽 대부분의 가톨릭 국가는 그레고리력을 채택했지만, 독일의 여러 지방에서는 1700년까지 율리우스력을 사용하였다. 영국과 미국은 1752년에 그레고리력을 사용하기 시작하였고 러시아는 1918년에 그레고리력을 채택하였다.

인물보기 **코페르니쿠스**

폴란드의 천문학자로, 코페르니쿠스는 폴란드의 비수아 강 근처의 토룬에서 출생하였고 10세에 아버지를 여의고 외삼촌인 바체르로데 신부 밑에서 성장하였다. 1496년 코페르니쿠스는 외삼촌의 도움으로 이탈리아에 유학하여 볼로냐 대학에서 그리스어, 그리스 철학과 천문학 등을 수학하였다. 1500년에 로마에서 약 1년간 수학과 천문학을 강의하였고 이듬해에 잠시 귀국하여 다시 이탈리아로 유학하여 파도바 대학에서 의학과 교회법을 공부하고 1506년에 두 가지 학위를 받고 폴란드로 귀국하였다. 1512년에 그의 외삼촌이 죽자 그의 뒤를 이어 프라우엔부르크 성당의 신부로 취임하였고 1520년에 대교구장으로 취임하였으며 거기서 여생을 마쳤다. 지구가 태양 주위를 돈다고 주장했으며 지구도 하루에 한 바퀴씩 자전한다는 근대 천문학을 탄생시켰다. 그는 천체 운동에 대한 자신의 이론을 증명하지는 못하였지만, 그의 이론은 프톨레마이오스의 것보다 단순하였다. 코페르니쿠스의 이론은 17세기에 이르러 독일의 케플러와 이탈리아의 갈릴레이에 의하여 발전되었다. 그가 언제 지동설에 착안하고서 확신하게 되었는지는 명확하지 않지만 전 4권으로 이루어진 『천체의 회전에 관하여(일명 천문대화)』라는 그의 대표적인 저서는 1525~1530년 사이에 집필된 것으로 추측되며, 그가 이 책의 출판을 주저한 것은 당시의 상황에서 종교적으로 이단자가 된다는 것을 고려하였기 때문으로 생각된다.

코페르니쿠스 이후 근대 천문학으로 넘어가는 데 중개 역할을 한 덴마크의 천문학자 브라헤는 프톨레마이오스의 우주관과 코페르니쿠스의 태양 중심의 천체관을 모두 받아들이지 않았다. 왜냐하면 프톨레마이오스의 우주관은 자신의 관찰 자료와 일치하지 않았으며 코페르니쿠스의 태양 중심의 천체관은 자신의 신앙과 맞지 않았기 때문이었다. 그래서 그는 지구를 중심으로 태양이 돌고 이 태양 주위를 행성들이 돈다고 생각을 하였다. 그러나 그는 1572년 11월에 카시오페이아자리 근처에서 갑작스런 폭발로 인해 별이 빛을 발하면서 밝아졌다가 다시 원래의 밝기로 몇 달 동안 서서히 돌아가는 항성인 초신성을 발견한 후 지구와 달 사이에서만 새로운 천체를 관찰할 수 있다는 프톨레마이오스의 우주관이 틀렸다는 것을 증명하였다. 또한 1577년에 큰 혜성을 발견하고 그 궤도가 타원임을 밝힘으로써 천체들이 완전한 원 궤도를 그린다는 아리스토텔레스의 천체관에 흠집을 내기도 하였다.

인물보기 **브라헤**

덴마크의 천문학자로 스웨덴 남부 헬싱보리(당시의 덴마크령) 크누스트루프의 귀족 가문에서 태어났다. 처음에는 법률을 배웠으나 천문학으로 전향하였다. 1562년에 라이프치히 대학교를 거쳐 독일과 스위스에서 유학하였고 1570년에 귀국하였다. 그는 자신만의 체계적인 접근 방법으로 별과 행성을 관측하였는데, 당시는 아직 망원경이 발명되지 않은 시기였기 때문에 그는 아스트롤라베나 사분의와 같은 기구를 이용하여 천체의 위치를 계산하였다. 1572년 카시오페이아자리 근처에 나타난 새로운 별인 초신성을 관측하여 유명해지게 되었다. 1575년 덴마크의 왕 프레데리크 2세가 그의 재능을 인정하여 코펜하겐 근처에 있는 벤 섬을 내주자 1576년에 그곳에 우라니보르그 천문 관측소를 설립하고 20년 동안 항성과 행성을 관측하였다. 그의 관측 자료들은 망원경이 발명되기 이전의 자료들로서 매우 정확하였으며, 그가 남긴 자료들을 제자이자 조수인 케플러가 연구하여 행성 운동에 대한 케플러의 세 가지 법칙을 발견하는 데 기반이 되었다. 브라헤는 지구의 공전을 증명하는 방법으로 항성의 연주 시차를 제시하기도 하였지만, 지구의 운동으로 인한 별들의 위치 변화가 너무 작아서 당시의 관측 장비로는 측정할 수 없었다.

브라헤 밑에서 연구한 독일 남부 출신의 케플러는 1601년 브라헤 사후 그의 관측 자료들을 검토하여 행성들이 태양을 중심으로 어떻게 움직이는지에 대한 행성 운동에 관한 세 가지 법칙(Kepler's Laws of Planetary Motion)을 발견하고 지동설을 완성하였다. 영국의 과학자인 뉴턴은 케플러 법칙을 이용하여 만유인력 법칙을 유도해 냈고 유도한 만유인력 법칙을 사용하여 행성의 운동을 설명하고서 지동설을 수학적으로 완성하였다.

- 제1 법칙(타원 궤도 법칙, law of elliptic orbit): 모든 행성의 궤도는 태양을 한 초점으로 타원을 그린다. 따라서 행성은 근일점에서 태양에 약간 가까워지고 원일점에서 가장 멀어진다.
- 제2 법칙(면적 속도 일정 법칙, law of equal area): 태양에 가까운 행성일수록 빠른 속도로 운동한다. 즉 행성과 태양의 중심을 잇는 가상 직선이 그리는 부채꼴의 면적 속도는 일정하다. 그 면적은 같은 시간에 같은 값을 가진다. 따라서 태양에 가까울수록 행성은 빨리 움직이고, 멀수록 느리게 움직인다.
- 제3 법칙(조화 법칙, harmonic law): 행성이 태양 주위를 한 바퀴 도는 데 걸리는 시간인 공전 주기의 제곱은 행성과 태양까지의 평균 궤도 반지름의 세제곱에 비례한다. 따라서 한 행성이 다른 행성보다 태양으로부터 4배 더 멀리 있으면 공전 주기는 8배로 길어지게 된다. 이 법칙은 행성의 공전 주기를 측정함으로써 태양까지의 평균 거리를 알아내는 데 사용되기도 하였다.

제2 법칙이 제1 법칙보다 먼저 발견되었지만 두 법칙은 1609년에 동시에 발표되었다. 그리고 제3 법칙은 1618년에 발표되었고 이 법칙은 모든 행성에 두루 적용될 수 있었으므로 조화 법칙이라고 하였다. 이 세 가지 법칙은 발표 당시에는 무시되어 케플러의 현상이라고 불렸으며, 자전 주기에 의해 역학적으로 증명이 된 후에 법칙으로 받아들여지게 되었다. 케플러 법칙은 근대 천문학의 기초를 다졌고 행성 운동을 정확하게 제시하였다. 또한 별을 공전하는 다른 외계 행성의 궤도도 예측할 수 있게 하였고 은하의 운동을 이해하는 데 공헌하였다.

인물보기 케플러

독일의 천문학자이자 수학자로 독일의 슈투트가르트에 인접한 바일에서 군인의 아들로 태어났다. 어려서부터 천연두를 앓는 등 육체적으로 약하였고 경제적으로도 가난하였다. 17세 때 아버지가 전사하자 이듬해 튀빙겐 대학교에 입학하여 신학을 공부하였고 1591년 석사 학위를 받았다. 그러나 코페르니쿠스의 지동설을 접한 뒤 감명을 받아 천문학으로 전공을 바꾸었다. 1596년에 『우주 구조의 신비』라는 제목의 책을 출간하고 행성의 수와 크기, 배열 간격에 관한 생각을 밝혔고 이로 인하여 브라헤와 갈릴레이를 알게 되었다. 1600년에 오스트리아의 그라츠 대학을 떠나 프라하로 옮겨 브라헤 밑에서 화성 운동에 관한 관측을 하였다. 브라헤가 임종할 당시 브라헤가 16년 동안 연구한 화성 자료를 인계받았으며, 1601년 브라헤의 후임으로 궁정의 수학자가 되었다. 1609년에 화성 관측의 결과를 『신천문학』이라는 제목으로 출판하였고 이 책에서 행성 운동에 관한 제1 법칙인 타원 궤도 법칙과 제2 법칙인 면적 속도 일정 법칙을 발표하여 코페르니쿠스의 지동설을 수정, 발전시켰다. 케플러는 코페르니쿠스의 이론을 공개적으로 지지한 최초의 사람이었다. 1619년에 『우주의 조화』라는 책을 출판하고, 여기에서 행성 운동에 관한 제3 법칙인 조화 법칙을 발표하였다. 1630년 11월 15일 길에서 급사하였다.

갈릴레이는 17세기 초에 처음으로 망원경을 제작하여 천체를 관측하였다. 손수 제작한 망원경으로 달이 매끄럽고 완전한 구형이라는 아리스토텔레스나 프톨레마이오스의 주장과는 다르게 달의 표면에 많은 산과 오목하게 패인 웅덩이들이 많이 있는 것을 관찰하였다. 그리고 은하수가 수많은 별로 이루어졌다는 것을 밝혔고 또한 목성 주위를 도는 네 개의 위성을 발견하고 이들은 작은 태양계와 같은 구조로 이루어져 있다는 것을 확인하고서 지동설을 지지하였다. 목성 주위를 도는 위성들의 발견은 아리스토텔레스나 프톨레마이오스의 모든 천체가 지구 주위를 돈다는 지구 중심설의 사실이 틀렸다는 직접적인 증거로 제시되었다. 갈릴레이는 지동설이 코페르니쿠스 책의 서문에서 발표한 하나의 모델이 아니라 물리적인 실체라고 보았다. 갈릴레이의 이와 같은 생각은 처음에는 교황청으로부터 호응을 받았지만, 성서의 내용과 부합되지 않는다는 의견이 나오면서 교황청과 대립하게 되었다. 1633년에 교황청은 갈릴레이에게 코페르니쿠스의 지동설을 지지할 것인지 아니면 화형을 당할 것인지 선택을 강요하였고 이에 굴복한 그는 반성문을 낭독하고 9년 동안 가택연금을 당하였고 1642년에 죽었다. 그리고 359년 후인 1992년 10월에야 교황요한 바오로 2세가 로마 교회가 갈릴레이에게 유죄를 선고한 잘못을 시인하고 갈릴레이의 파문을 해제하였다.

표 3-1 천동설과 지동설의 비교

	천동설	지동설
중심	지구	태양
우주관	사람이 우주의 중심	사람은 우주의 일부분
지구 운동	움직임 없음	자전과 공전함
주장한 사람	프톨레마이오스, 아리스토텔레스	코페르니쿠스, 케플러, 갈릴레오

참조 **갈릴레이 위성**

1610년 갈릴레이가 발견한 목성 주위의 위성들 가운데 네 개의 가장 큰 위성들을 일컫는다. 목성에 가까운 순서에 따라 이오, 유로파, 가니메데 그리고 칼리스토라고 부른다. 이들은 쌍안경으로도 확인할 수 있을 정도로 매우 밝다.

인물보기 **갈릴레이**

이탈리아의 천문학자 겸 물리학자, 수학자로서 피사에서 1564년에 시민 계급으로 태어났다. 성과 이름이 비슷한 이유는 맏아들은 성을 겹쳐 쓰는 토스카나 지방의 풍습 때문이었다. 갈릴레이의 아버지는 갈릴레이를 의사로 키우려고 1581년에 피사 대학교 의학부에 보냈지만, 의학에 흥미를 갖지 못한 갈릴레이는 1585년에 아버지를 설득하여 피사 대학교를 중퇴하고 피렌체에서 아버지의 친구이면서 궁정 수학자인 오스틸리오 리치(Ostilio Ricci; 1540~1603)에게서 수학과 과학을 배웠다. 이 무렵 성당에 걸려 있는 램프가 흔들리는 것을 보고 진자의 등시성을 발견하였고, 이때 그가 쓴 논문이 인정받아 1589년에 피사 대학교의 수학 교수가 되어 유클리드의 기하학과 프톨레마이오스의 천문학을 가르쳤다. 1592년에 베네치아의 파도바 대학교 수학 교수로 옮겨 그곳에서 지구를 포함한 모든 행성이 태양 주위를 돈다는 코페르니쿠스의 천체관을 믿게 되었다.

1609년 네델란드에서 망원경이 발명되었다는 소식을 들은 갈릴레오는 손수 망원경을 만들어 천체에 대한 획기적인 여러 관측을 하였다. 예를 들면, 달에 산과 계곡이 많이 있다는 것 그리고 목성에도 목성 주위를 회전하는 네 개의 위성이 있다는 것 등이었다. 1610년 이러한 관측 결과들을 모아 『별 세계의 보고』라는 책을 발표하였다. 갈릴레이는 자신의 천문 관측 결과들을 토대로 하여 코페르니쿠스의 지동설을 더욱 믿게 되었고, 이것 때문에 로마 교황청의 반발을 사기 시작하였다. 1616년에 로마 교황청은 그에게 앞으로는 절대로 코페르니쿠스의 지동설에 대하여 변호하거나 주장하지 말 것을 경고하였다. 그 후 1623년에 교황 우르반 8세로부터 천동설과 지동설을 비교하는 책을 써도 된다는 허락을 받아 1632년 2월에 『프톨레마이오스와 코페르니쿠스의 2개의 주요 우주 체계에 관한 대화』를 발간하였다. 이 책에서 그는 프톨레마이오스의 천체관과 코페르니쿠스의 천체관을 비교하여 코페르니쿠스의 이론이 더 우수하다고 하였다. 결국 이 책은 7월에 교황청에 의해 금서목록에 올랐다. 이로 인해 그는 1633년 로마로 소환되어 종교 재판소에서 종신형을 선고받고 앞으로는 절대 이단 행위를 하지 않겠다고 서약하였다. 그는 너무 늙고 건강하지 못하였으므로 교회는 그가 피렌체 교외의 알체토리에 있는 옛집으로 돌아가서 지내는 것을 허락하였다. 그곳에서 쓸쓸하게 생을 보내던 그는 나중에는 시력을 잃었지만 『두 개의 신과학에 관한 수학적 논증과 증명』의 저술에 힘썼다. 가혹한 종교 재판의 판결 때문에 그가 죽은 뒤에도 공개적으로 장례를 치를 수 없었고 무덤 주위에 묘비를 세우는 것조차 허용되지 않았다.

3.2 태양계와 행성의 분류

코페르니쿠스, 케플러 그리고 갈릴레이로 이어 18세기까지는 수성에서 토성까지 6개의 행성만이 알려져 있었다(그림 3-2). 그로부터 100년 이상의 기간이 지난 후에 나머지 행성들이 발견되었고 최근에 9번째 행성이었던 명왕성이 탈락하고 현재는 태양 중심에 총 8개의 행성이 존재하고 있다.

1781년 독일 출신의 영국 천문학자인 허셀(1800년에 적외선을 발견하였다)은 토성 궤도보다 두 배나 크고 매일 조금씩 위치가 바뀌는 새로운 별을 관찰하였는데 이것은 천왕성(Uranus)으로 명명되었다. 이후 1821년에 공전 주기가 84년인 천왕성 궤도의 불규칙성이 발견되었고 이것은 새로운 행성에 의한 중력의 결과로 간주하고 새로운 행성의 존재에 대한 가능성이 제기되었다. 그리고 1845년 영국의 애덤스(John Couch Adams; 1819~1892)와 프랑스의 천문학자 르베리어(Urbain-Jean-Joseph Le Verrier; 1811~1877)가 여덟 번째 행성인 해왕성(Neptune)의 위치를 예측하였고 그들이 예측한 위치에서 1846년에 독일의 천문학자인 갈레와 그의 조수인 다레가 해왕성을 발견하였다.

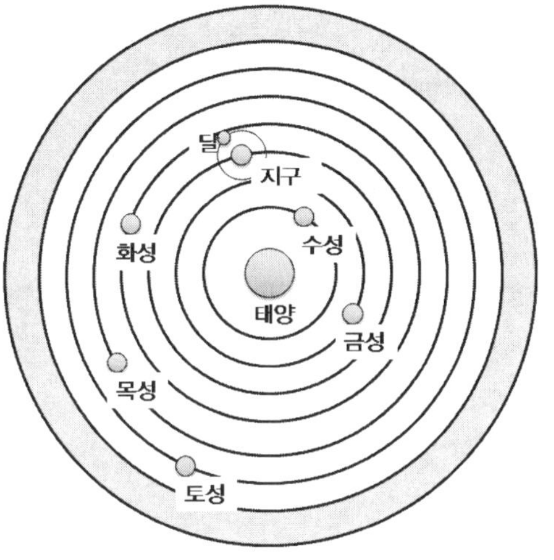

그림 3-2 코페르니쿠스의 지동설

태양을 중심으로 돌고 있는 수성(Mercury), 금성(Venus), 지구(Earth), 화성(Mars), 목성(Jupiter), 토성(Saturn), 천왕성(Uranus), 해왕성(Neptune)의 8개의 행성을 포함한 태양의 인력에 있는 천체들의 무리를 태양계(solar system)라 하며 여기서 태양은 빛을 발하는 유일한 천체이고 태양계 전체 질량의 99% 이상을 차지한다.

태양계를 구성하는 것에는 다음 5가지가 있다. 첫째, 지구를 비롯한 8개의 행성과 행성 주위를 도는 위성, 둘째, 행성과 유사한 천체인 소행성, 셋째, 철과 암석의 덩어리인 유성체, 넷째, 티끌과 얼음으로 이루어진 가스 천체인 혜성, 다섯째, 행성 사이를 떠다니는 티끌 입자와 하전된 기체인 플라스마로 구성된 행성 간 매질 등이다. 태양계의 지름은 빛이 하루 동안 지나는 거리인 1 광일도 되지 않는다. 태양에서 행성까지의 거리를 나타낼 때 천문단위를 사용하는데 1천문단위(astronomical unit: AU)는 태양에서 지구까지의 평균 거리인 1억 5,000만 km이다. 이 단위를 사용하면 태양에서 가장 가까운 수성까지의 거리는 0.387 AU이다. 모든 행성은 황도(천구 상에서 태양이 지구를 중심으로 운행하는 것처럼 보이는 겉보기 궤도)의 북극에서 볼 때 반시계 방향으로 자전하면서 공전하고(금성과 천왕성은 예외적으로 시계 방향으로 자전한다) 거의 원에 가까운 궤도를 그린다(수성은 제외).

인물보기

허셸

독일 하노버에서 태어난 천문학자로, 1757년에 영국으로 이주하였고 항성계의 구조를 밝혔다. 1781년에 천왕성을 발견하였고 천왕성의 자전 방향이 금성과 같이 시계 방향임을 밝혔다. 또한 천왕성 주위를 반대 방향으로 공전하는 위성 2개와 토성의 위성 2개도 발견하였다. 한편 그의 여동생인 캐롤라인 허셸(Caroline Lucretia Herschel; 1750~1848)도 천문학자로서 여러 개의 혜성, 성운과 성단 등을 발견하였다. 또한 허셸은 주로 북반구의 별들을 관찰한 데 반하여 그의 아들인 존 허셸(Sir John Frederick William Herschel, 1792~1871)은 주로 남반구의 별들을 관찰하였다.

애덤스

영국의 수학자이자 천문학자로, 케임브리지 대학교를 졸업하였고 1859년에 모교인 케임브리지 대학교 천문학과 기하학 교수가 되었다. 1841년에 그는 천왕성 궤도의 불규칙성의 원인이 그 바깥쪽 미지의 행성에 의한 인력 때문이라고 생각하고 자전 주기의 만유인력의 법칙을 사용하여 당시까지 관측되지 않은 새로운 행성의 위치를 계산하였다. 그가 예측한 위치에서 1°도 벗어나지 않는 위치에서 해왕성이 발견되었다. 그의 업적은 르베리어와는 별개로 이루어진 것이다. 그 밖에도 그는 달의 운동을 정확하게 기술하였으며 지구자기장에 관한 연구에서도 큰 업적을 남겼다.

르베리어

프랑스의 노르망디에서 출생한 천문학자로, 파리의 에콜 폴리텍 출신의 화학자였지만 천문학에 관심이 많았으며 1837년에 모교의 천문학 교수로 재임하였다. 1845년에 천왕성 궤도가 불규칙한 이유가 새로운 행성의 존재 때문이라고 생각하고 수학적인 방법을 사용하여 해왕성의 존재를 예측하였다. 1846년에 독일의 천문학자인 갈레는 르베리어가 예측한 위치로부터 약 1° 떨어진 곳에서 해왕성을 발견하였다.

로웰

미국의 천문학자로, 화성에 생명체가 있을 수 있다고 믿었다. 1905년에 그는 천왕성의 궤도가 불규칙하게 움직이는 것을 관찰하고 그 이유가 해왕성 바깥쪽에 새로운 행성의 존재 때문이라고 예측하였다. 로웰이 죽은 후 14년이 지난 뒤인 1930년에 미국의 천문학자 슬라이퍼가 로웰 천문대에서 명왕성(Pluto)을 발견하였다.

참조 **태양**

태양계에서 가장 큰 천체이며 지름은 약 139만 2,000 km로서 지구 지름의 약 109배이고 부피는 지구의 약 130만 배이다. 태양계 질량의 약 99.8%를 차지하는 태양 질량은 지구의 약 33만 3,000배이다. 자전 주기는 약 1개월이며 우리의 은하에서 공전 주기는 약 2억 5,000만 년이다. 지구로부터의 최단 거리는 약 1억 4,710만 km이고 최장 거리는 약 1억 5,210만 km로, 평균 거리는 1억 5,000만 km에 해당한다. 태양 빛이 지구에 도달할 때까지 걸리는 시간은 약 8분 20초이다. 태양 표면인 광구 온도는 약 5,500℃이고 밀도는 물의 1/100만~1/1,000만 정도이다. 태양 내부는 대류층, 복사층, 핵의 세 부분으로 나누어져 있다. 대류층은 광구 아래의 층으로 온도는 약 110만℃이고 밀도는 물의 1/10 정도이다. 복사층은 대류층 아래의 층으로 온도는 약 250만℃이고 밀도는 물과 같다. 핵은 가장 안쪽에 있으며 온도는 약 1,500만℃이고 밀도는 물의 100배 정도이다.

행성은 지구의 크기 및 밀도(행성의 질량을 체적으로 나눈 값)와 비슷한 지구형 행성과 목성의 물리적 성질과 비슷한 목성형 행성으로 분류한다(표 3–2). 지구형 행성(일명 규산염 행성)은 밀도가 3.4~5.5 g/cm^3 정도의 값을 가지므로 철과 규소와 같은 무거운 원소들로 이루어져 있고 수성, 금성, 지구, 화성 등이 이에 포함된다. 목성형 행성(일명 수소 행성)은 밀도가 0.7~1.7 g/cm^3 정도의 값을 가지므로 수소와 헬륨과 같은 가벼운 원소들이 주성분이고 목성, 토성, 천왕성과 해왕성 등이 여기에 포함된다. 지구형 행성들은 태양 가까이 위치하고 중력이 작으므로 질소, 산소 및 이산화 탄소 등의 무거운 기체들의 대기를 가진다. 반면에 목성형 행성은 가벼운 기체를 잡아줄 수 있을 정도의 큰 중력을 가지고 있으므로 수소와 헬륨이 대기의 주성분이다. 한편 지구 궤도보다 태양에 가까운 안쪽 궤도를 도는 수성과 금성을 내행성(inferior planet)이라고 하고 지구 궤도보다 바깥의 큰 궤도에서 공전하는 나머지 5개의 행성을 외행성(superior planet)이라 한다. 내행성, 태

표 3–2 행성의 분류

구분	지구형 행성	목성형 행성
밀도(g/cm^3)	3.4~5.5	0.7~1.7
구성 원소	철, 규소	수소, 헬륨
행성의 종류	수성, 금성, 지구, 화성	목성, 토성, 천왕성, 해왕성
대기의 성분	질소, 산소, 이산화 탄소	수소, 헬륨

양, 지구가 일직선상에 존재할 때를 내합이라 하며, 지구, 태양, 외행성이 일직선상에 존재할 때를 외합이라 한다.

참조

광년

빛이 1년 동안 지나가는 거리로서 약 9조 4,600억 km이며 이 단위는 태양계 밖의 별의 거리를 측정할 때 사용된다.

행성

태양 주위를 도는 8개의 큰 천체로서 일명 혹성이라 한다. 별은 스스로 빛과 열을 내지만 행성은 그렇지 않기 때문에 별보다 훨씬 어둡고 작다. 수성, 금성, 화성, 목성, 토성과 천왕성은 지구에서 망원경 없이 맨눈으로 볼 수 있을 정도로 밝다. 8개의 행성을 모두 합한 질량이 태양 질량의 1/100도 안 되며, 가장 큰 행성인 목성의 지름은 태양의 1/10이다. 최근에 태양 이외에도 주위에 행성을 가진 별들이 몇 개 발견되었다.

소행성

태양 주위를 도는 작은 행성들로서 화성과 목성 사이의 궤도인 소행성대에 존재한다. 여기에는 지름이 30 km 이상인 소행성들이 천 개 이상 존재하며 소행성의 표면 온도는 평균적으로 약 −73°C이다.

3.3 뉴턴의 운동 역학

천동설에서 지동설로 넘어가는 과정에서 천체에 대한 사고의 중요한 변화 두 가지가 있다. 그 첫째가 우주의 크기인데 아리스토텔레스의 지구 중심의 천체관에서는 태양, 달, 화성, 수성, 목성, 금성과 토성 그리고 이들을 제외한 나머지 모든 항성이 여덟 번째의 구에서 지구를 중심으로 원을 그리며 전체적으로 여덟 개의 원 위에서 회전한다고 생각하였다. 따라서 우주의 크기는 유한하다고 보았다. 반면에 실제 별들은 빠른 속도로 움직이고 있는데 우리의 관찰에서는 항성들의 위치가 일정한 것처럼 보이는 것은 이들이 지구에서 아주 먼 거리에 있으므로 마치 정지해 있는 것처럼 보인다. 따라서 지동설에서는 우주의 크기는 무한하다고 보았다.

둘째, 아리스토텔레스는 물체가 지표면에 떨어지는 것은 우주의 중심인 지구의 중심으로 찾아가기 때문이라고 생각하였다. 천동설이 더 이상 받아들여질 수 없게 되자 지표면에 물체가 떨어지는 현상을 설명할 수 있는 새로운 설명이 필요하게 되었다. 따라서 지동설로 넘어가면서 지표면에 물체가 떨어지는 것은 두 물체 사이에 끄는 힘이 존재하기 때문이라는 만유인력 법칙이 나오게 되었다. 이제 자전 주기 역학이 어떻게 태동하였는지 그 배경과 내용에 대하여 알아보자.

갈릴레이는 근대 실험 과학의 창시자이면서 자연에 관한 연구에서 뛰어난 관찰과 감각을 갖고 있었고, 측정의 중요성을 강조하였다. 그는 운동에 관한 연구를 많이 하였는데, 천장에 매달린 추의 진동 주기가 추의 질량과 왕복 거리에 무관하게 일정하다는 진자의 등시성을 알아냈다. 피사의 사탑 실험에서 떨어지는 물체의 자유낙하 속도가 물체의 질량에 무관하게 일정하다는 운동 법칙을 발견하고 무거운 물체일수록 가벼운 것보다 먼저 떨어진다는 아리스토텔레스의 역학을 부정하였다. 갈릴레이의 자연에 대한 뛰어난 관찰은 자전 주기 역학의 기초가 되었다.

참조

낙하 운동

중력으로 인하여 물체가 지구 중심을 향하여 떨어지는 운동으로, 16세기 말까지 무게가 서로 다른 두 물체를 같은 높이에서 동시에 떨어뜨리면 무거운 물체가 가벼운 물체보다 먼저 떨어진다는 아리스토텔레스의 역학이 받아들여지고 있었다. 그러나 갈릴레이는 이 사실을 부정하였다. 1590년경에 갈릴레이는 피사의 사탑에서 크기가 서로 다른 두 개의 포탄을 동시에 떨어뜨렸더니 두 포탄이 거의 동시에 떨어졌지만 무거운 포탄이 가벼운 것보다 조금 먼저 떨어진 것을 발견하였다. 그러나 그는 이 차이는 두 포탄의 무게 차이만큼 크지는 않다는 것을 발견하고 이 차이가 공기의 저항 때문이라고 생각하였다. 그의 이런 생각은 널리 받아들여지지 않다가 1650년에 공기 펌프가 발명되면서 받아들여지게 되었다. 공기 펌프를 이용하여 긴 관 속의 공기를 제거한 후 그 속에서 동전과 깃털을 동시에 떨어뜨렸더니 이 둘이 동시에 바닥에 떨어진 것이다. 이처럼 진공에서 물체를 떨어뜨리면 물체에 작용하는 중력은 물체의 모양, 크기 그리고 무게에 무관하게 똑같이 작용하므로 물체는 동시에 나란히 떨어진다. 그러나 공기 중에서 물체를 떨어뜨리면 물체에는 중력뿐만 아니라 공기의 저항도 작용하기 때문에 물체의 모양에 따라 공기의 저항이 다르게 작용하여, 결과적으로 물체에 따라 낙하하는 속도가 달라진다.

인물보기 뉴턴

영국의 물리학자, 천문학자, 수학자 및 근대 이론과학의 선구자로서, 1642년 12월 25일에 잉글랜드 동부 링컨셔의 울즈소프에서 태어났다. 그의 아버지는 그가 출생하기 전에 사망하였고 그가 3세 때 어머니가 재혼하는 등 불운한 어린 시절을 보냈다. 공부보다 기계 장치 만들기에 더 관심이 많았던 뉴턴은 소년 시절에 소형 풍차, 물시계 그리고 해시계 등을 만들었다. 1661년 케임브리지의 트리니티 칼리지에 입학하여 1665년에 학사 학위를 받았다. 1664년에서 1666년 사이에 페스트가 유행하여 대학이 일시적으로 문을 닫자 뉴턴은 고향으로 돌아와서 대부분 시간을 사색과 실험에 보냈다. 그의 사과에 대한 일화를 포함해서 대부분의 위대한 업적들이 이 시기에 싹트게 되었다고 한다. 1667년에 대학이 다시 문을 열자 그는 이 대학의 펠로우(특별연구원)가 되었고 이듬해에 석사 학위를 받았다. 1669년에 케임브리지 대학교의 수학 교수가 되었고 수학, 천문학, 기하학 그리고 광학 등의 여러 과목을 가르쳤다. 뉴턴은 광학에도 관심을 가져 많은 연구를 하였는데, 빛을 유리로 만들어진 프리즘에 통과시켜 보고 백색의 빛이 여러 가지 색깔을 띤 빛들의 혼합체임을 알게 되었다. 1668년 뉴턴식 반사망원경을 제작하여 천문 관측에 크게 공헌하였고 이 공로로 1672년 왕립학회 회원이 되었다. 1672년부터 1675년까지의 3년 동안의 연구 결과를 1704년에 『광학』이라는 책으로 출간하였다. 이 책에서 그는 물체가 색깔을 띠는 이유를 설명하였으며 그의 이론은 스펙트럼 분석학의 토대를 마련하였다.

뉴턴의 최대 업적은 역학에 있다. 특히 그는 지구 중력이 달에까지 미친다고 생각하였고 이 사실과 행성 운동 사이의 관계를 고찰하였다. 1670년대 말 당시 사람들도 행성의 운동에 대한 힘이 두 행성 사이의 거리 제곱에 반비례한다는 사실을 어렴풋이 알고 있었지만, 수학적으로는 설명하지 못하였다. 뉴턴은 이 문제를 해결하고 '만유인력 법칙'을 확립하였다. 이 법칙에 의하면 우주에 있는 모든 물체는 서로 끌어당기는 힘이 작용하고 이 힘으로 무게가 결정된다. 지구가 끌어당기는 힘이 작은 자갈보다 큰 바위에 크게 작용하는 이유는 바위의 질량이 더 크기 때문이다. 1687년에 『프린키피아(자연철학의 수학적 원리)』라는 책을 출간하였고 이 책으로 이론물리학의 기초가 다져졌고 뉴턴 역학의 체계가 세워졌다. 라틴어로 기록된 이 책은 전체적으로 3부로 되어 있으며 역학의 원리, 인력의 법칙과 그 응용, 태양과 행성의 운동 및 조석의 이론까지 다양하게 서술되어 있다. 이 책을 출판한 뒤에 그는 여러 활동을 하면서 보냈다. 1689년에 의회에서 케임브리지 대학교를 대표하는 회원이 되었으며, 1696년에 조폐국 감독관, 1699년에 조폐국장이 되었고, 1703년에 왕립학회 회장이 되었다. 평생을 독신으로 보낸 그는 1727년 3월 20일에 죽었고 웨스트민스터 사원에 묻혔다. 뉴턴은 수학, 물리학, 천문학의 발전에 크게 기여하였고 인류 역사에서 가장 위대한 과학자로 일컫는다. 신중하면서도 겸손했던 뉴턴은 죽기 전에 자신에 대하여 다음과 같이 말하였다.

"I do not know what I may appear to the world, but to myself I seem to have been only like a boy playing on the sea-shore, and diverting myself in now and then finding a smoother pebble or a prettier shell than ordinary, while the great ocean of truth lay all undiscovered before me."

뉴턴은 갈릴레이가 죽은 해인 1642년에 영국에서 미숙아로 태어났다. 그는 케임브리지 대학교의 트리니티 대학에 입학하였는데, 케임브리지 대학교가 흑사병으로 18개월간 문을 닫자 1666년에 고향에 돌아와 휴식을 취하던 중 사과나무에서 사과가 떨어지는 것을 보고 중력이 얼마나 멀리까지 작용하는지에 대하여 생각하였다고 한다. 또 달이 지구로 떨어지지 않는 이유에 대해 의문을 가졌으며 천체가 원운동을 하기 위해서는 원심력에 대항하는 힘이 존재해야 한다고 생각하기도 하였다(당시에 이미 원 운동하는 물체는 중심으로부터 멀어지려는 원심력이 작용한다는 것이 알려져 있었다). 수학에 뛰어난 재능을 가졌던 뉴턴은 지구가 달을 끌어당기는 힘과 사과를 지표면으로 떨어지게 하는 힘이 같다는 것을 증명하였고 18개월간의 연구 결실을 정리하여 운동 역학과 만유인력의 법칙을 발표하였다. 뉴턴의 운동 법칙(Newton's law of motion)은 고전 역학의 기초를 이루는 중요한 세 가지 법칙으로 물체의 운동과 힘 사이의 관계를 나타낸다. 이 법칙은 물체의 이상적인 운동을 나타내는 것으로서 공기 저항이나 마찰은 전혀 고려하지 않았다.

뉴턴의 제1 법칙은 "운동하고 있는 물체는 외부에서 힘을 가하지 않는 한 일정한 속도의 운동, 즉 등속 직선 운동을 계속하고 정지한 물체는 외부에서 힘을 가하지 않는 한 계속 정지해 있다."라고 정리할 수 있으며 일명 관성의 법칙(Law of Inertia)이라고 불린다. 관성은 운동하고 있는 물체는 계속 운동하려 하고, 정지하고 있는 물체는 계속 정지하려 하는 물체의 성질을 나타낸다. 외부에서 가해 준 힘이 물체가 가지고 있는 관성을 이겨야 물체의 운동을 변화시킬 수 있게 된다. 물체가 무거울수록 그 물체를 움직이거나 물체에 속도 변화를 주는 것이 쉽지 않기 때문에 관성이란 그 물체를 움직이기에 얼마나 어려운지를 나타내는 말로 사용되기도 한다. 뉴턴의 제1 법칙의 예를 들면 버스가 일정한 속도로 움직이다가 운전기사가 갑자기 브레이크를 밟으면 승객의 몸은 계속 앞으로 가려는 관성에 의해 앞으로 쏠리게 된다. 반대로 정지해 있던 버스 기사가 가속 페달을 밟으면 버스는 앞으로 나아가고 승객은 계속 정지하려는 관성에 의해 몸이 뒤로 쏠리게 된다. 운동을 기술할 때는 기준이 되는 좌표계가 필요한데 제1 법칙이 성립하는 좌표계를 관성 좌표계라 한다.

뉴턴의 제2 법칙은 외부에서 물체에 힘을 가했을 때 물체의 운동이 어떻게 변화하는지를 설명하는 법칙이다. 즉, 힘은 물체의 운동을 변화시켜 준다. 이때 물체가 나타내는 운동의 변화는 외부에서 가해 준 힘의 크기와 물체의 질량에 의존하게 된다. 일정한 힘에 대하여 가벼운 물체가 무거운 물체보다 운동의 변화를 크게 나타낸다. 그리고 외부에서 가한 힘의 방향에 따라 물체의 이동 방향도 결정된다. 예를 들면 물체의 밑면에 힘이 가해지면 물체는 위로 움직이게 되는 것이다. 다시 말해서 운동 제2 법칙은 "물체에 생기는 가속도는 가해 준 힘에 비례하고 물체의 질량에 반비례한다."라고 요약할 수 있으며 일명 가속도의 법칙이라고 한다.

$$F = ma$$

이 식에서 F는 물체에 가해 준 힘(Newton, N), a는 물체가 나타내는 가속도(m/s^2)이고 m은 물체 고유의 값(kg)으로 관성 질량(inertial mass)이라고 한다. 힘이 영(0)이 되면 질량은 영이 될 수 없으므로 가속도가 영이 된다. 가속도가 영인 경우는 등속 운동에 해당하므로 제1 법칙은 제2 법칙의 특수한 경우로서, 즉 2 법칙에 포함된다고 할 수 있다. 운동 제2 법칙의 예를 들면, 같은 힘이 축구공과 볼링공에 적용되면 가벼운 축구공이 더 빨리 움직이거나 지면과 평행하게 대포를 쏘면 운동 제1 법칙에 의해서 대포알은 직선 운동을 계속할 것이지만 지구 중력에 의해서 대포알은 곧 지면으로 떨어지게 된다. 지구 중력이 대포알에 작용했기 때문이다.

힘의 단위에는 1 g의 물체에 1 cm/sec^2의 가속도를 생기게 하는 CGS 단위인 dyne과 1 kg의 물체에 1 m/sec^2의 가속도를 생기게 하는 MKS 단위인 N(newton)이 있다. 또한 1 g의 물체에 작용하는 중력인 g중과 1 kg의 물체에 작용하는 중력인 kg중과 같이 지구의 모든 물체에 작용하는 중력에 의한 중력 단위가 있다.

뉴턴의 제1 법칙인 관성의 법칙으로 물체가 운동 상태를 계속 유지하기 위해서는 힘이 필요하다던 아리스토텔레스의 역학이 부정되었다. 그리고 힘이란 운동 상태를 계속 유지하기 위해 필요한 것이 아니라, 운동 상태를 바꾸기 위해 필요하다는 뉴턴의 제2 법칙인 가속도 법칙은 모든 물체의 운동을 설명할 수 있는 뉴턴 역학의 핵심이다.

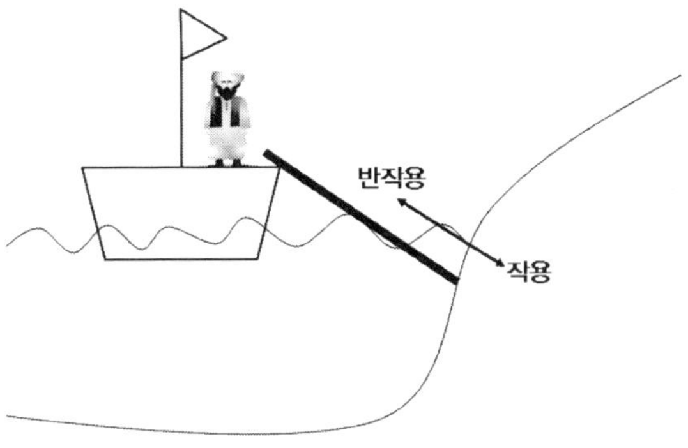

그림 3-3 작용과 반작용

뉴턴의 제3 법칙은 "모든 힘에는 크기가 같고 방향이 반대인 반작용의 힘이 평형을 이루고 있다."라는 것이며 일명 작용 반작용 법칙이라고 한다. 운동 제3 법칙의 예를 들면 강물에 떠 있는 뗏목에서 사람이 막대기로 강바닥을 밀어주면 여기에 가한 힘과 크기는 같지만, 방향이 반대인 반작용이 작용하기 때문에 뗏목이 앞으로 나아간다. 또한 총을 쏘면 총알이 나아가는 작용에 대한 반작용으로 어깨가 뒤로 밀리게 된다(그림 3-3). 앞의 두 가지 예의 경우와는 달리 반작용은 눈으로 확인할 수 없다. 예를 들면 큰 건물의 벽에다 야구공을 던지거나 발로 축구공을 차면 공은 튀어 나가지만 무거운 건물의 벽이 뒤로 물러나는 것은 볼 수 없다.

20세기 초에 발표된 아인슈타인의 특수 상대성 이론에 의하면 물체의 속도가 광속에 가까워지면 물체의 질량은 고유한 값이 아니고 무한히 증가하게 된다. 따라서 뉴턴의 운동 법칙, 특히 제2 법칙은 수정이 불가피하게 되었다.

뉴턴의 중력 이론에 의하면 "두 물체 사이에 작용하는 중력(만유인력)은 두 물체의 질량에 정비례하고 두 물체의 무게중심 사이의 거리 제곱에 반비례한다."로 나타낼 수 있다.

$$F \propto Mm/r^2$$

이 식에서 M과 m은 두 물체 각각의 질량을, r은 두 물체 사이의 거리를 나타낸다. 즉 두 물체의 질량이 커질수록 이들 사이에 작용하는 중력의 크기는 커지게 되고 두 물체 사이의 거리가 2배로 늘어나며, 이들 사이의 중력은 원래 값의 1/4로 줄어든다.

뉴턴 역학으로 인하여 케플러의 행성에 대한 운동 법칙을 설명할 수 있게 되었는데, 여기서 만유인력 법칙이 케플러의 제3 법칙인 조화 법칙을 유도하는 데 어떻게

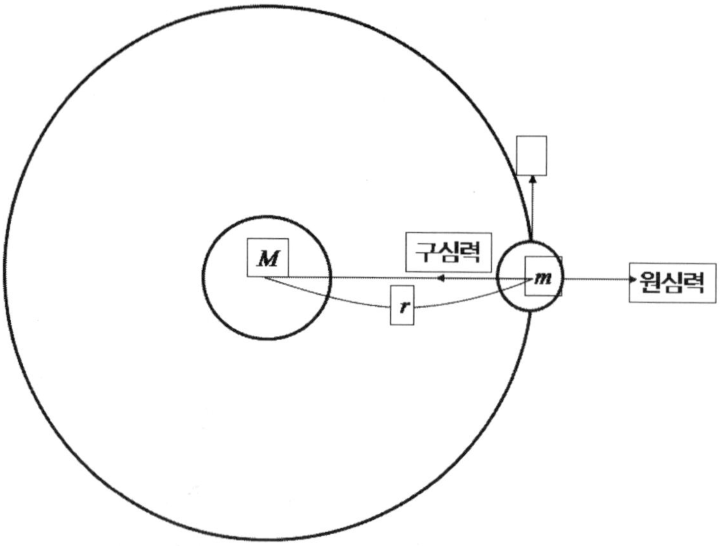

그림 3-4 원심력과 구심력

이용되는지 알아보자.

원 운동하는 물체는 원운동에서 벗어나려는 원심력과 원운동 궤도에 있으려는 만유인력(구심력)이 균형을 이루고 있으므로 다음 식이 가능하다(그림 3-4).

$$\frac{mv^2}{r} = \frac{GMm}{r^2}$$

이 식에서 v는 공전 속도를 나타낸다. 따라서 공전 속도는 다음과 같이 나타낼 수 있다.

$$v = \sqrt{\frac{GM}{r}}$$

이 식을 원운동의 주기에 대입하면 케플러의 제3 법칙을 얻을 수 있다.

$$T = \frac{2\pi r}{v} = \frac{2\pi r}{\sqrt{\frac{GM}{r}}}$$

$$T^2 = \frac{4\pi^2 \times r^3}{GM}$$

참조

구심력(centripetal force)

물체가 원운동할 수 있도록 중심 쪽으로 작용하는 힘으로, 줄에 돌을 매달아서 빙빙 돌리면 사람이 이 줄을 끌어당김으로써 돌은 원운동을 할 수 있다. 이때 사람이 잡아당기는 힘이 구심력이며, 이 줄을 놓으면 돌은 더 이상 원운동을 할 수 없게 된다. 굽은 도로 위를 자동차가 움직일 때도 구심력이 작용해야 한다. 이때 구심력은 자동차 바퀴와 도로 사이의 마찰로부터 나온다. 만약 도로가 얼어 빙판이 되면 자동차 타이어와 도로 사이의 마찰력은 줄어들어 자동차는 더 이상 원운동을 하지 못하고 미끄러져서 도로 밖으로 이탈하게 된다.

1687년에 뉴턴은 자신이 개발한 미분법과 적분법을 사용하여 물체(천체 포함)의 운동 역학에 대한 법칙과 만유인력의 법칙을 정리하여 『프린키피아(Philosophiae Naturalis Principia Mathematica)』라는 저서를 출판하였다. 이 책은 총 3부로 구성되었고 라틴어로 쓰였으며 우리나라에서는 1998년에 번역 출판되었다.

참조

뉴턴 역학

뉴턴의 세 가지 운동 법칙인 관성 법칙, 힘과 가속도 법칙, 작용 반작용 법칙을 토대로 한 역학(물체에 작용하는 힘과 운동 사이의 관계를 연구하는 물리학의 한 분야)이다. 뉴턴의 운동 법칙은 역학뿐 아니라 전자기학과 열역학 분야에도 기초가 되었다. 그러나 뉴턴 역학의 절대적 시간과 공간 개념은 아인슈타인의 상대성 이론에 의하여 큰 변화를 겪게 되었고 원자와 같은 미시 세계에서는 뉴턴 역학이 잘 들어맞지 않는 한계를 드러내게 되었다. 아인슈타인은 만유인력에 대한 뉴턴의 설명을 반대하였지만, 만유인력이 존재한다는 사실은 부정하지 않았다. 그는 또한 뉴턴의 연구 결과 없이는 자신의 연구 업적도 불가능하였을 것이고 뉴턴의 생각은 물리학의 발전에 크게 공헌하였다고 말하였다.

미적분학의 창시자

독일의 수학자이자 철학자인 라이프니츠(G.W. Leibniz; 1646~1716)와 비슷한 시기에 뉴턴은 독자적으로 수학의 새로운 분야인 미적분학을 발견하여 근대 수학의 줄기를 바꾸었다. 따라서 뉴턴과 라이프니츠는 미적분학의 창시자이다.

3.4 파동 그리고 소리와 빛

파동 그리고 소리와 빛은 파동이라는 공통된 성질을 갖고 물리학에서 서로 연관된 개념으로 다루어진다. 이 세 가지는 파동이라는 공통된 성질을 갖지만, 그 성질이 특히, 전달 방식이 서로 다르다.

1. 파동(Wave)

주변으로 진동이 퍼지면서 에너지를 전달하는 파동은 에너지만 전달하고 물질은 이동하지 않는다. 파동의 종류는 기계파와 전자기파로 구분된다. 기계파는 매질(물질)이 있어야 전달되고 여기에는 소리와 물결 등이 있다. 그리고 전자기파는 매질이 없이도 진공에서 전달되며 여기에는 빛과 전파 등이 존재한다.

2. 소리(Sound)

매질이 있어야 전달되는 소리는 기계파의 일종으로 파동의 진행 방향과 입자의 진동 방향이 같은 종파(압축파)의 특징을 가진다. 매질이 고체에서 액체로 그리고 기체로 갈수록 전달 속도는 감소한다. 공기 중에서 약 340 m/s의 속도로 이동한다. 진공에서는 전달되지 않는다. 소리는 진폭이 클수록 그 크기(볼륨)가 크고 주파수(헤르츠, Hz)가 높을수록 음(피치)이 높은 성질을 가진다.

3. 빛(Light)

전자기파의 일종인 빛은 진공에서도 전달되고 진행 방향과 진동 방향이 수직인 횡파의 특징을 가진다. 진공에서 약 3.0×10^8 m/s의 속도를 가지고 파장이 증가함에 따라 X선, 자외선, 가시광선, 적외선과 마이크로파 등으로 나뉜다.

빛은 파동의 성질과 입자의 성질을 모두 가진다. 이를 빛의 이중성이라 한다. 파동의 성질은 간섭, 회절과 편광으로 나타나고 매질이 바뀜으로써 방향이 꺾이는 현상을 굴절이라 한다. 빛의 입자성은 광전 효과(photoelectric effect)로 설명된다.

4장

물질의 본질

4.1 원자설의 등장 | 4.2 원자의 구조 | 4.3 소립자의 세계 | 4.4 자연에 존재하는 힘

4.1 원자설의 등장

오늘날의 터키 지방에 해당하는 이오니아에서 살았던 탈레스(Thales, B.C. 624~546)는 가장 먼저 물질의 근원을 생각한 그리스 최초의 철학자이자 자연과학자였다. 그는 모든 물질의 근본은 물이라고 했으며 지구가 물 위에 떠 있다고 생각하였다. 이 생각은 오늘날 지판(plate)이 용암 위에 떠다니는 것과 아주 유사하였다. 한편 아낙시메네스(Anaximenes; B.C. 550~475)는 만물의 근원은 공기라고 생각하였다.

자연의 모든 것이 수(number)의 조화로 결정된다고 생각하는 피타고라스 학파에 영향을 받은 엠페도클레스(Empedocles; B.C. 500~430)는 아낙시만더(Anaximander; B.C. 611~547)가 주장한 우주의 네 가지 구성 원소인 공기, 물, 불, 흙이 사랑과 미움의 두 가지 힘의 작용으로 적당한 비율로 섞여서 여러 가지 물질들을 만들어낸다고 생각하였다. 이 생각은 여섯 가지 쿼크(quark)와 여섯 가지 렙톤(lepton) 등 총 12개의 입자로 물질세계가 이루어졌고 자연에는 중력, 전자기력, 강한 핵력과 약한 핵력의 네 가지 힘이 존재한다는 오늘날의 개념과 비슷하다.

B.C. 4세기경 그리스의 철학자 데모크리토스(Democritus; B.C. 460~370)는 물질을 쪼개어 나가면 더 이상 나눌 수 없는 a-tom이라는 입자에 도달할 것이고

그 입자들 사이는 비어있다고 생각하였다. 그는 원자의 종류가 유한하다고 생각했으며, 특히 원자의 형태를 중요시하고 원자의 모양이 모든 물질의 성질을 결정한다고 여겼다. 예를 들면 단맛을 내는 원자는 부드럽고, 자극적인 맛을 내는 원자는 뾰족하다는 식이였다. 그 당시에 아리스토텔레스는 데모크리토스의 생각을 반박하고 대신 엠페도클레스의 이론을 받아들였는데, 그의 이런 생각은 17세기까지 과학자와 철학자들에게 영향을 끼쳤다.

인물보기 데모크리토스

그리스 유물론적 철학자인 그는 행복주의 윤리학을 대표한다. 중요 부분이 많이 전해지지는 않는 그의 저서 『작은 세계 체계』에서, 그는 자신의 윤리학적 견해를 제시하고 있다. 자연주의와 합리주의로 특징지어지는 그의 윤리학에서 지혜는 최고의 덕이며 이성은 도덕적 행위의 기준이고 현명한 자는 도덕적인 사람이고 무식한 자는 부도덕한 사람이 된다.

1803년에 영국의 물리학자이자 화학자인 돌턴(John Dalton; 1766~1844)에 의해 원자(atom)에 대한 근대적인 개념이 확립되었다. 모든 물질은 원자라는 매우 작은 입자로 구성되어 있다는 그의 원자설은 다음과 같은 특징을 가진다.

① 모든 물질은 더 이상 쪼갤 수 없고 눈에 보이지 않는 매우 작은 입자인 원자로 구성되어 있다.

② 한 원소(element)를 이루는 원자들은 모양과 질량, 성질이 같고 다른 원소의 원자는 모양과 질량, 성질이 다르다.

③ 화합물(compound)은 언제나 서로 다른 원자들 사이에 간단한 정수비로 결합하여 생성된다.

④ 화합물은 원자들의 일정한 배열로 구성된다. 화학 반응은 물질을 구성하는 원자들이 결합하거나 분리 또는 재배열한 것이며 이때 원자는 새로 만들어지거나 없어지지 않는다.

18세기 말경에 프랑스의 화학자인 라부아지에(Antoine Laurent de Lavoisier; 1743~1794)가 질량 보존 법칙을, 그리고 프랑스의 화학자인 프루스트(Joseph Louis Proust; 1754~1826)가 일정 성분비 법칙을 발표하여 이미 원자의 존재를 실험적으로 확인하였다. 돌턴은 이 실험 결과들을 이론적으로 설명하기 위해서 물질을 구성하는 기본 입자인 원자를 가정하였으므로 그의 원자설은 당시에 널리 받아들여졌다. 돌턴의 원자설은 화학식을 결정할 수 있게 해 주었고, 화학 반응의 양적인 관계를 잘 설명할 수 있게 하였으므로 근대 화학 발전에 크게 공헌하였다. 핵반응에서 원자들이 쪼개짐으로써 더 작은 입자들이 발견되었고 같은 원소이지만 질량수가 서로 다른 동위 원소들의 발견으로 돌턴의 원자설 가운데 ①과 ②는 이제 더 이상이 사실이 아니다.

참조 **배수 비례 법칙**

영국의 과학자인 돌턴에 의하여 발견된 법칙으로 두 가지의 원소들이 결합하여 두 가지 이상의 화합물들을 만들 때 한 원소의 일정량과 반응하는 다른 원소의 질량 사이에는 간단한 정수비가 성립한다는 것이다. 예를 들면, 탄소와 산소가 결합하여 생성되는 일산화 탄소(CO)와 이산화 탄소(CO_2)에서 일정량의 탄소와 반응하는 산소 원자 수(질량)의 비는 1 : 2이다. 돌턴의 원자설이 발표되기 전에 발견된 배수 비례 법칙, 질량 보존 법칙, 일정 성분비 법칙은 원자설 발표의 근간을 마련하였다.

참조 **일정 성분비 법칙**

1799년에 프랑스의 화학자인 프루스트가 발표한 것으로 화합물을 구성하는 원소들 사이의 질량비는 일정하다는 법칙이다. 이 법칙은 돌턴이 원자설을 발표할 수 있도록 하는 기초가 되었다. 이 법칙에 의하면 물을 구성하는 수소와 산소 사이의 질량비는 항상 1 : 8이다.

인물보기 **돌턴**

신사이면서 독실한 퀘이커교도(Quaker, 절대 평화주의자)인 영국의 화학자 돌턴은 주의 깊게 측정하였고 연구 기록을 상세하게 보관하였으며 집필할 때는 확실하게 표현하였다. 그러나 그는 말이 서툴러 강의를 잘하지는 못하였다. 돌턴이 66세이었을 때 몇몇 그의 팬들은 그에게 King William Ⅳ를 부여하려 하였으나 그는 이를 거절하였다. 그가 옥스퍼드 대학교에서 박사 학위를 받은 이후로 옥스퍼드의 주홍색의복을 입는 것이 적절하다고 생각하였지만, 그는 주홍색 옷을 입을 수 없었다. 색맹이어서 주홍색을 회색으로 보았기 때문이다. 이로 인하여 돌터니즘(Daltonism)은 색맹을 뜻하는 말이 되었다. 사실, 돌턴은 색맹의 불리함을 넘은 최초의 과학자였다. 1802년에 물리학의 기본 법칙인 기체의 부분 압력 법칙(밀폐 용기 속의 여러 가지 혼합 기체의 전체 압력은 각 성분 기체의 부분 압력의 합과 같다.)을 발견하였으며 영국 과학 진보협회(British Association for the Advancement of Science)를 설립하였다. 그는 또한 기상학에서도 20만 번 이상의 주해를 남길 정도로 조예가 깊었다. 이와 같은 업적에도 불구하고 돌턴은 명예를 가까이하지 않았고 결혼도 하지 않았다.

4.2 원자의 구조

질량을 가지면서 공간을 차지하는 물질을 구성하는 가장 기본적인 입자인 원자들의 질량 차이는 크다. 하지만 그 크기는 비슷하다. 예를 들면, 자연에서 발견되는 가장 무거운 원자인 플루토늄의 질량은 가장 가벼운 수소 원자보다 200배 이상 무겁다. 하지만 플루토늄 원자의 지름은 수소 원자의 3배 정도에 불과하다. 물질을 쪼개 나가면 원자에 도달하게 된다. 원자는 핵과 전자로 이루어져 있으며, 핵은 양성자와 중성자로 이루어져 있다. 이들 양성자, 중성자와 전자처럼 원자보다 작으면서 물질을 구성하는 단위를 아원자 입자라고 한다. 이제 원자 세계를 이루는 전자와 핵 그리고 핵을 구성하는 양성자와 중성자가 어떻게 발견되었는지에 대해 알아보자.

1858년에 독일의 물리학자인 플뤼커(Julius Plucker; 1801~1868)는 거의 진공상태의 유리관[독일 본의 유리 기구 제작자인 가이슬러(Heinrich Geißler; 1814~1879)가 제작하였기 때문에 가이슬러관이라 불렀다]에 전기방전을 시켰을 때 자기장이 방전관에 미치는 영향을 연구하였다. 이 연구에서 플뤼커는 자기장에 의해서 기체 방전이 휘는 것을 발견하였다.

1870년대에 영국의 물리학자이자 화학자인 크룩스(Sir William Crooks; 1832~1919)는 진공관의 종류인 크룩스관을 만들어서 음극선의 흐름을 연구하였다. 크룩스관에 고전압을 걸어 주면 보이지 않는 방사선인 음극선이 음극(−)에서 양극(+)으로 직선으로 방출되는데 내부가 황화 아연으로 코팅된 유리관에 음극선이 충돌하면 황록색의 형광이 발생하게 된다. 이 선이 진행하는 통로에 금속판의 장애물을 놓게 되면 음극의 맞은편에는 그림자가 생기게 된다. 1879년에 크룩스는 이 연구에서 음극선이 음전하를 띤 입자의 흐름이라고 생각하였다.

현대 물리학이 시작된 1895년에 독일의 물리학자인 뢴트겐(Wilhelm Konrad Röntgen; 1845~1923)은 음극선 실험에서 발생하는 음극선(cathode ray)이 유리 벽에 부딪히면서 투과력이 강한 선이 나오는 것을 관찰하고 이 선의 정체를 몰라서 X-선이라고 하였다. 그는 X-선을 발견한 업적으로 1901년에 첫 번째 노벨 물리학상을 받았다.

인물보기 **뢴트겐**

독일 프로이센의 린네프(현재의 렘샤이트)에서 출생한 뢴트겐은 뷔르츠부르크 대학교의 교수로 재직하면서 X-선을 발견하였다. 1895년에 뢴트겐은 검은 종이로 덮은 크룩스관에 전류를 흘려 주었더니 주위에 있던 사진 건판에 검은 상이 나타나는 것을 관찰하였다. 그 당시까지 알려지지 않은 선이 크룩스관에서 나온다고 생각한 그는 그 광선의 정체를 몰라서 X-선이라고 하였다. X-선은 동물의 살은 통과하였지만, 금속이나 뼈는 통과하지 못하였기 때문에 그는 X-선을 이용하여 자신 아내 손뼈 구조 사진을 찍었다. X-선으로 인해 의학이 눈부시게 발전하였고 또한 원자의 구조를 이해하는 데 큰 발전이 있었다. 독일에서는 그를 기리기 위해 X-선을 뢴트겐선이라고 한다. 1901년에 뢴트겐은 X-선 발견으로 첫 번째로 노벨 물리학상을 받았다.

1896년에 프랑스의 물리학자인 베크렐(Antoine Henri Becquerel; 1852~1908)은 X-선이 어디서 오는지 연구하다가 우연히 우라늄광의 방사능을 발견하였다. 그는 필름이 들어 있는 사진 건판 위에 우라늄 광석을 올려놓고 며칠간 여행을 다녀온 뒤에 이 필름을 현상해 보고 광석 모양의 상이 그대로 생긴 것을 관찰하였다. 그러나 우라늄 동위 원소가 다른 원소로 변환(transmutation)되면서 방사선을 낸다는 것을 그 당시에는 몰랐기 때문에 그는 우라늄이 복사의 형태로 에너지를 내놓는다고 설명하였다. 그 후에 영국의 물리학자인 러더퍼드(Ernest Rutherford; 1871~1937)가 이 복사 에너지 입자가 알파 입자와 베타 입자임을 실험적으로 확인하고 명명하였다. 1898년에 프랑스의 물리학자인 마리 퀴리(Marie Curie; 1867

~1934)와 피에르 퀴리(Pierre Curie; 1859~1906)는 복사 에너지를 내놓는 또 다른 물질을 발견하고서 각각 폴로늄과 라듐으로 명명하였다.

인물보기 **베크렐**

프랑스의 파리에서 출생한 베크렐은 자연 방사능을 발견한 공로를 인정받아 1903년에 퀴리 부부와 노벨 물리학상을 공동 수상하였다.

참조 **양극선(anode ray)**

진공 방전관에 약간의 기체를 넣고 전기방전을 시키면 양극에서 음극 쪽으로 흐르는 선으로서 이 선은 음극선이 관에 넣어 준 기체와 충돌하여 나온 기체의 양이온으로 일명 커낼 선이라 한다. 1886년에 독일의 물리학자인 골트슈타인(Eugen Goldstein; 1850~1930)이 진공 방전관에 약간의 수소 기체를 넣고 고전압을 걸어 주었을 때 음극 쪽으로 흐르는 수소 이온, 즉 양성자를 발견하였다.

1897년에 영국의 물리학자 톰슨(Joseph J. Thomson; 1856~1940)은 음극선이 진행하는 경로에 전기장을 걸어 주면 음극선이 (+)극 쪽으로 휘어지고 자기장을 걸어 주면 음극선이 휘어지는 것을 관찰하고서 음극선의 본질이 음전하를 띠고 질량을 가진 입자임을 밝혔다. 그리고 그 입자를 전자(electron)라고 명명하였다(그림 4-1). 음극선은 라듐과 같은 방사성 동위 원소가 내놓는 베타 입자와 같다.

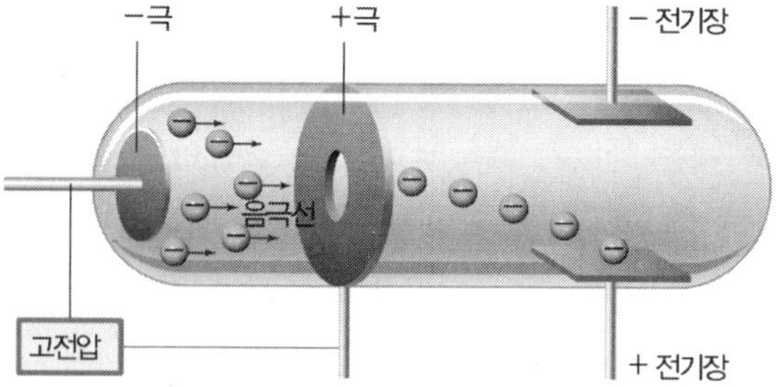

그림 4-1 음극선 실험 장치

인물보기 톰슨

영국의 맨체스터 근교에서 출생한 그는 1884년에 케임브리지 대학교에서 캐번디시 교수로 선출될 때까지 수학 분야에서 주로 연구했던 과학자였다. 그는 실험 기술이 뛰어나지 않았지만, 실험을 제안하고 그 결과들을 해석하는 능력이 우수하였다. 음극선관을 이용하여 전자를 발견한 업적으로 그는 1906년에 물리학 분야에서 노벨상을 받았고 1908년에 기사 작위를 받았다. 그 이후에 그의 연구를 도와주었던 일곱 명의 제자들도 노벨상을 받았다. 제자들 가운데 한 명인 그의 아들 조지 패짓 톰슨(George Paget Thomson; 1892~1975)은 미국의 물리학자인 데이비슨(Clinton Joseph Davisson; 1881~1958)과 함께 1937년에 노벨 물리학상을 받았다. 그는 죽어서 웨스트민스터 대사원에 있는 뉴턴의 무덤 가까이에 묻혔다.

참조 전기장 또는 자기장 하에서 전자의 운동

등속도 운동을 하는 전하를 띠는 전자가, 전기장에 직각으로 들어가면 전기장의 (+)극으로 등가속 운동을 하는 포물선 경로를 만들고, 자기장에 직각으로 들어가면 운동 방향에 수직으로 자기장에 의해 힘을 받아서 원운동을 하게 된다.

1909년에 미국의 물리학자인 밀리컨(Robert Andrews Milikan; 1868~1953)은 그림 4-2와 같이 기름방울을 이용한 실험을 하였다. 기름방울이 위쪽의 양극과 아래쪽의 음극으로 이루어진 하전 판 사이에 들어가게 한 후 X-선을 이용하여 기름방울을 음으로 전하를 띠게 하였다. 그리고 음으로 전하를 띤 기름방울이 중력에 의해 내려가는 것과 음전하의 기름방울과 양극 사이의 인력이 균형을 이루도록 전압(V)을 조정하여 전기장(E)을 만들어서 공중에 떠 있게 하였다. 이때 기름방울에 가해지는 전기력과 중력이 같으므로 $qE=mg$ 식에서 기름방울의 전하량 q를 구할 수 있다. 이 기름방울 실험에서 각 기름방울이 최소 전하량의 정수배로 하전되어 있는 것을 알고 최소의 전하량, 즉 전자의 전하(e = -1.602×10^{-19} Coulomb)를 정확하게 측정하였다. 또한 이 실험에서 전자의 질량이 9.11×10^{-31} kg이 되는 것도 알게 되었다. 전자 1몰의 전하량인 1 패러데이(96478 C)를 전자 한 개의 전하량으로 나누면 아보가드로수(6.022×10^{23})를 정확하게 얻을 수 있다.

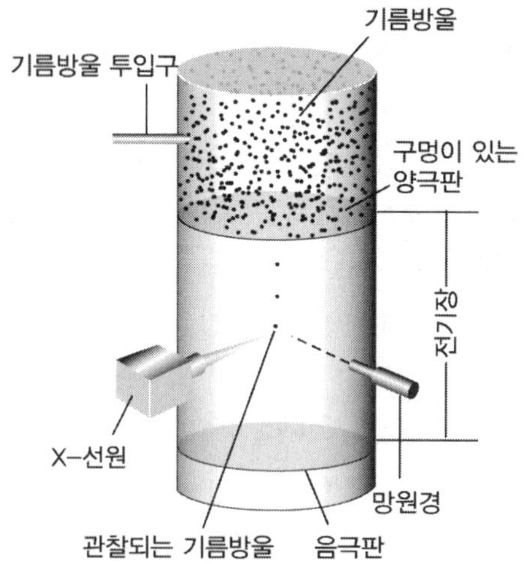

그림 4-2 밀리칸의 기름방울 실험

인물보기

밀리컨

미국 일리노이주에 있는 모리슨에서 출생한 그는 1893년에 오하이오주에 있는 오벌린 대학에서 석사 학위를, 그리고 컬럼비아 대학교에서 박사 학위를 받았다. 그 이후 시카고 대학교에서 지내면서 1909년부터 전자의 전하량에 관한 연구하였다. 1923년에 기름방울 실험으로 노벨 물리학상을 받았다. 그리고 1921년에서 1945년 사이에 캘리포니아 공과대학의 노먼브리지 물리학연구소의 소장으로 지내면서 우주선(cosmic ray)에 관한 연구를 하였다. 1925년에 우주선이 우주로부터 나온다는 것을 입증했으며 기구를 이용해서 우주선의 세기를 최초로 측정하였다. 그가 속한 연구진은 또한 중간자를 발견하였다.

아보가드로

아보가드로(Amadeo Avogadro; 1776~1856)는 이탈리아의 유명한 법률가의 집안에서 태어났고 법률가가 되도록 교육받았으나 24세에 유산을 버리고 여생을 과학에 바치기로 결심하였다. 그는 물리학과 수학 분야의 교수가 되었고 혼자서 연구를 수행하였다. 그는 과학 모임에 참석하지 않았고 그의 생각을 교환할 동료들을 찾으려 하지도 않았다. 연구 발표를 거의 하지 않았지만, 그의 연구 결과는, 그가 죽은 80의 나이에, 손으로 쓴 75권의 노트로 나타났다. 아보가드로의 내성적 성격 때문에 기체 부피에 대한 그의 생각은 그가 죽을 때까지 인정받지 못하였고 이탈리아의 화학자인 카니자로(Stanislao Cannizzaro; 1826~1910)가 세상에 알림으로써 과학 협회에 의하여 그 진가가 주목받기 시작하였다. 같은 온도와 압력에서 같은 부피의 기체 질량을 비교함으로써 상대적인 분자량을 비교할 수 있었고, 반응에서 결합한 기체 부피를 조사함으로써 화학식을 추론하는 것이 가능해졌다. 이전에는 수소 분자가 두 개의 수소 원자로 구성되는 것을 알지 못하였고 물 분자가 두 개의 수소 원자와 하나의 산소 원자로 구성되는 것을 인지하지 못하였다. 오늘날 아보가드로의 이름을 아보가드로수와 종종 연관시킨다. 그러나 몰과 몰에 존재하는 입자 수에 대한 현대적 정의는 그가 직접 발견한 것은 아니다. 1811년에 다음과 같은 간단한 말로 그는 유명해졌다; "같은 부피에 있는 기체 분자들의 수는 언제나 같다." 이 개념은 원자량과 화합물에 대한 화학식을 이해하는 데 문을 열어 준 것과 같다.

1904년에 톰슨은 원자의 구조에 대한 최초의 모형을 제안하였다. 이 모형에 의하면 원자 구조는 골고루 퍼져 있는 양전기의 구(공) 안에 음전기를 띤 전자가 골고루 퍼져 있게 된다. 1911년에 영국의 물리학자인 러더퍼드는 당시 원자 구조에 대한 톰슨의 이 모형의 확인을 위해 그의 조수인 마스덴(Masden)과 함께 얇은 금속박에 천연 방사성 원소인 라듐의 붕괴로부터 발생하는 α−입자를 쪼여서 그것이 흩어지는 정도를 관찰하였다(그림 4-3). 이 실험에서 대부분의 알파 입자들은 그대로 통과하였지만 몇몇은 휘어지거나 심지어 180° 방향을 바꾸어 되돌아왔다. 러더퍼드는 알파 입자 산란 실험 결과에서 톰슨의 원자 모형이 사실이 아니라는 것을 알고 원자는 대부분의 질량이 한가운데에 모여 있으며, 양전기를 띠는 원자핵을 중심으로 대부분 비어있고, 전자들이 원자핵 주위를 돈다는 새로운 모형을 제시하였다. 이 모형에 의하면, 원자핵의 지름이 1 cm라고 가정하면 핵으로부터 1 km 떨

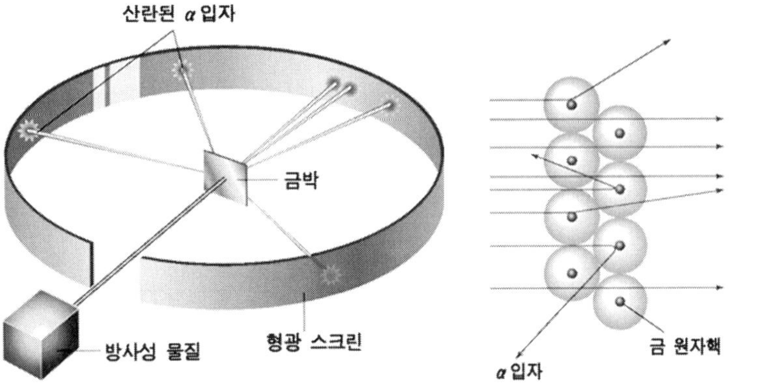

그림 4-3 알파 입자 산란 실험

어진 거리에서 전자가 존재하게 된다. 이처럼 러더퍼드가 원자핵을 발견함으로써 원자력 시대의 문이 열리게 되었다고 할 수 있다.

참조 원자 구조 모형의 변천

1904년에 영국의 물리학자인 톰슨은 (+)전하를 가진 구 내부에 (−)전하를 띤 전자들이 건포도처럼 띄엄띄엄 박혀 있는 푸딩 원자 모형을 제시하였다. 1911년에 영국의 물리학자인 러더퍼드는 스승인 톰슨의 원자 모형을 확인하기 위한 알파 입자 산란 실험에서 톰슨의 원자 모형이 옳지 않은 것을 알고서 새로운 행성 원자 모형을 제시하였다. 이 모형에 의하면 원자의 대부분 질량은 (+)전하를 띠는 아주 작은 공간을 차지하는 핵에 모여 있고 이 핵 주위를 전자들이 둘러싸고 빠른 속도로 운동한다. 러더퍼드는 그의 원자 모형에서 전자들의 배치는 설명하지 못하였다. 1913년에 러더퍼드의 동료인 보어는 원자핵 주위의 일정한 궤도에서만 전자들이 회전한다는 궤도 원자 모형을 내놓았다. 1924년에 프랑스의 물리학자인 드브로이(Louis Victor de Broglie; 1892~1987)는 물질을 이루는 입자들도 파동의 성질을 나타낸다는 물질파 이론을 내놓았고 1928년에 오스트리아의 슈뢰딩거(Erwin Schrödinger; 1887~1961)와 파울리(Wolfgang Pauli; 1900~1958), 그리고 독일의 보른(Max Born; 1882~1970)과 하이젠베르크(Werner Karl Heisenberg; 1901~1976)의 연구에 힘입어 전자의 배치가 밝혀지면서 오늘날의 전자구름 모형이 탄생하게 되었다. 이 모형에 의하면 원자 안에서 전자들은 전자구름의 형태로 존재하고 구름이 진할수록 전자가 발견될 수 있는 확률이 큰 영역이 된다.

인물보기 러더퍼드

1871년에 뉴질랜드의 넬슨에서 태어난 그는 영국의 케임브리지 대학교로 가서 1895년에 물리학 분야에서 박사 학위를 받았다. 그는 라디오파의 현상에 관심이 있었고 이 분야에서 많은 돈을 벌어서 뉴질랜드에 있는 그의 약혼녀와 결혼하기를 원하였다. 그러나 그의 교수인 톰슨은 방사능에서 발견된 새로운 현상들에 관하여 연구를 하게 하였다. 1902년에 러더퍼드는 케임브리지에 있는 동안 영국의 화학자인 소디(Frederick Soddy; 1877~1956)와 함께 원자핵 변환을 알아내었고 방사성 원소가 알파와 베타선과 같은 대전 입자를 방출하고서 다른 원소가 된다는 것을 발견하였다. 1899년에는 캐나다의 맥길 대학교로 옮겼고 거기서 알파선이 헬륨 원자핵으로 구성되어 있고 베타선은 전자로 구성되어 있다는 것을 입증하였다. 이 업적들로 인해 1908년에 화학 분야에서 노벨상을 받았다. 1907년에 러더퍼드는 영국 맨체스터 대학교로 옮겼고 1911년에 원자 모형에 대한 현대적 개념을 정립하였다. 그 이후 그는 처음으로 원자핵을 쪼갠 과학자가 되었고 핵물리학 발전에 크게 공헌하였다. 그의 원자 모형에 의하면 원자는 태양계와 비슷하여 원자 가운데 핵이라는 무거운 부분이 위치하고 핵 주위를 (−)전하를 띠는 전자가 돌고 있으며 사이는 비어있다. 러더퍼드의 원자 모형을 양자 이론과 연결시켜서 1913년에 보어는 새로운 원자 모형을 제안하였다. 1919년에 러더퍼드는 케임브리지 대학교로 옮기고 거기서 이전에 톰슨이 했던 직책을 맡았다. 러더퍼드는 물리학과 화학 분야에서 중요한 연구를 하였을 뿐만 아니라 10명이나 되는 미래 노벨상 수상자들의 연구를 인도하기도 하였다.

그리고 러더퍼드는 불안정한 동위 원소가 방사선을 내고 다른 안정한 원소로 방사성 붕괴를 하는 것을 알아냈다. 이를테면, 불안정한 우라늄-238은 알파 입자를 내놓고 토륨-234가 되고 여러 단계를 더 거쳐 안정한 납-206으로 되는 붕괴 과정에서 방출되는 자연 방사선의 형태는 세 가지가 존재한다. 즉, 베크렐이 발견한 알파(α) 입자, 러더퍼드가 발견한 베타(β) 입자 그리고 퀴리 부부가 발견한 감마선(γ)선 등이 있다(그림 4-4). 또한 러더퍼드는 방사성 동위 원소는 반감기(half life)를 가지고 감소한다는 것, 베타 붕괴를 하면 핵으로부터 전자가 방출되고 원자 번호가 하나 증가한다는 것, 라듐의 붕괴에서 나오는 알파 입자를 모아 방전하여 헬륨의 선 스펙트럼이 나오는 것을 관찰하고 알파 입자의 본체가 헬륨 원자핵인 것 등을 발견하였다.

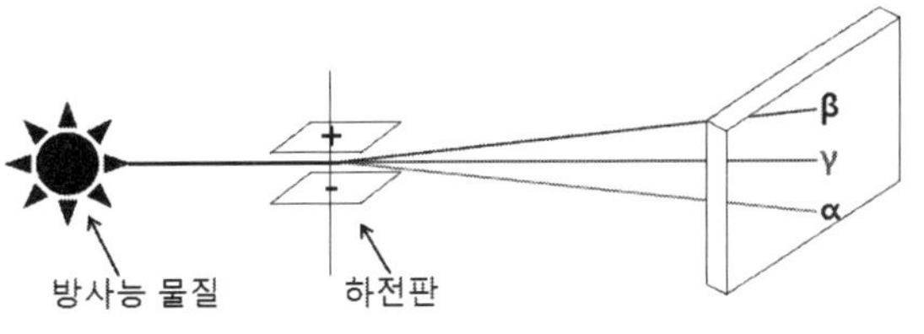

그림 4-4 전기장에 의한 알파, 베타 그리고 감마선의 분리. 헬륨 원자핵인 알파 입자는 음극판으로 휘어지고, 전자인 베타 입자는 양극판으로 굴절하고 고에너지 전자기선인 감마선은 직진한다.

참조

반감기

방사성 원소가 붕괴하여 다른 안정한 원소로 바뀔 때 처음 시료 양의 절반으로 줄어드는 데 걸리는 시간이다. 방사성 원소 핵의 붕괴로 방사성 원소의 양은 시간이 지나면서 줄어든다. 예를 들면 반감기가 20분인 탄소의 방사성 동위 원소 탄소-11 원자가 80개 있다면 20분 후에는 40개만 남고 40분 뒤에는 20개만 남을 것이다.

방사선

방사성 원소가 붕괴할 때 나오는 알파 입자, 베타 입자 및 감마선 등을 말하며 공기 분자나 액체 분자들을 이온화시키고 생물체를 파괴하기도 한다.

알파 입자

방사성 원자핵이 변환할 때 내놓는 (+)전하를 많이 띠는 고에너지 입자로, 알파 입자의 본질은 두 개의 양성자와 두 개의 중성자로 이루어진 헬륨 원자핵이므로 베타 입자보다 7천 배 이상 무겁다. 따라서 알파 입자는 공기 중에서 5 cm 이내의 짧은 거리만 나아갈 수 있고 종이 한 장(혹은 피부)의 두께도 투과하지 못할 정도로 투과력이 약하다.

베타 입자

방사성 원자핵이 변환할 때 내놓는 (-)전하를 약하게 띠는 입자로, 그 본질이 전자이므로 가볍고 중성자가 양성자로 전환할 때 나온다. 이때 베타 입자와 함께 반중성미자도 나온다. 베타 입자의 질량은 핵에 있는 양성자 질량의 1/1840 정도밖에 되지 않고 공기 중에서 멀리까지 거의 빛의 속도로 진행할 수 있다. 베타 입자는 종이 또는 몇 밀리미터 정도 두께의 고체 물질은 투과하지만 0.5 cm의 두께의 납은 뚫지 못한다.

감마선

감마선은 X-선보다 파장이 짧고 에너지도 훨씬 크지만, 이 둘의 구분은 명확하지 않다. 일반적으로 10만 전자볼트(eV) 이상의 전자기 복사선을 감마선이라고 한다. (1 전자볼트는 전압 차가 1 V인 두 점 사이에 전자를 이동시키는 데 필요한 에너지 양이다) 원자핵이 감마선을 방출하면 그 구조는 바뀌지 않고 일정량의 에너지만 단지 잃게 된다. 물질에 감마선을 쪼여 주면 물질을 구성하는 원자는 감마선과 충돌하여 전자와 양이온으로 분리되는 이온화 과정을 수행한다. 또한 높은 에너지를 가진 감마선은 원자와 충돌하여 에너지를 잃고 사라지면서 (+)전하의 양전자(positron)와 (-)전하의 전자를 만드는 쌍생성 과정을 일으킨다. 반면에 전자와 그 반입자(antiparticle)인 양전자가 만나면 소멸하여 동일한 에너지의 두 개의 감마선을 만드는데 이 과정을 쌍소멸이라고 한다. 감마선에 인체가 노출되면 조직이 이온화하거나 세포가 돌연변이가 될 가능성이 있으므로 가능한 많은 양의 감마선에 노출되지 않도록 해야 한다. 그러나 감마선은 암과 같은 종양 치료와 금속 균열을 발견하거나 음식물을 보존하는 데 사용되기도 한다. 전하와 질량을 갖지 않는 감마선은 대부분 물질을 통과하고 빛과 같은 속도로 움직인다.

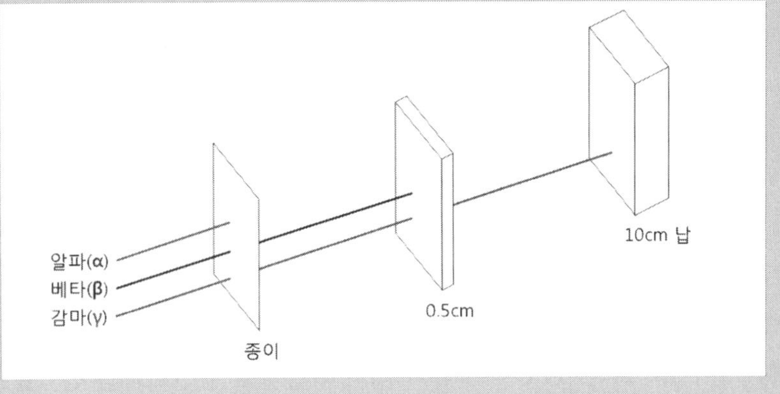

동위 원소

원자 번호는 같지만, 원자핵 속의 중성자 개수가 달라서 질량수가 다른 두 가지 이상의 원소를 동위 원소(isotope)라고 한다. 원소의 원자 번호는 핵 속의 양성자 수에 의해서 결정되므로 핵 속에 1개의 양성자를 가진 수소의 원자 번호는 1이고 양성자의 개수가 하나씩 증가함으로써 원자 번호도 1씩 증가한다. 따라서 모든 동위 원소는 양성자 개수는 같지만, 중성자의 개수는 다르다. 자연에서 대부분 원소는 몇 가지 동위 원소로 존재하는 반면에 단지 하나의 동위 원소로만 존재하는 원소에는 플루오린, 알루미늄, 금 등이 있다. 수소의 동위 원소에는 양성자 하나만을 가진 경수소, 양성자 하나와 중성자 하나를 가진 중수소, 양성자 하나와 중성자 두 개를 가진 삼중수소가 있다. 자연에서 많은 동위 원소를 가지는 원소들도 있다. 예를 들면, 주석은 10개의 동위 원소를 가지는데 이들 가운데 주석-124가 가장 무겁고 주석-112가 가장 가볍다. 그리고 주석-120이 전체 주석의 1/3 정도를 차지하여 가장 양이 많고 주석-115가 전체 주석의 0.34% 정도만을 차지하여 가장 적게 존재한다.

여러 가지 동위 원소 중에서 원하는 질량수의 동위 원소를 분리하는 과정은 1940년대 초에 개발되었고 이 방법은 우라늄-238에서 우라늄-235를 분리하거나 경수소로부터 중수소를 분리하는 데 이용되었다. 반응 속도는 반응에 관여하는 원소의 질량에 따라 달라지므로 경수소의 질량보다 두 배인 중수소로 이루어진 화합물의 반응 속도는 경수소 화합물의 것과 차이가 나게 된다. 이것을 이용해서 경수소에서 중수소를 분리해 낼 수 있다. 한편, 우라늄-235와 우라늄-238 사이의 상대적 질량 차이가 경수소와 중수소의 차이보다 매우 작으므로 이들의 효과적인 분리 방법으로 기체 확산법이 널리 사용된다. 기체 확산법은 가벼운 기체가 무거운 기체보다 더 빠르게 움직인다는 사실에 근간을 둔다. 우라늄-235를 가진 육플루오린화 우라늄 기체 분자는 우라늄-238을 가진 분자보다 다공성의 얇은 판을 더 쉽게 통과하므로 이 과정을 여러 번 반복하면 우라늄 동위 원소를 분리할 수 있다. 자연에 존재하는 동위 원소의 상대적인 양과 정확한 질량을 측정하는 데 질량 분석법이 사용되기도 한다.

원자를 구성하는 (+)전하를 띠는 입자인 양성자는 그 자체로 수소 원자핵이면서 중성자와 함께 원자핵을 구성한다. 같은 원소는 같은 수의 양성자를 가지며 중성 원자 속의 양성자 수는 그 원소의 원자 번호와 같다. 1902년에 독일의 물리학자인 빈(Wilhelm Carl Werner Otto Fritz Wien; 1864~1928)이 처음으로 양성자를 관측하였고 1906년에 영국의 톰슨이 확인하였다. 1919년에 러더퍼드는 원소의 인공 변환을 연구하다가 질소 기체에 알파 입자를 충돌시켜 산소와 양전기를 띠는 새로운 입자를 발견하고 그 입자(골트슈타인이 발견한 양극선의 본질과 같은 입자)를 양성자(proton)라고 명명하였다.

$$^{14}_{7}\mathrm{N} + ^{4}_{2}\mathrm{He} \longrightarrow ^{17}_{8}\mathrm{O} + ^{1}_{1}\mathrm{H}$$

러더퍼드의 알파 입자 산란 실험에서 원자의 질량은 전체에 고루 퍼져 있는 것이 아니라 원자핵이라는 매우 작은 부피에 집중되어 있다는 것을 알았지만 중성자가 발견되기 이전까지는 원자량의 의미를 설명할 수 없었다. 러더퍼드의 원자 모형에서 원자핵은 양성자로 이루어져 있으므로 핵의 전하량은 양성자 한 개의 전하량에 양성자의 수를 곱한 값과 같고 핵의 질량은 양성자 한 개의 질량에 양성자의 수(원자 번호)를 곱한 값과 일치해야만 한다. 그러나 핵의 전하량은 계산값과 잘 일치하였지만, 원자량은 양성자 한 개의 질량에 원자 번호를 곱한 수보다 항상 큰 값을 나타내었다. 이는 핵 내부에 양성자 이외의 다른 입자가 존재한다는 것을 의미한다. 1930년에 독일의 물리학자 보테(Walther Bothe; 1891~1957)는 베릴륨(^{9}Be) 원자핵에 폴로늄에서 나오는 알파 입자를 쪼여 주니 탄소(C-12)와 투과력이 강한 선이 나오는 것을 발견하였다. 1932년에 이렌 졸리오-퀴리(Irene Joliot-Curie; 1897~1956, 퀴리 부인의 딸)는 보테의 실험에서 나오는 선을 수소를 많이 함유하는 파라핀에 조사하여 양성자가 튀어나오는 것을 관찰하였다. 당시에는 중성자의 존재가 확인되지 않았으므로 양성자가 튀어나온 것을 이해하지 못했다. 영국의 물리학자인 채드윅(James Chadwick; 1891~1974)은 캐번디시 연구소에서 러더퍼드와 함께 여러 가지 원소에 알파 입자를 충돌시켜서 이 입자들이 다른 원소로 어떻게 변하는지에 관한 연구를 하였다. 1932년에 이 연구에서 채드윅은 양성자 정도의 질량을 가지고 전기적으로는 중성인 중성자(neutron)를 발견하였다. 당시의 물리학자들은 채드윅이 제안한 이 입자를 중성자가 아닌 양성자와 전자가 결합한 형태로 생각했으나 1934년에 채드윅은 중수소(deuterium)에 감마선을 쪼여 중성자를 분리했고 이것의 질량이 양성자와 전자의 질량의 합보다 약간 크다는 것을 발견하였다.

인물보기

퀴리

프랑스 출신의 물리학자 부부로서 우라늄 방사성 물질에 관한 연구를 하였다. 우라늄을 함유한 광석인 피치블렌드를 연구하다가 순수한 우라늄보다 훨씬 많은 방사능이 피치블렌드에 들어 있는 것을 발견하고서 방사능이 훨씬 센 두 가지 라듐과 폴로늄 원소를 발견하였다. 이 공로로 자연 상태에서 방사능을 발견한 프랑스의 물리학자인 베크렐과 함께 1903년에 노벨 물리학상을 받았다. 또한 부인인 마리 퀴리는 라듐을 순수하게 분리하고 이것의 화학적 성질을 밝힌 공로로 1911년에 노벨 화학상을 받았다. 마리 퀴리는 폴란드 바르샤바에서 출생하였고 프랑스 파리에서 물리학, 수학 및 화학을 공부하였다.

이렌 졸리오-퀴리

어머니인 마리 퀴리와 아버지인 피에르 퀴리 사이에서 태어난 프랑스의 물리학자이다. 이렌은 라듐 연구소(현재의 퀴리 연구소)에서 어머니의 조수로 일하다가 그녀의 남편인 프레드릭 졸리오를 만나서 함께 방사능 연구를 하였다. 붕소에 알파선을 충돌시켜서 질소의 방사성 동위 원소를 만듦으로써 최초로 인공 방사능 동위 원소를 생성한 업적으로 프레드릭과 공동으로 1935년에 노벨 화학상을 받았다.

양성자 하나만을 가지는 수소 원자핵을 제외하고 일반적으로 핵 내에는 중성자 수와 양성자 수가 같거나 중성자 수가 양성자 수보다 조금 많다. 대체로 원자 번호가 작은 원소에서는 중성자 수와 양성자 수가 같지만 원자 번호가 큰 원소에서는

표 4-1 전자, 양성자, 중성자의 질량과 전하

입자	질량(g)	전하*
전자	9.1095×10^{-28}	−1
양성자	1.6725×10^{-24}	+1
중성자	1.6749×10^{-24}	0

* 전자와 양성자의 전하 크기는 1.60×10^{-19} C이다.

중성자의 수가 양성자 수보다 큰 값을 가진다. 예를 들면, 원자 번호가 8번인 산소 원자의 핵은 양성자 수와 중성자 수가 8로 같지만 원자 번호가 38인 스트론튬(^{90}Sr)은 양성자 수가 38이고 중성자 수는 52이다.

이상에서, 원자를 구성하는 세 가지 주요한 입자에는 양성자, 중성자, 전자가 있다. 모든 원자는 중심에 아주 작은 부피를 차지하는 핵을 가지고 이 핵 속에는 양성자와 중성자가 존재하는데 이들을 핵자라고 한다. 양성자는 양전하를 띠고 반면에 중성자는 전기적으로 중성이다. 이 두 가지는 거의 같은 질량을 갖지만 실제로 중성자가 양성자보다 약간 무겁다. 핵 밖에 존재하는 전자는 음전하를 띠지만 전하의 절대 크기는 양성자와 같다. 전자의 질량은 양성자의 약 1/1840 정도로 아주 작으므로 원자의 질량은 양성자와 중성자의 합으로 결정된다. 중성 원자의 양성자와 전자의 수는 같고 그 수는 원자 번호와 같다. 아원자 입자들의 질량과 전하를 표 4-1에 나타내었다.

원자를 구성하는 입자들은 크게 기본 입자와 복합 입자로 구별된다. 둘 가운데 더 작은 입자로 나누어질 수 없는 것들을 기본 입자라고 하는데, 여기에 전자가 포함된다. 반면에 핵을 구성하는 양성자와 중성자는 쿼크라는 더 작은 기본 입자들로 이루어져 있으므로 이 핵자들은 기본 입자가 아니라 복합 입자가 된다.

그럼 원자의 지름이 약 0.1 nm인 수소 원자의 실제 크기는 어느 정도로 작은 것일까? 지름이 약 1 mm(1×10^6 nm)인 문장의 끝에 찍는 마침표(.)에는 천만 개의 수소 원자가 들어갈 정도로 실제 원자의 크기는 아주 작다.

4.3 소립자의 세계

원자 세계를 구성하는 세 가지 입자인 전자, 양성자, 중성자가 발견된 후 1940년대에 들어와서는 원자핵에 충격을 가하여 핵을 분열시킬 수 있는 입자 가속기가 개발되어 새로운 입자들이 이전보다 훨씬 많이 발견되었다. 또한 에너지 상태가 매우 불안정한 천연의 방사성 원소는 자연에서 붕괴하여 안정한 원소의 핵으로 변환되는데 이 붕괴 시에 나오는 입자와 에너지를 관찰함으로써 원자핵에 관한 연구도 활발하게 진행될 수 있었다.

참조

페르미 가속기 연구소

미국 일리노이주의 바타비아에 있는 고에너지 물리학 연구소이다. 핵 연쇄 반응을 처음으로 성공시킨 이탈리아 출신의 미국 물리학자 페르미(Enrico Fermi; 1901~1954)를 기리기 위해 이름이 붙여졌다. 여기에는 지름이 2 km 정도 원형 지하 터널에 싱크로트론이라는 입자 가속기가 설치되어 있다. 양성자가 싱크로트론으로 빛의 속도까지 가속되면 900 기가 전자볼트(GeV)의 에너지를 가지게 되는데 이 양성자를 표적 물질이나 반양성자(antiproton)와 충돌시켜서 나오는 결과를 연구한다.

소립자의 세계를 다음과 같이 간단하게 정리해 보자.

첫째는 양전자로, 영국의 물리학자인 디랙(Paul A.D.rien Dirac; 1902~1984)에 의하여 그 존재가 먼저 예측되었고 1932년에 미국의 물리학자 앤더슨(Carl David Anderson; 1905~1991)이 우주선에서 발견하였다. 이것은 전자와 같은 질량을 갖지만 반대의 전하, 즉 양전하를 가지는 반입자이다. 모든 원자를 구성하는 입자들은 자신에 대한 반입자들을 가진다. 반입자는 입자의 대응물로 주어진 입자와 똑같은 질량과 같은 물리적 성질을 갖지만 반대의 전하와 자기 모멘트를 가지는 입자이다. 예를 들면 반양성자는 양성자와는 반대로 음의 전하를 가지는 양성자의 반입자이다. 일반 입자들과 그들의 반입자(antiparticle)들이 충돌하면 소멸하면서 두 입자의 질량이 에너지로 변환되어 광자(보통 감마선)가 방출된다. 예를 들어 전자와 양전자가 만나면 두 입자는 소멸하며 감마선이 방출된다. 양전자를 이용한 영상 기법인 양전자 단층촬영(PET, Positron Emission Tomography)은 반입자의 응용 중 하나로서 방사성 동위 원소가 방출한 양전자가 인체 내에서 물질과 만나 소멸하면서 나오는 감마선을 이용해 영상화한다.

둘째, 중성미자(neutrino)는 이탈리아 출신의 미국 물리학자인 페르미(Enrico Fermi, 1901 ~ 1954)에 의해 그 존재가 예측되었다. 1956년에 베타 붕괴의 역반응, 즉 중성미자가 양성자 및 전자와 반응하여 중성자가 되는 반응에서 발견되었다. 중성미자는 전하를 띠지 않으면서 질량도 거의 갖지 않는다. 중성미자는 작용거리가 매우 짧은 약한 상호작용으로만 물질과 반응하기 때문에 세기가 거의 줄어들지 않고 고체 속을 통과할 수 있다. 이런 성질 때문에 중성미자는 입자를 연구하는 데 사용된다.

$$\text{베타 붕괴의 역반응: } {}^{1}_{1}\mathrm{H} + {}^{0}_{-1}\mathrm{e} + \text{ 중성미자} \longrightarrow {}^{1}_{0}\mathrm{n}$$

셋째는 정지 질량이 없는 빛 입자인 광자(photon)로, 광자는 보존(boson)이고 전자기력을 전달한다. 넷째는 가볍다는 의미의 렙톤으로, 이 입자들은 스핀이 0.5의 홀수 배인 페르미온(fermion)이며 현재까지 모두 6종류가 발견되었다. 여기에는 전자(electron), 뮤온(muon; 1937년에 앤더슨이 발견한 입자로 (+)전하나 (−)전하를 띠므로 양전자나 전자와 아주 비슷하다.) 및 타우(tau)와 이들의 짝인 전자 중성미자(electron neutrino), 뮤온 중성미자(muon neutrino) 및 타우 중성미자(tau neutrino)가 있다. 뮤온 입자의 전하량은 전자의 전하량과 같지만, 그 질량은 전자의 질량보다 207배나 크다. 타우 입자의 전하량도 전자의 전하량과 같지만, 그 질량은 뮤온의 질량보다 17배 정도 더 크다. 즉, 타우 입자의 질량은 전자보다 3,477배 정도 무겁다. 세 가지 중성미자들은 전하적으로 중성이고 그 질량은 측정할 수 없을 정도로 매우 작다. 뮤온 중성미자와 타우 중성미자의 질량은 전자 중성미자보다 큰 것으로 알려졌다.

다섯째는 전자 질량의 270배 정도를 가지는 중간자(meson)로, 이 입자들은 보존이다. 1935년에 일본의 유카와 히데키(Yukawa Hideki; 1907~1981)는 광자가 전자기력을 중개하는 것처럼 핵 속의 양성자와 중성자를 묶어 주는 역할을 하는 중간자의 존재를 예측했고 1947년에 영국의 물리학자 포웰(Cecil Frank Powel; 1903~1969)이 우주에서 날아온 우주선(양성자)과 공기 중 기체 분자의 핵 사이의 상호 작용으로 생성된 파이 중간자 실체를 확인하였다. 파이 중간자에는 양전하를 띠는 플러스 파이 중간자(π^{+}), 음전하를 띠는 마이너스 파이 중간자(π^{-}), 그리고 전하를 띠지 않는 중성 파이 중간자(π^{0}) 등이 있다. 파이 중간자들은 매우 불안정하여 아주 짧은 시간 사이에 뮤온과 뮤온 중성미자로 붕괴하여 안정화된다. 파이 중간자의 질량은 뮤온의 것과 비슷하다.

마지막 여섯째, 원자를 구성하는 무거운 입자인 바리온(baryon)이 있으며 이 입자들은 페르미온이다. 여기에는 양성자, 중성자와 이 둘보다 무거운 람다(lambda),

시그마(sigma), 크시(xi) 입자들이 있으며 양성자와 중성자를 핵자라고 하고 람다, 시그마, 크시 입자들을 초핵자(하이페론)라 한다. 양성자를 제외한 바리온은 자연적으로 붕괴하여 두 가지 이상의 입자를 만든다. 예를 들면, 중성자는 붕괴하여 양성자, 전자와 중성미자로 나누어진다. 원자를 구성하는 주된 요소인 양성자는 자신보다 더 가벼운 바리온이 존재하지 않기 때문에 더 이상 붕괴할 수 없고 따라서 주변의 물체들도 더 이상 붕괴하지 않는다. 광자에서 렙톤, 중간자, 바리온으로 갈수록 입자들의 질량은 증가한다.

참조

지금까지 발견된 소립자의 수는 수백 종에 이르고 이 입자들을 구별하기 위해 질량, 전하 그리고 스핀 등의 물리량이 사용된다. 즉 질량이 다른 입자들은 서로 다른 것으로 구별될 수 있고 같은 질량을 가지는 입자라도 전하나 스핀이 다르면 같지 않다.

입자들이 가질 수 있는 내부 회전인 스핀에는 0, 0.5, 1, 1.5, 2, 2.5 등이 있을 수 있으며 0, 1, 2와 같이 0.5의 짝수 배인 정수 스핀을 가지는 입자를 보존이라고 한다. 그리고 0.5, 1.5, 2.5와 같이 0.5의 홀수 배인 스핀을 가지는 입자를 페르미온이라고 하며 이 입자들은 파울리의 배타 원리(양자 역학적 상태가 같은 곳에는 들어갈 수 있는 입자의 최대 개수가 2개가 된다.)가 적용되는 것들이다. 가장 간단한 페르미온은 렙톤이나 쿼크이고 양성자와 중성자도 페르미온이다. 페르미온은 이탈리아 출신의 물리학자인 페르미의 이름을 따서 지어졌다. 따라서 모든 입자는 보존 입자와 페르미온 입자로 양분될 수 있다.

반입자

보통 입자와 모든 면에서 같고 전하의 부호만 반대인 입자로서 전하를 띠는 입자들은 대응하는 반입자를 가진다. 예를 들면 (−)전하를 띠는 보통 입자인 전자의 반입자는 (+)전하를 띠는 양전자이다. 1955년에 미국의 물리학인 세그레(Emilio Gino Segre; 1905~1989)와 체임벌린(Owen Chamberlain; 1920~)은 (+)전하를 띠는 양성자와는 반대인 (−)전하를 띠는 반양성자를 발견하였다. 그 뒤에 1956년에 중성자의 반입자인 반중성자(antineutron)가 발견되었다. 중성자는 전하를 띠지 않지만, 중성자를 구성하는 쿼크의 전하와 반대인 입자를 가지는 것이 반중성자이다. 광자처럼 전기를 띠지 않는 입자들은 자신이 입자이면서 동시에 반입자가 된다. 보통 입자와 반입자가 충돌하면 둘 다 소멸하면서 에너지가 방출하는데 이 과정을 '쌍소멸'이라고 한다.

뮤온

(−)전하를 띠고 전자와 함께 경입자에 속한다. 1937년에 미국의 두 과학자 그룹에 의하여 독립적으로 발견되었다. 한 그룹은 캘리포니아 공과대학의 앤더슨과 니더마이어이고 다른 그룹은 하버드 대학의 스트리트와 스티븐슨이다.

1964년에 미국의 캘리포니아 공과대학의 물리학자인 겔만(Murray Gell-Mann; 1929~2019)은 그때까지 알려진 소립자(elementary particle)의 세계를 정리하여 하드론 입자(중간자와 바리온에 속하는 모든 입자를 말함)들이 그보다 한 단계 낮은 쿼크라는 기본 입자들로 구성되어 있다는 쿼크 모형을 제안하였다. 그리고 전자의 전하를 e라고 하면 쿼크들은 전자보다 작은 분수의 전하를 가진다고 가정하였다. 쿼크는 그 크기가 측정할 수 없을 정도로 작으므로 일명 '점입자'라고도 한다. 여기에는 여섯 종류의 쿼크가 있으며, 즉 up$\left(+\frac{2}{3}e\right)$, down$\left(-\frac{1}{3}e\right)$, charm$\left(+\frac{2}{3}e\right)$, strange$\left(-\frac{1}{3}e\right)$, top$\left(+\frac{2}{3}e\right)$, bottom$\left(-\frac{1}{3}e\right)$ 쿼크가 제안되었고 이들의 실체가 실험으로 확인되었다. 또한 이들은 영어 머리글자를 따서 간단하게 u, d, c, s, t, b로 명명되기도 한다. 쿼크들은 강한 핵력에 의해서 결합하고 쿼크 하나가 단독으로 발견되지는 않는다. 또한 쿼크들은 그보다 한 단계 높은 양성자, 중성자 또는 중간자 등의 복합 입자 속에서만 발견된다. 이 모형에서 바리온 입자들은 세 개의 쿼크로 구성되어 있다. 예를 들어 양성자는 두 개의 up 쿼크와 하나의 down 쿼크로 구성되어 있고, 중성자는 하나의 up 쿼크와 두 개의 down 쿼크로 이루어

표 4-2 기본 입자의 세계

쿼크		경입자(렙톤)	
입자	전하	입자	전하
up	$+\frac{2}{3}e$	전자 중성미자	0
down	$-\frac{1}{3}e$	전자	−e
charm	$+\frac{2}{3}e$	뮤온 중성미자	0
strange	$-\frac{1}{3}e$	뮤온	−e
top	$+\frac{2}{3}e$	타우 중성미자	0
bottom	$-\frac{1}{3}e$	타우	−e

져 있다. 중간자는 한 개의 쿼크와 한 개의 반쿼크로 구성되어 있다. 예를 들면, 양전하를 띠는 플러스 파이 중간자(π^+)는 하나의 up 쿼크와 하나의 down 반쿼크로 구성되어 있다.

$$\text{양성자}(+1e) = \text{up 쿼크}\left(+\frac{2}{3}e\right)\ 2\text{개} + \text{down 쿼크}\left(-\frac{1}{3}e\right)\ 1\text{개}$$

$$\text{중성자(전하를 갖지 않음)} = \text{up 쿼크}\left(+\frac{2}{3}e\right)\ 1\text{개} + \text{down 쿼크}\left(-\frac{1}{3}e\right)\ 2\text{개}$$

중성자의 질량이 양성자의 질량보다 약간 크기 때문에 down 쿼크의 질량이 up 쿼크의 질량보다 조금 크다. 6종류의 쿼크 입자들은 짝을 이뤄 구분되기도 하는데 up 쿼크와 down 쿼크를 제1세대, charm 쿼크와 strange 쿼크를 제2세대, 그리고 top 쿼크와 bottom 쿼크를 제3세대 쿼크라고 한다. 쿼크 중 up 쿼크가 가장 가볍고 가장 무거운 top 쿼크의 질량은 up 쿼크보다 35,000배 정도 크다. 무거운 top, bottom, charm, strange 쿼크들은 불안정하여 가벼운 up 쿼크나 down 쿼크 또는 가벼운 다른 입자들로 붕괴한다.

4.4 자연에 존재하는 힘

자연에 존재하는 힘의 네 가지를 작은 것부터 나열하면 중력, 약한 핵력, 전자기력, 강한 핵력 순이다. 원자를 구성하는 입자들에는 아주 약한 중력을 제외한 나머지 세 가지 힘들이 작용한다. 특히, 원자핵을 구성하는 양성자와 중성자들 사이에 작용하는 힘이 강한 핵력이다. 이 힘들의 성질을 간단하게 알아보자.

질량을 가진 물질 사이에 존재하는 힘인 만유인력 때문에 나타나는 중력은 가장 약한 힘이며(전자기력의 $1/10^{38}$) 무한대 거리까지 미치고 별과 행성과 같은 거대한 물체들 사이에 작용한다. 이 힘은 중력자(graviton)라는 입자의 교환에 의해 중개된다고 생각되지만, 아직 발견되지 않았다. 지구의 바다에서 관찰되는 조석도 태양과 달의 중력에 의하여 일어난다. 지구가 완전한 구가 아니고 적도 부분이 부푼 타원이므로 지표면에서 물체의 무게는 위치에 따라 다르다.

원자핵이 불안정하여 방사능 붕괴를 하는 과정에서 나타나는 힘인 약한 핵력은, 중성자가 양성자, 전자와 중성미자로 바뀌는 베타 붕괴 과정의 입자들 사이에서 그 존재가 제기되었던 것처럼 입자가 변환되는 과정에서 중요한 역할을 한다. 세 번째의 크기를 가지는 이 힘(전자기력의 $1/10^{11}$)은 0.001 펨토 이내의 매우 짧은 거리에서 작용하고 전하를 띠는 W 입자(W^+나 W^-)나 전하를 띠지 않는 Z 입자에 의해 중개된다.

분자들을 서로 결합하거나 원자핵 주위에 전자를 붙들어 주는 힘인 전자기력은 전하를 띤 입자들 사이의 상호작용으로 나타나는 힘으로서 두 번째로 센 힘이며 무한대의 거리까지 미친다. 이 힘은 1905년에 아인슈타인의 광전 효과(photoelectric effect)에 의해 발견된 빛 입자인 광자의 교환에 의해 중개된다. 이처럼 전자기력은 질량이 없는 광자에 의해서 전달된다. 오랜 기간 전기력과 자기력은 별개의 힘이라고 생각되었지만 19세기 중반에 맥스웰(James Clerk Maxwell; 1831~1879)에 의하여 두 힘은 전자기력으로 통합되었고 이 통합은 통일장 이론의 효시가 되었다.

강한 핵력은 원자핵 속의 양성자와 중성자들을 붙잡아 주거나 이들 핵자를 구성하는 쿼크들을 합하는 힘이다. (+)전하를 띠는 양성자들 사이에는 서로 척력이 작용하는데 원자핵 속에서 양성자와 중성자를 묶으려면 전하들 사이에 작용하는 전자기력보다 강한 힘이 필요한데 핵자를 서로 당기는 이 힘이 강한 핵력이다. 이 힘은 자연에서 가장 강하며(전자기력의 100배) 10^{-15}m(1 펨토, femto라고 함) 이내의 짧은 거리에서 작용하며 이 거리를 벗어나면 그 힘의 크기는 거의 영에 가깝다. 양성자의 수가 40개 정도까지는 원자핵은 거의 같은 수의 양성자와 중성자를 가지면서 안정화한다. 그러나 그 이상의 양성자를 가지면 늘어난 양성자들 사이에 작용하는 척력이 증가하고 이 힘을 누르기 위해 중성자들 사이에 강한 핵력이 필요하므로 더 많은 중성자가 필요하게 된다.

빅뱅 초기 대폭발로 생성된 우주가 3분 동안에 식으면서 쿼크와 렙톤의 소립자들이 생겼고 이 쿼크들이 강한 핵력으로 모여서 양성자와 중성자들이 만들어졌다. 양성자를 구성하는 쿼크와 중성자를 구성하는 쿼크들이 1페르미 이내의 거리로 가깝게 접근하여 중수소(^{2}H) 원자핵을 생성하게 되었고 여기에 또 다른 양성자를 이루는 쿼크가 가까이 접근하여 헬륨(^{3}He) 원자핵이 만들어졌다. 반면에 양성자 대신 중성자를 이루는 쿼크가 접근하여 삼중수소(^{3}H) 원자핵이 만들어졌다. 그리고 생성된 두 개의 중수소 원자핵이 1 페르미 이내의 짧은 거리로 접근하면서 헬륨(^{4}He) 원자핵이 만들어질 수 있게 되었다.

이 당시의 우주는 아직 매우 높은 온도를 유지하고 있었으므로 입자들이 높은 운동 에너지를 가졌을 것이고 따라서 수소 원자핵으로부터 헬륨 원자핵으로의 핵융합이 가능하였을 것으로 생각된다. 강한 핵력은 글루온(gluon)이라는 입자에 의해 매개되며 이 입자의 질량은 영(0)이며 광속도로 운동한다. 쿼크들로 구성된 양성자와 중성자 안에는 글루온 입자들이 존재하고 이 입자들이 쿼크들을 붙든다. 글루온 입자의 개수가 증가하면 강한 핵력의 세기가 더 강해진다. 1979년에 독일의 함부르크에 있는 전자싱크로트론연구소(DESY)에서 처음으로 글루온의 존재를 확인하였다.

중수소(^{2}H) 원자핵 +	중수소(^{2}H) 원자핵 ⟶	헬륨(^{4}He) 원자핵
양성자 1	양성자 1	양성자 2
중성자 1	중성자 1	중성자 2

멀리 떨어져 있는 천체처럼 거시 세계는 가장 작은 힘인 중력에 의해 지배를 받지만 반면에 핵자(양성자와 중성자를 말함)를 구성하는 소립자의 미시 세계는 가장 강한 힘인 강한 핵력의 지배를 받는 것은 매우 흥미 있는 것이다.

전하 사이에 전자기력이 작용하듯이 약한 핵력도 전하의 크기와 비슷한 물리량이 있어야 작용하므로 미국의 물리학자 와인버그(Steven Weinberg, 1933~2021), 파키스탄의 물리학자 살람(Abdus Salam, 1926 ~ 1996)과 미국의 물리학자 글래쇼우(Sheldon Lee Glashow, 1932 ~)는 이 두 힘을 통일하는 이론을 1970년대 초에 발표하였고 1979년에 그 업적으로 노벨 물리학상을 받았다. 통합된 힘은 전자기－약한 힘(electro－weak force)으로 알려지게 되었다. 합쳐진 두 가지 힘에 강한 핵력까지 통합된, 즉 중력을 제외한 나머지 세 가지 힘들이 하나로 합쳐서 서술하는 이론인 대통일이론(Grand Unified Theory, GUT)이 나왔다. 우주 생성의 초기와 같이 에너지가 높은 상태에서는 힘의 통일성이 분명하다. 하지만 현재의 낮은 에너지 상태에서는 통일된 힘이 세 가지의 다른 힘으로 나타난다. 원자 하나에 작용하는 중력의 효과는 감지할 수 없을 정도로 너무 작으므로 대통일이론에 중력은 아직 통합되지 않고 있다. 아인슈타인(Albert Einstein)도 일반 상대성 이론과 특수 상대성 이론을 통해 중력에 대한 중요한 통찰을 제공했고 1920년대부터 합쳐진 세 가지 힘에 중력을 포함해서 4가지 힘을 하나로 기술하는 통일장 이론(unified field theory)의 연구에 심혈을 기울였지만 결국 성공하지 못하였다. 그럼에도 불구하고 아인슈타인의 연구는 통일장 이론을 향한 중요한 첫걸음이 되었다.

통일장 이론이란 자연의 모든 기본 상호작용(힘)을 하나의 통합된 이론으로 설명하려는 이론으로 여러 기본 힘들 즉 중력, 전자기력, 강한 핵력과 약한 핵력을 하나의 이론으로 결합하려는 시도를 일컫는다. 통일장 이론의 궁극적인 목표는 이 네 가지 힘을 하나의 공식으로 묶는 것이다. 통일장 이론이 완성되면 우주에서 일어나는 물리적 현상을 하나의 이론으로 설명할 수 있으며, 우주의 근본적인 구조와 작동 방식을 이해하는 데 공헌할 것이다. 예를 들어 블랙홀의 성질이나 우주의 탄생 등 우주에 대한 새로운 통찰을 제공한다. 결론적으로 통일장 이론은 아직 미지의 영역 중 하나로 20세기 초부터 이를 해결하려는 시도가 계속되어왔다. 현재까지는 완전한 통일장 이론을 개발하는 데 성공하지 못했지만, 끈 이론과 초대칭 이론과 같은 연구는 여전히 유망한 것으로 여겨지며 이 이론이 완성되면 우주를 훨씬 잘 이해할 수 있을 것이다

빅뱅 후 38만 년이 지난 뒤, 즉 주위의 온도가 섭씨 3천 K 정도가 되었을 때 음전하를 띠는 전자와 양전하를 띠는 원자핵 사이에 전자기력이 작용하여 중성 원자가 형성될 수 있었다. 그 이전까지는 주위의 온도가 높아서 전자가 높은 운동 에너지를 가지게 되었고, 따라서 가만히 붙어 있을 수 없어서 중성 원자 생성은 불가능하였다. 중성 원자의 출현 의미는 첫째, 우주의 투명화: 중성 원자가 형성되면서 우주는 투명해지게 되고, 이로 인해 현재 우주 배경 복사가 나타나게 되었다. CMB는 우주의 초기 상태를 보여주는 중요한 관측 자료이다. 둘째, 별과 은하 형성의 기초: 중성 원자가 형성된 후부터 우주에서 물질이 모여 별과 은하가 형성되게 된다. 즉, 이 과정이 우주 형성의 출발점이다. 셋째, 우주론적 증거: 우주에서 관측되는 CMB와 중성 원자의 분포는 빅뱅 모델을 지지하는 증거이며 우주의 기원과 발전에 대한 정보를 제공한다. 결론적으로 중성 원자 출현은 우주 초기의 중요한 사건으로 우주가 초기 높은 온도와 높은 밀도 상태에서 점차 냉각하면서 전자들이 원자핵과 결합하여 중성 원자를 형성하게 된다. 이 과정은 우주가 투명해지는 전환점이 되고 이후 별과 은하의 형성으로 이어지며 우주의 구조와 진화에 중요한 역할을 한다.

인물보기 **와인버그**

미국의 뉴욕에서 태어났으며 1954년에 코넬 대학교를 졸업하고 1957년에 프린스턴 대학교에서 박사 학위를 받았다. 컬럼비아 대학교, 캘리포니아 대학교와 텍사스 대학교의 물리학 교수를 역임하였다.

5장

핵반응

5.1 핵분열 | 5.2 핵융합

원자핵이 한 개 이상의 양성자나 중성자를 얻거나 잃어서 원자핵의 구조를 바꾸는 반응을 핵반응(nuclear reaction)이라고 한다. 핵반응에는 방사성 붕괴, 핵분열, 핵융합의 세 가지 유형이 있다. 핵반응에 참여하는 물질의 질량은 반응 전보다 반응 후에 줄어들고 화학 반응과는 달리 핵반응은 엄청난 양의 에너지를 방출하는 반응이다.

참조 **방사성 붕괴**

원자핵이 다른 원소의 원자핵으로 자발적으로 변하는 방사성 붕괴 과정에서는 입자나 빛의 형태로 에너지를 방출하는 핵 복사가 일어난다. 핵 복사는 알파 입자, 베타 입자, 감마선을 내놓음으로써 일어난다. 알파 입자의 본질은 헬륨 원자핵이고, 베타 입자의 본질은 (−)전하를 띠는 전자이고, 감마선은 X−선보다 에너지가 강한 전자기파이다.

5.1 핵분열

핵분열은 우라늄-235나 플루토늄-239 같은 무거운 원자핵을 중성자로 충돌시켜서 질량이 거의 같은 두 개 이상의 가벼운 원자핵으로 쪼개는 과정을 말한다. 이 과정에서 막대한 양의 에너지가 방출된다. 원자력 발전소의 원자로는 핵분열 과정에서 발생한 열을 이용하여 증기를 생성하고, 나온 증기가 터빈을 돌려 전기 에너지를 생산한다. 현재 사용되고 있는 원자력 발전소는 핵분열을 이용하고 있다. 핵에너지는 일반적으로 전자볼트(eV) 단위로 측정하는데 석탄이나 석유 속에 있는 탄소 원자 한 개가 타면 약 3 eV의 에너지를 방출하지만, 우라늄 원자핵 한 개가 분열하면 2억 eV 정도의 에너지를 방출한다.

1934년에 이탈리아 출신의 미국 물리학자 페르미는 느린 중성자가 방사성 원소를 만드는 데 효과적이다는 사실을 알고서 그 당시의 주기율표에서 마지막 원소에 해당하는 우라늄($^{238}_{92}U$)에 투과력이 큰 중성자를 쪼여서 원자 번호가 92보다 큰 원소를 만들려고 시도하였다. 이 실험에서 중성자가 속으로 들어간 원자핵은 질량수가 하나 증가한 원자핵이 되었다가 베타 입자를 방출하면서 원자 번호가 하나 증가한 미확인 원소가 되어 발견되었다. 그 이외에 우라늄 원자가 쪼개져서 다른 방사성 동위 원소가 생성되었지만, 그는 이 사실을 알지 못하였다. 또한 1942년에 그는 처음으로 원자로를 건설하여 최초로 인공적인 원자핵 연쇄 반응을 시켰다.

1938년에 독일의 한(Otto Hahn; 1879~1968), 마이트너(Lise Meitner; 1878~1968), 슈트라스만(Fritz Strassman; 1902~1980)은 페르미의 실험을 반복하였고 그 연구 결과에서 최초 사용한 우라늄 원소의 절반 정도의 질량을 가진 바륨($^{141}_{56}Ba$), 세슘($^{144}_{55}Cs$), 크립톤($^{92}_{36}Kr$) 등의 동위 원소들이 생성된 것을 분석하였다. 특히 마이트너는, 중성자를 우라늄과 같은 무거운 원자핵과 충돌시켰을 때 큰 원자핵이 크기가 거의 같은 가벼운 두 개의 원자핵으로 갈라지면서 알파 입자, 베타 입자, 감마선과 X-선 등이 나오는 과정을 핵분열(nuclear fission)이라 명명하였다.

인물보기

페르미

이탈리아 로마에서 태어난 그는 1922년에 피사 대학교에서 박사 학위를 받았고

1927년에 로마 대학교의 이론물리학 교수가 되었다. 1938년에 미국에 정착하였고 1939년에 뉴욕 컬럼비아 대학교의 물리학 교수가 되었다. 1942년에 시카고 대학교의 물리학 교수로 자리를 옮긴 후 핵 연쇄 반응 연구를 주도하였다. 그 후 미국 뉴멕시코주의 로그알라모스에서 진행된 원자 폭탄 개발을 위한 맨해튼 프로젝트에 참여하였다. 1938년에 핵반응 과정에 관한 연구 업적으로 노벨 물리학상을 받았다.

한

독일의 프랑크푸르트암마인에서 태어났고 1901년에 마르부르크 대학교에서 박사 학위를 취득하였다. 1917년에 마이트너와 함께 프로트악티늄이라는 방사성 금속을 발견하였다. 1938년에 슈트라스만과 함께 중성자를 우라늄에 충돌시켜서 우라늄 원자핵 일부가 우라늄 원자량의 절반 정도인 바륨으로 쪼개진다는 사실을 발견하였다. 1944년에 한은 원자핵을 분열시킨 업적으로 노벨 화학상을 받았다.

마이트너

마이트너는 오스트리아의 비엔나에서 일곱 명의 형제들 가운데 태어났다. 1902년 비엔나에서 과학을 연구하던 중에 그녀는 피에르와 마리 퀴리에 의해서 라듐 원소가 발견된 기사를 보고 매료되어서 원자 물리학을 연구하기로 하였다. 1906년에 그녀는 비엔나 대학교에서 물리학 분야에서 박사 학위를 받았고 2년 후에 베를린으로 이사하여 한과 슈트라스만과 합류한 후 거의 20년 뒤에 원자가 분열되는 것을 발견하였다. 1918년 한과 함께 악티늄($_{89}Ac$)으로 붕괴하는 원자 번호가 91인 Pa(Protactinium) 원소를 발견하였다. 한과 슈트라스만과 함께 연구하는 동안 마이트너는 우라늄(235) 원자를 중성자로 충돌시키면 아주 이상한 일이 발생한다는 것을 발견하였다. 이 문제를 해결하기 전인 1938년 그녀는 나치 독일의 억압을 피해 스웨덴으로 갔다. 그 사이에 한은 우라늄 원자가 중성자에 의해 거의 같은 크기의 두 개의 입자로 분열되었다는 것을 발표하고서 그 결과를 마이트너에게 보내 분석하도록 하였다. 자료를 토대로 그녀는 우라늄 원자가 중성자로 분열될 때 발생하는 에너지를 계산하였고 이 현상을 핵분열이라고 명명하였다. 1939년 그녀는 영국 잡지인 「네이처(Nature)」에 우라늄 핵이 중성자에 의해 바륨 원자와 세슘 원자로 분열하고 동시에 7.6×10^{-12} cal 이상의 에너지(분열하는 우라늄 원자 1몰당 4.6×10^{9} kcal에 해당한다)가 발생한다는 것을 발표하였다. 원자 분열에서 방출되는 이 막대한 에너지는 군사적으로 이용될 수 있다고 즉시 인식되었고 미국에서 최초의 원자 폭탄을 만들기 위한 맨해튼 프로젝트가 시작되었다. 1945년 최초의 원자 폭탄이 일본에 떨어졌다는 소식을 듣고 마이트너 박사는 다음과 같이 말하였다.

“I must stress that I myself have not in any way worked on the smashing of the atom with the idea of producing death–dealing weapons. You must not blame us scientists for the use to which war technicians have put our discoveries."

핵분열의 원료로 사용되는 우라늄 광석은 가격이 비싸고 자연에서 생산되는 양의 99.3%가 질량수 238인 동위 원소이고 반면에 핵 연쇄 반응(chain reaction)을 잘 일으키는 실용적인 질량수 235인 것은 자연에 0.7% 밖에 존재하지 않는다. 우라늄 235의 반감기는 7억 년이고 우라늄 238의 반감기는 45억 년이므로 우라늄 238이 자연에 훨씬 많은 양으로 존재한다. 요즘은 증식로를 이용하여 우라늄을 연쇄 반응에 이용되는 플루토늄으로 바꿔서 사용한다. 연쇄 반응은 스스로 진행되는 반응으로서 한 개의 중성자를 초속 2.2 km로 ^{235}U에 충돌시키면 중성자가 핵 안으로 들어가고 불안정한 우라늄 원자핵이 두 개의 원자로 분열되면서 막대한 양의 에너지가 발생한다. 이때 3개의 중성자가 함께 생성되므로 이 3개의 중성자가 인접한 다른 우라늄(^{235}U)에 작용하여 우라늄 원자핵을 분열시키면서 다시 총 9개의 중성자를 만들어서 핵분열이 연쇄적으로 일어난다. 이렇게 순식간에 우라늄 전체 질량의 분열을 유발하여 에너지를 방출하는 과정이 연쇄 반응이다(그림 5-1). 1 g의 ^{235}U을 분해하면 3톤의 석탄을 태울 때 발생하는 열량과 같은 막대한 에너지가 나온다. 이때 중성자의 속도를 조절하거나 하여 연쇄 반응의 속도를 조절하지 못하여

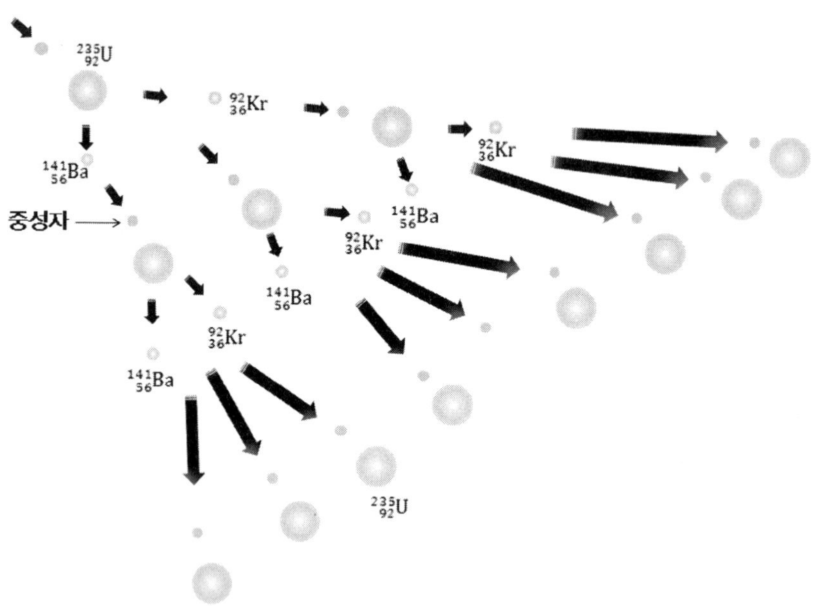

그림 5-1 ^{235}U 핵의 연쇄 반응

막대한 양의 에너지가 한꺼번에 방출되면 폭탄과 같은 파괴의 물질로 사용될 수 있는 반면에, 적당한 속도로 연쇄 반응이 일어나게 하여 에너지 방출이 꾸준히 일어나도록 하면 원자력 발전을 위해 사용할 수 있다.

핵융합이나 핵분열 두 과정 모두에서 질량 결손이 일어나고 아인슈타인의 특수상대성 이론($E = mc^2$ 식)에 의해 이 결손된 질량으로부터 막대한 에너지가 발생한다.

참조

우라늄

1789년에 독일의 화학자인 클라프로트(Martin Heinrich Klaproth; 1743~1817)가 우라늄염 광물인 피치블렌드에서 발견하였고 1814년에 프랑스의 화학자인 펠리고가 우라늄을 순수하게 분리하였다. 원자 번호가 92인 은백색의 방사성 금속 원소로서 자연에서 발견되는 원소들 가운데 플루토늄 다음으로 무겁다. 지각 100만 톤당 2.6톤의 비율로 암석 속에 미량으로 존재한다. 강이나 호수 그리고 바닷물 속에는 물 10억 톤당 0.1~10톤 정도의 비율로 존재한다. 자연에는 세 종류의 우라늄 동위원소 우라늄-234, 우라늄-235, 우라늄-238이 존재한다. 자연에 존재하는 우라늄 양의 99.28%가 우라늄-238이고 우라늄-235는 0.71%, 우라늄-234는 0.006%를 차지한다. 이 가운데 원자로나 핵무기에 사용되는 우라늄-235의 반감기는 약 7억 년 정도이며 핵분열 후에 나오는 여러 가지 다른 방사성 동위 원소 중 세슘-127과 스트론튬-90이 특히 해롭다. 1935년에 캐나다의 물리학자인 뎀스터(Arthur Dempster; 1886~1950)가 우라늄-235를 발견하였다.

그럼 어떤 원소가 핵융합 과정을 할 것인지 아니면 핵분열 과정을 일으킬지는 어떻게 결정될까?

원자핵을 구성하는 핵자들을 멀리 떨어지게 하여 이들 사이에 인력이 존재하지 않고 자유롭게 만드는 데 필요한 에너지를 핵자의 결합 에너지라고 한다. 이 에너지를 핵자의 수로 나눈 것이 평균 결합 에너지가 된다. 평균 결합 에너지는 원자핵을 구성하는 핵자의 수가 증가함에 따라서 증가하면서 일정한 핵자 수에서 최댓값이 되었다가, 그 이상의 핵자 수에서는 감소하게 된다. 평균 결합 에너지가 최대인 핵자 수는 56이며, 원자 번호가 26번인 철($^{56}_{26}\mathrm{Fe}$)이 여기에 해당한다. 따라서 자연에서 가장 안정한 원소가 철이므로 철보다 질량수가 작은 원소는 핵융합 과정으로

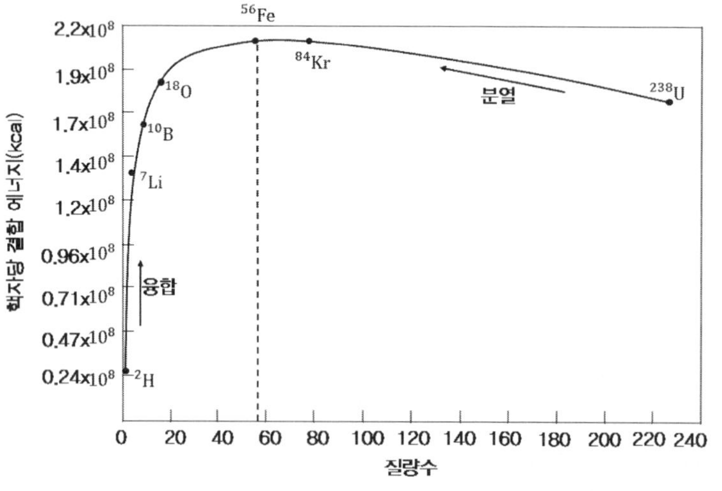

그림 5-2 다른 질량수를 가진 원자핵들의 상대적 안정도

핵자 수를 증가시키면서 안정한 핵으로 되면서 핵에너지를 방출하고 반대로 철보다 질량수가 큰 원소들은 핵분열 과정으로 핵자 수의 일부를 내놓고 안정한 핵이 되면서 에너지를 방출한다(그림 5-2).

핵분열이 독일에서 처음 발견되었지만 원자 폭탄은 미국에서 먼저 개발되었다. 1942년 프린스턴 대학의 아인슈타인은 핵폭탄의 가능성을 당시의 루스벨트 대통령에게 알려서 맨해튼 프로젝트가 시작되었다. 원자탄 개발은 비밀리에 오펜하이머(Julius Robert Oppenheimer; 1904~1967)의 주도하에 3년 만에 달성되었고 1945년 7월 16일 세계 최초의 핵폭탄 실험이 뉴멕시코주의 알라모고도(Alamogordo) 평원에서 성공리에 실시되었다. 그리고 제2차 세계 대전이 끝날 무렵인 1945년 8월에 우라늄(^{235}U)으로 제조된 폭탄이 일본의 히로시마에 투하되었고 플루토늄(^{239}Pu)으로 제조된 원폭은 나가사키에 떨어졌다.

인물보기 **오펜하이머**

미국의 뉴욕에서 태어난 물리학자로서 원자 폭탄의 아버지로 불린다. 1925년에 하버드 대학교를 졸업하였고 1927년 독일의 괴팅겐 대학교에서 박사 학위를 받았다. 오펜하이머는 1929~1947년에 캘리포니아주에 있는 버클리 대학교에서 교수로 재직하였고 1943~1945년에 뉴멕시코주의 로스앨러모스에 있는 연구소의 소장으로 지내면서 첫 번째 원자 폭탄을 설계하고 제조하였다. 1947~1952년에 미국원자력 위원회(AEC) 자문회의 의장을 역임하였으며 이론물리학에 기여한 공로로 원자력 위원회로부터 페르미상을 받았다.

5.2 핵융합

핵융합은 두 개의 가벼운 원자핵이 합쳐져 무거운 원자핵을 형성하면서 에너지를 방출하는 과정이다. 예를 들면, 중수소 혹은 삼중수소처럼 가벼운 원자핵 두 개가 결합하여 헬륨 원자핵처럼 안정하고 무거운 원자핵이 만들어지는 과정이 핵융합(nuclear fusion)이고 이때 많은 양의 복사 에너지가 나온다. 가벼운 원자핵 1 kg을 핵융합시키면 1만 8,200톤의 석탄을 태워서 얻는 양의 에너지를 생산할 수 있다.

빅뱅 후 우주의 원소 분포는 수소(^{1}H)와 헬륨(^{4}He) 사이의 질량비가 3 : 1의 관계를 유지하고 있었으므로 태양을 구성하는 물질은 대부분 수소가 된다. (수소의 원자량이 헬륨의 것보다 작으므로 질량이 작은 수소 원자와 질량이 큰 헬륨 원자 사이의 질량 분포가 3 : 1이면 훨씬 많은 수의 수소 원자가 존재한다는 것을 의미한다.) 태양 내부의 수소 원자핵이 헬륨 원자핵으로 바뀌는 수소 연소 과정 동안에 반응 물질인 수소 원자핵의 질량과 생성 물질인 헬륨 원자핵의 질량 사이에 차이가 발생하게 된다. 즉, 질량 결손이 일어난다. 아인슈타인의 특수 상대성 이론의 중요한 결론 가운데 하나인 $E=mc^2$ 식에 의해, 핵융합 과정 동안의 결손된 질량으로부터 막대한 에너지가 발생하므로 태양 에너지의 근원은 핵융합에 의한 것이다.

지표면에 도달하는 태양 에너지는 매년 5.6×10^{21} kJ로서 이는 현재 세계 에너지 공급량의 1만 5,000배이다. 이처럼 막대한 에너지를 공급해 주는 태양에서 일어나는 핵융합 과정이 현재 핵발전소에서 전기를 만들기 위해 이용되는 핵분열보다 이로운 점들이 많다. 유익한 점 세 가지를 알아보면 첫째, 핵융합의 실제 연료로 사용하는 중수소(^{2}H)(반감기가 12.3년인 삼중수소(^{3}H)는 자연에서 아주 적은 양이 존재하므로 이용에 한계가 있다)는 자연 함량이 1.6 ppm 정도이지만 1 km^3의 바닷물은 지구 전체 오일 보유고와 맞먹는 에너지를 생성해 낼 수 있는 중수소를 공급할 수 있다. (바닷물 속에는 전 세계가 1조 년 동안 사용할 수 있을 정도로 중수소가 풍부하게 존재한다) 반면에 연쇄 반응을 일으킬 수 있는 실용적인 핵분열의 재료인 우라늄(^{235}U)은 자연에 매우 적은 양이 존재하며 그 가격도 매우 비싸다. 둘

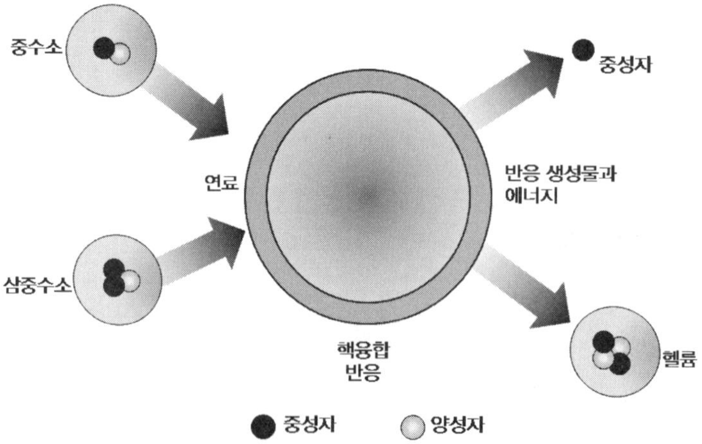

그림 5-3 핵융합 반응

째, 핵융합 반응 후의 생성물은 비활성 원소인 안정한 헬륨(^4_2He) 원소이므로 방사성 폐기물에 대한 염려가 전혀 없지만, 핵분열 반응 후에는 방사능이 누출될 수 있고 방사성 동위 원소의 폐기물이 만들어지고 폐기물을 처리한 냉각수로 인한 열오염에 의한 피해가 문제가 된다. 셋째, 핵융합 반응에서 반응물들의 질량의 합과 생성물들의 질량의 합 사이의 차이 값이 핵분열의 경우보다 크기 때문에, 즉 핵융합의 질량 결손 정도가 핵분열보다 커 핵융합이 핵분열보다 더 많은 에너지를 발생한다(그림 5-3).

$$\text{핵융합: } {}^2_1H + {}^3_1H \longrightarrow {}^4_2He + {}^1_0n$$

참조

중수소

1932년에 미국의 화학자인 유리(Harold Clayton Urey; 1893~1981)가 발견한 중수소는 수소의 안정한 동위 원소로서 수소 가운데 1/6700 정도를 차지한다. 중수소는 경수소(^1H)와 같은 화학 반응을 일으키지만, 반응이 느리게 진행되고 불완전하다. 중수소가 산소와 결합하면 중수(D_2O)를 만들고 이 중수는 원자핵 연쇄 반응에서 나오는 중성자의 속도를 줄이는 감속재로 사용된다. 1932년에 미국의 화학자인 루이스가 물에서 중수를 최초로 분리하였다. 중수소는 유기화학과 생화학의 반응을 연구하는 데 사용된다.

삼중수소

질량수가 3인 수소의 동위 원소로 자연에는 매우 적은 양이 존재한다. 반감기가 12년인 삼중수소는 붕괴하여 헬륨이 된다.

방사성 폐기물

원자력 발전소나 방사성 물질을 다루는 곳에서 나오는 폐기물을 일컫는 것으로 방사능의 정도에 따라서 고준위, 중준위, 저준위 폐기물로 나누어진다. 사용하고 남은 핵연료 등이 고준위 폐기물에 해당하고, 원자력 발전소에서 나오는 방호복, 덧신과 장갑, 냉각수 등이 중준위와 저준위 폐기물로 구분된다. 방사성 폐기물의 안전한 처리를 위해 중준위와 저준위 폐기물은 안전한 용기에 장기간 보관하거나 암반 속에 매립하고 고준위 폐기물은 임시로 물을 담은 통 속에 보관하지만, 아직 최종 처분 과정은 개발 중이다.

이렇게 핵융합이 핵분열보다 여러 가지 면에서 이롭고 핵융합을 이용한 수소 폭탄의 어마어마한 파괴력이 입증되었지만, 지구에는 핵분열을 이용한 발전 시설밖에 없는데 그 이유는 다음과 같다. 첫째, 핵분열을 이용한 원자력 발전소는 제어하기가 쉽다. 그러나 핵융합을 이용한 발전소의 제어는 기술적으로 쉽지 않다는 것이다. 그리고 또 다른 이유로 핵융합을 일으키려면 양으로 하전된 수소 원자핵들의 상호 반발력을 넘어서 서로 가까워져야 하는데, 이를 위해서는 원자핵들이 빠르게 가속되어야 한다. 빠른 속력을 가진 원자핵들을 얻기 위해서는 섭씨 1억 도 정도의 높은 온도가 필요한데 이 온도에 도달하기 위한 열은 우라늄(U)-235 또는 플루토늄(Pu)-239의 핵분열 과정에서 나오는 에너지를 이용하여 공급하여야 한다. 그런데 경제성의 문제가 있다. 다시 말해서 핵융합 과정으로부터 얻은 에너지가 이 융합 과정을 유도하기 위해 공급된 핵분열로부터의 에너지의 양보다 적다면 효율적인 면에서 전혀 바람직하지 않다. 또한 핵반응 용기로 사용되는 대부분 물질이 6천 도 이상에서 기화하기 때문에 이 문제도 해결되어야 할 것이다. 현재에는 매우 높은 온도에서 전하를 띠는 원자핵을 긴 시간 동안 압축할 수 있는 두 가지 기술이 연구되고 있다(레이저를 이용하는 관성 가둠과 자기장을 이용한 자기 가둠).

태양 에너지의 근원은 수소(^{1}H)로부터 헬륨(^{4}He)이 생성될 때 나오는 핵융합에 의한 에너지이다. 태양의 수소 연소는 지금까지 약 50억 년 동안 계속되었고 앞으로도 50억 년 동안 천천히 계속될 것이다. 양성자 2개와 중성자 2개로 이루어진 헬륨이 만들어지기 위해서는 양성자(수소 원자핵) 이외에 중성자가 필요한데 반감기가 짧은 중성자가 태양 내부에는 존재하지 않는다. 따라서 태양은 베타 붕괴의 역과정을 이용하여 태양 내부에 많이 존재하는 양성자로부터 중성자를 만들고, 이 과정이 아주 느리게 일어나기 때문에 태양의 수소 연소(핵융합)는 서서히 진행된다.

원자력 에너지의 장점으로 첫째, 원자력 발전은 적은 양의 연료로 많은 전기 에너지를 생산할 수 있으므로 효율성이 크다. 둘째, 화석 연료를 사용하는 발전소에 비해 온실 기체를 거의 배출하지 않아서 친환경적이다. 셋째, 지속 가능성으로 핵융합 방식이 실제 사용되면 무한한 에너지 공급이 가능하다.

원자력 에너지의 단점으로 첫째, 체르노빌과 후쿠시마와 같은 원자력 발전소에서 일어날 수 있는 방사능 사고는 위험하고 치명적이다. 둘째, 핵분열 과정으로 발생하는 방사성 폐기물은 오랜 기간 위험을 내포하고 있으므로 이를 안전하게 처리하고 보관이 문제이다. 셋째, 원자력 발전소의 초기 건설 비용이 많이 든다.

원자력 에너지는 중요한 에너지원으로 여러 나라에서 현재 사용되고 있으며, 핵융합 기술의 발전으로 더욱 청정하고 장기적으로 지속 가능한 에너지원이 될 것이다.

참조

핵반응과 화학 반응의 비교

	핵반응	화학 반응
차이점	· 새로운 원소가 종종 생성된다. · 핵에 있는 입자가 관여한다. · 비교적 많은 양의 에너지가 관여한다. · 온도와 압력과 같은 조건이 반응 속도에 영향을 주지 않는다.	· 새로운 원소가 생성되지 않는다. · 전자들만이 관여한다. · 적은 양의 에너지가 관여한다. · 온도와 압력과 같은 조건이 반응 속도에 큰 영향을 준다.
유사점	· 핵자의 수가 같다. · 원자 번호(양전하)의 합이 같다.	· 원자의 수가 같다. · 전자(음전하)의 총 수가 같다.

저온 핵융합(Cold fusion)

핵분열보다 이로운 점들이 훨씬 많은 핵융합을 고온이 아닌 상온에서 일으킬 수 있다면 그것보다 좋은 에너지 자원이 없을 것이다. 실제로 그런 소설과 같은 시도가 있었다. 1989년 3월에 유타 대학교의 폰즈(B. Stanley Pons) 교수와 사우샘프턴 대학교의 플레이시만(Martin Fleishmann) 교수는 실온에서 중수소 원자의 핵융합을 성공시켰다고 발표하였다. 그들은 백금(Pt)을 양극으로, 팔라듐(Pd)을 음극으로 사용하여 D_2O의 중수소 산화물을 전기분해하여 양극에서는 산소 기체가, 음극에서는 중수소가 형성되는 것을 관찰하였다. 그리고 200 ~ 250시간 후에 팔라듐 음극에서 투입된 전기 에너지의 4배에 해당하는 열에너지가 방출하였다고 보고하였다. 이 에너지의 근원은 음극에서 형성된 중수소 핵의 핵융합 반응의 결과라고 설명하고 반응 부산물로 중성자, 삼중수소 및 헬륨(^3He)을 확인하였다고 발표하였다. 그러나 칼텍(Caltech), 엠아이티(MIT), 영국의 하웰(Harwell) 원자력 연구소는 그들의 실험 결과를 재현하는 데 실패하였고 저온 핵융합은 많은 과학자로부터 비판을 받았고 결국 사라져 버렸다. 한때 세상을 떠들썩하게 만든 이 반응은 전형적인 화학 반응의 한 부분이다.

$$2D_2O(l) \rightarrow 2D_2(g) + O_2(g)$$

핵융합은 이론적으로 무한한 에너지를 제공할 수 있어 큰 관심을 받았지만, 저온에서 실제로 핵융합이 일어난다는 증거는 아직 확립되지 않았다. 그럼에도 불구하고 일부 연구자들은 여전히 저온 핵융합이 가능하다는 주장을 제기하고 있으며, 이 분야는 과학적으로 논란이 많고 연구가 계속 이루어지고 있다. 현재까지의 과학적 합의는 저온 핵융합이 실용적인 에너지원으로 활용될 수 있다는 증거는 없다.

6장

전자기학

6.1 전기 | 6.2 전기와 자기의 통합

19세기 물리학의 큰 업적이라면 전자기학과 열역학의 확립이다. 이번 장에서는 먼저 전자기에 대하여 알아보자. 전기와 자석은 서로 관련이 없어 보이지만 실제로는 밀접한 관계가 있다. 즉 운동하는 전하 주위에는 자기장이 형성되고 변하는 자기장 주위에는 전류가 흐르는데 이처럼 전자기 유도 현상은 발전기의 원리에 사용된다. 예를 들면, 코일을 따라 전류가 흐르면 코일 주위에 자기장이 형성되어 코일은 일시적으로 자석의 성질을 가지게 된다.

6.1 전기

19세기 이전까지 전기와 자기는 독립적인 별개의 것으로 생각되었다. 고대 그리스인들은 나무의 송진이 굳어 만들어진 호박을 문지르면 깃과 같은 가벼운 물체를 끌어당긴다는 것을 관찰하고서 전기를 정전기로 알았다. 전기(electricity)는 호박에 해당하는 그리스어인 electron으로부터 유래한다(자석은 기원전 3,000년경부터 항해에 이용되었다). 1729년에 영국의 물리학자 그레이(Stephen Gray; 1670~1739)는 금속과 같은 물질은 전기를 잘 통하고 명주와 같은 물질은 전기를 잘 통과하지 않는다는 것을 알고서 전기 전도율의 개념을 처음으로 도입하였고 또한 물질들을 전기를 잘 띠는 것과 잘 띠지 않는 두 종류로 분류하였다. 그리고 물질들을 마찰시켰을 때 발생하는 정전기가 물체에 따라 이동한다는 것을 발견하였다.

1733년에 그레이와 경쟁하였던 프랑스의 과학자인 뒤페(Charles François de Cisternay Du Fay; 1689~1739)는 전기를 유체로 생각하고서 여기에는 두 종류의 전기가 있으며 같은 전기는 서로 밀고 다른 전기는 서로 끌어당긴다고 생각하였다. 그의 주장은 많은 사람의 논쟁이 되었지만 1759년에 여러 사람의 실험으로 두 종류의 전기가 확인되었고 양전기와 음전기로 불리게 되었다.

1746년에 네덜란드의 물리학자 무센브루크(Pieter van Musschenbroek; 1692~1761)는 라이덴 대학교에서 전하를 저장할 수 있는 초기 장치의 하나인 병을 고안하고 라이덴 병(Leyden jar)이라 하였다. 이것이 기록상 최초로 만들어진 축전기다. 이 병은 코르크 마개로 밀봉된 유리병으로 병의 내부와 외부가 금박으로 반쯤 싸여 있다. 놋쇠 막대가 코르크 마개를 뚫고 병 안쪽으로 들어가 금박과 닿아 있는데 놋쇠 막대를 전원에 연결하면 놋쇠에 닿아 있는 안쪽의 금박에는 전하가 쌓이게 된다. 유리병은 전류를 통하지 않지만, 외부 금박이 접지되어 있다면 정전기 유도로 외부 금박은 내부 금박과는 반대의 전하를 띠게 된다. 전류가 끊어져도 병에는 계속해서 전하가 남게 된다.

1752년 미국의 과학자인 프랭클린(Benjamin Franklin; 1706~1790)은 벼락이 전기방전과 연관이 있을 것으로 생각하고서 번개가 치는 날 하늘에 연을 날려 보냈다. 연과 연줄이 전기를 띨 때 구름이 전기를 갖는 것을 알았고 번개의 전기가 이미 알려진 정전기와 같은 성질을 갖는다는 것을 증명하였다. 또한 그는 피뢰침을 발명하여 번개의 전기를 지면으로 보내어 벼락의 피해를 막는 데 공헌하였다. 그러나 그는 전기를 한 종류의 유체로 생각하고 유체가 정상보다 많으면 양(+)전기로, 정상보다 적으면 음(−)전기라고 주장하면서 뒤페의 유체 설을 반박하였다. 프랭클린은 전기가 양성자와 전자의 전하와 관련 있다는 것을 몰랐다. (+)전하를 띠는 물체는 전자가 부족하고 (−)전하를 띠는 물체는 전자가 풍부하다.

18세기 후반에 이탈리아의 해부학 교수이자 물리학자인 갈바니(Luigi Galvani; 1738~1798)는 서로 다른 두 금속 사이에 방금 죽인 개구리 다리가 닿자 개구리 다리가 꿈틀거리면서 경련을 일으키는 것을 관찰하고 이것을 동물 전기라고 하였다. 그러나 이탈리아의 물리학자인 볼타(Alessandro Giuseppe Antonio Anastasio Volta; 1745~1827)는 은, 아연과 같은 서로 다른 두 금속 사이에 소금물로 적신 헝겊이나 마분지와 같은 두꺼운 종이를 넣고 두 금속을 연결하면 화학 반응이 일어나 전류가 흐른다는 것을 관찰하고 갈바니의 동물 전기를 부인하였다. 그리고 그는 이 장치들을 여러 개 쌓으면 비례하여 전압이 증가한다는 것을 혀를 이용하여 측정하였다. 이것이 1800년에 발명된 한 번 사용하면 충전해도 원래의 상태로 되돌아가지 않는 1차 전지인 볼타 전지(voltaic cell)이다. 1801년에 볼타는 나폴레옹 1세 앞에서 이 전지를 이용하여 물의 분해 실험을 하고서 금메달과 훈장을 수여 받았다. 전압의 측정 단위인 볼트(volt)는 그의 이름에서 유래되어 지금까지 사용되고 있다.(두 점 사이의 전위차가 1 V이면 1 쿨롱(C)의 전하를 옮기는 데 1줄(J)의 일이 필요하다.)

1827년에 독일의 물리학자인 옴(Georg Simon Ohm; 1789~1854)은 전압, 전류, 저항 사이의 관계식인 옴의 법칙을 발표하였다. 이 법칙에서 전압이 일정할 때는 저항이 작을수록 더 많은 전류가 흐르고, 저항이 일정할 때는 전압이 클수록 더 많은 전류가 흐른다.

참조 **볼타 전지**

묽은 황산에 아연판과 구리판을 담그고 두 판을 도선으로 연결하여 전류가 흐르도록 만든 최초의 1차 전지이다. 구리보다 이온화 경향이 큰 아연은 전자를 내놓고 아연 이온으로 되고 아연이 내놓은 전자는 도선을 따라 구리판으로 이동한다. 황산 용액으로부터 나온 수소 이온은 구리판에서 전자를 받아서 수소 기체로 환원된다.

$$(-)\text{극: } Zn \longrightarrow Zn^{2+} + 2e^-$$

$$(+)\text{극: } 2H^+ + 2e^- \longrightarrow H_2$$

$$Zn + 2H^+ \longrightarrow Zn^{2+} + H_2\uparrow$$

전자가 (−)극인 아연판에서 (+)극인 구리판으로 이동하고 전류의 방향은 전자의 흐름 방향과 반대이므로 전류는 구리판에서 아연판으로 흐른다. 볼타 전지의 기전력은 1.1 볼트 정도인데 구리판에 생긴 수소 기체가 극을 둘러싸므로 수소 양이온이 더 전자를 받기 어려워지므로 시간이 흐르면서 전압이 떨어지는 분극 현상이 나타나게 된다. 과산화수소나 이산화망가니즈와 같은 화합물을 첨가함으로써 분극 현상을 줄일 수 있다. 볼타 전지는 가지고 다니기에 불편하므로 요즘에는 거의 사용하지 않는다.

이상에서는 전기에 대하여 정성적으로 다루어졌을 뿐 아직 정량적으로 다루어지지 않았다. 영국의 과학자인 프리스틀리(Joseph Priestley; 1733~1804)는 반대 전하를 띠는 두 물체 사이의 거리가 멀어지면 두 물체 사이에 작용하는 인력이 작아진다는 것을 확인하였다. 1785년에 프랑스의 물리학자인 쿨롱(Charles Augustin de Coulomb; 1736~1806)은 프리스틀리의 법칙을 확인하고서, 두 전하 사이에 작용하는 전기력의 크기와 방향을 설명하는 쿨롱의 법칙을 발표하였다. 이 법칙에서 두 종류의 같은 전하 사이에 작용하는 반발력과 서로 다른 두 전하 사이에 작용하는 인력은 두 전하의 곱에 비례하고 두 전하 사이의 거리 제곱에 반비례한다.

$$F \propto \frac{q_1 q_2}{r^2}$$

이 식에서 q_1과 q_2는 각각의 전하량을, r은 두 전하 사이의 거리를 나타낸다.

6.2 전기와 자기의 통합

전기와 자기를 결합하는 데 중요한 발견은 1820년에 덴마크의 물리학자이자 화학자인 외르스테드(Hans Christian Oersted; 1777~1851)에 의해서 최초로 시작되었다. 그는 전자기학(전기와 자기 사이의 관계를 연구하는 학문 분야) 강의에서 전류가 흐르는 도선 주위에 나침반을 가까이 놓자 나침반의 바늘이 움직여서 도선과 수직으로 배치되는 것을 관찰하고 흐르는 전류 주위에 자기장이 생긴다는 사실을 발견하였다.

한편, 프랑스의 물리학자인 암페어(Andre Marie Ampere; 1775~1836)는 한 쌍의 평행한 도선에 전류가 같은 방향으로 흐르면 서로 끌어당기고 반대 방향으로 흐르면 서로 밀친다는 것을 발견하였고, 또한 흐르는 전류 주위에 자기장이 형성된다는 것을 발견하고서 전류를 측정하는 장치인 검류계를 발명하였다. 1825년에 암페어는 전류와 자기장 사이의 관계를 나타내는 암페어 법칙을 발표하였다. 흐르는 전류의 방향이 오른나사의 진행 방향과 맞출 때 전류에 의해 생성되는 자기장의 방향을 오른나사의 회전 방향과 같다는 오른나사의 법칙을 발표하였고 이 법칙은 암페어 법칙이라고도 한다.

영국의 물리학자이자 화학자인 패러데이(Michael Faraday; 1791~1867)는

1831년에 구리 전선으로 감은 코일 가운데로 자석을 움직이면 감은 전선에 전류가 흐른다는 사실을 발견하고서, 거꾸로 자기장을 변화시키면 도선에 유도 전류가 흐른다는 전자기 유도 법칙을 발표하였다. 암페어와 패러데이가 발견한 전자기 유도는 전기와 자기가 양쪽으로 연관되어 있다는 것을 보여 준 것으로 자기장을 변화시켜 전기장이 발생하는 발전기와 전기장을 변화시켜 자기장이 발생하는 전동기의 원리가 된다. 실제로 수력 발전소는 물의 낙차를, 화력 발전소는 증기를 이용하여 자석을 돌려서 자기장을 변화시켜 전류를 발생시키는 것이다. 결론적으로, 가만히 있는 전하 주위에는 자기장이 생기지 않고 도선을 따라 움직이는 전하 주위에만 자기장이 발생한다. 마찬가지로 가만히 있는 자석 주위의 도선에는 전류가 발생하지 않고 움직이는 자석 주위의 도선에서만 유도 전류가 흐른다.

인물보기

외르스테드

전자기학 연구의 개척자인 물리학자로서 덴마크의 루커빙에서 출생하였다. 도선에 흐르는 전류로 인해 발생하는 자기장의 세기를 나타내는 단위인 에르스텟(Oe)는 외르스테드의 이름을 따서 만들어졌다. 이 단위는 국제단위계에서는 잘 사용되지 않는다.

패러데이

영국의 화학자이면서 물리학자인 패러데이는 런던 근교의 뉴잉턴 버츠에서 태어났다. 12세 때부터 서점과 제본업자 밑에서 일하면서 틈틈이 읽은 책에서 과학에 대하여 흥미를 갖게 되었고 일반 강연을 들으면서 화학실험을 스스로 시도하기도 하였다. 19세 때 데이비의 강연을 듣고 그의 실험을 보조하면서 화학 연구를 시작하여 염소의 액화에 관한 연구(1823)와 벤젠의 발견(1825) 등 실험화학에서 뛰어난 성과를 보였다. 그는 매년 성탄절에 어린이들을 위해 과학 강연을 할 정도로 탁월한 대중 강연가이기도 하였다. 1824년에 왕립학회 회원이 되었고 다음 해 왕립연구소 주임이 되었다. 전자기학에 흥미를 갖게 된 패러데이는 외르스테드가 발견한 전류의 자기 작용과 반대되는 현상인 자기의 작용으로 전류를 만들어내는 연구를 시작하여 1831년 회로의 개폐로 제 2의 회로에 전류가 발생하는 것을 확인하고서 전자기 유도 법칙을 발견하였다. 1833년 전기화학의 기초를 다진 전기분해 법칙을 발견하였고 방전 현상에 관한 연구에서 전기의 동일성을 간파하고 전기를 보편타당한 통일적 개념으로 제창하였다.

참조

플레밍의 법칙

영국의 전기공학자인 플레밍(John Ambrose Fleming; 1849~1945)이 발견한 전자기 현상에 관한 법칙으로 왼손 법칙과 오른손 법칙이 있다. 자기장이 전류가 흐르는 도선에 수직으로 놓이면 도선이 움직이는 방향, 즉 도선에 작용하는 힘의 방향은 플레밍의 왼손 법칙으로 알 수 있다. 왼손의 엄지, 검지, 중지를 서로 직각이 되도록 한 후 자기장의 방향은 검지에, 도선에 흐르는 전류의 방향을 중지에 놓으면 엄지가 도선에 작용하는 힘의 방향을 가리킨다. 그러나 전류의 방향과 자기장의 방향이 같으면 도선에 작용하는 힘은 없다. 자기장 내부에 있는 도선을 자기장의 방향과 수직으로 움직이면 도선에 유도 전류가 흐르는데 그 전류의 방향은 플레밍의 오른손 법칙으로 알 수 있다. 오른손의 엄지, 검지, 중지를 서로 직각이 되도록 한 후 자기장의 방향은 검지에, 도선을 움직이는 방향을 중지에 놓으면 도선에 흐르는 유도 전류의 방향은 엄지가 가리키게 된다. 이 방향은 패러데이의 전자기 유도에 의한 유도 전류의 방향과 같다.

19세기 영국의 수학자이자 물리학자인 맥스웰은 패러데이의 발견을 토대로 전자기학을 연구하였다. 1873년에 맥스웰은 그가 남긴 유명한 책인 『전기와 자기에 관하여(Treatise on Electricity and Magnetism)』를 출판하여 이론적으로 전기와 자기를 통합하였다. 이 책은 상대성 이론과 양자 역학 등의 내용을 함유하고 있으며 현대 물리학의 발전에 크게 공헌하였다. 1864년에 그는 그 당시까지 발견된 전기와 자기에 대한 모든 법칙을 포함해서 전기장과 자기장이 어떻게 생겨서 상호작용하는지에 대한 관계를 나타내는 이론을 수학적으로 정리하여 네 개의 맥스웰 방정식으로 기술하였다. 전자기 현상에 대한 맥스웰 이론은 수리물리학의 발전에 크게 공헌하였다. 맥스웰 방정식에서 전자기파의 존재가 예측되었고 진동하는 전하에서 발생하는 전자기파는 빛의 속도로 진행한다는 이론적 결론이 나왔다. 1888년에 독일의 물리학자 헤르츠(Heinrich Rudolph Hertz; 1857~1894)는 한쪽 구리선에 빠르게 진동하는 전기 불꽃으로 전자기파를 발생시키자 공간적으로 떨어진 고리 모양의 공진기로 전기 불꽃이 옮겨지는 것을 관찰하였다. 그리고 이 전자기파가 빛과 같은 속도를 가지며 반사, 굴절과 간섭 현상도 보인다는 것을 실험적으로 확인하고서 빛이 전자기파라는 맥스웰의 생각이 옳다는 것을 증명하였다. 이렇게 맥스웰과 헤르츠의 연구 결과로부터 빛은 전자기파의 일부 영역, 즉 가시광선 영역으로 생각하게 되었고 빛의 파동설을 확고히 해 주었다.

인물보기 **맥스웰**

스코틀랜드의 에든버러에서 태어난 그는 1854년에 케임브리지 대학교를 졸업하였고 그 후 스코틀랜드의 에버딘에 있는 매리셜 대학에서 물리학 교수가 되었다. 1860년에서 1865년 사이에는 런던의 킹스 대학에서 물리학을 가르쳤고 1871년에 케임브리지 대학교의 초대 실험 물리학 교수로 임용되었으며 거기서 캐번디시 연구소의 소장이 되었다. 그는 전자기학의 연구뿐만 아니라 기체 분자 운동론으로도 유명하며 기체 분자 운동론에서 기체의 성질을 구성 분자들의 운동으로 설명하였다. 기체 분자들의 속도 분포를 나타내는 통계 법칙을 발견해서 기체 분자 운동으로 기체의 온도와 압력 등의 성질을 처음으로 설명하였다.

전자기 현상에 대해서는 19세기에 모두 이해가 되었지만, 전기의 본질을 이해하기 위해서는 전자가 발견되고 그 성질이 알려지게 된 20세기까지 기다려야 했다.

헤르츠의 실험 결과를 실생활에 응용하는 데 관심이 많았던 이탈리아의 발명가 마르코니(Guglielmo Marconi; 1874~1937)는 공간적으로 짧은 거리 사이에 신호를 보내다가 1901년에 영국에서 멀리 떨어져 있는 미국으로 전자기파를 보내는 데 성공하였다. (직진하는 전자파가 둥근 지구의 미국과 영국 사이에서 수신될 수 있었던 것은 성층권 밖에 전리층이 존재하기 때문이다) 이것으로 라디오, TV 그리고 통신위성 등의 발달이 가능하였다. 1904년 영국의 엔지니어인 플레밍(Alexander Fleming; 1881~1955)에 의한 2극 진공관의 발명과 1906년 미국의 포레스트(Lee de Forest; 1873~1961)에 의한 3극 진공관의 발명으로 무선 신호의 수신이 가능함에 따라서 무선 통신의 실용화가 가능하게 되었다.

7장

양자 이론과 상대성 이론

20세기 현대 물리학의 양대 산맥은 양자 이론과 상대성 이론이라 하겠다. 양자 이론(quantum theory)은 원자 내부 구조와 원자를 구성하는 입자들의 운동과 같은 미시 세계를 대상으로 하고, 상대성 이론(relativity theory)은 광속에 가까운 속도로 움직이는 물질의 세계를 연구 대상으로 삼고 있다. 먼저 에너지와 같은 물리량의 불연속적인 최소 단위를 양자(quantum)라고 하는데 셀 수 있는 기본 단위로 구성된 양자의 세계를 알아보자.

7.1 에너지의 양자화

우리가 사는, 거시 세계는 동전 하나와 같은 불연속적인 양과 커피 반 잔과 같은 연속적인 양들이 상존한다. 하지만 원자나 전자의 세계와 같은 미시 세계는 에너지를 포함해서 모든 물리량이 불연속적인 양으로, 즉 양자화(quantization)되어 있다.

뜨거운 물체는 열을 주위에 방출하면서 차가워지고 반면에 차가운 물체는 뜨거운 주위로부터 열을 흡수하면서 온도가 올라간다. 이처럼 물체와 주위는 열을 끊임없이 주고받음으로써 일정한 온도를 유지하는데 물체와 주위의 온도가 같아지는 상태를 열적 평형 상태라고 한다. 이때 열이 전달되는 방법에는 크게 전도, 대류, 복사가 있다.

첫째, 전도는 물질을 통해 열이 전달되는 경우로서 예를 들면, 금속 막대의 한쪽 끝을 가열하면 다른 쪽 끝을 잡은 손이 뜨거워짐을 느끼는 것이 전도이다. 불과 접한 한쪽 끝부분의 원자들이 진동하면 인접한 원자들과 충돌하게 되고 마침내 반대편의 끝부분까지 열이 전달된다. 전도 과정에서는 열이 전달되는 것이지 물질이 이동하는 것은 아니다.

둘째, 대류는 뜨거운 물질이 순환하면서 열이 전달되는 경우이다. 찬물이 들어 있는 용기 밑바닥을 가열하면 밑바닥의 물은 팽창하여 가벼워져서 위로 올라가게 되고 그 자리를 찬물이 들어와서 메우게 되고 결국은 용기 내의 물 전체가 가열된다. 이와 같은 대류 현상은 용기 내부의 물의 온도가 같아질 때까지 계속된다. 대류는 액체뿐만 아니라 기체에서도 일어난다. 예를 들면, 방에 난로를 켜두면 방 안 전체가 따뜻해지는 것이 대류이다.

마지막으로, 복사는 물체가 빛을 내놓고, 즉 전자기파를 방출하여 열을 전달하는 것이다. 전도와 대류는 입자들의 운동으로 열이 전달되는 것이지만 복사는 입자가 존재하지 않는 진공에서도 열이 전달된다. 전기난로가 복사 에너지파를 내놓으면 이 파가 사람 몸에 부딪히기 때문에 우리는 따뜻함을 느낀다. 차가운 물체는 가시광선 영역에서 파장이 긴(진동수가 낮은) 빨간색의 빛을 내지만 물체 온도가 올라가면서 물체가 뜨거워지면 파장이 짧은 푸른색의 빛을 방출한다. 이처럼 물체 온도와 그때 나오는 빛의 색깔은 다르다. 실제로 차가운 물체는 빨간색의 빛만을, 뜨거운 물체는 푸른색의 빛만을 방출하는 것이 아니라 모든 빛을 다 내지만 차가운 물체에서는 다른 어떤 빛보다 빨간색이 강하게 나오고 뜨거운 물체에서는 푸른색의 빛이 다른 색보다 강하게 나오기 때문에 각각 빨간색과 푸른색으로 보이게 된다. 물체가 내놓는 빛에는 물체가 외부에서 받아들인 빛 일부를 반사하는 반사광과 물체를 구성하는 입자들의 운동에 의한 복사광이 있다. 반사광은 물체 온도와 무관하지만, 복사광은 물체 온도에 의존한다. 모든 진동수의 빛을 흡수하거나 방출할 수 있는 이상적인 물체를 흑체(black body)라고 하는데 이 흑체는 흡수한 빛을 반사광으로 내놓지 않기 때문에 표면이 검게 보여 붙여진 이름이다. 조그만 구멍이 한 개 뚫리고 속이 빈 물체에 빛이 들어오면 나갈 수 없으므로 이런 물체가 이상적인 흑체다.

흑체 에너지의 양자화

영국의 레일리(John W.S. Rayleigh; 1842~1919)와 진스(Sir James Hopwood Jeans; 1877~1946)는 흑체의 온도에 따라 방출되는 빛의 종류(진동수)와 세기를 알기 위한 흑체 복사에 관한 연구를 하였다. 어떤 온도에서 흑체가 내는 빛의 세기와 파장과의 관계는 연속 스펙트럼을 이룬다. 흑체에서 나오는 빛의 세기는 흑체의 온도와 관계없이 특정 파장에서 최대이고 양쪽으로 갈수록 빛의 세기가 약해진다. 흑체의 온도가 낮으면 최대의 세기를 가지는 빛의 파장이 길어지고 반면에 온도가 높아질수록 최대의 광도를 가지는 빛의 파장은 짧아진다. 파장의 분포에 따른 흑체 복사 스펙트럼의 결과는 그 당시 영국의 맥스웰의 전자기학 이론으로 설명할 수 없었다.

인물보기 진스

영국의 물리학자, 수학자이자 천문학자인 진스는 런던에서 출생하였으며 케임브리지 대학교를 졸업하였다. 특히 기체 분자 운동론을 밝히는 데 공헌했으며 『기체의 역학적 이론』과 『항성 역학과 우주진화론』 등의 책을 집필하였다.

참조 슈테판-볼츠만 법칙(Stefan-Boltzmann law)

모든 파장의 복사 에너지를 완전하게 흡수하고 방출할 수 있는 가상의 물체인 흑체가 내놓는 복사 에너지의 총합은 절대 온도의 네 제곱(T^4)에 비례한다는 것을 슈테판-볼츠만 법칙이라고 한다. 파장에 따른 흑체가 내놓는 복사 에너지의 분포 곡선을 플랑크 곡선이라고 한다. 그래프에서 플랑크 곡선과 파장 축으로 둘러싸인 부분의 넓이가 모든 파장의 범위에서 나오는 복사 에너지의 총합이 되고 이 에너지 총합이 절대 온도의 네 제곱에 비례한다.

1900년에 독일 베를린 대학의 플랑크(Max Karl Ernst Ludwig Planck; 1858~1947)는 흑체의 복사 스펙트럼을 이론적으로 설명하기 위해 흑체가 흡수하거나 방출하는 에너지는 연속적인 양이 아니라 불연속적인 에너지 묶음의 값만을 가질 수 있다고 설명하면서 양자 개념을 처음 도입하였다. 즉 에너지는 양자라고 하는 기본 단위의 정수배로만 주고받을 수 있으며 양자 한 개를 둘로 나누는 것은 불가능하다고 하였다. 그리고 그 양자의 에너지는 복사 에너지의 진동수에 비례한다는 두 가지의 가정을 하였다.

$$E = h\nu$$

이 식에서 h는 플랑크 상수(6.626×10^{-34} J·s)이고 ν는 복사선의 진동수이다. 플랑크의 가정으로 흑체 복사 실험 결과를 깨끗하게 설명할 수 있었고, 프랑크는 흑체 에너지의 양자화에 대한 업적으로 1918년에 노벨 물리학상을 받았으며 양자 역학의 시대를 여는 발판을 마련해 주었다.

빛 에너지의 양자화

두 전극이 연결된 진공관 내부의 음극에 빛을 쪼여 거기에서 전자가 방출되도록 한 장치를 광전관이라고 한다. 이 광전관 안에 빛에 민감한 물질이 입혀져 있는 (−)극 금속 표면에 빛을 쪼여 주면 금속 표면의 원자가 빛 에너지를 흡수하여 전자(광전자라고 한다)를 방출하고 이 전자가 (+)극 쪽으로 움직이면서 전류가 발생하는데 이 현상을 광전 효과(photoelectric effect)라고 한다(그림 7−1). 전류, 즉 전자의 흐름은 (−)극에 쪼여 준 빛의 세기에 비례한다. 이 효과에 의하면 특정 파장보다 짧은 파장에서만 전류가 흐르고 그보다 긴 파장에서는 전류가 흐르지 않는다. 만약 빛이 파동이라면 파장에 무관하게 오랜 시간 동안 빛을 쪼이면 금속에서 전자가 튀어나와야 하는데 긴 파장의 빛을 아무리 오랜 시간 동안 쪼여도 전류는 흐르지 않는다. 그리고 같은 파장의 빛을 강하게 쪼여 주거나 약하게 쪼여 주어도 금속에서

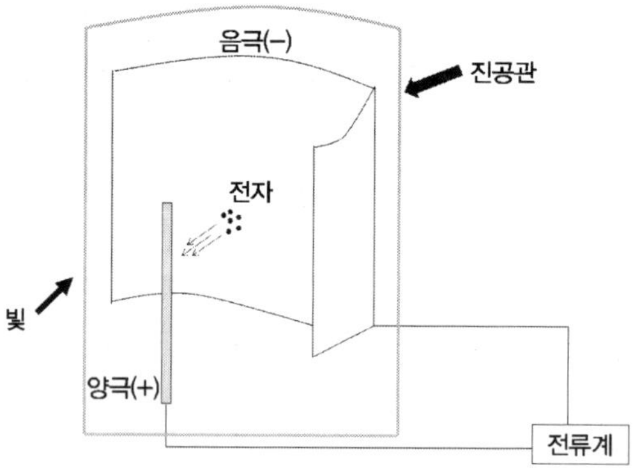

그림 7−1 광전 효과

방출되는 전자의 에너지는 모두 같았고 다만 빛을 강하게 쪼여 주면 금속에서 튀어 나오는 전자의 개수가 증가하였다. 1887년에 일찍 세상을 떠난, 촉망받았던 독일의 물리학자 헤르츠는 이 현상을 처음 관찰하였지만, 그 이유를 당시의 빛에 대한 파동설로 설명하지 못하였다.

1905년에 아인슈타인은 플랑크의 양자 개념을 빛에 도입하여 빛 에너지의 양자화, 즉 빛도 진동수에 따라 에너지가 다른 입자라고 생각하고서 이 입자를 광자라고 불렀다. 금속에서 전자를 방출시킬 수 있는 충분한 에너지를 가진 광자가 전자와 1 대 1 충돌로 전자가 방출된다고 생각하고서 이 광자의 에너지는 플랑크 상수에 진동수를 곱한 값이라고 가정함으로써 광전 효과를 명확하게 설명하였다. 플랑크의 흑체 복사에 대한 설명과 아인슈타인의 광전 효과에 대한 설명으로 양자 이론은 더욱 발전하여 자리 잡게 되었다.

전자 에너지의 양자화

원자 내부에 있는 전자 에너지도 양자화되어 있다. 거의 진공 상태를 유지하고 내부에 두 개의 전극이 존재하는 유리관 안에 약간의 수소 기체를 넣고 높은 전압을 걸어 주면 음극에서 방출된 전자가 양극 쪽으로 흐르면서 수소와 충돌하여 수소 양이온과 전자들이 존재하는 플라스마 상태를 만든다. 여기에서 나오는 빛을 회절 격자(프리즘과 같이 빛을 분해하는 장치)로 관찰하면 수소의 선 스펙트럼을 얻을 수 있다(그림 7-2). 1913년에 덴마크 출신의 물리학자인 보어는 수소의 선 스펙트럼을 보고서 원자에서 나오는 빛 에너지가 불연속적으로 방출된다고 생각하고서 러더

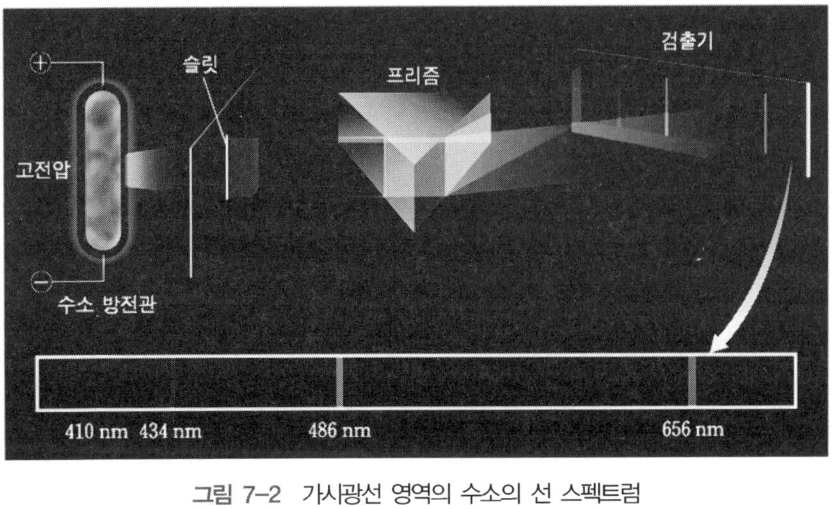

그림 7-2 가시광선 영역의 수소의 선 스펙트럼

퍼드의 원자 모형에 독일의 물리학자인 플랑크가 제안한 양자 가설을 연결하여 원자 내 전자의 운동 상태를 설명하는 새로운 원자 모형을 제안하였다. 즉 원자 내의 전자가 흡수하거나 방출하는 에너지도 양자화되어야 한다고 생각하고 전자의 각운동량(angular momentum)이 플랑크 상수의 정수배의 값을 갖는 궤도에만 전자가 존재할 수 있다고 가정하였다. 이 모형에 의하면 원자 내에서 특정 에너지 준위만 가질 수 있는 전자는 안정한 궤도에서는 에너지를 잃지 않고 운동할 수 있지만 에너지 준위가 서로 다른 한 궤도에서 다른 궤도로 전이(transition)할 때는 그 에너지의 차이에 해당하는 진동수의 빛을 흡수하거나 방출하게 되므로 한 원소의 흡수 스펙트럼과 방출 스펙트럼의 구조는 같게 된다. 보어는 이 이론으로 가장 간단한 수소 원자의 선 스펙트럼을 설명하였다. 또한 보어는 가장 바깥 궤도에 있는 전자들이 원소의 화학적 성질을 결정한다고 발표하였다.

인물보기 보어

원자 구조 이론을 더욱 발전시킨 보어는 덴마크의 코펜하겐에서 태어났고 1911년에 코펜하겐 대학교에서 물리학 분야에서 박사 학위를 받았다. 그리고 영국의 케임브리지로 건너가서 처음에는 톰슨과 함께 일하였고, 1912년에는 영국의 맨체스터로 옮겨 러더퍼드와 함께 일하였다. 거기서 그는 몇 년 후에 출판할 원자 구조에 대한 이론과 원자 스펙트럼을 설명할 개념들을 발전시키기 시작하였다. 1922년에 이 업적으로 노벨상을 받았다. 짧은 시간 동안 러더퍼드와 함께 한 후에 보어는 다시 코펜하겐 대학교로 돌아와서 이론물리학 연구소장이 되었다. 히틀러의 부대가 덴마크를 갑자기 침입한 1940년에 보어는 덴마크에 있었는데 1943년에 스웨덴으로 도망하였다. 스웨덴에서 보어는 히틀러의 기체 실로부터 거의 모든 덴마크 유태인의 탈출을 도왔으며, 그 후 영국으로 가서 혼수상태에 빠져 산소 결핍으로 거의 죽을 뻔하였다. 이후 미국으로 건너가서 뉴멕시코주의 로스알라모스에서 1945년까지 다른 물리학자들과 함께 원자 폭탄 개발에 관한 일을 하였다. 핵에너지의 국제적 통제를 위해서 그는 원자 폭탄의 비밀을 다른 동맹국들과 함께 공유해야 한다고 주장하였으며 이것은 처칠(Winston Leonard Spencer Churchill; 1874~1965)을 화나게 하였다. 보어는 평화적 목적으로 원자 에너지를 개발하고 사용하는 데 열심히 그리고 오랫동안 일하였다. 그는 이러한 노력으로 1957년에 평화상(Atom for Peace Prize)을 수상하였고 1962년 11월 18일 코펜하겐에서 죽었다.

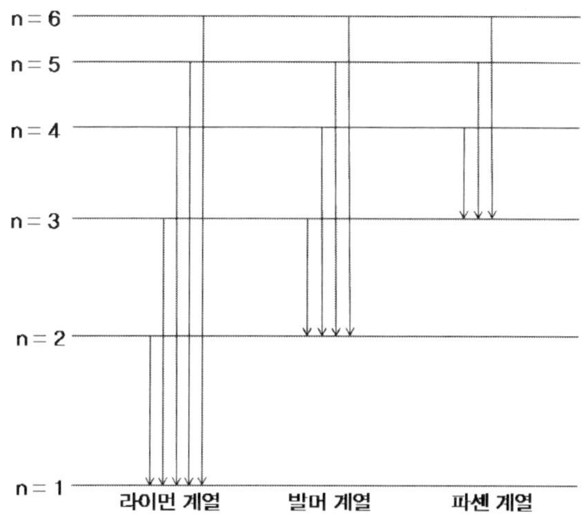

그림 7-3 보어의 원자 모형에 의한 라이먼, 발머, 파셴 계열

수소 원자의 선 스펙트럼은 높은 에너지의 자외선 영역에 해당하는 라이먼 계열, 가시광선 영역에 해당하는 발머 계열, 낮은 에너지의 적외선 영역에 해당하는 파셴 계열 등으로 이루어져 있다(그림 7-3). 이 중 눈으로 확인할 수 있는 발머 계열은 1885년에 스위스의 물리학자인 발머(Johann Jakob Balmer; 1825~1898)에 의하여 가장 먼저 발견되었다.

참조

라이먼 계열

1906년에 미국의 물리학자인 라이먼(Theodore Lyman; 1874~1954)이 들뜬 수소 원자의 방출 스펙트럼에서 발견한 자외선 영역에서 나타나는 여러 가지 선들을 말한다. 스펙트럼선들 사이의 간격은 파장이 짧아질수록 좁아지는데 선의 파장은 다음 식으로 나타낸다.

$$\frac{1}{\lambda} = R\left(\frac{1}{n_1^2} - \frac{1}{n_2^2}\right)$$

여기서 R은 리드베리($R = 1.09737 \times 10^7\ \text{m}^{-1}$) 상수이고 n_1과 n_2는 주양자수이다. $n_1 = 1$이고 $n_2 = 2, 3, 4, \cdots$일 때 라이먼 계열이 얻어지고 n_1이 2, 3, 4, 5인 계열을 각각 발머, 파셴, 브래킷 및 푼트 계열이라고 한다.

보어의 원자 모형은 수소 원자의 선 스펙트럼을 잘 설명할 수 있었지만, 전자의 개수가 여러 개인 원소에는 적용될 수 없었다. 어떤 원자에서 나오는 하나의 스펙트럼도 전기장이나 자기장 하에서 여러 개의 스펙트럼으로 갈라지는 것이 관찰되었는데 보어의 원자 모형은 이런 효과를 설명할 수 없었다. 보어의 원자 모형은 전자를 하나만 가지는 수소 원자에만 적용되지만, 양자 개념을 원자의 세계에 도입하였고 또한 파동 역학으로 넘어가는 데 중요한 역할을 하였다. 보어 모형에서 파동 역학으로 넘어가는 과정에 빛과 물질이 파동과 입자의 이중성을 가지고 있다는 파동–입자 양면성(wave–particle duality)과 불확정성의 원리(Uncertainty principle) 두 가지가 크게 공헌하였다.

쉬어가기

레이저(laser)란?

레이저는 Light Amplification by the Stimulated Emission of Radiation의 머리글자들로부터 온 말로서 '복사의 자극 방출에 의한 빛의 증폭'을 의미하며 아주 짧은 파장의 전자기파를 증폭하는 장치를 말한다. 주로 마이크로파 영역의 전자기파를 발진하는 것을 메이저라고 하고 적외선 또는 가시광선 영역의 전자기파를 발진하는 것을 레이저라고 한다. 1958년 암모니아 메이저가 타운스(Charles Hard Townes; 1915~ 2015) 등에 의하여 최초 발명되었다.

레이저 광선은 다음과 같은 특징을 가진다. 첫째, 레이저 광선은 한 가지의 파장만을 가진 빛이기 때문에 일반 빛에 비해 아주 순수하며 퍼지지 않고 직진하며 위상(位相)이 고른 연속된 빛이다. 즉 레이저 광선이 분광프리즘으로 조사되면 1개의 가는 선 스펙트럼이 관찰되는 위상이 고른 단색광이다. 둘째, 일반 빛으로 아주 작은 점에 큰 광량(光量)을 모으기는 힘들지만, 렌즈로 집광된 레이저 광선의 단위 면적당 빛 에너지, 즉 에너지 밀도는 굉장히 높다. 셋째, 사인파인 레이저 광선은 간섭 현상이 일어나기 쉬우므로 홀로그래피라고 하는 입체사진 기술을 가능하게 하였다.

외부로부터 빛 에너지를 받으면 물질을 구성하는 원자의 전자는 에너지 준위가 더 높은 바깥 궤도로 들뜨고, 이 들뜬 상태는 불안정하므로 빛 에너지를 다시 외부로 방출하여 원래의 안정한 바닥 상태로 되돌아오게 된다. 실제로 물질을 구성하는 원자들이 많으므로 각각의 원자들은 제각기 다른 에너지의 빛을 받아들여 방출하므로 위상이나 파장이 다른 빛들이 외부로 방출되고 이 빛은 전구나 네온사인에서 발하는 빛처럼 자연방출이라고 한다. 어떤 물질들은 들뜬 상태에 머무는 시간을 길게 가질 수 있는데 이 물질에 빛을 조사하면 바닥 상태보다 들뜬 상태에 있는 원자 수를 더 많이 가지는 반전 분포 상태를 가질 수 있다. 이 상태에서 원자 1개가 상위의 들뜬 상태에서 하위의 들뜬 상태로 옮겨지면서 빛을 방출하면 인접한 다른 원자들도 위상이 고른 같은 파장의 빛을 차례로 발생한다. 이 들뜬 물질 양쪽에 2개의 평행한 거울을 놓으면 빛은 거울 사이를 왕복하면서 차례로 유도 방출을 생기게 하여 증폭된다. 2개의 거울은 유도 방출을 유도할 뿐만 아니라 정상파 빛만을 증폭하게 된다. 2개의 거울 가운데 한 거울은 대부분 빛을 반사하지만 일부만을 투과하도록 만들면 증폭된 빛 일부를 외부로 꺼낼 수 있게 된다. 이렇게 해서 만들어진 레이저의 종류에는 들뜨게 하는 물질의 종류에 따라 고체 레이저, 기체 레이저, 액체 레이저, 반도체 레이저 등이 있다.

7.2 드브로이 파

빛은 파동과 입자의 양면성을 가지고 있지만 한 실험에서 두 가지의 성질을 동시에 관찰할 수는 없다. 빛의 입자성은 아인슈타인의 광전 효과에 의하여 빛을 양자화된 에너지를 가진 광자로 봄으로써 증명되었고 이 광자가 좁은 슬릿 사이를 흘러 지나가면 반사, 굴절, 회절 등의 현상으로 빛의 파동성을 나타내게 된다. 빛의 행동을 설명할 수 있는 네 가지 성질은 반사, 굴절, 회절, 간섭이 있다. 첫째, 빛은 거울과 같은 표면에 부딪히면 반사한다. 표면에 들어오는 빛을 입사광이라고 하고 표면으로부터 나가는 빛을 반사광이라고 한다. 입사광이 표면과 수직인 법선과 이루는 각을 입사각이라고 하고 반사광이 법선과 이루는 각은 반사각이라 하는데 이 둘은 서로 같다. 둘째, 빛은 밀도가 서로 다른 물질 사이를 지나게 되면 그 경로가 꺾이게 되는데 이것을 굴절이라고 한다. 빛이 밀도가 다른 물질 안으로 들어가면서 속도가 느려지면 그 빛은 법선 쪽으로 더 꺾이게 되므로 굴절각은 입사각보다 더 작아진다. 반면에 빛이 어떤 물질 안으로 들어가면서 속도가 빨라지게 되면 그 빛은 법선으로부터 먼 쪽으로 꺾이게 되므로 굴절각은 입사각보다 더 커진다. 셋째, 광파와 수면파처럼 모든 파동은 일직선으로 진행하는데 자신의 파장과 같은 좁은 틈의 슬릿이나 장애물의 가장자리를 지나게 되면 약간 퍼져서 전달되는데 이 현상을 회절이라고 한다. 넷째, 두 광파가 같은 지점을 지나갈 때 이 둘은 간섭을 일으킨다. 간섭은 두 가지 경우로 일어날 수 있다. 한 파동의 마루가 다른 파동의 마루와 혹은 한 파동의 골이 다른 파동의 골과 같은 지점에서 만나서 지나면 각각의 파동 하나가 지날 때보다 더 밝은 빛이 나는데 이 현상을 보강 간섭이라고 한다. 반면에 한 파동의 마루가 다른 파동의 골과 혹은 한 파동의 골이 다른 파동의 마루와 같은 지점에서 만나게 되면 두 파동은 서로 상쇄되어 어두워지는데 이 현상을 상쇄 간섭이라고 한다. 수면파도 간섭 현상을 나타낸다.

물질을 쪼개어 나가면 더 이상 나눌 수 없는 a-tom이라는 입자에 도달할 것이라는 생각을 가진 데모크리토스 이후 뉴턴과 보일 등이 물질의 입자성을 지지하였다. 1924년에 프랑스의 이론물리학자인 드브로이(Louis Victor de Brogli; 1892~1987)는 그의 박사 학위 논문에서 빛이 파동과 입자의 이중성을 가진 물리적 실체이므로 전자와 같이 물질을 구성하는 입자도 파동의 성질을 가질 것이라고 제안하였고 움직이는 입자를 나타내는 파동을 드브로이 파 또는 물질파라고 하였다. 이 이론에 의하면 파동과 입자는 구별이 없으며, 같은 물리적 실체에 대한 두 가지의 다른 측면에 불과한 것이다. 즉, 파동의 성질이 강한 경우에는 파동이라고 하고 입자의 성질이 강한 경우에는 입자라고 한다. 그리고 드브로이는 질량, 운동량과 같은 입자에 대한 물리량과 파장, 주기와 같은 파동에 대한 물리량 사이에는 반비례 관계가 있다고 생각하고 다음과 같은 드브로이 식을 유도하였다.

$$E = \frac{hc}{\lambda} \text{에서 } \lambda = \frac{hc}{E}$$

아인슈타인의 특수 상대성 이론에서 나온 식인 $E = mc^2$을 대입하면

$$\lambda = \frac{hc}{mc^2} = \frac{h}{mc}$$

빛의 속도(c)를 전자와 같은 입자의 속도(v)로 대체하면

$$\lambda = \frac{h}{mv}$$

이 식에서 λ는 드브로이 파의 파장, h는 플랑크 상수(6.63×10^{-34} J·s(=kg · m^2/s)), m은 입자의 질량, v는 입자의 운동 속도를 나타낸다.

1927년에 미국의 물리학자인 데이비슨(Clinton Joseph Davisson; 1881~1937), 저머(Lester Halbert Germer; 1896~1971), 그리고 영국의 물리학자인 톰슨(George Paget Thomson; 1892~1975: 전자를 발견한 J.J. 톰슨의 아들로 전자가 파동임을 증명함으로써 노벨상을 받았다. 반면 그의 아버지는 전자가 입자임을 증명하여 노벨상을 받았다)은 고전압으로 가속된 전자를 금속 결정에 쪼여서 나오는 전자의 회절 무늬 상을 얻고 이 전자의 파장이 드브로이의 물질파 이론에서 계산한 파장과 일치함을 확인하였다. 이렇게 이들은 전자가 가지는 파동성을 입증함으로써 드브로이의 물질파 이론을 실험적으로 증명하였다. 물질파 이론

을 입증하는 이들의 실험으로 드브로이는 1929년에 노벨 물리학상을 받았고 양자 역학을 발전시키는 데 크게 공헌하였다.

야구장에서 투수가 던지는 공이 파동처럼 날아가는 것을 볼 수 없는 것은 우리의 감각으로 느낄 수 없을 정도로 공의 파장이 매우 짧기 때문이다. 즉, 드브로이의 물질파 이론식에 의해서 야구공의 파장은 우리가 감지하지 못할 정도로 아주 짧으므로 야구공이 곧바로 나아가는 것처럼 보이게 된다. 그러나 전자와 같이 질량이 아주 작은 입자가 빠른 속도로 운동할 때 실험을 통해 입자의 파동성(파장)을 관측할 수 있다.

인물보기 드브로이

드브로이는 프랑스의 디에프에서 태어났고 소르본 대학교에서 공부하였으며 1926년부터 파리 대학교에서 교수직으로 근무하였다. 19세기 초에 빛은 파동의 성질을 띠고, 모든 물질은 작은 입자로 구성되어 있다고 생각하였다. 1900년에 독일의 물리학자인 플랑크는 빛이 입자의 성질도 띤다는 것을 알고서 이 입자를 양자라고 하였는데, 1924년에 드브로이는 플랑크의 빛의 양자설을 토대로 전자가 일정한 조건에서 입자와 파동의 성질을 모두 띤다고 발표하였다. 그의 이론은 나중에 실험적으로 입증되었다.

7.3 파동 역학

거시적인 세계를 다루는 고전 역학에서 물체의 운동은 뉴턴의 운동 법칙으로 설명할 수 있다. 예를 들면, 물체의 처음 위치와 속도를 알면 그 물체의 나중 위치와 속도를 정확하게 예측할 수 있다. 그러나 전자와 같은 미시 세계에서는 뉴턴의 운동 법칙으로 입자의 처음 운동 상태를 결정할 수 없다.

1929년 독일의 물리학자인 하이젠베르크는 자연의 모든 물질이 입자와 파동의 양면성을 가지기 때문에 파동의 위치를 정확히 알 수 없고 또한 입자의 위치도 정확하게 정할 수 없다고 하였다. 즉, 그는 미시 세계에서 입자의 위치와 운동량을 동시에 정확하게 정할 수 없다는 불확정성의 원리를 제안하였다. 이 원리에서 위치의 불확정성과 운동량의 불확정성을 곱한 값은 언제나 플랑크 상수보다 크거나 같다. 따라서 입자의 위치를 정확하게 알수록 그 운동량은 더욱 알 수 없게 되고 운동량을 정확하게 알수록 그 위치는 더욱 알 수 없게 된다. 그러므로 미시 세계의 운동은 확률적으로밖에 다룰 수 없다.

인물보기 하이젠베르크

독일의 뷔르츠부르크에서 출생하였고 뮌헨 대학교에서 공부한 그는 1927년에 원자를 구성하는 입자의 위치와 운동량을 동시에 정확하게 측정할 수 없다는 불확정성의 원리를 발견하였다. 1932년에 양자 역학이라는 새로운 물리학의 한 분야를 개척한 업적으로 노벨 물리학상을 받았다.

원자핵에 묶여 있으면서 주위를 가속도 운동하는 전자는 상태가 항상 변하므로 결국 빛을 방출하고 에너지를 잃으면서 원자핵으로 끌려 들어가야 한다. 그러나 실제는 그렇지 않다. 미시 세계에서의 이러한 혼란을 해결하기 위해 입자의 상태를 파동 함수로 나타내면 된다.

전자와 같은 입자가 파동의 성질도 가지므로 1926년 미시적 입자의 상태를 파동 함수로 나타내려는 파동 역학의 이론이 발전, 확립하게 되었다. 여기에 기여했던 사람이 하이젠베르크와 오스트리아 출신의 물리학자인 슈뢰딩거(Erwin Schrödinger; 1887~1961)였다. 슈뢰딩거 파동 함수는 입자의 정확한 위치와 속도를 알려 주지 못하고 그들을 확률적으로만 알려 준다. 주어진 조건에서 어떤 시스템에 대하여 슈뢰딩거 방정식을 풀어 입자의 운동을 나타내는 파동 함수를 구하면 입자의 물리량을 구할 수 있었다. 즉, 슈뢰딩거 방정식을 풀어서 구한 파동 함수는 입자의 에너지, 운동량, 위치 등과 같은 물리량을 포함하므로 입자의 상태를 알 수 있다. 예를 들면, 이 식으로 보어 이론에서의 원자핵 주위의 전자 궤도 반지름이나 전자가 불연속적인 에너지 값을 가지는 것 등을 설명할 수 있었다. 그러나 이 방정식은 간단한 시스템에만 적용된다는 한계가 있다.

인물보기 슈뢰딩거

슈뢰딩거는 오스트리아 빈 출신의 이론물리학자로서 독일과 스위스의 여러 대학교에서 이론물리학 교수를 역임하였으며 물질의 파동 이론과 양자 역학의 성립에 크게 기여하였다. 당대의 물리학자들 가운데 다재다능했던 그는 식물학을 연구하여 식물의 계통발생에 관한 논문을 발표하였고 문학과 철학에도 능통하였다. 1924년 드브로이가 제안한 물질파 개념을 받아들여 미시 세계의 체계를 파동방정식으로 기술하는 것이 좋다는 것을 발견하고서 1926년 취리히에서 39세의 늦은 나이에 원자의 역학에 대한 편미분 방정식을 기술하는, 양자 파동 역학의 기초를 다지는 논문을 발표하였다. 이 논문에서 만들어진 슈뢰딩거 방정식의 해는, 행성 천문학에서의 뉴턴 방정식의 절대적인 해와는 달리, 물리적 사건들에 대한 추상적인 확률적 발생에만 관련된 파동 함수들이었다. 이와 같이 원자 이론에 대한 새로운 형식을 발견한 공로로 영국의 물리학자인 디랙과 함께 1933년에 노벨 물리학상을 받았다. 1927년에 슈뢰딩거는 베를린 대학교에서 아인슈타인을 포함한 당대의 쟁쟁한 교수진의 일원이 되었다. 15년 동안 아일랜드에서 머무는 동안 그는 『생명이란 무엇인가?(What is life?)』라는 책을 저술하고서 이 책에서 유전 구조를 설명하는 데 양자 역학이 어떻게 이용되는지를 보여주었다. 1954년에 저술된 『자연과 그리스인(Nature and the Greeks)』에서는 그리스인들의 과학적 세계관에 탄복하였고 과학이 인간의 신비를 풀어줄 유일한 도구인지에 대하여 회의하였다. 1961년에 『나의 세계관(Meine Weltansicht)』이라는 마지막 저서를 남겼다.

파동 함수가 가지는 물리적 의미는 독일의 물리학자인 보른(Max Born; 1882~1970)에 의해서 설명되었다. 그는 파동 함수의 제곱은 특정 물리량을 가질 확률을 나타낸다고 하였다. 즉, 주어진 조건에서 슈뢰딩거 방정식을 풀면 여러 가지 물리량을 가진 해들이 존재하는데 그들 가운데 특정 물리량을 가질 확률은 그 물리량을 가진 파동 함수의 제곱으로 나타낼 수 있다는 것이다.

인물보기 **디랙**

영국의 브리스틀에서 태어났고 브리스틀 대학교와 케임브리지 대학교에서 공부하였다. 1932~1969년에 케임브리지 대학교에서 수학 교수로 지냈으며 1971년에 미국 플로리다 주립 대학교에서 물리학 교수를 역임하였다. 1928년에 그는 전자의 회전을 비롯한 입자들의 움직임을 설명하는 수학 방정식을 처음으로 제안하였고(이 식을 디랙 방정식이라고 한다.) 또한 양자 역학의 두 가지 형태인 파동 역학과 행렬 역학이 서로 같음을 증명하였다. 이 두 가지 큰 업적으로 1933년에 슈뢰딩거와 함께 노벨 물리학상을 받았다. 그가 쓴 『양자 역학의 원리』는 양자 역학 분야의 고전으로 받아들여진다. 디랙의 이론에 의하면 (−)전하를 띠는 전자는 그 반입자인 양전자를 꼭 가지게 되고 이것은 실험적으로 증명되었다.

인물보기 **보른**

독일의 브레슬라우에서 출생한 보른은 원자의 구조와 원자를 구성하는 입자들의 운동을 연구하는 물리학의 한 분야인 양자 역학의 발전에 크게 공헌하였으며 1954년에 노벨 물리학상을 받았다. 그는 슈뢰딩거의 파동방정식을 토대로 드브로이의 물질파는 주어진 장소에서 입자가 존재할 확률뿐이라고 하였다.

양자 이론은 컴퓨터와 스마트폰의 반도체 기술, 양자 컴퓨터, MRI와 같은 의료 영상 기술과 레이저 기술 등에 실제로 사용된다.

7.4 상대성 이론

거시적 자연 현상을 잘 설명하는 뉴턴 역학은 절대 시간, 절대 공간, 절대 질량 등의 개념에서 세워졌고 포탄의 궤도, 사과가 떨어지는 것 그리고 달과 행성들의 궤도 등과 같은 자연 현상을 잘 설명할 수 있었다. 따라서 17, 18세기에는 초기의 조건만 주어지면 모든 자연 현상의 원인에 의한 결과를 역학적으로 알 수 있다고 생각하고 우주가 기계적이고 필연적으로 인과 관계에 있다는 기계론적 우주관이 팽배하였다. 그러나 과학 기술의 발달로 광속을 정확하게 측정할 수 있고 여러 가지 원자나 분자의 스펙트럼을 얻으면서 뉴턴 역학으로는 도저히 설명할 수 없는 결과들이 나오게 되었다.

20세기 초에 아인슈타인은 물리학의 기본 이론인 상대성 이론을 발표하였다. 수학 공식을 모르고서는 상대성 이론을 완전하게 이해할 수 없지만 여기서는 이 이론의 기본 개념이나 결과들을 증명 없이 간단하게 알아보고자 한다. 상대성 이론은 두 부분, 즉 1905년에 발표된 특수 상대성 이론과 1915년에 발표된 일반 상대성 이론으로 구성되어 있다.

인물보기 아인슈타인

1879년 3월 14일에 독일 뷔르템베르크의 울름에서 출생한 미국의 이론물리학자이다. 1900년에 스위스 취리히에 있는 국립 공과대학의 물리학과를 졸업하였고 1902년에서 1909년까지 5년간 베른에 있는 스위스 특허국에서 특허심사관으로 근무하였다. 많은 자유 시간을 가질 수 있었던 이 시기에 그는 과학 연구에 몰입하여 과학사에 중요한 세 가지 공헌을 남겼다. 26세이었던 1905년에 첫째, 빛을 작은 입자(광자)의 흐름으로 생각하고서 광자가 금속을 때리면 원자로부터 전자가 튀어 나온다는 광양자설을 발표하였다. 광양자설은 광전 효과를 설명하는 데 사용되었다. 둘째, '운동하는 물체의 전기 역학'이라는 논문에서 특수 상대성 이론 등을 발표하였다. 셋째, 액체나 기체 입자들의 불규칙한 움직임인 브라운 운동의 이론으로 이것은 물질의 원자론을 뒷받침해 주었다.

그중에서도 특수 상대성 이론은 당시까지 지배적이었던 갈릴레이나 뉴턴 역학을 흔들어 놓았고 종래의 절대적인 시간과 공간 개념을 근본적으로 변혁시켰다. 특히 질량과 에너지의 등가성 발견($E=mc^2$)은 원자 폭탄의 가능성을 예언해 주었다. 1915년에 특수 상대성 이론을 중력 이론이 포함된 이론으로 확대하고자 일반 상대성 이론을 발표하였고 1916년에 책으로 출간하였다. 이 이론에 의하면 빛은 중력장 속에서 구부러져 진행하게 된다. 이 현상은 영국의 에딩턴에 의하여 일식 관측대에서 확인되었다. 1921년 아인슈타인은 광전 효과 연구와 이론물리학에 공헌한 공로로 노벨 물리학상을 받았다.

독일 나치 정부가 아인슈타인의 재산을 압류하고 그의 지위와 시민권을 박탈했던 1933년에 유대인 출신인 그는 독일을 떠나 미국의 프린스턴 고등연구소 교수로 부임하였고 1955년 4월 19일에 죽을 때까지 거기서 지냈다. 1920년대 후반부터 전자기 현상과 중력 현상을 통합하려는 통일장 이론 연구에 전념하였지만 성공하지 못하였다. 제2차 세계 대전 중에 독일이 원자 폭탄의 연구에 몰입하자, 미국의 과학자와 망명한 과학자들은 원자 폭탄을 가질 필요성을 느꼈고, 1939년 8월 2일에 아인슈타인은 루스벨트 대통령에게 편지를 써서 사정을 알렸다. 이것은 미국에서 원자 폭탄 연구인 맨해튼 프로젝트가 시작되는 계기가 되었다. 그리고 마침내 1945년에 원자 폭탄이 만들어졌다. 1952년에는 이스라엘 대통령직을 제의받기도 했지만 고사하였다. 또한 출판업자들이 자서전을 내면 많은 돈을 주겠다고 제의하였지만, 이것도 거절하였다.

그는 스스로 다음과 같은 자서전적인 기록을 남겼다. "한 사람의 노력과 탐구가 자신에게 어떻게 보이는지를 다른 사람에게 보여 주는 것은 좋은 일이다." 아인슈타인은 두 번 결혼하였는데 처음 결혼한 물리학자인 마리치와의 사이에는 아들 둘과 딸 하나를 두었고 베를린에서 이혼하였다. 제1차 세계 대전이 끝난 뒤 사촌인 엘자와 결혼하였고 의붓딸 두 명을 두었다. 종교를 갖지 않은 아인슈타인은 우주는 절대적인 법칙과 질서의 산물이라고 생각하였다.

■ 특수 상대성 이론

등속도로 달리는 기차 안에서 공 던지기를 한다면 공은 던진 사람에게서 받는 사람으로 바로 날아간다. 땅 위에 서 있는 사람들이 같은 공 던지기를 해도 마찬가지이다. 즉, 등속도로 달리는 기차 안에서 공 던지기와 같은 역학적 행위는 기차 운동의 영향을 받지 않는다. 따라서 역학 법칙은 일정한 속도로 달리는 기차 안에 있는 사람이나 정지해 있는 사람 모두에게 같다. 그러나 기차가 갑자기 정지하거나 가속을 하면 상황은 달라진다. 던진 공은 다른 방향으로 날아가게 될 것이다.

기차가 빛과 같은 빠른 등속도로 달리고 있다고 가정하자. 이 기차 안의 사람이 손전등으로 내보낸 빛의 속도와 땅 위에 서 있는 사람이 내보낸 손전등에서 나온 빛의 속도는 서로 같을까? 19세기 물리학자들은 서로 다를 것으로 생각했다. 당시의 과학자들은 소리가 전파되기 위해 공기라는 매질이 필요하듯이 빛도 파동의 형태로 전파되기 위해서 아리스토텔레스가 천상의 원소라고 생각한 물질인 에터(ether)가 우주 공간을 채우고 있다고 생각했고 이 매질 속에서 기차 또는 행성들이 각기 다른 속도로 움직인다고 생각했으므로 기차 안의 사람이 측정한 빛의 속도와 땅 위에 정지한 사람이 측정한 빛의 속도는 다를 것으로 생각했었다.

이 에터 이론을 무너뜨리는 데 공헌한 유명한 실험이 1887년에 미국의 마이켈슨(A.A. Michelson; 1852~1931)–몰리(Edward W. Morley; 1838~1923) 실험이다. 그들은 에터로 둘러싸인 우주 공간에서 지구가 도는 방향과 같은 방향으로 진행하는 빛의 속도는 지구가 도는 방향과 직각으로 진행하는 빛의 속도와 다를 것으로 생각하고 마이켈슨이 고안한 간섭계를 사용하여 정밀한 실험을 하였다(그림 7-4). 광원에서 나온 빛은, 가운데 위치한 한쪽 면이 은으로 입혀진 거울에 의해 두 갈래로 갈라지고 갈라진 두 광선은 각각 거울 1과 거울 2에 반사되어 중앙의 거울을 지나 다시 만나면 두 광선의 광로 차이에 의하여 간섭무늬가 이동할 것으로 예상되었다. 이 실험 결과에서 에터의 매질 속에서 진행하는 두 방향의 빛의 속도 차이는 발견되지 않았고 에터의 존재도 의심받게 되었다.

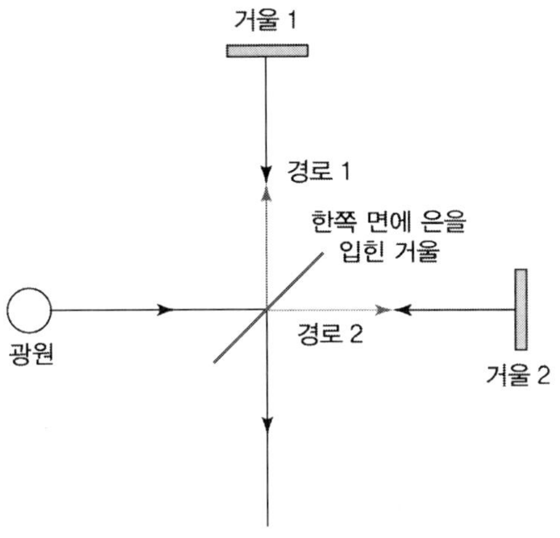

그림 7-4 마이켈슨 간섭계

인물보기 마이켈슨

폴란드 이노브로츠와프 부근의 슈트렐로에서 태어난 마이켈슨은 두 살 때 가족과 함께 미국으로 이민 갔으며 1873년에 미국 해군사관학교를 졸업하였고 1881년에 해군에서 퇴역한 뒤 시카고 대학교에서 물리학을 가르쳤다. 1880년에 독일에서 유학 중이던 그는 정밀한 광학기구를 고안하여 우주 공간을 가득 채우고 있는 에터 속에서 지구의 속도와 같은 방향으로, 그리고 직각 방향으로 방출된 빛의 속도를 측정하였다. 이 두 광선의 간섭을 측정하면 지구의 속도를 측정할 수 있을 것으로 생각했다. 하지만 실제 결과에서는 에터가 지구 속도에 영향을 미치지 않았다. 1887년에 미국의 물리학자이면서 화학자인 몰리와 함께 같은 실험을 반복하였지만, 결과는 같았다. 1907년에 노벨 물리학상을 받았다.

이상에서 1905년 독일 태생의 미국 물리학자인 아인슈타인은 "만일 광속도로 달리는 기차로 여행을 하면 어떻게 될까"라는 의문을 품고(이것이 특수 상대성 이론의 서막이 되었다.) 뉴턴 역학에 일대 변혁을 가져오는 특수 상대성 이론을 발표하였다. 이 이론의 두 가지 기본 원리는 다음과 같다. 첫째, 등속 운동을 하는 관성 좌표계에서 물리 법칙들은 항상 불변한다는 것이다. 정지하고 있는 사람이 경험하는 물리 법칙은 일정한 속도로 달리는 기차나 비행기 안에 있는 사람이 느끼는 것과 같다. 알고 보면 정지해 있는 사람도 태양 주위를 일정한 속도로 움직이는 지구 위에 있으므로 물체 운동을 기술할 절대적 기준은 없다. 둘째, 마이켈슨과 몰리 실

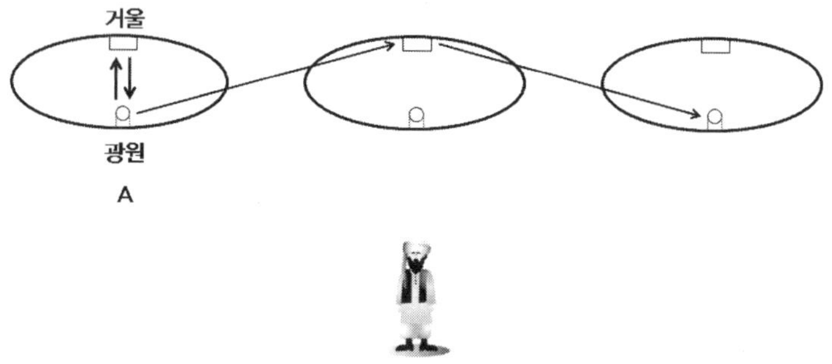

그림 7-5 시간의 상대성

험 결과의 토대로 만들어진 빛의 속도는 관찰자나 광원의 운동에 무관하게 항상 일정하다는 것이다. 즉, 광속은 절대적이다. 이를 광속도 불변의 원리라고 한다.

광속과 같이 빠른 상태에서 실험을 통해 특수 상대성 이론의 확인이 쉽지 않았기 때문에 이 이론의 당위성에 대하여 끊임없이 토론되었다. 그러다가 전자와 같이 빠르게 움직이는 입자의 물리량들을 측정할 수 있게 됨으로써 특수 상대성 이론은 정당하게 받아들여지게 되었다.

특수 상대성 이론으로부터 나오는 중요한 결론들은 다음과 같다. 첫째, 모든 물체의 속도는 빛의 속도보다 느리다. 둘째, 광속으로 달리는 계에서의 시간은 정지한 관찰자에게는 길어진다(시간 지연, time dilation). 여기에 천장에는 거울이 있고 바닥에는 백열등이 설치되어 있는 비행체가 있다고 생각하자. 비행체가 정지해 있을 때 바닥의 백열등에서 나온 빛은 천장의 거울에 반사되어 되돌아온다. 비행체가 광속에 가까운 속도로 진행할 때 바닥의 백열등에서 나온 빛은 그림 7-5에서 A 점에 정지해 있었을 때보다 훨씬 긴 거리를 진행한 뒤 거울에 반사되어 다시 바닥에 되돌아오게 되는 것을 관찰자가 보게 된다. 마이켈슨-몰리의 실험에서 증명된 것처럼 광속은 물체의 운동에 무관하게 일정하므로 정지하고 있었을 때보다 긴 거리를 이동한 빛의 속도가 일정하기 위해서는 시간이 길어져야 먼 거리를 같은 속도로 이동할 수 있다. 광속으로 우주여행을 다녀온 사람이 다시 돌아왔을 때 지구의 친구가 늙어버린 공상 영화를 가끔 보곤 했을 것이다. 그러나 이 효과는 아주 작으므로 비행체가 광속에 가까울 때 관측될 수 있다.

셋째, 속도에 따라 물체의 길이도 달라진다(길이 수축, length contraction). 빛의 속도로 달리는 기차 안의 물체 길이는 정지해 있는 관측자에게 기차가 움직이는 방향으로 짧아진 것처럼 측정하게 된다. 이것을 피제랄드 수축이라 하는데, 이 현상은 빛의 속도보다 훨씬 느린 일상생활에서는 관측이 어렵다.

넷째, 물체의 속도가 빨라지면 그 질량은 증가하게 된다. 이론적으로 물체의 속도가 광속도에 이르게 되면 물체의 질량은 무한대로 커지게 된다. 뉴턴 역학에 의하면 물체의 질량은 고유한 값이므로 속도와 관계없이 항상 일정한 값을 가진다. 그러나 특수 상대성 이론에 의하면 물체의 질량은 속도가 증가함에 따라 증가하는 물리량이다. 물체에 힘을 주면 뉴턴 역학($f = ma$)에서는 물체의 속도는 끊임없이 계속 증가할 것이다. 그러나 특수 상대성 이론에 의하면 물체의 속도는 광속을 넘을 수 없고 점점 광속에 접근하면 가속도가 줄어들어 일정하게 주어진 힘에 대하여 질량이 무한대로 증가하게 된다. 실제로 작은 입자의 속도가 광속도의 86%까지 도달하면 그 질량은 정지해 있을 때보다 2배로 커지는 것이 실험적으로 확인되었다.

운동 에너지를 나타내는 식 $E = \frac{1}{2}mv^2$에서 물체에 가해진 힘으로 물체의 속도가 증가하면 운동 에너지가 증가하다가 광속 가까운 속도로 증가하면 속도에 제한이 생기므로 질량이 증가하면서 운동 에너지가 증가하게 된다. 질량과 에너지는 상호 변환 가능한 물리량이므로 질량과 에너지 사이에는 특수 상대성 이론의 중요한 공식이면서 잘 알려진 다음과 같은 질량–에너지 관계식이 존재한다(질량–에너지 등가식).

$$E = mc^2$$

이 식에서 E는 에너지, m은 질량이고 c는 광속도이며 질량은 에너지의 한 형태로 취급될 수 있다. 이 식이 발표되었을 당시 과학자들은 질량과 에너지 사이에는 직접적인 관계가 없다고 생각하였다. 그러나 1930년대에 무거운 원자가 가벼운 원자로 쪼개지면서 가벼운 원자들의 질량의 합이 무거운 원자들의 질량의 합보다 작으면 에너지가 방출한다는 것을 알고서 아인슈타인이 이 식을 사용해서 에너지로 바뀐 질량을 계산하였다. 우라늄 원자핵이 분열하여 다른 원자핵으로 바뀌면 생성된 원자의 전체 질량은 우라늄 원자의 전체 질량보다 작게 된다. 이때 결손된 질량 일부가 (원자핵)에너지로 방출하게 된다.

우리가 일상에서 느낄 수 있는 뉴턴 역학에서는 갈릴레이 변환식이 받아들여진다. 이 변환 식에서 운동하고 있는 두 계의 상대 속도는 다음과 같이 다르게 측정되지만, 질량, 시간 및 길이와 같은 물리량은 운동 상태에 무관하게 항상 같다.

상대 속도 = 상대방의 속도 − 관측자의 속도

그러나 빛과 같이 빠르게 움직일 때는 관측자의 운동에 무관하게 광속은 일정하므로 갈릴레이 변환식은 성립하지 않는다. 따라서 아인슈타인은 이 사실을 만족시키기 위해 로렌츠 변환 식이라는 새로운 변환 식을 제안하였다. 이 변환 식에 의하면 광속으로 달리는 기차에서 광속으로 총알을 쏘면 총알의 속도는 광속의 두 배가 되는 것이 아니라 빛의 속도가 된다. 다시 말해서 모든 물체의 속도는 광속을 넘을 수 없다. 그리고 이 변환 식에 의하면 질량, 시간, 길이까지도 관측자의 운동 상태에 따라 다르게 측정된다.

참조 **아인슈타이늄**

아인슈타이늄(Es)은 1954년에 처음으로 인공적으로 만든 방사성 원소로서 원자 번호는 99번이다. 14개의 동위 원소가 존재하며 질량수가 252이고 반감기가 276일인 동위 원소가 가장 안정하다. 미국의 캘리포니아 대학교, 아르곤 국립연구소 및 로스앨러모스 국립연구소에서 아인슈타인을 기리기 위해 이 원소를 아인슈타이늄으로 명명하였다.

일반 상대성 이론

마이켈슨-몰리 실험이 배경이 된 특수 상대성 이론은 등속 운동을 하는 관성계에만 성립되는 것이지만 1915년에 아인슈타인은 가속도가 작용하는 비관성계에까지 확장하여 모든 운동에 적용되는 일반 상대성 이론(삼차원 공간에 4차원의 시간을 결합한 시공간을 생각함)을 발표하였다. 이 이론은 기존의 중력에 관한 생각을 완전히 바꾸는 것이었지만 뉴턴의 중력 이론을 부정하는 것이기보다는 확장한 것이다.

일반 상대성 이론은 다음의 두 가지의 가정을 바탕으로 한다. 첫째, 공을 던질 때 생기는 가속도를 결정해 주는 양인 관성 질량(inertial mass)과 높은 곳에서 떨어진 공이 지구에 의해 받는 힘을 결정해 주는 양인 중력 질량(gravitational mass)이 같다는 원리가 배경이 되었다. 여기서 가속도와 중력이 깊은 관계가 있다는 것을 알고서 중력에 상응하는 가속도는 구별할 수 없다는 '등가 원리(equivalence principle)'가 제안되었다. 엘리베이터 안의 바닥에 놓인 저울 위에 사람이 올라간 뒤 엘리베이터가 하강하면 저울에 나타난 사람의 무게는 정지 때보다 가벼울 것이고 반대로 엘리베이터가 상승하면 사람의 무게는 정지했을 때보다 무거울 것이다. 같은 방식으로 사람이 우주선을 타고 무중력 상태의 우주에 나가면

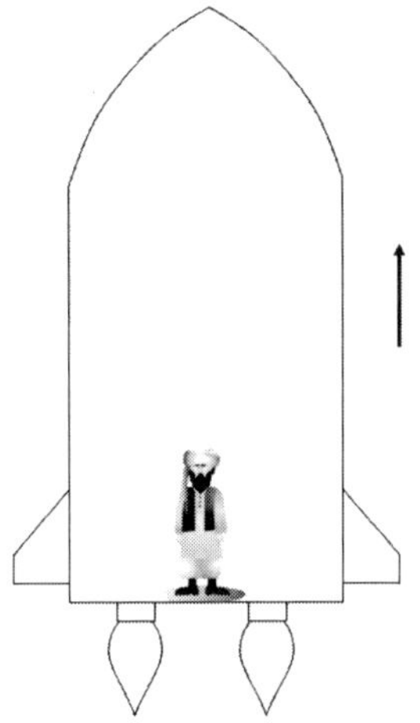

그림 7-6 가속도 운동을 하는 우주선 안의 사람

둥둥 뜨게 된다. 그러나 만약 이 우주선이 지구 중력 가속도와 같은 가속도의 크기로 머리 위로 상승하면 우주선 내에 서 있는 사람이 느끼는 힘은 우주선 상승에 대한 반작용에 의한 힘인지 아니면 지구에서 느끼는 중력에 의한 것인지를 알 수 없다. 따라서 이 경우 가속도와 중력은 구별할 수 없게 된다(그림 7-6). 결국 지구에서 느낄 수 있는 중력 효과가 우주 공간에서 가속도 운동을 하는 우주선 안의 사람에게도 일어난다는 것이다. 이처럼 관찰자가 가속도 운동을 하는 좌표계에 있는지 중력장에 있는지는 실험적으로 결정할 수 없다는 것을 등가 원리라고 한다.

둘째 가정으로 아인슈타인은 일반 상대성 이론을 이용하여 공간에 존재하는 물체는 그 공간을 휘게 한다고 예측하였다(시공간의 곡률). 공간을 라텍스 판으로 생각해 보자. 얇고 넓은 라텍스 판 네 개의 모퉁이들을 잡아당겨 평평한 상태를 유지한 뒤에 그 위에 구슬을 놓으면 판이 움푹 파인다. 구슬의 질량이 커질수록 그 주위의 공간은 더 많이 휘게 된다. 질량이 큰 물체 주위의 공간이 휘게 되면 그 주위를 운동하는 질량이 작은 물체의 경로도 휘게 된다. 아인슈타인의 일반 상대성 이론은 실험적으로 증명되었다.

빛의 굴절 현상을 확인하기 위해서는 태양이 달에 의해 완전히 가려지는 개기일식이 가장 좋은 때이다. 1919년에 영국의 천문학자 에딩턴(Sir Arthur Eddington; 1882~1944)은 아프리카의 프린시페섬에서 개기일식 태양 뒤에 위치해서 관측되지 않아야 할 별을 관찰하고서 처음으로 태양 중력장에 의해서 별빛이 휘어진다는 것을 발견하였다. 이 별을 관찰할 수 있었던 것은 태양 중력 때문에 휘어진 공간을 별에서 나오는 빛이 지났기 때문이다. 일반 상대성 이론에 의하면 시간과 공간의

표 7-1 양자 이론과 상대성 이론의 비교

	양자 이론	상대성 이론
범위	원자와 같은 작은 입자 세계	우주와 중력처럼 거시적 세계
시간/공간	불연속적이고 확률적임	연속적이고 휘어짐
통합	통합 이론 없음	양자 중력과 끈 이론 등

구별이 없는 시공간을 생각하므로 마치 도랑을 따라 물이 흐르듯이 중력에 의하여 휘어진 시공간을 따라 빛이 움직이는 것이다. 즉 물체의 존재로 인해 공간이 휘어지고 이렇게 휘어진 시공간을 따라 빛이 움직이는 것이다. 수성의 운동에 관한 관측 결과가 뉴턴의 중력 이론으로 계산한 연구 결과와 맞지 않았지만 일반 상대성 이론으로 계산한 것과는 일치하였고 또한 1976년에 화성에 도착한 바이킹호와 지구 사이에 교신된 전파가 태양으로 인해 휘어졌다는 것을 관측하고서, 일반 상대성 이론의 정당성이 확인되었다. 위성의 빠른 속도의 운동과 지구 중력의 차이로 GPS 시스템에 상대성 이론을 적용하는 것은 필수적이다. 엄청난 질량이 한 속에 모여 시공간이 아주 휘어있는 상태인 블랙홀의 중력은 너무 강해서 그 주위를 지나는 빛은 그곳을 빠져나올 수 없으므로 블랙홀의 관찰은 쉽지 않다. 중력이 강한 곳에서는 시간이 느리게 흐른다(시간 지연). 표 7-1에 양자 이론과 상대성 이론을 비교하였다.

인물보기 에딩턴

영국의 켄들에서 출생한 에딩턴은 맨체스터와 케임브리지 대학교에서 공부하였다. 일찍부터 우주의 구조와 별의 운동과 내부 구조에 관하여 관심을 가졌던 그는 1916년에 별이 평형 상태를 지속하기 위해서는 중력, 가스압, 복사압이 중요하다고 하였으며 별의 질량과 밝기 사이의 관계도 밝혔다. 그의 이런 연구는 별의 진화에 관한 연구에 크게 공헌하였다. 그는 『별의 운동과 우주의 구조(1914)』, 『별의 내부 구조(1926)』, 『물리적 세계의 본성(1928)』 등 여러 권의 책을 집필하였다.

참조

일식

달이 지구와 태양 사이를 지나가면서 달의 그림자가 지구 표면의 일부 지역에서 나타날 때 관찰되는 현상으로 세 종류의 일식이 일어난다. 개기일식은 태양, 달 및 지구가 일렬로 배열한 상태로, 일식 중에서 태양이 달에 의해 완전히 가려지는 현상이다. 개기일식 중에서 달이 지구로부터 가장 멀리 떨어져 있으면 달이 태양의 중심부만 가리고 주위는 밝게 빛나는 고리를 형성하는데 이를 금환일식이라고 한다. 달이 태양의 일부분만 가릴 때 이를 부분일식이라고 한다. 일식은 매년 적게는 2번, 많게는 7번까지 발생한다.

월식

지구가 태양과 달 사이에 위치하면서 지구 그림자 속으로 달이 지나갈 때 일어난다. 월식은 해마다 적게는 2번, 많게는 7번까지 일어난다. 개기월식은 월식 중에서 달이 지구 그림자에 의하여 완전히 가려지는 현상이고 대략 1시간 40분 정도 지속이 된다. 지구 그림자에 의해서 달 일부분이 가려지면 부분월식이라고 한다. 밤에 달이 떠 있는 지표면의 어느 지역에서나 월식을 관찰할 수 있다. 지구 대기가 햇빛의 붉은색보다 다른 색들을 많이 산란시키기 때문에 월식이 일어나는 동안 달의 밝은 부분은 일반적으로 붉은색을 띠게 된다.

화학 IV

8장 화학

9장 주기율과 화학 결합

10장 화학 반응

11장 물

12장 산과 염기

13장 신재생 에너지

14장 유기화학

8장

화학

화학(chemistry)이란 무엇인가? 이 물음에 대하여 한마디로 대답하기는 쉽지 않겠지만 간단하게 말해서 화학은 물질의 본질을 이해하고 나아가 그 물질이 어떻게 변화하는지에 대하여 이해하려는 과학의 한 분야이다. 물질을 쪼개어 나가면 물질의 성질을 가지는 가장 작은 입자인 분자에 도달한다. 그리고 이 분자를 더 쪼개 나가면 분자를 구성하는 원자에 도달하고 이 원자를 계속해서 쪼개면 핵과 전자에 도달한다. 핵을 다시 쪼개면 양성자와 중성자에 도달하는데 이 두 가지 핵자는 쿼크라는 소립자들로 구성되어 있다. 이처럼 물질의 근본을 이해하려는 의미에서 화학은 물리학과 아주 유사하다. 화학은 또한 물질의 변화에도 관심을 가지는 학문이다. 예를 들어 철이 공기 중의 산소와 반응하여 산화철이라는 녹을 형성하는 화학 변화에서처럼 물질이 어떻게 변화하는지를 연구를 하게 된다. 화학자들은 또한 첨단 장비나 모형을 이용하여 물질을 구성하는 원자들의 종류와 그 원자들이 공간적으로 어떻게 결합하는지를 연구한다.

8.1 근대 화학의 성립

17세기에 물리학과 생명과학에서 큰 업적들이 이루어지고 반면에 화학 분야에서는

표 8-1 중세 서양의 연금술과 중국 연금술의 비교

	서양 연금술	중국 연금술
사용한 기구	유리 기구	금속이나 도자기 제품
내부 관찰	가능	불가능
특징	과정이 재미있음	· 정밀한 실험을 할 수 없음 · 기술적으로 단순 · 관념이 비대 · 의미 부여만 치중
지속 정도	오래 지속	오래 지속되지 못함
결과	화학 연구를 발전시키는 데 기여	사장됨

그 변화가 매우 미미하였다. 다만 그 기원이 약 2000년 전으로 거슬러 올라가는, 납과 같은 값싼 금속에 열을 가하여 금과 같은 귀금속으로 만들려는 연금술(alchemy)이 중세에 이르러서 시도되었고, 이 연금술은 물질 욕과 어울려 사람들을 매료시켰다. 당시 사람들은 금을 완전한 물질이라고 여겼고 이것을 섭취하면 무병장수할 것이라 여겼다.

중세 연금술은 그리스와 중동 지방을 중심으로 한 서양과 동양의 중국, 이 두 곳에서 활발하게 진행되었다. 표 8-1에 두 가지 연금술의 특징을 비교해 놓았다. 이들은 사용한 기구에서부터 차이가 났다. 서양의 연금술은 유리 기구를 사용하였고 반면에 중국의 연금술은 금속이나 도자기로 만들어진 기구들을 사용하였다. 이로 인해 서양 연금술에서는 변화하는 내부 과정을 관찰할 수 있어 흥미를 유발하여 오랫동안 화학 연구를 발전시키는 데 중요하게 공헌하였다. 반면에 중국의 연금술에서는 변화하는 내부 과정의 관찰이 불가능하여 정밀한 실험을 할 수 없었기 때문에 기술적으로 단순화되고 관념이 비대화하여 의미 부여에만 치중하게 되었다. 이는 그리 오래 지속되지 못하였다.

비록 연금술은 실패하였지만, 그 과정에서 물질에 대한 지식을 얻을 수 있었다. 그리고 연금술사들이 사용한 도구와 지식은 현재에도 사용되고 있다. 예를 들면 깔때기, 천칭과 도가니 등은 오늘날에도 사용되고 있다.

역사상 가장 위대한 과학자인 뉴턴(Sir Issac Newton, 1643 ~ 1727)도 연금술에 지대한 관심을 가졌고 1660년대 중반부터 약 30년 동안의 시간을 허송했다. 한 원소를 다른 원소로 바꾸려면 강한 상호 작용으로 결합한 양성자와 중성자로 이루어진 원자핵의 내부 구조를 바꾸어 주어야 하는데 용광로에서 가하는 열로는 이 변환 과정이 불가능하다. 게다가 당시에는 원자에 대한 개념조차 확립되지 않았으므로 연금술에 헛된 시간을 낭비한 꼴이 되어버렸다.

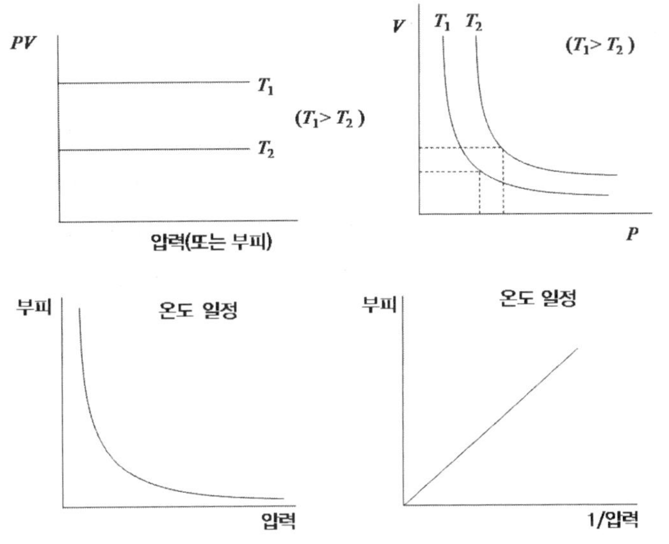

그림 8-1 보일 법칙

17세기에 살았던 최초의 근대적인 화학자인 아일랜드 출신의 보일(Robert Boyle, 1627~1691)은 흙, 물, 불 및 공기가 물질을 구성하는 원소가 아님을 실험적으로 증명하였다. 1662년에 그는 기체의 거동에 관한 실험을 하고서 일정한 온도에서 일정 질량의 기체가 가지는 부피와 압력의 곱은 항상 일정하다, 즉 일정한 온도에서 일정 질량의 기체가 차지하는 부피는 이 기체에 작용하는 압력에 반비례한다는 보일 법칙(Boyle's law)을 발표하였다(그림 8-1). 이 법칙에서 일정한 온도에서 일정량의 기체 부피가 1/3로 줄어들면 압력은 3배로 증가한다. 따라서 그는 기체 부피가 줄어들면 용기 벽에 부딪히는 기체 입자의 횟수가 증가한다고 생각함으로써 물질들은 기본적으로 입자들로 구성되어 있다고 생각하였다. 일정한 온도에서 일정량의 기체의 압력을 P, 그리고 기체가 차지하는 부피를 V라고 하면 보일 법칙은 다음 식으로 나타낼 수 있다.

$$PV = \text{일정}$$

보일 법칙은 기체의 온도가 높거나 압력이 낮을 때에는 잘 적용되지만, 온도가 낮거나 압력이 높은 조건에서는 잘 적용되지 않는다. 물속의 잠수부가 내뿜은 기포가 수면 위로 올라갈수록 그 크기가 커지거나 하늘 높이 날아간 풍선이 결국에 터지는 것 등은 보일 법칙과 관련된 현상이다.

인물보기 보일

근대 화학의 기초를 확립한 보일은 아일랜드의 리즈모어에서 출생하였고 영국에서 대부분의 삶을 보냈으며 런던에 있는 왕립학회의 창립 회원으로 활동하였다. 공기, 물, 불과 흙이 물질을 이루는 기본 원소라는 기존의 이론에 반대하였고 대신에 모든 물질을 이루는 본질은 '미립자'라고 하였다. 물리학과 화학 분야에 실험 방법을 도입하기도 하였다.

보일 법칙이 발표되기 전인 1660년과 1661년에 영국의 타운리와 파워는 대기압보다 낮은 압력의 기체를 이용하여 기체 부피와 압력의 곱이 항상 일정하다는 사실을 발견하였다. 또한 영국의 훅도 대기압보다 높은 기체를 사용하여 같은 결과를 얻었다. 보일은 이 두 가지를 실험으로 확인한 후 발표하였다. 한편으로 1679년에 프랑스의 물리학자인 마리오트(Edme Mariotte; 1620~1684)도 기체에 대한 자신의 실험 결과를 발표하였고 유럽에서는 보일 법칙보다 마리오트의 법칙으로 더 유명하다.

기체의 부피와 압력 사이에 관한 연구에서 보일은 기체를 가열하면 그 부피가 약간 변한다는 것을 인식하였지만 큰 관심을 두지 않았다. 한편 프랑스의 과학자이자 발명가인 샤를(Jacques Alexandre Cesar Charles; 1746~1823)은 온도 증가에 따른 기체 팽창에 관한 연구에서 일정한 압력에서 온도가 증가함에 따라서 이산화탄소, 수소, 산소 및 질소 등의 기체는 같은 비율로 부피가 팽창한다는 사실을 알고서 1787년에 일정한 압력에서 일정 질량의 기체가 차지하는 부피와 절대 온도 사이에는 비례 관계가 있다는 샤를 법칙을 발견하였고(그림 8-2), 발표는 하지 않고 이것을 게이뤼삭에게 설명하였다. 그 후 1802년에 프랑스의 화학자이자 물리학자인 게이뤼삭도 비슷한 실험을 하고서 온도가 기체에 미치는 영향을 발표했는데 그의 실험 결과는 샤를 법칙과 일치하였다. 그 결과 때때로 샤를 법칙은 게이뤼삭의 법칙이라고도 한다. 이 법칙에 따르면 일정한 압력에서 기체의 온도가 250 K에서 500 K로 두 배 상승하면 기체의 부피도 두 배가 된다. 기체의 온도에 대한 부피 변화의 직선을 연장하여 부피가 0일 때 온도를 구하면 −273.15℃가 된다. 이 온도는 물질을 구성하는 입자들이 가장 낮은 에너지 상태를 가지는 이론상 온도이고 절대 도달할 수 없다. 영국의 물리학자인 켈빈(William Thomson; 1824~1907)은 이 온도를 절대 영도(absolute zero)라고 하였다. 섭씨온도와 켈빈의 절

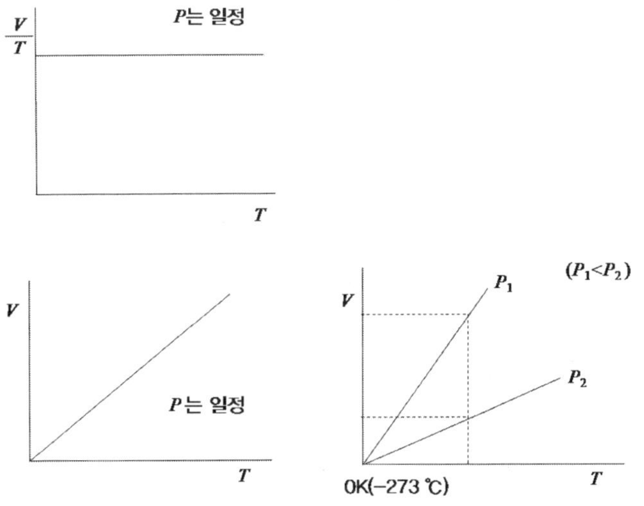

그림 8-2 샤를 법칙

대 온도 사이에는 다음과 같은 관계가 있다.

$$\mathrm{K} = {}^\circ\mathrm{C} + 273.15$$

열기구의 공기를 가열하면 열기구가 뜨는 것이나 자동차 타이어가 여름철보다 겨울철에 약간 납작하게 줄어드는 것 등은 샤를 법칙과 관련된 현상들이다.

$$\frac{V}{T} = \text{일정}$$

보일 법칙과 샤를 법칙을 결합하면 하나의 간단한 식인 보일-샤를 법칙(Boyle-Charles' law)이 얻어진다(그림 8-3). 이 법칙에 따르면, 온도와 압력이 동시에 변할 때 기체의 부피는 압력에 반비례하고 절대 온도에 비례하게 된다.

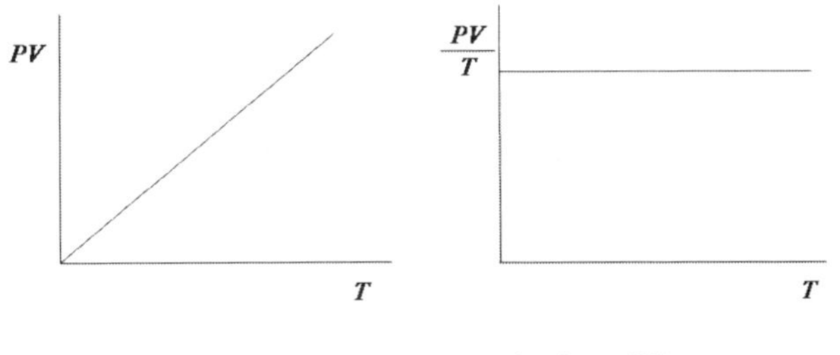

그림 8-3 보일-샤를 법칙

$$\frac{PV}{T}=\text{일정}$$

예제

다음은 일정량의 기체의 온도, 압력 및 부피 사이의 관계를 나타낸 것이다.

실험	압력(기압)	온도(K)	부피(L)
(1)	1	273	4
(2)	1	546	8
(3)	2	546	4

3기압, 819 K에서 이 기체가 차지하는 부피(L)는 얼마인가?

풀이 보일-샤를 법칙은 다음과 같이 나타낼 수 있다.

$$\frac{P_1 V_1}{T_1}=\frac{P_2 V_2}{T_2}$$

$$V_2 = V_1 \times \frac{P_1}{P_2} \times \frac{T_2}{T_1}$$

$$= 4 \times \frac{1}{3} \times \frac{819}{273} = 4\text{L}$$

이다.

1811년에 이탈리아의 과학자 아보가드로는 일정한 온도와 압력에서 모든 기체는 같은 부피 속에 같은 수의 분자가 존재한다는 아보가드로 법칙(Avogadro's Law)을 발표하였다. 그 이후에 STP(standard temperature and pressure, 0℃, 1기압) 상태에서 모든 기체 22.4L에는 6.022×10^{23}의 기체 분자가 들어 있는 것이 확인되었는데, 이 수를 아보가드로수라고 한다. 모든 물질 1 mole에는 물질을 이루는 입자가 아보가드로수만큼 존재하며 이때의 질량을 몰 질량이라고 한다.

보일 법칙, 샤를 법칙, 그리고 아보가드로 법칙 등을 모두 결합하여 만든 하나의 식이 다음의 이상 기체 방정식(ideal gas equation)이다.

$$PV=nRT$$

이 식에서 P는 기체의 압력, V는 기체의 부피, n은 기체의 몰수, T는 절대 온도,

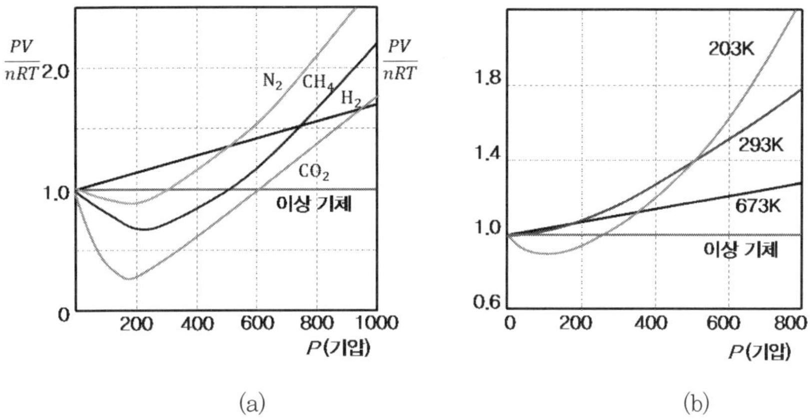

그림 8-4 압력과 온도 변화에 따른 기체의 $\frac{PV}{nRT}$ 값의 비교

(a) 압력 변화에 따른 기체의 $\frac{PV}{nRT}$ 값(300K에서)

(b) 여러 온도에서 질소 기체의 압력 변화에 따른 $\frac{PV}{nRT}$ 값

R은 기체 상수이고 그 값은 0.082 atm·L/mol·K이다. 모든 온도와 압력에서 이 식을 만족시키는 기체를 이상 기체라고 한다. 그러나 실제 기체는 보일 법칙, 샤를 법칙, 이상 기체 방정식을 잘 따르지 않는다. 왜냐하면 실제 기체는 분자 자체의 부피가 존재하고 분자 사이에는 인력이나 반발력이 작용하기 때문이다. 따라서 실제 기체는 온도가 높고 압력이 낮은 조건에서 기체 입자들 사이의 인력을 최소화할 수 있으며 이 조건에서 이상 기체처럼 행동하여 이상 기체 방정식을 따르게 된다. 또한 분자량이 작은 기체일수록 이상 기체 방정식을 잘 따르게 된다.

이상 기체는 압력 변화에 무관하게 PV/nRT 값은 항상 1이 된다. 그러나 실제 기체는 분자 자체가 부피를 갖고 분자 사이에 인력이 작용하므로 압력이 변하면 PV/nRT 값은 이상 기체와 달리 일정하지 않다. 그림 8-4에서 압력이 낮을수록 실제 기체들의 PV/nRT 값은 1에 가까워져서 이상 기체처럼 행동하고 그림 (b)에서 온도가 높을수록 기체의 PV/nRT 값은 1에 가까워져서 이상 기체처럼 행동한다는 것을 알 수 있다.

예제

다음 표는 일정한 온도에서 여러 기체의 부피와 압력을 측정한 자료이다.

기체	H_2	O_2	Cl_2	NH_3
압력(기압)	1	3	4	3
부피(L)	2	4	5	2
분자량	2	32	71	17

분자의 개수가 가장 많을 것으로 예상되는 기체는 무엇인가?

풀이 이상 기체 반응식에서 기체의 몰수 $n = PV/RT$이므로 기체 분자의 개수는 압력과 부피의 곱에 비례한다. 염소 기체의 압력과 부피의 곱이 최곳값인 20이므로 염소 기체의 분자 수가 가장 많을 것이다. 압력과 부피의 곱이 2인 수소 기체의 분자 수가 가장 적을 것이다.

인물보기 아보가드로

1811년에 아보가드로 법칙을 발표한 이탈리아의 물리학자로 그는 이 법칙에서 두 개의 원자들로 구성된 '분자'라는 새로운 입자를 가정하여 돌턴의 원자설의 불완전한 부분을 보충하였다. 그는 원자와 분자를 정확하게 구분하였으며 이것은 정확한 원자량을 구하는 데 근간이 되었다.

참조 아보가드로 법칙

1811년에 당시의 원자설로는 설명할 수 없었던 기체 반응 법칙을 설명하려고 아보가드로가 제안한 가설이다. 분자의 존재가 확인됨으로써 이 가설은 법칙으로 받아들여지게 되었다. 1808년에 게이뤼삭은 일정한 온도와 압력에서 화학 반응에 참여하는 기체의 부피 사이에는 간단한 정수비가 성립한다는 기체 반응 법칙을 발표하였다. 이 기체 반응 법칙은 당시의 원자설로는 설명할 수 없었다. 예를 들면 수소 원자와 산소 원자가 결합하여 수증기가 될 때 산소 원자는 쪼개져서 수소 원자와 결합해야 하므로 이것은 원자는 더 이상 쪼갤 수 없다는 원자설을 위배하였다. 그러나 아보가드로 법칙에 의하면 수소 기체와 산소 기체는 각각 원자 두 개로 이루어진 수소 분자와 산소 분자이기 때문에 산소 원자를 쪼개지 않고서도 기체 반응 법칙을 설명할 수 있었다.

18세기에 들어 화학에서 큰 변화가 일어나기 시작하였다. 1766년에 영국의 물리학자이면서 화학자인 캐번디시(Henry Cavendish; 1731~1810)는 금속을 묽은 산과 반응시켜서 수소를 얻었으며 이 수소가 불에 잘 타는 특성을 가진 것을 알아내고 가연성 공기라고 하였다. 영국의 성직자이자 화학자인 프리스틀리는 산소를 발견하여 플로지스톤이 없는 공기라고 하였다. (산소라고 기체 이름을 붙인 사람은 라부아지에다.) 그는 공기보다 산소에서 나무가 더 잘 타는 것을 관찰하고서 산소가 플로지스톤을 매우 잘 흡수한다고 생각하였고 1774년에 암모니아, 일산화 이질소(웃음 기체), 질소, 산소, 이산화 황, 이산화 탄소 등과 같은 여러 가지 기체들을 분리하여 그 존재를 확인하였다. 1777년에 스웨덴의 화학자인 셸레(Carl Wihelm Scheele; 1742~1786)도 독자적으로 산소를 발견하였고 공기에는 산소와 질소가 1대 3의 비율로 존재한다고 하였다.

근대 화학의 기초를 다진 프랑스의 라부아지에는 납과 수은과 같은 금속을 태우면 공기가 흡수되어 물질의 무게가 증가한다는 연소설을 제안하였지만, 연소 과정에서 공기의 역할에 대해서는 알지 못하였다. 그 뒤 그는 금속을 가열하면 대기 중의 산소가 흡수되는 것을 확인하고 대기는 산소가 섞여 있는 불순물이라고 생각하였다. 셸레의 생각을 받아들인 라부아지에는 1780년에 공기는 산소 25%와 질소 75%로 이루어졌다고 발표하였다. 반면에 프리스틀리는 금속의 산화 과정 동안 흡수되는 공기의 양을 측정하고서 공기에는 산소와 질소가 20대 80의 비로 존재한다고 하였다. 이 존재 비율은 라부아지에의 것보다 훨씬 정확한 비율이었다.

1789년에 최초의 근대적 화학 교과서인 『화학 원론』이라는 책을 출판한 라부아지에는 이 책에서 산소와 산화 및 연소 사이의 관계를 설명하였고 또한 열의 본질에 대한 플로지스톤설을 부정하였다. 그 당시까지 지배해 온 플로지스톤설에 의하면 물체가 타면 물체 내에 있는 플로지스톤이 빠져나가기 때문에 물체의 질량이 타기 전보다 줄어든다. 이 가설은 물체가 연소하면 질량이 증가한다는 그의 연소설과 상반되기 때문에 그는 플로지스톤설을 받아들이지 않았다. 이 책에는 화학의 새로운 시대를 여는 다음과 같은 두 가지 내용을 포함하고 있다.

① 연소는 공기 중의 산소가 물질과 결합하는 것이기 때문에 연소 후 공기 중의 산소는 없어진다.
② 화학(연소) 반응 전의 반응 물질들의 질량의 합은 반응 후의 생성 물질들의 질량의 합과 같다.–질량 보존 법칙

이 책은 물리학 분야에서 뉴턴이 저술한 『프린키피아』와 버금가는 화학 분야에서 혁신을 가져온 중요한 책으로 평가된다.

인물보기 라부아지에

1743년 8월 26일에 프랑스의 파리에서 태어난 그는 아버지가 법조계에서 근무하기를 원했기 때문에 초기에는 법학을 공부하였지만, 나중에 과학 분야, 특히 화학에 큰 관심을 가졌다. 근대 화학의 창시자인 라부아지에는 화학의 아버지로 불린다. 1772년에 그는 물질이 산소와 결합하는 것이 연소라는 사실을 알아내고서 연소를 명확하게 설명하였으며 이 연구 결과를 『화학 원론(Elementary Treatise on Chemistry)』이라는 책에 정리하였다. 그는 원소와 몇몇 화합물에 대하여 체계적인 명명법을 최초로 사용하였고 그 방법은 지금도 사용되고 있다. 무엇보다도 그의 가장 뛰어난 업적은 화학 변화에 참여하는 물질들의 질량을 정확하게 측정하여 질량 보존 법칙을 발견한 것이다. 이러한 성공에도 불구하고 그는 새로운 원소를 발견하려는 목표를 이루지 못하여 실망하였다. 또한 다른 사람이 했던 업적을 자신의 것이라고 말하면서 동료들의 신망을 잃어버리기도 하였다. 한편, 그는 프랑스의 천문학자이면서 수학자인 라플라스(Pierre Simon Laplace; 1749~1827)와 함께 동물의 호흡에 관한 연구를 하고서 생물에서 일어나는 반응과 화학 반응 사이에는 공통점이 있다는 것을 밝혔다. 이들의 연구는 '생화학'이라는 새로운 과학 분야를 여는 데 공헌하였다. 1768년에 그는 세금을 거두기 위한 프랑스 정부 소유의 개인 회사에 오십만 프랑을 투자하였고 여기서 매년 나오는 약 십만 프랑의 소득을 연구를 위해 사용하였다. 라부아지에는 세금을 거두는 데 적극적으로 종사하지 않았지만 프랑스 혁명 기간에 세금 징수청부인으로서 재판을 받았고 프랑스 혁명이 끝나기 2개월 전인 1794년에 단두대에서 처형당하였다. 그 당시에 라부아지에의 과학적 동료들 가운데 한 사람은 다음과 같은 말을 하였다.

"It took but a moment to cut off that head; perhaps a hundred years will be required to produce another like it."

우리가 매일 사용하는 물질들은 화학자들에 의해 만들어지거나 화학 과정을 거쳐서 만들어진 것들이고 매년 전 세계의 화학자들에 의해 새로운 화학 물질들이 끊임없이 만들어지고 있다. 우리가 상상할 수 없을 정도로 광범위한 화학의 주요 분야는 다음과 같은 다양한 연구와 응용을 포함하고 있다.

물리화학(physical chemistry)은 화학 반응의 속도, 열역학, 전자 구조 등을 물리적 관점에서 설명하는 분야로서 분자의 운동, 에너지 변화 등을 다룬다. 또한 열, 운동 및 질량과 같은 물질의 물리적인 성질을 이용하여 화학 반응을 연구하며 여기에는 열역학, 양자화학, 반응 속도론과 입체화학 등이 있다.

유기화학(organic chemistry)은 탄소를 중심으로 한 화합물들의 구조, 성질, 반응 등을 연구한다. 일상생활에서 많이 접하는 화합물들인 의약품, 플라스틱, 섬유 등이 유기화학에 속한다. 탄소를 함유한 화합물의 간단한 분자들이 여러 개 결합해서 만들어지는 플라스틱과 같은 큰 분자들을 다루는 고분자 화학 등이 여기에 포함된다.

무기 화학(Inorganic Chemistry)은 탄소 이외의 원소들로 이루어진 화합물들을 연구하는 분야로서 금속, 비금속, 광물 등이 여기에 포함된다. 예를 들어, 금속 합금, 세라믹과 촉매 등을 연구한다.

재료 화학(Materials Chemistry)은 다양한 기능성 물질과 재료를 연구하는 분야로, 전자기기, 나노기술 및 고분자 물질 등 다양한 첨단 재료들이 여기에 포함된다.

분석화학(analytical chemistry)은 다양한 분석 기법들을 통해 물질의 성질, 구조와 조성을 연구 분석하는 분야로서 여기에는 물질을 구성하는 원소나 화합물의 양을 결정하는 정량 분석과 물질 내에 있는 원소나 화합물의 종류를 결정하는 정성 분석이 있다.

생화학(biochemistry)은 생명체를 구성하는 화학 물질을 연구하는 분야로, 단백질, 효소, DNA와 RNA 등 생물학적 분자들의 성질과 반응을 연구한다. 의학과 생물학의 경계에 있으며 생명체와 관련된(질병 포함) 화학을 연구하고 이 분야에서 알아낸 정보는 의약 화학자들이 새로운 약을 만드는 데 이용된다.

녹색 화학(green chemistry)(또는 환경 화학)은 환경 내 화학 물질의 분포, 이동과 변환 등을 연구하는 분야로, 대기, 수질 및 토양 오염 등을 다룬다. 오염 물질의 영향을 분석하고 해결 방법을 찾고 환경에 친화적인 제조공정을 연구한다. 인류는 화학의 발달로 여러 가지 많은 혜택을 누리고 있지만 못지않은 피해도 받고 있다. 예를 들면 지구 온난화와 오존층 파괴로 인한 홍수나 폭설과 같은 환경 재앙 등이 있다. 이와 같은 환경 파괴로부터 오는 재앙에서 자유롭기 위해서는 환경을 중요시하고 환경에 우호적인 제조공정에 관한 개발 연구가 매우 중요하다.

계산화학(computational chemistry)은 컴퓨터를 이용하여 미지의 새로운 화학 물질을 효율적으로 합성하는 과정과 합성된 물질의 성질과 구조를 예측할 수 있게 한다. 또한 이 분야의 화학은 아직 연구되지 않은 화합물들 사이의 반응과 반응 속도를 예측하게 한다.

촉매 화학(catalysis chemistry)은 생화학과 화학 제조공정에서 중요하다. 생명체 내에서 일어나는 모든 반응은 촉매가 관여하고 제조공정에서도 원치 않는 물질의 생산을 극소화하고 원하는 물질만을 얻기 위해 촉매 사용은 필수적이다.

화학공학(chemical engineering)은 실험실에서 연구된 화학을 실제 제조공정으로 전환하는 데 관여하는 학문이다. 이 분야의 화학은 효율이 높고 환경 안전에 우선적인 새로운 화학 공장 설립을 가능하게 하며, 기존의 공장들이 새로운 설립으로 변환하는데 필요한 많은 정보를 준다.

이외에도 화학의 많은 응용 분야가 포함되며 오늘날에는 화학의 여러 분야의 경계가 무너지고 융합하여 그 구분이 없이 상호 연관되어 발전하고 있다.

9장

주기율과 화학 결합

9.1 주기율표의 탄생

화학 실험실을 들어가 보면 원소들을 원자 번호 순서로 배열하여 원소의 화학적 성질이 일정한 주기로 변하는 것을 나타낸 커다란 표가 한쪽 벽면에 붙어 있는 것을 어렵지 않게 볼 수 있다. 이번 장에서는 원소들을 주기율에 따라 배열한 주기율표가 어떻게 만들어졌는지 그 역사적 과정을 알아보고 또한 이 원소들이 어떻게 결합하여 여러 가지 많은 화합물을 만들 수 있는지 원자 사이에 존재하는 결합의 종류에 대해서도 알아보고자 한다.

19세기 초부터 그 당시까지 발견된 많은 원소의 성질들을 토대로 그 규칙성을 발견하려는 시도들이 있었다. 그것들 가운데 1826년에 독일의 화학자 되베라이너(Johann Wolfgang Döbereiner; 1780~1849)는 화학적 성질이 비슷한 세 가지의 원소들의 쌍이 네 종류 있다고 발표하였고 여기에는 칼슘(Ca), 스트론튬 (Sr), 바륨(Ba)과 염소(Cl), 브로민(Br), 아이오딘(I)과 리튬(Li), 소듐(Na), 포타슘(K), 그리고 황(S), 셀레늄(Se), 텔루륨(Te) 등이 있다. 그리고 그는 각 무리에서 중간에 위치한 원소의 원자량은 나머지 두 원소의 원자량의 평균값이 된다는 것도 알았다. 예를 들면 황, 셀레늄, 텔루륨 등의 원자량이 각각 32.07 amu, 78.96 amu,

127.60 amu이므로 셀레늄의 질량은 황과 텔루륨의 질량의 합의 절반과 거의 일치한다.

$$\frac{32.07+127.60}{2}=\frac{159.67}{2}=79.84\ \text{amu}$$

그러나 이런 예들은 특별한 경우에 불과하다. 예를 들면, 산소, 황, 셀레늄 사이에는 이러한 관계가 적용되지 않으므로, 보다 일반적으로 적용되는 규칙이 필요하였다.

영국의 화학자 뉼렌즈(John Alexander Reina Newlands; 1837~1898)는 1863년에 원소들을 원자량의 순서에 따라 배열하면 화학적 성질이 비슷한 원소가 여덟 번째마다 나타나는 것을 알았다(그 당시에는 불활성 기체에 해당하는 18족 원소들이 발견되지 않았다). 이것은 원소의 옥타브라고 불리는데 주기율표의 발견에 큰 공헌을 했다.

러시아의 화학자인 멘델레예프(Dmitri Ivanovich Mendeleev; 1834~1907)는 1869년에 그 당시까지 발견된 63종의 원소들을 원자량의 순서대로 배열하면 화학적 성질이 비슷한 원소들이 주기적으로 나타난다는 것을 발견하고 원자량에 따라 원소들을 배열한 주기율표를 발표하였다(그림 9-1). 그는 이 표에서 군데군데 나타나는 빈자리들이 아직 발견되지 않은 원소라고 지적하고 이 원소들의 성질들을 정확하게 예상하였다. 예를 들면, 그의 주기율표에서 알루미늄 아래의 빈 곳의 원소를 에카-알루미늄으로 이름 붙이고 이 원소의 원자량과 비중을 각각 68과 5.9로 예측하였다. 1875년에 이 원소는 프랑스에서 발견되어 새로운 원소임이 확인되었고 갈륨(Ga)으로 명명되었다. 이 원소의 실제 원자량과 비중 값은 각각 69.9와 5.94로 멘델레예프가 예상한 것과 아주 유사하였다.

또한 멘델레예프의 주기율표에는 원자량이 128인 텔루륨이 원자량이 127인 아이오딘의 앞에 위치하므로 텔루륨의 원자량이 잘못된 것으로 수정되어야 한다고 생

Li	Be	B	C	N	O	F
Na	Mg	Al	Si	P	S	Cl
K	Ca		Ti	V	Cr	Mu
Cu	Zn			As	Se	Br
Rb	Sr		Zr	Nb	Mo	
Ag	Cd	In	Sn	Sb	Te	I
Cs	Ba					
				Ta	W	

그림 9-1 멘델레예프의 주기율표

각하였다. 그러나 그 당시에는 아직 원자 번호에 대한 개념이 없었고 원자량이 아닌 원자 번호 순서로 원소들을 배열하면 이런 문제점은 해결될 수 있으므로 그의 생각은 잘못된 것이었다. 오늘날의 주기율표는 원소들을 원자 번호 순서로 배열하여 얻은 것이다.

원소들의 화학적 특성에 관심이 많았던 멘델레예프는 복잡한 원소의 세계를 주기율표로 체계적으로 정리하였다. 하지만 당시 러시아 정교회와 대치되는 생각을 가진 진보주의자였기 때문에 1906년의 노벨 화학상은 플루오린(F)을 순수하게 분리한 프랑스의 무와상(Henri Moissan; 1852~1907)이 수상하였다.

인물보기

멘델레예프

멘델레예프는 러시아의 토볼스크에서 출생하였으며 1864년에 페테르부르크 대학교의 교수가 되었다. 1860년에 그는 원소를 원자량이 증가하는 순서에 따라 배열하면 원소의 성질이 주기적으로 반복되어 나타난다고 주장하였다. 그의 연구로 원소들을 체계적으로 배열한 주기율표가 탄생하게 되었다. 또한 그는 압력으로 인한 기체 또는 증기가 액화되는 온도인 임계 온도 현상도 발견하였다.

멘델레븀

인위적으로 만들어낸 방사성 원소로서 원소 기호는 Md이고 원자 번호는 101번이다. 이 원소의 동위 원소는 13가지가 있으며 질량수는 247~260 정도이다. 이 가운데 가장 안정한 동위 원소는 질량수가 258이며 반감기는 55일이다. 1955년에 미국의 캘리포니아주의 버클리에 소재한 로렌스 방사선연구소(현 로렌스 버클리연구소)에서 원자 번호 99번인 아인슈타이늄에 원자 번호 2번인 헬륨을 충돌시켜 101번 원소를 만들었는데 멘델레예프를 기리기 위해 이 원소를 멘델레븀으로 명명할 것을 제안하였다. 국제 순수응용화학협회(IUPAC)에서 이 제안을 수용하여 멘델레븀으로 불리게 되었다.

독일의 마이어(Julius Lothar Meyer; 1830~1895)는 멘델레예프와 거의 동시에, 독립적으로 주기율표를 발표하였다. 그러나 그는 원소들의 물리적 성질에 관심을 두고 밀도와 관련된 연구를 하였다.

한 원소의 몰 부피(molar volume)는 1몰의 원자가 가지는 부피로 정의하고 원소의 원자량을 밀도(d)로 나누면 구할 수 있다.

$$몰\ 부피(cm^3/mol) = \frac{원자량(g/mol)}{d(g/cm^3)}$$

1870년에 마이어는 원소들을 원자량에 따라 나열하면 몰 부피와 원자량은 주기적인 상관관계를 가진다는 것을 발표하였다. 원자들의 몰 부피와 원자 번호 사이의 관계에 따르면 각 주기에서 1족 알칼리 금속이 최고의 몰 부피를 가진다.

1815년에 영국의 의사이자 과학자인 프라우트(William Prout; 1785~1850)는 당시까지 알려진 원소의 원자량이 수소 원자량에 정확하게 정수배가 된다는 사실로부터 '모든 원자는 일차 물질인 수소 원자가 여러 개 모여서 이루어진 것이다.' 는 가설을 발표하였다. 그러나 각 원소의 동위 원소의 함량을 고려한 평균 원자량의 값이 정수가 아닌 소수의 값을 가지게 됨으로써, 예를 들면 염소 원소의 원자량이 35.5인 것이 확인되고서 그의 가설은 설득력을 잃었다.

1890년에 영국의 레일리(Lord Rayleigh; 1842~1919)는 멘델레예프의 주기율표를 토대로 프라우트의 가설을 확인하기 위해 여러 가지 기체의 밀도를 측정하였다. 그 가운데 공기를 뜨거운 구리와 같은 금속에 통과시켜 산소를 제거하고 얻은 질소 기체의 밀도가 암모니아(NH_3)와 같은 화합물에서 분리해 낸 질소보다 약간 높다는 것을 알았다. 여기서 그는 전자의 방법으로 얻은 질소에는 새로운 기체가 존재한다는 것을 발견하고서 이 기체의 선 스펙트럼을 관찰하여 그 때까지 발견되지 않은 새로운 원소인 아르곤(Ar)을 확인하였다. 이것이 최초로 발견된 불활성 기체이고 그 후 그는 화학자인 램지(William Ramsay; 1852~1916)와 더불어 헬륨(He), 네온(Ne), 제논(Xe), 라돈(Rn) 등의 불활성 기체를 더 분리하였다. 이처럼 레일리는 프라우트의 가설을 확인하려다 불활성 기체를 분리해 내는 행운을 얻었다.

참조

불활성 기체

불활성 기체(noble gas)는 주기율표의 18족에 속하는 헬륨, 네온, 아르곤, 크립톤, 제논, 라돈을 가리키는 것으로 1890년대 후반에 영국의 과학자인 레일리와 램지가 발견하였다. 이 원소들은 한 개의 원자로 이루어진 일원자 분자이고 화학적으로 안정하기 때문에 다른 원소와는 잘 반응하지 않는다. 비활성 기체(inert gas)라고도 한다. 방사성이 큰 라돈을 제외한 대부분 원소는 백열등이나 기체 방전관에 사용된다. 헬륨은 높은 대기로 올라가는 기구나 저온 실험을 하는 데 사용되고 또한 아크 방전을 이용한 금속 용접에 사용된다. 라돈은 암 치료에 사용되기도 한다.

아르곤

대기의 0.94%를 차지하는 기체 원소로서 원자 번호는 18이고 원자량은 39.948이다. 녹는점과 끓는점은 각각 −189.2°C와 −185.7°C이고 20°C에서 밀도는 0.00166 g/cm^{3}이다. 색깔, 냄새 및 맛이 없는 기체로서 다른 물질과 반응하지 않는 비활성 기체이다. 아르곤 기체는 전구를 만들 때 질소와 함께 약간 들어가고 금속 용접 시에는 공기 중의 산소가 금속과 직접 접촉하지 않도록 사용되기도 한다.

라돈

비활성 기체 중 냄새와 색깔이 없는 방사성 원소로서 원자 번호는 86이다. 라돈의 어는점은 −71°C이고 끓는점은 −61.8°C이며 밀도는 9.23×10^{-3} g/cm^3 (20°C에서)이다. 알칼리 토금속에 속하는 가장 무거운 원소인 라듐이 방사성 붕괴를 하면 라돈이 생성되며 이 라돈 원자가 알파 입자를 내놓고 붕괴하면 폴로늄이라는 방사성 원소가 만들어진다. 라돈을 많이 마시면 폐암을 유발시킬 수 있으므로 건물 안의 라돈 농도는 환기를 자주 시켜서 낮춰야 한다.

인물보기 램지

램지는 1894년에서 1898년까지 아르곤, 헬륨, 크립톤, 네온, 제논을 발견하였다. 이것들은 라돈을 제외한 불활성 기체 전체로 그는 하나의 족에 포함되는 모든 원소를 발견한 유일한 사람이다. 불활성 기체의 존재에 대한 첫 번째 힌트는 1892년에 레일리가 질소 기체에 대하여 했던 실험에서 나왔다. 레일리는 공기에서 알려진 다른 모든 기체를 제거하고 남은 질소의 밀도가 암모니아로부터 얻은 질소의 밀도보다 높다는 것을 발견하였다. 레일리의 결과를 접한 후에, 램지는 두 가지의 근원에서 나온 질소 기체의 밀도가 일치하지 않는 원인을 알기 위해서 공기로부터 분리된 질소를 연구하기 시작하였다. 여기서 그들은 공기에서 분리된 질소는 알려지지 않은 성분이 존재한다고 결론을 내리고 그 기체를 분리하였다. 1894년에 그들은 새로 발견된 그 기체 원소를 아르곤이라고 불렀다. 1894년 후반에 램지는 우라늄 광석을 가열하여 헬륨을 분리하였고, 1898년에 공동 연구자들과 함께 공기에서 네온, 크립톤, 제논을 분리하였다. 이 원소들은 화학 반응성이 없으므로 할로젠족 뒤에 위치하게 되었다. 불활성 기체의 발견과 주기율표에서 이들의 위치를 결정한 업적으로 램지는 1904년에 화학 분야에서 노벨상을 받았다.

영국의 물리학자 모즐리(Henry Gwyn Jeffreys Moseley; 1887~1915)는 원소들을 고에너지 전자와 충돌시키는 실험을 통해 원자 번호를 발견하였다. 그는 원자핵에 가장 가까이에 있는 전자가 빠져나가 빈자리가 생기면, 에너지 준위가 높은 바깥 원자 궤도에 있는 전자가 에너지 준위가 가장 낮은 맨 안쪽 궤도의 빈자리로 떨어지면서 큰 에너지 차이 값에 의해 X-선이 나온다는 사실을 알았다. 이에 따라 원소에서 방출되는 고유한 X-선 파장으로부터 각 원소의 양전하 값을 알아내는 실험을 하였다. 이 결과에서 각 원소의 원자 번호와 방출된 X-선 에너지의 제곱근 사이에 정비례 관계가 있다는 것을 알고 각 원소의 양전하의 크기는 전자 전하값의 정수배이고 하나씩 규칙적으로 증가한다는 것을 발견하였다. 모즐리에 의한 원자 번호의 발견은 러더퍼드에 의해서 양성자가 발견되기 이전에 일어났고 오늘날의 주기율표는 원자 번호순으로 배열한 것이다.

인물보기 모즐리

영국의 웨이머스에서 출생하였으며 옥스퍼드 대학교를 거쳐 맨체스터 대학교에서 러더퍼드의 지도를 받으며 연구하였다. 제1차 세계 대전 중에 연합군으로 참전했다가 1915년에 터키의 겔리볼루에서 전사하였다. 그 이후로 영국의 과학자는 제2차 세계 대전에 참전하지 않았다. 영국의 물리학자인 모즐리는 X-선 연구에서 어떤 원소가 X-선을 내놓으면 그 원소의 원자 번호에 따라 X-선 스펙트럼이 독특하게 나타난다는 것을 발견하였다. 이 발견으로 원소들의 원자 번호를 결정할 수 있었고 주기율표에서 원소들을 적절한 위치에 배열할 수 있었다.

원소들을 체계적으로 정렬한 오늘날에 사용되는 현대적 형태의 주기율표가 그림 9-2에 주어졌다. 이 주기율표에서 원소들의 가로줄을 주기(period)라고 하고 1~7주기로 구성된다. 같은 주기에 속하는 원소들은 같은 전자껍질 수를 가지고 원자 번호가 증가할수록 원자가전자의 수가 주기적으로 변하므로 물리적, 화학적 성질이 규칙적으로 변한다. 세로줄에 자리 잡은 원소들의 집단을 족(group)이라고 하는데 1~18족으로 구성된다. 같은 족의 원소들은 원자가전자의 수가 같으므로 유사한 화학적 성질과 반응성을 가진다. 1족, 2족, 12~18족 원소들은 전형 원소들로서 이들의 최외각 전자는 s나 p 오비탈에 채워지고 족의 끝자리 수와 최외각 전자들의 수는 일치한다. 3~11족에 해당하는 원소들은 전이 원소로 d나 f 오비탈에 전

1 1A	2 2A	3	4	5	6	7	8	9	10	11	12	13 3A	14 4A	15 5A	16 6A	17 7A	18 8A
1 H 1.008																	2 He 4.003
3 Li 6.491	4 Be 9.012											5 B 10.81	6 C 12.01	7 N 14.01	8 O 16.00	9 F 19.00	10 Ne 20.18
11 Na 22.99	12 Ma 24.31											13 Al 26.98	14 Si 28.09	15 P 32.07	16 S 32.07	17 Cl 35.45	18 Ar 39.95
19 K 39.10	20 Ca 40.08	21 Sc 44.96	22 Ti 47.88	23 V 50.94	24 Cr 52.00	25 Mn 54.94	26 Fe 55.85	27 Co 58.93	28 Ni 58.96	29 Cu 63.55	30 Zn 65.38	31 Ga 69.72	32 Ge 72.59	33 As 74.92	34 Se 78.96	35 Br 79.90	36 Kr 83.80
37 Rb 85.47	38 Sr 87.62	39 Y 88.91	40 Zr 91.22	41 Nb 92.91	42 Mo 95.94	43 Tc (98)	44 Ru 101.1	45 Rh 102.9	46 Pd 106.4	47 Ag 107.9	48 Cd 112.4	49 In 114.8	50 Sn 118.7	51 Sb 121.8	52 Te 127.6	53 I 126.9	54 Xe 131.3
55 Cs 132.9	56 Ba 137.3	57 La* 138.9	72 Hf 178.5	73 Ta 180.9	74 W 183.9	75 Re 186.2	76 Os 190.2	77 Ir 192.2	78 Pt 195.1	79 Au 197.0	80 Hg 200.6	81 Ti 204.4	82 Pb 207.2	83 Bi 209.0	84 Po (209)	85 At (210)	86 Rn (222)
87 Fr (223)	88 Ra 226	89 Ac' (227)	104 Rf	105 Db	106 Sg	107 Bh	108 Hs	109 Mt	110 Uun	111 Uuu	112 Uub						

알칼리 금속 (1·2족)

전이금속 (3~11족)

금속 ⟺ 비금속

*란타넘족	58 Ce 140.1	59 Pr 140.9	60 Nd 144.2	61 Pm (145)	62 Sm 150.4	63 Eu 152.0	64 Gd 157.3	65 Tb 158.9	66 Dy 162.5	67 Ho 164.9	68 Er 167.3	69 Tm 168.9	70 Yb 173.0	71 Lu 175.0
*악티늄족	90 Th 232.0	91 Pa (231)	92 U 238.0	93 Np (237)	94 Pu (224)	95 Am (243)	96 Cm (247)	97 Bk (247)	98 Cf (251)	99 Es (252)	100 Fm (257)	101 Md (258)	102 No (259)	103 Lr (260)

그림 9-2 주기율표

자가 부분적으로 채워져 있고 원자가전자의 수가 1개나 2개를 가지므로 족에 무관하게 화학적 성질이 비슷하다. 특히 전이 원소들은 물에 녹아 이온이 되면 색을 띠는 것들이 많다. 12족 원소들은 전자가 d 오비탈에 마지막으로 채워지지만 d 오비탈이 전자로 꽉 채워지기 때문에 전이 원소가 아니다.

참조

내부 전이 원소

주기율표 3족 6주기의 57번인 란타넘에서 71번 루테튬까지의 총 15개의 내부 전이 원소들은 란타넘족 또는 란타넘 계열이라고 하며 이들 모두는 희토류 원소들이다. 란타넘족 원소들은 원자 번호가 증가하면서 원자가전자를 $4f$ 오비탈에 차례로 채워나가기 때문에 전체적으로 원자들의 크기는 비슷하지만 원자 번호가 증가함으로써 원자 반지름이 약간씩 감소한다. 이 전이 원소들은 화학적 성질이 비슷하고 화합물을 이룰 때 산화수가 +3인 값을 주로 가지며 산과 반응하여 수소 기체를 발생한다. 주로 광석에 섞여 있는 란타넘족 원소들은 용매 추출법, 이온 교환 수지, 크로마토그래피로 분리한다. 란타넘족 아래 원자 번호가 89번인 악티늄으로부터 103번인 로렌슘까지의 총 15개의 원소를 악티늄족이라고 한다. 악티늄족 원소들은 불안정한 방사성 원소들이다. 악티늄, 토륨, 프로트악티늄, 우라늄만이 자연에 존재하고 넵투늄부터 나머지 11개 원소는 모두 초우라늄 원소들로서 1940년 이후 인공적으로 만들어졌다. 우라늄과 플루토늄은 핵분열 시 많은 에너지를 발생하므로 원자력 발전소나 원자 폭탄에 사용된다. 악티늄족 원소들은 주로 +3이나 +4의 산화수를 가지고 그 성질은 대응하는 란타넘족 원소들과 유사하다.

수은

상온에서 유일하게 액체인 은색의 금속 원소로서 원자 번호는 80이고 원자량은 200.59이며 녹는점과 끓는점은 각각 −38.87℃와 356.58℃이다. 수은은 지각에 있는 다른 금속보다 비교적 적게 존재하지만 대부분 진사라는 광석으로 모여 있다. 수은은 열팽창률이 일정하고 유리에 잘 달라붙지 않기 때문에 온도계에 널리 이용된다. 또한 수은은 전기 전도성이 있어 수은 증기에 전기를 통하게 하여 빛을 발하는 형광등에 이용된다. 수은 화합물은 사람이나 동식물에 매우 위험한데 1950년대에 일본의 미나마타만의 주민들이 메틸수은으로 오염된 물고기를 잡아먹고 수은 중독에 걸렸었다.

원소 109

인공적으로 만든 원자 번호가 109인 방사성 원소로 질량수가 266과 268인 두 개의 동위 원소가 있으며 질량수 268인 동위 원소는 더 안정하며 반감기가 0.070초이다. 1982년과 1984년에 독일에서 원자 번호가 83인 비스무트(Bi)에 원자 번호 26인 철(Fe)을 충돌시켜서 이 원소를 얻었다. 1985년에 러시아에서도 같은 실험 결과를 얻었다. 1993년에 국제 순수 응용화학협회(IUPAC)에 의하여 1982년에 독일에서 109번 원소가 처음 만들어졌다고 인정되었고 1997년에 109번 원소의 이름이 마이트너륨(Mt)으로 채택되었다.

9.2 화학 결합

주기율표를 구성하는 원소들이 결합하여 지금까지 만들어진 화합물의 종류는 수천만 가지 이상이 되고 이들은 오하이오 주립대(Ohio state university)에 있는 화학 초록 서비스(Chemical abstract service)에 등록되어 있다. 계속해서 새로운 화합물의 등록을 받고 있으므로 앞으로 더욱 늘어날 것이다.

보어의 원자 모형에서 원자들은 중심에 양전하의 원자핵이 있고 그 주위를 음전하의 전자들이 특정 궤도 위를 회전하고 있다. 이 전자들 가운데 가장 바깥 전자껍질에 있는 전자들을 최외각 전자 또는 원자가전자라고 한다. 원자가 전자들은 원자들 사이의 화학 결합에 관여한다. 1916년에 미국의 화학자인 루이스(Gilbert Newton Lewis, 1875~1946)는 원자들이 화학 결합을 해서 화합물을 만들 때 각 원자의 최외각 전자의 개수가 8이 될 때 안정한 결합이 된다 (예외적으로 수소와 헬륨은 2개의 최외각 전자를 가지고 안정화된다)고 발표하였지만, 그 이유는 설명하지 못하였다. 이것을 여덟의 규칙(rule of eight)이라 하였는데 그 후 랭뮤어(Irving Langmuir; 1881~1957)가 이를 옥텟 규칙(octet rule, 팔전자 규칙)이라고 명명하였다. 주기율표에서 옥텟 규칙을 만족하고 있는 원소들은 18족(또는 0족이라고도 한다.)의 불활성 기체들이고 이것들은 안정하여 다른 원소들과 화합물을 잘 만들지 않는다.

인물보기 **루이스**

루이스는 미국 매사추세츠주의 웨이머스에서 태어나고 네브라스카주에서 자랐다. 1899년에 하버드 대학교에서 이학 박사 학위를 받은 후에 1912년에 버클리의 캘리포니아 대학교의 화학과장에 임명되었고 거기서 여생을 보냈다. 화학과에서 기초화학을 가르치고 발전시켜야 한다고 생각했던 그는 생산적인 연구자였을 뿐만 아니라 학생들에게 깊은 영향을 끼치는 선생님이기도 하였다. 일반 화학 과정에서 학생들에게 주기적 경향을 설명하기 위해, 그는 원자가전자와 불활성 기체 전자 배열(옥텟 규칙)의 안정성에 대한 개념을 발전시켰다. 그는 1902년에 처음으로 이 개념을 가르치기 시작하였고 1916년에야 비로소 발표하였다. 즉 두 개의 원자가 한 쌍의 전자를 공유함으로써 화학 결합을 이루고 그러면 원자는 8개의 전자를 가질 때 안정화한다고 발표하였다. 미국의 화학자인 랭뮤어와 폴링(Linus Carl Pauling; 1901~1994)이 루이스의 생각을 전자 이론으로 확장하였다. 또한 루이스는 열역학, 동위 원소 연구 그리고 산-염기 이론과 같은 화학의 다른 분야에도 크게 공헌하였다.

쉬어가기

원자들은 가장 바깥 전자 껍질에 8개의 전자를 가져 비활성 기체와 같은 전자 배치를 가질 때 화학적으로 안정화되는데 이것을 옥텟 규칙(octet rule)이라고 한다. 'oct'는 8을 의미하는 접두사인데 다리를 8개 가지는 문어는 영어로 octopus이다.

원자들이 화합물들을 만들 때 각 원자핵은 원자들 사이의 결합에는 관여하지 않고 각 원자의 최외각 전자들의 상호작용이 화합물을 형성하는 데 중요하게 작용한다. 각 원자의 최외각 전자가 18족 원소와 같은 전자 배치를 가지도록 원자들은 결합을 형성하는데, 화학 결합에는 크게 이온 결합, 공유 결합, 금속 결합이 있다.

어떤 원자들은 옥텟 규칙을 만족하기 위해 원자가전자의 일부나 전부를 잃고 양이온(cation)이 되거나 반대로 일부 전자를 받아 옥텟 규칙을 만족하면서 음이온(anion)이 된다. 주기율표에서 전자를 쉽게 내놓는 1족, 2족, 13족에 속하는 이온화 에너지가 작은 금속 원자들은 족 수만큼의 전자를 내놓고 양이온으로 되기 쉽다. 16족과 17족에 속하는 전자 친화도가 큰 비금속 원자들은 금속이 내놓은 전자를 받아들여 음이온으로 되는 경향이 크다. 이들 양이온과 음이온들이 적절한 거리에서 정전기적 인력에 의하여 결합이 일어날 때 이를 이온 결합(ionic bond)이라고 하고 이때 생성된 물질을 이온 결합 화합물이라고 한다. 이 화합물들은 옥텟 규칙을 이루므로 안정하다.

이온 결합 형성은 이온 사이의 거리에 따른 에너지 변화로 설명할 수 있다(그림 9-3). 멀리 떨어진 두 이온이 서로 접근할수록 정전기적 인력이 작용하여 에너지가 낮아져 안정화된다. 두 이온이 더 가까워질수록 인력과 함께 반발도 증가하는데 인력과 반발력이 균형을 이루는 r_0 지점에서 에너지가 가장 낮아 결합이 형성된다. 두 이온 사이의 거리가 r_0보다 더 가까워지면 반발이 증가하여 에너지가 높아져 불안정한 상태가 된다.

원자 번호가 11번인 소듐 원자는 11개의 전자를 가지는데 그 가운데 한 개의 전자가 최외각에 존재한다. 이 전자에는 핵의 인력이 약하게 작용하므로 쉽게 제거되므로 소듐 원자는 이 전자를 내놓고 10개의 전자를 가지는 Na^+ 양이온이 된다. 반

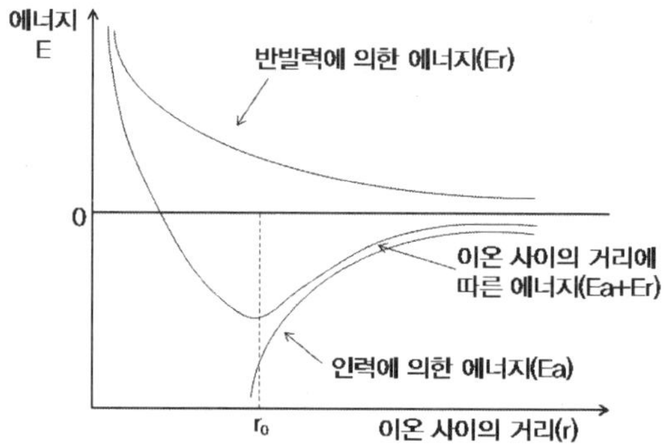

그림 9-3 이온 사이의 거리에 따른 에너지 변화

면에 염소 원자는 17개의 전자를 가지고 그중 7개를 최외각 전자로 가진다. 최외각 전자 8개를 가져야 안정하므로 염소 원자는 소듐 원자가 내놓은 1개의 전자를 받아서 Cl^- 음이온이 된다. 결과적으로 이 두 이온 사이에 정전기적 인력이 작용하여 염화 소듐이 생성된다(그림 9-4).

$$Na \longrightarrow Na^+ + e^-$$

$$Cl + e^- \longrightarrow Cl^-$$

$$Na^+ + Cl^- \longrightarrow NaCl$$

이온 결합 물질을 이루는 양이온과 음이온의 크기가 서로 다르고 그 전하들도 각기 다르므로 이온 결정은 금속 결정보다 구조가 복잡하다. 이온 결정 구조의 대표적인 것이 염화 소듐(NaCl)과 염화 세슘(CsCl) 구조이다. 염화 소듐의 결정 구조에서 소듐 이온(Na^+)은 염화 이온(Cl^-) 6개로 둘러싸여 있고 염화 이온도 소듐 이온 6개로 둘러싸여 있다. 이 결정 구조는 양이온과 음이온의 반지름의 차이가 클 때 만들어지며 염화 포타슘(KCl)과 산화 마그네슘(MgO) 등이 이 구조를 가진다. 염화 세슘의 결정 구조에서 세슘 이온(Cs^+)은 염화 이온(Cl^-) 8개로 둘러싸여 있고 염화 이온도 세슘 이온 8개로 둘러싸여 있다. 이 결정 구조는 양이온과 음이온의 반지름의 차이가 크지 않을 때 만들어지며 아이오딘화 세슘(CsI) 등이 이 구조를 가진다. 이온 결합 화합물의 일반적인 물리적 성질은 상온에서 고체 상태이며, 단단하고 부서지기 쉬우며, 이온 간 결합력이 세기 때문에 높은 녹는점과 끓는점을 가진다. 고체 상태에서는 이온들이 이동할 수 없으므로 전기 부도체이지만 용융하면 이온의 이동이 자유로우므로 전기를 잘 통하고, 물과 같은 극성 용매에 잘 녹는다.

이온 사이의 결합력은 쿨롱의 법칙으로 양이온과 음이온 사이의 전하량의 곱에 비례하고 두 이온 간 거리의 제곱에 반비례한다. 양이온과 음이온 사이의 거리가 짧을수록, 즉 이온의 반지름이 작을수록 이온 결합력은 증가한다. 예를 들면 이온

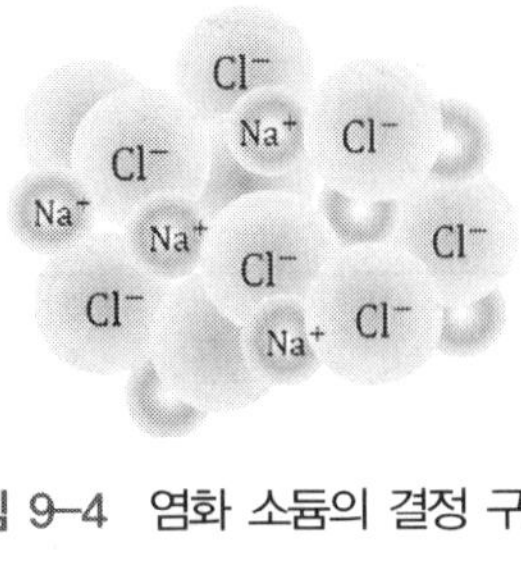

그림 9-4 염화 소듐의 결정 구조

사이의 거리가 LiCl < NaCl < KCl < RbCl 순으로 증가할수록 이온 결합력은 LiCl > NaCl > KCl > RbCl 순으로 감소한다. 그리고 Mg^{2+}와 O^{2-}의 전하량이 Li^{+}와 F^{-}의 전하량보다 크기 때문에 MgO의 이온 결합력은 LiF보다 크다.

수소를 포함해서 14족, 15족, 16족 그리고 17족에 속하는 비금속 원소들은 각 원자가 전자들을 내놓고 공유함으로써 18족 원소와 같은 안정한 전자 배치를 가진다. 이처럼 전자쌍을 이루어 결합이 일어나는 것을 공유 결합(covalent bond)이라고 하고, 이때 생성된 물질을 공유 결합 화합물이라고 한다. 전자쌍 1개를 공유하면 단일 결합, 전자쌍 2개를 공유하면 이중 결합 그리고 전자쌍 3개를 공유하면 삼중 결합이라고 한다. 단일 결합에서 이중 결합과 삼중 결합 쪽으로 갈수록 결합 길이는 짧아지고 결합 에너지는 커진다.

2개의 수소 원자가 가까이 접근하면 두 원자의 전자는 양쪽의 핵으로부터 동시에 인력을 받게 되어 안정화되면서 에너지가 낮아진다. 두 핵 사이의 거리가 0.074 nm에서 에너지가 가장 낮아지면서 공유 결합이 형성된다(그림 9-5). 수소 분자가 형성될 때 436 kJ/mol의 에너지가 방출되는데 이것을 공유 결합 에너지라고 하고 이 에너지는 수소 분자를 구성하는 수소 원자 사이의 결합을 끊는 데 필요한 에너지이다. 따라서 수소 분자는 분리된 두 개의 수소 원자보다 에너지의 안정화가 일어난다.

$$\text{H 원자} + \text{H 원자} \longrightarrow H_2 \text{ 분자}$$

$$H\cdot + \cdot H \longrightarrow H:H$$

공유 결합 물질은 고체와 액체 상태에서 전기 전도도가 없으며 대부분 물에 잘 녹지 않는다. 예외적으로 HCl, NH_3와 CH_3OH 등은 물에 잘 녹는다.

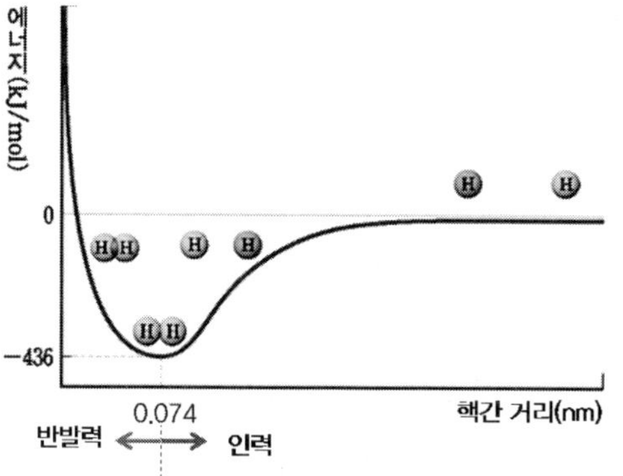

그림 9-5 두 수소 원자 사이의 공유 결합 형성과 에너지 변화

참조 **배위 결합**

한 원소가 자신의 비공유 전자쌍을 일방적으로 내놓으면서 다른 원소와 공유하여 형성하는 결합을 배위 결합(coordinate covalent bond)이라고 한다. 예를 들면, 암모니아의 질소 원자는 자신의 비공유 전자쌍을 일방적으로 내놓으면서 전자를 가지고 있지 않은 수소 이온과 공유하여 암모늄 이온을 만든다. 물의 산소 원자는 자신의 비공유 전자쌍을 일방적으로 내놓으면서 전자를 가지고 있지 않은 수소 이온과 공유하여 하이드로늄(옥소늄) 이온을 만든다. 배위 결합을 가진 화합물을 배위 화합물(coordination compound)이라고 한다. 배위 화합물 가운데 있는 금속 원자는 전하를 띨 수도 있고 전기적으로 중성일 수도 있다. 중심의 금속 원자가 이온인 화합물을 착화합물 또는 간단하게 착물이라 한다. 배위 화합물의 구조는 중심 금속 원자에 결합하는 리간드의 수인 배위수에 의해 결정된다. 예를 들면, 배위수가 2인 배위 화합물은 선형 구조를, 배위수가 4인 배위 화합물은 정사면체 구조나 평면 사각형 구조를, 배위수가 6인 배위 화합물은 정팔면체 구조를 가진다.

이온 결합도 공유 결합도 아닌 다른 결합의 양식으로 금속 결합(metallic bond)이 있다. 금속 결합은 금속 원자들이 모여서 만드는 금속 결정에서 나타난다. 순수한 금속을 구성하는 원자가 주기율표의 1족 원소일 경우 하나의 전자를 내놓고 2족 원소일 경우는 2개의 전자를 내놓고 옥텟 규칙을 만족한다. 즉, 모든 원소는 최대한으로 족의 수와 같은 최외각 전자의 개수를 내놓을 수 있다. 이렇게 방출된 전자들은 특정 원자에만 속박되는 것이 아니고 규칙적으로 배열된 금속 양이온 사이를 자유롭게 돌아다니므로 자유 전자(free electron)라고 한다(그림 9-6). 자유 전자는 금속과 같은 도체에 많이 존재하고 부도체에는 거의 존재하지 않으며 반도체에는 약간 존재한다. 이들 자유 전자와 금속 양이온들 사이의 정전기적 인력으로 만들어지는 결합이 금속 결합이다. 쿨롱의 법칙으로 정전기적 인력은 두 전하 사이의

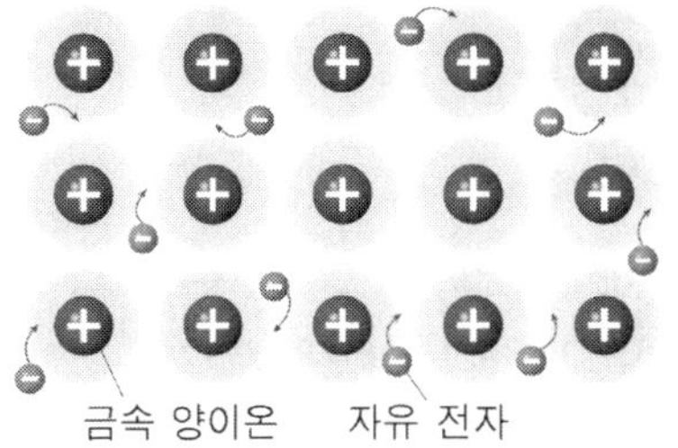

그림 9-6 금속 결합

거리 제곱에 반비례하고 전하량의 곱에 비례하므로 금속 결합력은 금속 양이온의 반지름이 작을수록, 양이온의 전하량이 클수록 증가하게 된다. 금속 결합력이 셀수록 녹는점도 높아진다. 예를 들면 같은 족에서는 Li, Na, K 쪽으로 갈수록, 즉 원자 번호가 증가할수록 금속 이온 반지름이 커지기 때문에 녹는점은 180.5℃, 97.8℃, 63.3℃로 감소한다. 같은 주기에서는 Na, Mg, Al 쪽으로 갈수록, 즉 원자 번호가 증가할수록 이온 반지름이 감소하기 때문에 녹는점은 97.8℃, 649℃, 660.4℃로 높아진다. 금속 결합으로 이루어진 물질의 물리적 특성은 금속 특유의 은백색 광택이 있고(예외적으로 금은 노란색, 구리는 붉은색을 띤다), 자유롭게 돌아다니는 자유 전자 때문에 금속 결정은 전기를 잘 통하는 전기 도체이며 열 전도성도 크다. 금속 양이온과 자유 전자 사이의 큰 정전기적 인력 때문에 녹는점과 끓는점이 높으며 밀도가 높고 단단하다. 또한 금속은 두드려서 넓게 펼 수 있는 전성(malleability)과 가늘게 뽑을 수 있는 연성(ductility)을 가진다. 금속 결정에 외부에서 충격을 가하면 층들이 미끄러져서 이동하지만 자유 전자가 층 사이의 양이온들을 결합시켜 주기 때문에 쉽게 부러지지 않는다. 그러나 이온 결합 물질은 외부 충격에 약해 쉽게 부스러진다.

한 가지 금속의 성질을 보완하기 위해 두 가지 이상의 금속을 용융시켜 만든 금속 혼합물인 합금이 생활에 많이 이용된다. 예를 들면, 철의 부식을 방지하기 위해 철에 크로뮴과 니켈을 용융시켜서 스테인리스강을 만들어 사용하고 전기 저항을 높이기 위해 니켈에 크로뮴을 첨가하여 전열기의 니크롬선으로 사용한다.

금속 결정의 구조는 크게 세 가지로 구분된다. 아연과 마그네슘 등이 가지는 육방 밀집 구조, 구리와 알루미늄이 가지는 면심 입방 구조, 소듐과 바륨 등이 가지는 체심 입방 구조 등이다.

참조

육방 밀집 구조

육각 프리즘 모양의 단위세포에서 한 원자가 다른 여섯 개의 원자들에 의해 둘러싸여 첫째 층을 이루면 움푹 팬 곳으로 원자들이 위치하여 두 번째 층을 이루고 셋째 층은 첫째 층과 같은 위치에 원자들이 배열하는 구조이다. 원자들을 가장 조밀하게 쌓을 수 있는 구조 가운데 하나이다. 이 구조를 가지는 물질로는 마그네슘, 아연, 카드뮴 등이 있다.

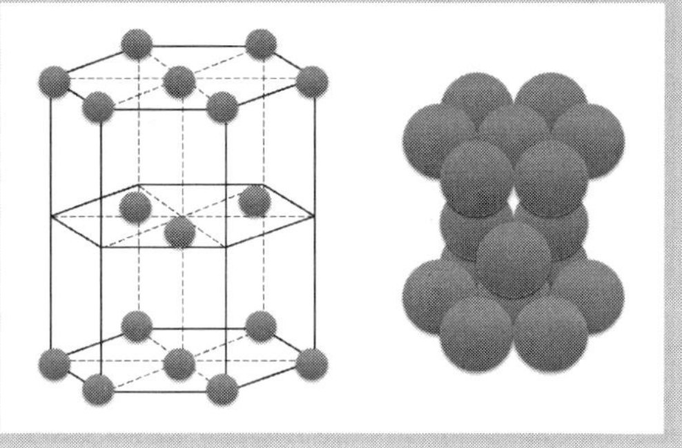

체심 입방 구조(body-centered cubic structure)

정육면체의 단위세포 중심과 꼭짓점에 원자들이 놓여 있는 구조로서 각 원자는 8개의 다른 원자들로 둘러싸여 있다. 이 구조의 원자들은 밀집 구조의 원자들보다 덜 조밀하게 쌓여 있으므로 에너지 측면에서 더 안정하다. 소듐, 리튬, 바륨, 크로뮴 등이 이 구조를 갖는다.

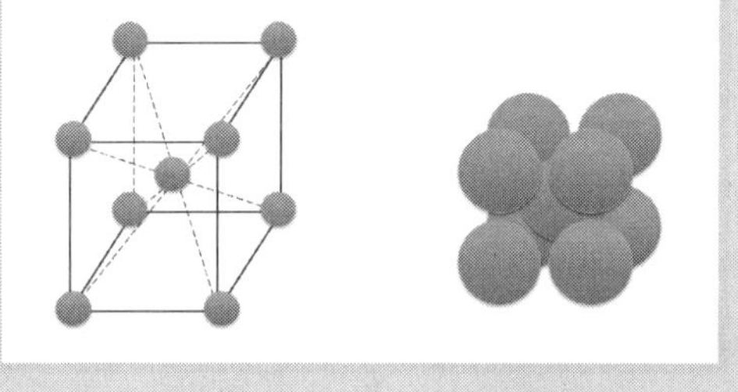

입방 밀집 구조(cubic close-packed structure), 면심 입방 구조(face-centered cubic structure)

결정에서 원자들이 가장 작은 부피를 가지도록 쌓는 구조 중 하나이다. 정육면체의 단위세포의 각 꼭짓점과 면 심에 원자가 위치하는 구조로 면심 입방 구조와 그 구조가 같다. 단위세포에서 한 원자가 다른 여섯 개의 원자들에 의해서 둘러싸여 첫째 층을 이루면 움푹 팬 곳으로 원자들이 위치하여 두 번째 층을 이루고 셋째 층은 첫째 층과 둘째 층과 엇갈리게 원자들이 놓이고 넷째 층의 원자들은 첫째 층의 원자들 바로 위에 원자들이 배열하는 구조이다. 원자들을 가장 조밀하게 쌓을 수 있는 구조 중 하나이다. 이 구조를 가지는 물질로는 헬륨, 네온, 아르곤 등이 있다. 금속 결정에서 구리와 알루미늄은 면심 입방 구조를 이루고 염화 소듐 결정에서 염화 이온과 소듐 이온도 각각 면심 입방 구조를 이룬다.

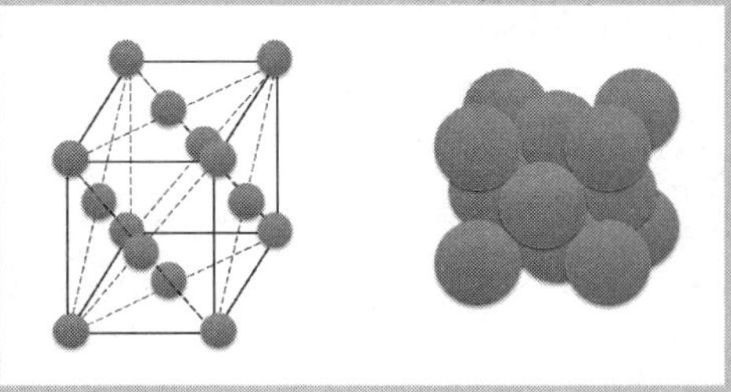

9.3 물질의 분류

물질(matter)이란 질량을 가지면서 공간을 차지하는 것이다. 물질에는 우리가 일상생활에서 접할 수 있는 치약, 비누, 한잔의 커피, 공기, 물 등 여러 가지 형태의 다양한 것들이 있다. 우주를 구성하는 요소인 물질은 크게 두 가지 즉 순물질(pure substance)과 혼합물(mixture)로 나눌 수 있다. 순물질은 다시 원소(element)와 화합물(compound)로 나누어진다. 원소는 화학적 방법을 사용하여 더 이상 쪼갤 수 없는 물질로서 원자로 이루어져 있고 한 원소의 모든 원자는 화학적으로 같다. 주기율표에서 제시된 것처럼 현재까지 110개 이상의 원소가 발견되었다. 원소의 이름은 원소의 특성, 발견된 장소, 유명한 과학자의 이름을 따라 명명되었다. 예를 들면, 아이오딘(I)은 보라색과 같은 의미의 그리스어 iodes에서 유래되었고 Ge는 독일 화학자에 의해 발견되었기에 저마늄으로 명명되었으며, 퀴륨($_{96}Cm$), 아인슈타이늄($_{99}Es$), 멘델레븀($_{101}Md$)은 각각 Marie Curie, Albert Einstein과 Dmitri Mendeleev의 이름을 따라 명명하였다.

화합물은 두 가지 이상의 원소들이 일정한 질량비로 결합하여 만들어진 순물질로서 화학적 방법을 사용하여 더 간단한 화합물이나 원소로 분리될 수 있다. 순수한 물(H_2O)은 강, 바다, 호수 등의 어느 곳에서 채집해도 물 분자를 구성하는 수소와 산소의 비율은 항상 일정하다. 즉, 물은 질량비로 수소 11%와 산소 89%를 포함하므로 100 g의 물은 수소 11 g과 산소 89 g이 화학적으로 결합한 형태를 가진다. 같은 조성을 가진 화합물은 언제나 일정한 물리적, 화학적 성질을 가진다.

혼합물은 두 가지 이상의 순물질이 단지 혼합된 것을 말한다. 여기에는 균일한 것과 불균일한 것으로 크게 두 가지로 분류할 수 있다. 균일 혼합물(homogeneous mixture)은 전체적으로 조성의 동일성을 가지고 있다. 예를 들면, 소금을 물에 넣

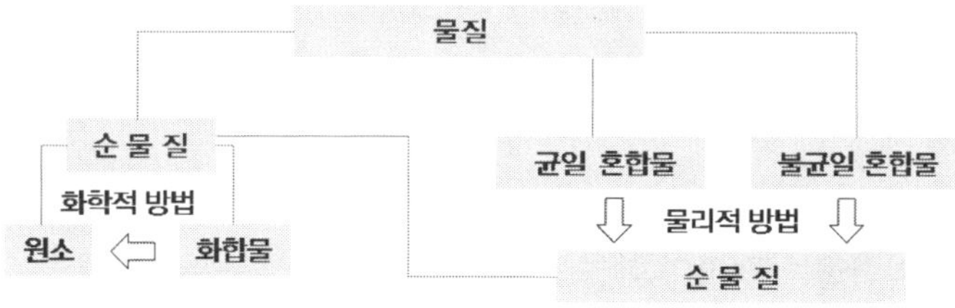

그림 9-7 물질의 분류

고 잘 저어 주면 용액 전체가 균일해지므로 이는 균일 혼합물이 된다. 불균일 혼합물(heterogeneous mixture)은 혼합물 내에 서로 다른 부분들이 존재하는, 즉 조성이 다른 혼합물이다. 물에 모래를 붓고 잘 저어 주면 모래는 바닥에 가라앉고 결국 물을 포함한 부분과 모래를 포함한 부분으로 구별될 수 있으므로 모래가 섞인 물은 불균일 혼합물이 된다. 그럼 균일 혼합물과 불균일 혼합물을 어떻게 구별할 수 있을까? 잘 섞은 따뜻한 커피 한 잔과 얼음이 들어 있는 냉커피 한 잔을 비교해 보자. 같은 숟가락 두 개로 따뜻한 커피잔의 서로 다른 부분에서 취한 후 눈을 가린 사람에게 맛을 보게 하면 그 차이를 식별할 수 없다. 그러나 냉커피의 경우는 얼음 가까이에서 취한 숟가락과 얼음에서 먼 부분에서 취한 숟가락을 구별할 수 있다. 이처럼 혼합물 내에 서로 다른 부분이 존재하지 않고 일정하면 균일 혼합물이 되고, 그렇지 않고 내부에 다른 부분들이 존재하면 불균일 혼합물이 된다. 잘 섞은 따뜻한 커피는 균일 혼합물이지만 얼음이 들어 있는 냉커피는 불균일 혼합물이다.

물리적 및 화학적 방법을 사용하면 물질들의 구성 성분을 분류할 수 있다(그림 9-7). 예를 들면, 소금물에 모래가 섞여 있는 불균일 혼합물은 여과라는 물리적 방법으로 모래와 소금물로 분리하고, 균일 혼합물인 소금물은 증류라는 물리적 방법으로 소금과 순수한 물로 분리할 수 있다(그림 9-8). 화합물인 순수한 물과 소금은

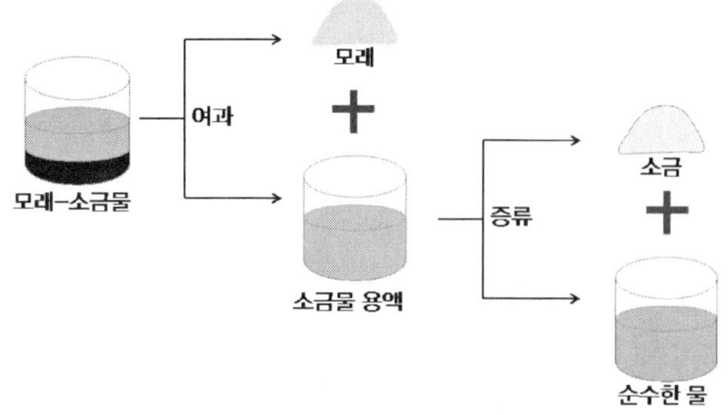

그림 9-8 불균일 혼합물의 분리

화학적 방법을 사용해야 구성 원소들로 분리할 수 있다.

예제

다음을 원소, 화합물, 균일 혼합물, 불균일 혼합물로 구분하시오.
① 일산화 이질소 ② 탄산음료 ③ 한 잔의 냉커피 ④ 구리

풀이 ① 일산화 이질소: 화합물, ② 탄산음료: 균일 혼합물, ③ 한 잔의 냉커피: 불균일 혼합물, ④ 구리: 원소

쉬어가기

공기를 구성하는 성분 물질의 분리

먼지나 티끌 같은 입자로 오염된 공기는 불균일 혼합물이고 이것들을 거름 장치를 통과시켜서 얻어지는 깨끗한 공기는 균일 혼합물이 된다. 이 공기를 −196℃ 미만으로 냉각하면 액체 공기와 약간의 고체가 얻어지는데 이 액체 공기를 끓는점의 차이를 이용하여 분별 증류를 하면 공기를 구성하는 성분 물질들을 분리할 수 있다. 액체 공기 온도를 서서히 올려 −196℃에 이르면 질소가 끓어서 기체로 되고 질소가 다 나가고 나면 다시 온도가 올라가서 −186℃에 이르면 아르곤(Ar)이 끓어서 기체로 나간다. 그런 다음에는 −183℃에서 산소가 끓어 기체로 된다. 공기 대부분을 차지하는 위의 물질들이 끓고 나간 후에는 약간의 고체가 남는데, 그중에서 고체 이산화 탄소인 드라이아이스가 −78.5℃에서 승화하여 기체 상태의 이산화 탄소로 나가고 나머지 고체는 0℃에서 녹아 물이 된다.

9.4 화합물의 명명

원소 기호

각 사람에게 이름이 있듯이 원소에도 이름이 있다. 각 원소는 원소 기호로 나타내는데, 주기율표의 원소 중 14개 원소들은 단지 한 글자의 기호로만 되어 있고 나머지 원소들은 두 글자의 기호로 이루어져 있다. 한 글자로 된 원소의 기호는 영어 대문자로 표기하고, 두 글자로 된 원소는 첫 번째 글자만 대문자, 두 번째 글자는

소문자로 표기한다. 예를 들면 포타슘은 K이고 소듐은 Na이다. Co는 코발트의 원소 기호이지만 CO는 원소 기호가 아니라 일산화 탄소에 대한 화학식이다.

화학식

화학이 체계화되기 이전의 화합물에는 화학적 조성을 전혀 고려하지 않은 임의의 이름인 상용 명이 붙여졌다. 웃음 기체(N_2O), 물(H_2O), 오존(O_3), 암모니아(NH_3) 등이 그 예가 된다. 그러나 화학의 발달로 많은 화합물이 알려짐에 따라 더 체계적인 이름의 필요성이 대두되었다. 1921년에 설립된 국제 순수 응용화학협회(IUPAC, International Union of Pure and Applied Chemistry)는 무기 화합물 명명법 체계를 창안하였고 정기적으로 그 체계를 갱신하고 있다.

오늘날 사용하는 화학식은 화합물을 구성하는 원소들의 종류와 그 원소들의 존재 비율, 즉 조성을 나타내고 있다. 이 장에서는 두 가지 원소로 이루어진 화합물인 이성분 화합물(binary compound)의 명명법에 대하여 간단하게 알아보기로 한다. 이성분 화합물은 하나의 금속과 하나의 비금속으로 이루어진 화합물과 두 개의 비금속으로 이루어진 화합물로 크게 양분된다.

① 하나의 금속과 하나의 비금속으로 이루어진 화합물

금속은 자신의 최외각 전자 껍질에 있는 전자를 잃어서 양이온(cation)이 되고 비금속은 금속이 내놓은 전자를 받아서 음이온(anion)을 형성한다. 이 두 가지 이온들의 정전기적 인력에 의해서 형성된 이성분 이온성 화합물의 명명을 영어식 표현과 우리말의 경우로 나누어 설명하면 다음과 같다. 영어식 표현에서는 양이온을 먼저 쓰고 음이온은 나중에 쓰는데 음이온의 끝부분은 'ide'를 붙여 명명한다. 우리말의 경우는 음이온을 먼저 쓰고 양이온을 나중에 쓰며 음이온은 원소의 이름 끝에 -화를 붙여 명명한다. 양이온은 원소의 이름을 그대로 쓴다.

화합물	영어명	우리말 명명
NaCl	sodium chloride	염화 소듐
KI	potassium iodide	아이오딘화 포타슘
$AlCl_3$	aluminum chloride	염화 알루미늄
MgO	magnesium oxide	산화 마그네슘

② 두 개의 비금속으로 이루어진 화합물

이온성 이성분 화합물처럼, 영어식으로는 첫 번째 원소를 먼저 명명하고 두 번째

표 9-1 화합물 명명에서 숫자를 나타내는 접두사

접두어	숫자
일(mono)	1
이(di)	2
삼(tri)	3
사(tetra)	4
오(penta)	5
육(hexa)	6
칠(hepta)	7
팔(octa)	8

원소는 음이온인 것처럼 명명한다. 우리말의 경우는 두 번째 원소를 음이온인 것처럼 먼저 쓰고 첫 번째 원소는 나중에 쓰며 두 번째 원소의 이름 끝에 -화를 붙여 명명한다. 양이온은 원소의 이름을 그대로 쓴다. 앞의 금속과 비금속으로 이루어진 경우와 달리, 이 경우에는 존재하는 원자의 개수를 나타내기 위해 접두사를 사용한다(표 9-1). 단 첫 번째 원소가 한 개일 때는 접두사 일(mono)은 생략한다. 예를 들면, CO는 일산화 일탄소(monocarbon monoxide)라고 하지 않고, 일산화 탄소(carbon monoxide)라고 한다.

화합물	영어명	우리말 명명
BF_3	boron trifluoride	삼플루오린화 붕소
N_2O_5	dinitrogen pentoxide	오산화 이질소
O_3	ozone	오존
SF_6	sulfur hexafluoride	육플루오린화 황

접두사 끝의 'a'가 'o'와 같은 모음 앞에 위치하면 때때로 생략된다. 예를 들면, N_2O_5는 dinitrogen pentaoxide가 아니라 dinitrogen pentoxide로 부른다. 물, 암모니아, 오존 등은 체계적 이름이 사용되지 않고 상용 명으로 불린다.

9.5 화학 반응식

화학 반응(chemical reaction)은 반응물을 구성하는 원자들이 재배열하여 새로운 생성물을 형성하는 과정이다. 이 과정은 화학 반응식으로 나타낼 수 있다. 화학 반응식에서 화학 반응 이전의 물질인 반응물(reactant)은 항상 화살표의 왼쪽에 나타내고 반응 후에 형성된 물질인 생성물(product)은 항상 화살표의 오른쪽에 나타낸다. 화살표는 화학적 변화의 방향을 나타내고 '형성한다'로 읽는다.

$$\text{반응물} \longrightarrow \text{생성물}$$

반응물이나 생성물이 두 가지 이상이면 그들 사이에 더하기 기호(+)를 사용하여 표시한다. 반응물과 생성물의 물리적 상태는 다음과 같은 기호를 사용하여 나타낼 수 있다. 고체 상태는 (s), 액체 상태는 (l), 기체 상태는 (g), 수용액 상태는 (aq)를 사용하여 화학식 뒤에 괄호를 이용하여 쓴다. 메테인과 산소 사이의 화학 반응을 식으로 나타내면 다음과 같다.

$$CH_4(g) + 2O_2(g) \longrightarrow CO_2(g) + 2H_2O(l)$$

화학 반응에서 원자들은 새로 생성되거나 파괴되지 않기 때문에 반응물에 존재하는 원자들이 생성물에도 존재해야 한다. 이 관계를 질량 보존 법칙이라고 하고 화학 반응식의 균형을 맞추는 데 사용된다. 이처럼 화학 반응식은 반응을 요약해서 나타내고 반응물과 생성물이 무엇인지, 그리고 반응에 참여하는 구성 성분들의 양도 알려준다.

화학 반응의 유형

많은 화학 반응은 다음과 같은 네 가지 기본 반응 유형 가운데 하나에 속한다.

① 결합 반응
두 가지 반응물들이 결합하여 한 가지 생성물을 만드는 반응으로 일반식은 다음과 같다.

$$A + B \longrightarrow AB$$

여기에는 금속과 산소가 반응하여 금속 산화물을 형성하는 반응, 비금속과 산소가 반응하여 비금속 산화물을 형성하는 반응, 그리고 금속과 비금속이 반응하여 염을 형성하는 반응 등이 포함된다.

$$2Mg(s) + O2(g) \longrightarrow 2MgO(s)$$

$$N_2(g) + O_2(g) \longrightarrow 2NO(g)$$

$$2Na(s) + Cl2(g) \longrightarrow 2NaCl(s)$$

② 분해 반응

단일 물질이 깨져서 두 가지 이상의 다른 물질을 형성하는 반응으로 일반식은 다음과 같다. 이 반응은 결합 반응의 역반응으로 볼 수 있다.

$$AB \longrightarrow A + B$$

여기에는 금속 산화물이 자유 금속과 산소로 분해되는 반응과 탄산염이 가열, 분해되어 이산화 탄소를 생성하는 반응 등이 포함된다.

$$2HgO(s) \longrightarrow 2Hg(l) + O2(g)$$

$$2CaCO3(s) \longrightarrow CaO(s) + CO2(g)$$

③ 단일 치환 반응

한 원소가 화합물과 반응하여 그 화합물의 한 원소를 치환하여 다른 원소와 다른 화합물을 형성하는 반응으로 일반식은 다음과 같다.

$$A + BC \longrightarrow B + AC \text{ 또는}$$

$$A + BC \longrightarrow C + BA$$

여기에는 아연 금속이 염산 용액의 수소를 치환하여 수소와 염을 생성하는 반응, 금속과 물이 반응하여 수소와 금속 수산화물을 형성하는 반응, 금속과 염이 반응하여 염의 금속과 다른 염이 형성하는 반응 등이 포함된다.

$$Zn(s) + 2HCl(aq) \longrightarrow H2(g) + ZnCl2(aq)$$

$$2Na(s) + 2H2O(l) \longrightarrow H2(g) + 2NaOH(aq)$$

$$Fe(s) + CuSO_4(aq) \longrightarrow Cu(s) + FeSO_4(s)$$

④ 이중 치환 반응

두 가지 화합물이 서로 짝을 바꾸어서 두 가지 다른 화합물을 만드는 반응으로 일반식은 다음과 같다.

$$AB + CD \longrightarrow AD + CB$$

여기에는 산과 염기의 중화 반응과 금속 산화물과 산의 반응처럼 열이 발생하는 반응, 침전물이 형성되는 반응, 기체를 발생시키는 반응 등이 포함된다.

$$HCl(aq) + NaOH(aq) \longrightarrow NaCl(aq) + H_2O(l)$$

$$CuO(s) + 2HNO_3(aq) \longrightarrow Cu(NO_3)_2(aq) + H_2O(l)$$

$$BaCl_2(aq) + 2AgNO_3(aq) \longrightarrow 2AgCl(s) + Ba(NO_3)_2(aq)$$

$$H_2SO_4(l) + NaCl(s) \longrightarrow NaHSO_4(s) + HCl(g)$$

10장

화학 반응

10.1 에너지란?

에너지에 대한 사전적 정의는 '일을 할 수 있는 능력'이다. 그러면 일이란 무엇인가? 일은 힘에 대항하여 운동할 때 이루어지며 그 크기는 힘과 그 힘으로 움직인 거리의 곱이다. 따라서 책상 위에 있는 책 한 권을 들어 책꽂이에 올리면 일을 한 것이지만 독서를 한 것은 엄밀히 말해 일을 하지 않은 것이다.

열은 에너지의 여러 가지 형태 가운데 하나로, 분자 운동의 결과로 물질이 가질 수 있는 에너지이므로 사실 운동 에너지이다. 예를 들면, 시험관 속의 물은 열을 받으면 그 분자들이 빠르게 움직이므로 운동 에너지가 증가하여 온도가 높아진다. 온도와 열은 같은 것이 아니다. 예를 들면, 뜨겁게 달군 금속 조각 원자들의 평균 운동 에너지가 욕조 속의 목욕물을 이루는 물 분자들의 평균 운동 에너지보다 커서 온도가 높지만, 금속 조각을 이루는 원자 수보다 목욕물의 분자 수가 훨씬 많기에 목욕물 속에는 더 많은 열이 포함되어 있다.

10.2 온도

온도는 열의 세기에 대한 측정으로 계가 얼마나 뜨겁고 차가운지를 나타내며 온도계를 사용하여 측정할 수 있다. 물질은 온도가 변함에 따라 물질 고유의 물리적, 화학적 성질이 변화하므로 이런 변화들 가운데 하나를 측정하여 그 변화 정도를 수치로 나타낸 것이 온도계이다. 가장 간단하면서 널리 알려진 온도계는 온도의 변화에 따라 물질의 부피 변화를 측정하는 열팽창 온도계이다. 특히 16세기와 17세기 초에 유럽에서 처음으로 사용된 공기 온도계는 가장 오래된 온도계이다. 공기 온도계는 유리관의 열려 있는 한쪽 끝은 물이 들어 있는 용기 속에 담그고 유리관 속의 공기 기둥의 길이를 측정하여 온도를 알아내는 장치이다. 즉, 온도가 올라가면 유리관 속의 공기 부피가 늘어나서 유리관 속의 물의 높이는 내려가고 반대로 온도가 내려가면 유리관 속의 공기 부피가 줄어들어 유리관 속의 물의 높이는 올라가게 된다. 공기 온도계의 정확도는 많이 떨어지기 때문에 17세기 중반에 정확도가 향상된 액체 온도계로 대체되었다. 지금도 널리 사용되는 액체 온도계는 양쪽 끝이 밀봉된 유리관 속에 액체로 가득 채워져 있다. 온도가 올라가면 유리관 속의 액체는 팽창하여 액체 기둥의 높이는 올라가고 반대로 온도가 내려가면 유리관 속의 액체는 수축하여 액체 기둥의 높이는 줄어든다. 유리관은 눈금으로 새겨져 있으므로 온도를 알 수 있게 된다. 유리관 속의 액체로는 알코올 혹은 수은 등이 널리 사용된다.

온도를 나타내는 척도에는 1742년에 스웨덴의 천문학자인 셀시우스가 처음 선보였던 섭씨온도(Celsius degree)와 화씨온도, 켈빈(절대) 온도(Kelvin temperature)가 있다. 섭씨온도와 화씨온도에서 단위는 도(degree)이고 기호로는 °로 나타내고 숫자와 기호 사이에 위 첨자로 표시한다. 그러나 켈빈 온도 척도로 나타낼 때는 도 기호를 사용하지 않는다. 섭씨 척도는 물의 어는 온도(0°C)와 끓는 온도(100°C) 사이를 100등분한 것이고 켈빈 온도는 −273.15°C를 기준으로 정하고 섭씨온도와 같은 간격의 눈금을 정하였다. 따라서 켈빈 온도 척도의 1켈빈과 섭씨온도 척도 1도는 크기가 같다. 그러나 화씨 척도에서는 물의 어는 온도(32。F)와 끓는 온도(212。F) 사이를 180등분한 것이므로 섭씨 온도 척도 1도의 크기는 화씨 온도 척도 1.8도와 같다(그림 10-1). 세 가지의 온도 척도에 대한 상관 관계식은 다음과 같다.

$$\mathrm{K} = {}^{\circ}\mathrm{C} + 273.15$$

$${}^{\circ}\mathrm{F} = (1.8 \times {}^{\circ}\mathrm{C}) + 32$$

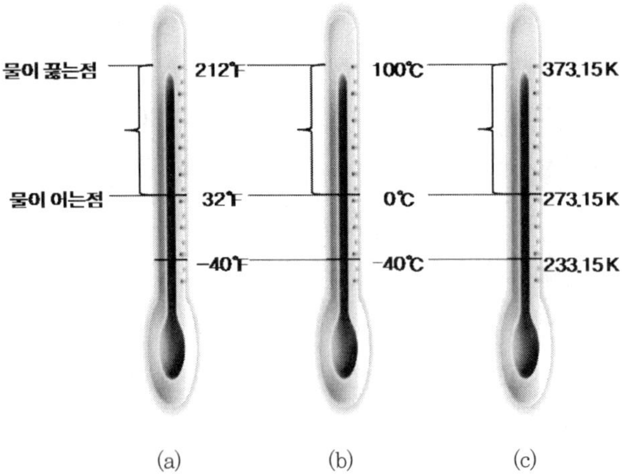

그림 10-1 화씨 온도(a), 섭씨 온도(b), 켈빈 온도(c) 척도의 비교

$$°C = \frac{(°F - 32)}{1.8}$$

쉬어가기

우리나라에서는 섭씨온도를 사용하고 미국을 비롯한 외국에서는 섭씨보다 화씨온도를 널리 사용한다. 이럴 때 섭씨온도와 화씨온도 사이의 정의만으로 화씨온도를 이해할 수 있다. 예를 들면, 섭씨 10도 차이는 화씨의 18도 차이와 같고 물의 어는점은 섭씨 0도이고 화씨로는 32도가 되므로 섭씨 10°C는 18과 32를 더해서 화씨로 50도가 된다. 섭씨 10도의 증가는 화씨로 18도의 증가와 같으므로 섭씨 20°C와 30°C는 화씨로 나타낼 때 18도씩만 더하면 되므로 각각 68°F와 86°F가 된다.

섭씨(°C)	화씨(°F)
10	50 (32 + 18)
20	68 (50 + 18)
30	86 (68 + 18)

참조

수은 온도계와 알코올 온도계의 비교

• 수은 온도계: 수은의 녹는점은 −38°C이고 끓는점은 356°C이므로 수은 온도계는 고온 측정에 유리하며, 수은이 은색을 띠므로 온도 변화를 쉽게 확인할 수 있고 수은의 열팽창률이 알코올보다 일정하므로 정확한 온도를 측정하는 데 사용될 수

있다. 그러나 수은은 독성을 나타내기 때문에 온도계를 사용할 때 깨지지 않도록 주의해야 한다.

- 알코올 온도계: 알코올(에탄올)의 녹는점은 −114℃이고 끓는점은 78.5℃인 무색의 액체이므로 알코올 온도계는 저온 측정에 유리하다. 그러나 빨간색의 색소를 첨가해야만 온도 변화를 쉽게 확인할 수 있다. 알코올은 독성을 별로 띠지 않기 때문에 온도계가 깨져도 인체에 해롭지는 않다.

10.3 열역학 법칙

독일의 의사인 마이어(Julius Mayer; 1814~1878)는 사람의 체온은 사람이 먹는 동물이나 식물 내의 화합물에 저장된 화학 에너지로부터 공급된다고 여겼으며 추울 때 손을 문질러 발생하는 마찰열의 근원도 근육에 의한 기계적 에너지인 것으로 생각하였다. 또한 그는 열에너지, 화학 에너지 및 기계적 에너지 모두가 동등한 것이며 이들은 서로 상호 전환한다고 생각하였고 이 모든 에너지는 궁극적으로 태양으로부터 온다고 생각하였다. 그의 이런 생각은 에너지 보존 법칙으로 발전할 수 있는 기초가 되었다.

1840년에 영국의 물리학자 줄(James Prescott Joule; 1818~1889)은 저항이 R인 금속을 통해 흐르는 전류(I)에 의해 생기는 열을 측정하고서 발생하는 열은 저항과 흐르는 전류(I)의 제곱에 비례한다($\propto I^2R$)는 전류의 열작용에 관한 줄의 법칙을 발견하였으며 또한 전기 에너지는 저항으로 열에너지로 변화될 수 있다고 생각하였다. 그는 1843년에 그림 10-2와 같은 장치를 이용하여 역학적 에너지와 열에너지 사이의 관계를 측정한 줄의 실험을 하였다. 이 실험에서 그는 한쪽에서 잃은 역학적 에너지의 양과 다른 한쪽에서 발생하는 열에너지 사이의 관계를 측정하였다. 이 실험 장치에서 추가 아래로 떨어지면서 추에 연결된 줄은 축을 회전시키고 이 회전축은 물통 속의 날개를 회전시켜 물을 젓는다. 추가 위에서 아래로 떨어지면서 물통 속의 날개를 충분히 저어 주면 물의 온도는 올라가게 된다. 이때 추가 떨어지기 전과 떨어진 후의 물의 온도 차이를 측정하면 발생한 열량을 알 수 있게 된다. 이 결과에서 추가 잃은 역학적(위치) 에너지가 물통 속의 물의 온도를 올려주기 위해 발생한 열에 비례한다는 것을 확인하고서 열이 에너지의 한 형태임을 알게 되었다. 줄은 물뿐만 아니라 다른 액체들을 가지고 같은 실험을 반복하면서

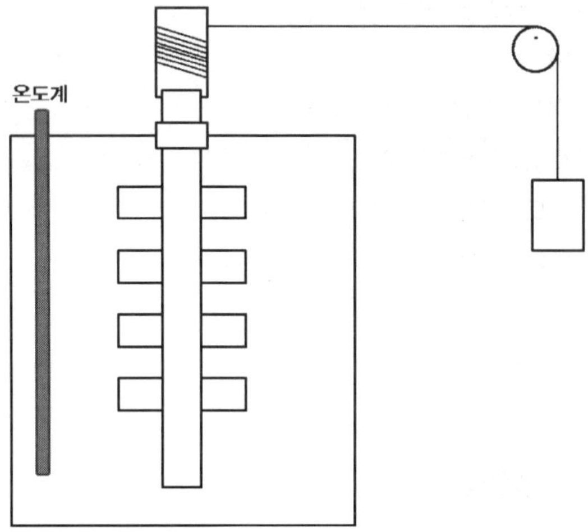

그림 10–2 줄이 사용한 장치

측정한 비례 상수들이 모든 실험에서 거의 비슷함을 알게 되었다.

오늘날의 정확한 실험에 의하면 그 비례 상수는 4187(J/kcal)인데 이를 열의 일당량이라고 한다. 이것은 4187 J의 에너지가 1 kg의 물을 1℃ 만큼 높일 수 있다는 것을 의미한다. 줄은 자신의 실험 결과로 에너지는 새로 만들어지지 않고 소멸하지 않으며 단지 다른 형태로 나타날 뿐이며 그 결과 에너지의 총량은 불변한다고 생각하였다. 이것은 열역학 제1 법칙인 에너지 보존 법칙을 확립하는 데 중요하게 공헌하였다. 그러나 1850년대까지 아직 플라지스톤설이 받아지고 있었으므로 그의 생각은 쉽게 받아들여지지 않았다. 그러다가 영국의 물리학자인 켈빈과 독일의 물리학자인 헬름홀츠(Hermann Ludwig Ferdinand von Helmholtz; 1821~1894)와 클라우지우스(Rudolf Julius Emmanuel Clausius; 1822~1888)에 의해 줄의 결과가 받아들여지면서 에너지 보존 법칙으로 채택될 수 있었다. 줄을 기념하기 위해 그의 이름을 따서 일이나 에너지의 국제단위로 줄(J)을 사용하였다. 1 J은 1뉴턴(N)의 힘으로 어떤 물체를 1 m 옮기는 데 필요한 일로 정의하였고 1 J은 열에너지 0.24 cal 정도에 해당한다.

인물보기 **헬름홀츠**

독일의 포츠담에서 출생한 그는 의학 교육을 받고 군의관 생활을 하였고 후에 과학적 재능을 인정받아 1871년에 베를린 대학교의 물리학 교수가 되었다. 에너지 보존 법칙의 확립에 크게 공헌하였고, 또한 소리에 관한 연구도 진행하여 음향학 발전에 공헌하였다. 그리고 신경 충격의 속도를 측정하여 신경계 연구에 물리학적 방법을 최초로 적용하였으며, 의사들이 눈을 진찰할 때 사용하는 검안경을 발명하였다.

먼저 우리가 실험실에서 비커에 반응물을 넣고 그 속에서 일어나는 변화를 관찰할 때 이 비커는 관심의 대상이므로 계(system)라고 한다. 반면에 비커를 제외한 나머지 모든 우주를 주위(surroundings)라고 한다. 비커의 입구는 열려 있으므로 반응물의 표면을 경계로 물질들의 출입이 있을 수 있고 또한 열의 출입도 자유로우므로 비커처럼 주위와 물질뿐만 아니라 에너지의 교환이 가능한 계를 열린계(open system)라고 하고 주위와 에너지 교환만이 가능한 계를 닫힌계(closed system)라고 한다. 주위와 물질뿐만 아니라 에너지의 교환이 일어나지 않는 계는 고립계(isolated system)라고 한다. 이 비커가 가지고 있는 초기 내부 에너지를 U_i라고 하고 여기에 외부에서 Q의 열량을 가하고 이 계가 외부로 W라는 일을 해 주었을 경우 이 계의 최종 내부 에너지 U_f는 다음과 같은 식으로 주어진다.

$$U_f = U_i + Q - W$$

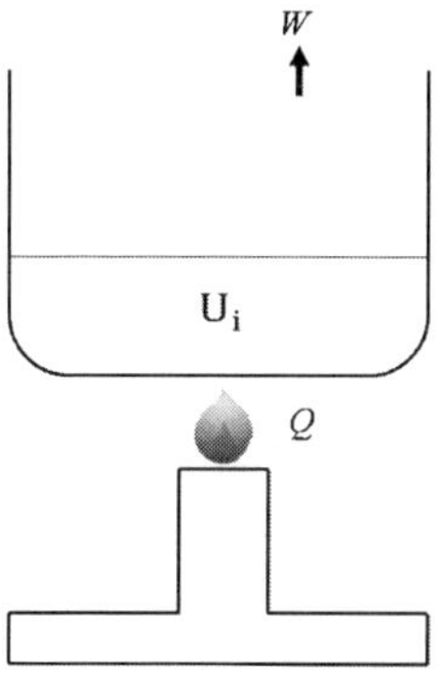

이 식에서 내부 에너지의 변화량 $\Delta U(= U_f - U_i)$(Δ는 변화량을 나타낸다)는 $Q - W$가 되고 열역학 제1 법칙을 수식으로 나타내면 $\Delta U = Q - W$이다. 열역학 제1 법칙은 에너지 보존 법칙이라고도 하고 이 법칙에 의하면 에너지는 결코 새로 생성되거나 소멸하지 않고 단지 그 형태만 바뀔 뿐이다. 에너지 보존 법칙에 의하면 일정한 에너지를 가지고 생긴 우주의 전체 에너지는 형태가 다르게 나타날 뿐이며 그 양은 불변이다. 그런데 우리는 종종 매스컴에서 인류가 조만간 에너지 고갈의 시대를 맞을 것이라고 경고하는 것을 볼 수 있는데, 전체 에너지가 보존되는데

왜 이런 말들이 생기는지에 대하여 의심이 가지 않을 수 없다. 이에 대한 답은 전체 에너지가 일정하고 이에 반해 우리 인류가 사용할 수 있는 형태의 에너지는 계속 줄어들고 있기 때문이라고 하겠다.

자동차 실린더 내부의 피스톤 운동으로 발생하는 마찰로 인하여 역학적 에너지가 열로 변하게 되는 것처럼 역학적 에너지와 열에너지는 서로 밀접한 관계가 있다. 반면에, 열은 높은 온도에서 낮은 온도로 흘러가는데 이때 반복 순환 과정을 일으키면서, 전달되는 열에너지 일부를 역학적 에너지로 바꾸어 주는 장치를 열기관이라고 한다. 열기관에는 두 종류가 있다. 첫째, 기관 밖에서 발생한 열을 사용하는 외연기관으로, 증기 터빈이나 증기 기관 등이 여기에 속한다. 둘째, 기관 내부에서 연료를 태워서 발생한 열을 이용하는 내연기관으로, 디젤 기관, 가솔린 기관, 비행기나 로켓의 엔진 등이 여기에 속한다. 산업 혁명 이후 증기 기관이 발명되자 부와 직결된 열기관의 효율을 높이려는 노력이 여기저기에서 있었다. 열기관이 외부로부터 공급받은 열량을 $Q1$, 외부에 해 준 일을 W, 그리고 처음 상태로 되돌아가기 위해 외부에 내놓은 열량을 $Q2$라면 열역학 제1 법칙에 의하여 이 열기관이 한 일 W는 $Q1-Q2$와 같다. 이때 열기관의 열효율은 정의로 다음과 같다.

$$e=\frac{W}{Q1}=\frac{(Q1-Q2)}{Q1}$$

열기관이 받은 열량 전부를 일로 바꾸는 것은 불가능하므로 열기관의 효율은 1보다 작게 된다.

두 개의 물체가 접촉하고 있으면 열은 항상 높은 온도의 뜨거운 물체에서 낮은 온도의 찬 물체로 흐른다. 따라서 외부의 대가 없이는 열은 차가운 곳에서 뜨거운 곳으로 흐르지 않는다. 1850년에 독일의 물리학자인 클라우지우스는 이와 같은 내용의 열역학 제2 법칙을 발표하였는데 이 법칙은 에너지 변화 흐름의 방향성을 설명한다. 열역학 제2 법칙에 의하면 열효율이 100%인 열기관은 불가능하다. 왜냐하면 연료에서 얻은 열에너지는 열기관의 찬 부분으로 전달되기 때문에 100% 다 역학적 에너지로 바꿀 수 없다.

식물은 태양 에너지를 받아서 광합성을 하여 포도당이라는 화합물에 화학 에너지의 형태로 에너지를 저장하고 이 식물을 사람을 비롯한 동물들이 섭취하면 기계적 에너지로 활용할 수 있다. 이 과정에서 에너지는 항상 열의 형태로 소실되므로 유용한 에너지는 계속 감소하는데 이것을 에너지 감등이라고 한다. 여기서 열역학 제2 법칙을 달리 표현하면 에너지를 유용한 형태로 바꾸는 과정에서 에너지는 항상 사용할 수 없는 열의 형태로 달아난다고 할 수 있으며 유용할 수 없는 감등된 에너지에 해당하는 양을 엔트로피(entropy, 무질서도)라고 한다. 따라서 열역학 제2 법칙의 기본이 되는 물리량이 엔트로피이다. 이 법칙에 의하면 자연에서는 엔트로피가 증가하는 방향으로 사건이 일어나게 된다. 화학 반응에서 엔트로피는 반응에 관여하는 물질의 무질서도를 나타내는 척도를 나타낸다.

어떤 물체에 열을 가하면 그 물체를 구성하는 분자들의 무질서도가 높아지므로 엔트로피 변화는 열량에 비례한다. 그리고 낮은 온도에 있는 물체에 열을 가하면 무질서도는 많이 변화하는 반면에 높은 온도에 있는 물체에 열을 가하면 낮은 온도의 경우보다 무질서도의 변화가 그렇게 크지 않기 때문에 무질서도 변화는 온도에 반비례한다. 따라서 엔트로피는 계에 가해진 열량 Q에 비례하고 계 온도에 반비례하므로 다음과 같이 쓸 수 있다.

$$\Delta S = \frac{Q}{T}$$

이 식에서 T는 절대 온도를 나타낸다.

200 K의 물체에서 1000 kcal의 열이 절대 온도 100 K의 물체에 전달되었을 때 온도가 높은 물체의 엔트로피 변화량 ΔS는 −5 kcal/K(−1000 kcal/200 K)이고 온도가 낮은 물체의 엔트로피 변화량 ΔS는 10 kcal/K(1000 kcal/100 K)이다. 이때 온도가 높은 물체는 열량을 잃어버리기 때문에 부호가 음수이고 반대로 온도가 낮은 물체는 열량을 얻기 때문에 양의 부호를 갖는다. 따라서 전체 엔트로피 변화량은 두 값을 합해 준 5 kcal/K이고 뜨거운 물체에서 차가운 물체로의 열 전달 과정은 자발적으로 일어나는 과정이므로 열역학 제2 법칙을 또 다르게 표현하면 '계와 주위의 엔트로피 합, 즉 우주 전체의 엔트로피가 증가하는 방향으로 자발적 과정이 일어난다.'로 할 수 있다. 위의 경우에서 전달되는 1000 kcal의 열량 가운데 500 kcal를 유용한 일로 바꿀 수 있는 열기관이 있다면 이 열기관의 전체 엔트로피 변화량은 영(0)이 된다. 왜냐하면 차가운 100 K의 물체가 받은 열량은 500 kcal이기 때문에 이 물체의 엔트로피 변화량은 5 kcal/K이고 뜨거운 200 K 물체의 엔트로피 변화량도 같게 −5 kcal/K이기 때문이다. 이처럼 엔트로피의 변화량이 영(0)인 이상적인 열기관을 프랑스의 물리학자이자 수학자인 카르노(Nicolas Le'onard Sadi Carnot; 1796~1832)의 이름을 따서 카르노 기관(Carnot engine)이라고 한다. 이 열기관의 열효율은 50%가 되지만 실제 열기관은 카르노 기관처럼 이상적으로 작동할 수 없으므로 열효율이 훨씬 떨어진다.

참조 카르노 기관

카르노가 처음 고안한 이상적인 열기관이다.

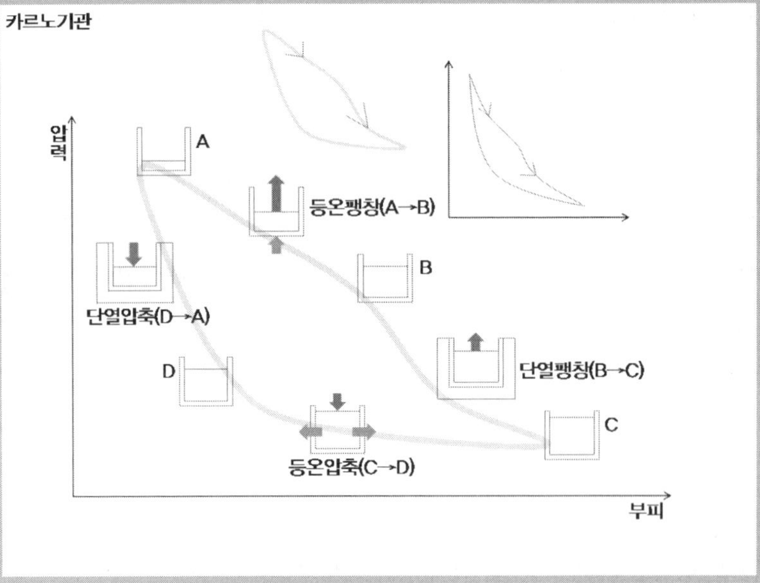

밀폐된 용기에 들어 있는 기체에 열을 가하여 팽창시킨 후 압축시켜 다시 처음 상태로 되돌아오는 열역학적 순환 과정으로 되어 있다. 즉 카르노 기관은 등온 팽창 → 단열 팽창 → 등온 압축 → 단열 압축의 순환 과정으로 이루어진다. 기체가 등온 팽창을 하면 받은 열은 모두 팽창하는 데 사용되기 때문에 내부 에너지는 일정하고, 단열 팽창을 하면 기체의 온도, 압력 및 내부 에너지가 낮아지고 반면에 부피는 증가한다. 그리고 등온 압축이 일어나면 압력은 증가하면서 부피는 감소하고 열이 방출되고 마지막 단계인 단열 압축이 일어나면 기체의 압력, 부피, 온도가 처음 상태로 되돌아오게 된다.

확률 개념을 이용하면 엔트로피의 증가를 관찰할 수 있다. 1877년에 오스트리아의 이론물리학자인 볼츠만(Ludwig Eduard Boltzmann; 1844~1906)은 엔트로피 변화가 열의 출입과 연관이 있으므로 물체를 구성하는 원자나 분자의 운동 에너지의 확률적 분포에 엔트로피가 관련 있다고 생각하고 가능한 가지 수의 로그 값에 엔트로피가 비례한다고 표현하였다.

$$S = k \times \log W$$

이 식에서 k는 통계물리학에서 중요한 볼츠만 상수(Boltzmann constant)이고 그 값은 기체 상수 R을 아보가드로수인 N으로 나눈 것으로 1.38×10^{-23}J/K이며 W는 가능한 가지 수이다. 예를 들어 두 개의 주사위를 던질 때 2 또는 12가 나올 가지 수는 한 가지밖에 없지만 6이 나올 가지 수는 다섯 가지로 훨씬 많아진다. 일어날 확률의 가능성이 크다는 것은 엔트로피가 높다는 것을 의미하므로 엔트로피를 무질서도라 한다.

인물보기 **볼츠만**

볼츠만은 오스트리아의 이론물리학자이면서 통계역학의 창시자 가운데 한 사람이다. 1866년에 빈에서 출생하였고 빈 대학교에서 물리학 분야에서 박사 학위를 받았다. 맥스웰의 전자기 이론에 많은 관심을 가진 그는 통계적 개념을 토대로 열역학 제2 법칙에 접근하였다. 볼츠만은 기체 분자의 운동에 관한 맥스웰의 이론을 발전시켜서 열의 평형 상태에 대한 맥스웰-볼츠만 분포를 확립시켰고 자연에서 일어나는 모든 자발적인 반응은 엔트로피가 증가하는 방향으로 일어난다고 하였다. 또한 역학을 이용하여 열역학 제2 법칙의 비가역성을 설명하였고 엔트로피 개념을 통계 역학적으로 확립하였다. 엔트로피 증가 법칙은 열이 온도가 높은 곳에서 낮은 곳으로 이동하는 이유와 에너지는 보존되지만 한번 태운 연료는 다시 사용할 수 없는 이유에 대한 해답을 제시해 주었다. 1884년에는 모든 복사 에너지를 흡수만 하는 이상적인 물체인 흑체에서 나오는 복사 에너지의 총합은 절대 온도의 4제곱에 비례한다는 슈테판-볼츠만 법칙을 발표하였다. 또한 일정한 온도에서 분자들 사이의 에너지 분포를 나타내는 맥스웰-볼츠만 분포를 일반화하였다. 그러나 자신의 이론에 부정적이었던 당시 과학계의 반응에 고심하던 볼츠만은 목을 매고 자살하였다. 빈의 중앙 묘지의 그의 비석에는 그의 유명한 식인 $S = k \times \log W$가 새겨져 있다.

참조 **열역학 제3 법칙**

이 법칙의 내용은 '모든 물체는 절대 영도(0 K)에 가까워짐으로써 엔트로피 또한 0으로 가까워진다'라고 할 수 있다. 그런데 모든 기체는 절대 영도에 도달하기 전에 고체로 승화하거나 액체로 액화하기 때문에 절대 영도에 도달하는 것은 불가능하다. 열역학 제3 법칙은 플랑크가 네른스트의 정리를 정밀화한 것이므로 일명 네른스트의 열 정리 혹은 네른스트-플랑크 정리라고도 한다.

10.4 깁스 자유 에너지

엔트로피 개념은 화학에서도 중요하여 주어진 화학 반응의 엔트로피 변화량을 알면 그 반응이 자발적으로 일어날 것인지를 알 수 있다. 이때 계의 엔트로피뿐만 아니라 주위의 엔트로피도 알아야 예측할 수 있는데 우주 전체의 엔트로피를 조사하기는 쉽지 않다. 따라서 화학 반응이 자발적으로 일어날 것인지에 관한 판단을 할 때 엔트로피 개념 대신 깁스(Willard Gibbs; 1839~1903) 자유 에너지를 사용한다. 불안정한 상태에 있는 물체들은 자신들이 가지고 있는 에너지를 감소시켜서 안정한 평형 상태로 가려고 한다. 주어진 반응에 대한 자유 에너지의 변화량만을 알면 그 반응이 자발적으로 일어날 것인지를 알 수 있다. 깁스 자유 에너지는 다음 식으로 주어진다.

$$\Delta G = \Delta H - T\Delta S$$

이 식에서 H는 일정한 압력에서 계가 주위와 주고받는 열량을 나타내고 엔탈피라고 하며 생성물이 반응물보다 안정할 때, 즉 생성물의 에너지의 합이 반응물의 에너지 합보다 적으면 ΔH의 값은 음수이고 이런 반응은 자발적으로 일어나기 쉽다. S는 엔트로피(무질서도)이고 자발적으로 일어나는 반응에서 그 값은 항상 양수이다. 따라서 자발적으로 일어나는 반응의 자유 에너지의 변화량(ΔG)은 전체적으로 음수 값을 가진다. 따라서 어떤 반응이 자발적으로 일어날 것인지를 결정하기 위해서는 그 반응의 엔탈피의 변화량이 감소하는지 그리고 엔트로피의 변화량이 증가하는지 두 가지 요인을 동시에 따져 자유 에너지의 변화량이 음수 값인지를 따져 보아야 한다. 깁스 자유 에너지의 변화량이 음수인 과정은 자유 에너지 감소 반응(exergonic)이라고 하고 자유 에너지의 변화량이 양수인 과정은 자유 에너지 증가 반응(endergonic)이라고 한다.

10.5 발열 반응과 흡열 반응

화학 반응이 일어날 때 열은 흡수되거나 방출되므로 반드시 에너지 변화가 생긴다. 물질이 가지는 고유한 에너지를 엔탈피(H)라고 하는데 물질의 상태나 구조가 변하면 엔탈피는 변하고 변한 그 차이만큼 에너지의 출입이 일어난다. 25℃, 1기압하에

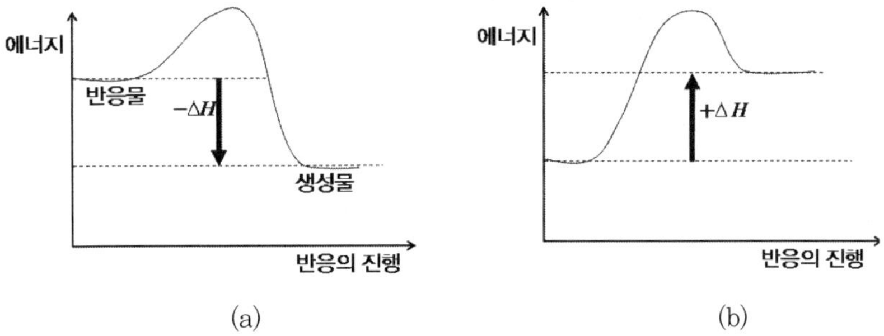

그림 10-3 발열 반응(a)과 흡열 반응(b)

서의 엔탈피를 표준 엔탈피라고 하고 $H°$로 표시한다. 엔탈피 변화(반응 엔탈피)는 생성물의 엔탈피 총합에서 반응물의 엔탈피 총합을 뺀 값으로 ΔH로 표시한다. 일정한 온도와 압력에서 화학 반응의 반응열(Q)은 엔탈피 변화(ΔH)와 크기는 같고 부호는 반대가 된다. 발열 반응(exothermic reaction)에서는 생성물의 에너지의 합이 반응물의 에너지 합보다 적으므로 ΔH의 값은 음수가 되고 이런 반응은 열의 형태로 에너지를 방출하므로 주위 온도가 올라가고 반응이 빨라지면서 잘 일어난다(그림 10-3). 산과 염기 사이의 중화 반응이나 연소 반응, 금속과 산의 반응들이 발열 반응의 예가 된다. 반면에 생성물의 에너지의 합이 반응물의 에너지 합보다 크면 ΔH의 값은 양수가 되고 외부에서 에너지를 흡수하여 반응이 일어나므로 주위 온도가 내려간다. 이처럼 열을 흡수하는 화학 반응을 흡열 반응(endothermic reaction)이라고 하며 이 반응은 자발적으로 일어나기 어렵다. 흡열 반응의 예로는 녹색식물의 엽록체에서 일어나는 광합성 반응이나 물의 전기분해 등이 있다. 추운 겨울날 몸을 데우기 위해 사용하는 열찜질 팩이나 삔 데 사용하는 냉찜질 팩 등은 각각 발열 반응과 흡열 반응을 일상생활에서 잘 활용하는 예이다. 즉, 열찜질 팩은 용기에 충격을 가하여 안쪽 주머니 안에 들어 있는 철 가루가 공기 중의 산소와 화학 반응이 일어나도록 해서 열을 발생시키므로 이 팩을 몸에 지니면 신체를 데울 수 있다. 반면에 냉찜질 팩은 용기에 충격을 가하여 안쪽 주머니 안에 들어 있는 질산 암모늄이나 염화 암모늄이 용기 안에 들어 있는 물에 용해되면서 −10℃ 정도로 온도가 내려가면서 주위로부터 열을 빼앗기 때문에 이 팩이 신체 부위에 닿으면 몸을 차갑게 해 준다.

화학 반응이 일어날 때 흡수되거나 방출되는 반응열은 열량계를 사용하여 측정할 수 있다. 열량계로는 스티로폼 열량계와 봄열량계가 널리 사용된다. 스티로폼 열량계는 간단한 조작으로 사용할 수 있지만 열이 공기 중으로 빠져나가거나 실험

기구들이 열을 흡수하기 때문에 반응열이 실제 값보다 적게 나오므로 정밀한 실험에는 사용할 수 없다. 반응에서 발생한 반응열(Q)은 스티로폼 속의 물이 흡수한 열량을 계산함으로써 구할 수 있다.

$$\begin{aligned}\text{반응에서 발생한 열량}(Q) &= \text{물이 흡수한 열량}\\ &= \text{물의 질량}(m)\times\text{물의 비열}(c)\times\text{온도 변화}(\Delta t)\end{aligned}$$

예제

스티로폼 열량계에 20℃의 물 100 g을 넣고 여기에 어떤 물질 10 g을 용해시켰더니 용액 온도가 50℃로 올라갔다. 이 물질의 용해열(kJ/mol)을 구하시오. 단, 이 물질의 화학식량은 100이고 물의 비열은 4.18 J/g·℃이다.

풀이 물이 흡수한 열량 = 물의 질량(m)×물의 비열(c)×온도 변화(Δt)
= 100 g×4.18 J/g·℃×(50−20)℃ = 12.54 kJ

물질의 몰수 = 10 g/100 g/mol = 0.1 mol
물질의 용해열(kJ/mol) = 12.54 kJ/0.1 mol = 125.4 kJ/mol

봄열량계는 단열 처리가 되어서 반응이 일어날 때 발생하는 열의 손실이 거의 없으므로 정밀한 실험에 사용할 수 있다. 반응에서 발생한 반응열(Q)은 봄이 흡수한 열량과 물이 흡수한 열량을 합산함으로써 구할 수 있다.

$$\begin{aligned}&\text{발생한 열량}(Q)\\ &\quad= \text{봄이 흡수한 열량} + \text{물이 흡수한 열량}\\ &\quad= \text{봄의 열용량}(C)\times\text{온도 변화}(\Delta t)\\ &\qquad+ \text{물의 질량}(m)\times\text{물의 비열}(c)\times\text{온도 변화}(\Delta t)\end{aligned}$$

예제

봄열량계를 이용하여 에탄올의 연소열을 구하기 위해 다음과 같은 자료들을 조사하였다. 에탄올의 연소열(J/g)을 구하시오.

봄열량계에 넣은 물의 질량(g): m, 연소한 에탄올의 질량(g): y

물의 처음 온도: t_1, 물의 나중 온도: t_2

물의 비열: 4.18 J/g · ℃, 열량계의 열용량(J/℃): C

풀이 발생한 열량(Q) = 봄이 흡수한 열량 + 물이 흡수한 열량

= 봄의 열용량(C) × 온도 변화(Δt)

+ 물의 질량(m)× 물의 비열(c) × 온도 변화(Δt)

$= C \times (t_2 - t_1) + m \times 4.18 \times (t_2 - t_1)$

$= (C + 4.18\ m) \times (t_2 - t_1)$

$$\text{에탄올의 연소열(J/g)} = \frac{\text{발생한 열량}(Q)}{\text{연소한 에탄올의 질량}} = \frac{(C + 4.18m)(t_2 - t_1)}{y}$$

10.6 화학 반응 속도

화학 반응은 반응 분자들 사이의 상호작용으로 일어난다. 주어진 반응의 속도는 단위 시간(분 또는 초)당 없어지는 반응물의 농도 변화량이나 생성되는 생성물의 농도 변화량을 측정함으로써 알 수 있다.

$$\text{반응 속도} = -\frac{\Delta[\text{반응물}]}{\Delta t} = \frac{\Delta[\text{생성물}]}{\Delta t} \qquad \text{단위: mol/L · 초(분)}$$

이 식에서 반응물은 시간이 지남에 따라 농도가 감소하고 따라서 Δ[반응물]의 부호는 음수가 된다. 반응 속도는 음수가 될 수 없으므로 반응물 앞에 음수를 첨가해야 한다.

화학 반응이 진행됨에 따라서 반응물의 양은 점점 감소하는데 감소하는 정도는 점점 작아지게 되고 결국에는 더 이상 변하지 않게 되면 반응이 종결된다. 반면에 생성물의 양은 화학 반응이 진행됨에 따라서 점점 증가하게 되지만 그 증가하는 정도는 반응물처럼 점점 작아지게 되고 결국에는 더 이상 변하지 않게 되고 반응이 종결된다(그림 10-4).

화학 반응의 평균 반응 속도는 반응이 진행된 구간의 농도를 그 구간의 시간으로

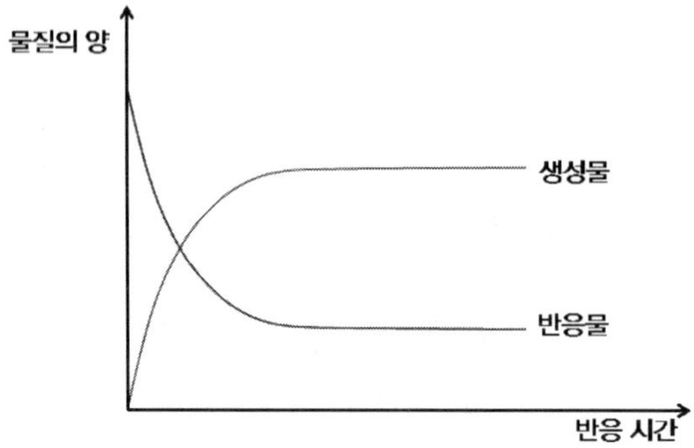

그림 10-4 반응 속도 그래프

나누어 나타낸 것으로 시간에 따른 농도 변화 그래프에서 두 지점을 연결한 직선의 기울기와 같다. 순간 반응 속도는 특정 시간에서의 반응 속도로서 시간에 따른 농도 변화 그래프에서 특정한 점에서의 접선의 기울기와 같다(그림 10-5).

화학 반응 속도를 나타내는 또 다른 방법인 반응 속도식을 이용하면 반응 속도는 다음과 같이 반응물의 몰농도의 곱으로 나타낼 수 있다.

$$aA + bB \longrightarrow cC + dD$$

$$\text{반응 속도}(v) = k[A]^x \times [B]^y$$

여기서 [A]와 [B]는 각 반응물 A와 B의 몰농도를 나타내고 k는 반응 속도 상수이다. 반응 차수인 x와 y는 반응식의 계수인 a와 b일 수도 있다. 그러나 대부분 경우 일치하지 않고 그 값은 실험을 통해 구해야 한다. 반응 속도 상수 k는 농도의 영향을 받지 않고 온도가 높아지면 따라서 커진다.

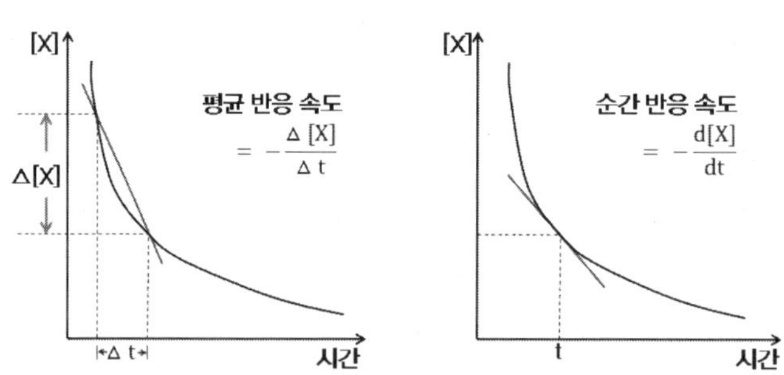

(a) (b)

그림 10-5 평균 반응 속도(a)와 순간 반응 속도(b)

예제

다음 표는 $aA+bB \longrightarrow cC$ 반응에서 반응물의 농도를 달리하여 초기 반응 속도를 측정한 결과를 나타낸 것이다. 이 반응의 반응 속도식을 나타내어라.

실험	[A](mol/L)	[B](mol/L)	C의 초기 생성 속도(mol/L · 초)
1	0.01	0.01	0.001
2	0.01	0.02	0.004
3	0.02	0.01	0.002

풀이 반응 속도식에서 반응 속도$(v)=k[A]^x \times [B]^y$로 나타낼 수 있다.
실험 1과 2에서 [A]가 일정일 때 [B]가 2배로 증가하면 반응 속도는 4배로 증가하기 때문에 $y=2$이다. 실험 1과 3에서 [B]가 일정일 때 [A]가 2배로 증가하면 반응 속도가 2배로 증가하기 때문에 $x=1$이다. 따라서 반응 속도$(v)=k[A][B]^2$이다.
반응 속도 상수를 구하기 위하여 실험 1의 자료를 대입하면

$$0.001\text{mol/L} \cdot \text{초} = k \times (0.01\text{mol/L}) \times (0.01\text{mol/L})^2$$
$$k = 1000\text{L}^2/\text{mol}^2 \cdot \text{초}$$

반응 속도식은 $v=1000[A][B]^2$이다.

화학 반응 속도를 밝히고 반응 속도에 영향을 미치는 인자들에 관하여 연구하는 분야를 화학 반응 속도론(chemical kinetics)이라 한다. 반응 속도에 영향을 미치는 인자들에는 크게 다음 네 가지가 존재한다.

1. 반응 물질의 종류
2. 화학 물질의 농도
3. 온도의 영향
4. 촉매의 영향

① 반응 물질의 종류
용액 속에서 일어나는 이온 사이의 반응은 일반적으로 빠르게 진행된다. 예를 들면, 용액 중의 은 이온은 염화 이온, 브로민화 이온, 아이오딘화 이온과 반응하여

은 할로젠화물의 침전을 형성하는데 이 반응의 속도는 빠르다. 그러나 철이 녹스는 과정은 이온 반응이지만 예외적으로 느린 반응의 예이다.

$$Ag^+(aq) + Cl^-(aq) \longrightarrow AgCl\downarrow$$

유기 분자를 포함한 공유 결합 물질 사이의 반응은 공유 결합이 끊어져서 재배열이 일어나야 하므로 반응 속도는 느리게 진행된다. 예를 들면, 수소 기체와 아이오딘 기체가 반응하여 아이오딘화수소가 만들어지는 반응은 느리게 진행된다.

$$H_2(g) + I_2(g) \longrightarrow 2HI(g)$$

결론적으로, 반응물이 이온 결합 물질인지 아니면 공유 결합 물질인지에 따라 반응 속도가 영향을 받는데 일반적으로, 이온 결합 물질 사이의 반응은 빠르게 일어나고 공유 결합 물질 사이의 반응은 느리게 진행된다.

② 화학 물질의 농도

화학 물질의 농도는 단위 부피에 존재하는 그 물질의 개수로, 몰농도(mol/L)로 나타낼 수 있다. 반응이 일어나기 위해서는 반응물 입자들 사이에 충돌이 일어나야 하므로 한 화합물의 농도가 증가하면 다른 입자와 충돌할 확률이 증가하므로 반응 속도는 빨라진다. 예를 들면, 싸이오황산 소듐은 염산과 반응하여 노란색의 황(S) 침전물을 형성하는데 일정한 농도의 염산에 싸이오황산 소듐의 농도를 증가하면서 반응을 시키면 노란색의 앙금 생성 속도가 빨라진다.

$$Na_2S_2O_3 + 2HCl \longrightarrow 2NaCl + H_2O + SO_2\uparrow + S\downarrow$$

결론적으로 반응 물질들의 농도가 증가하면 반응 물질 사이에 충돌 횟수가 많아져 반응 속도는 빨라지고, 반응 물질의 농도가 감소하면 충돌 횟수가 적어져 반응 속도는 느려지게 된다.

③ 온도의 영향

반응 온도가 높아지면 반응 속도는 빨라지는 반면, 온도를 낮추면 반응 속도는 느려진다. 반응 온도가 10℃ 상승하면 일반적으로 반응 속도는 약 2배 빨라지는 경향

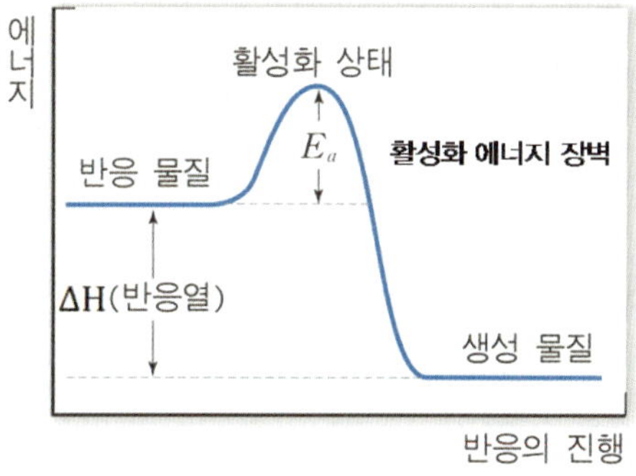

그림 10-6 활성화 에너지

이 있다.

반응물들이 생성물로 가기 위해 넘어야 할 에너지 장벽을 활성화 에너지(activation energy, E_a)라고 하고 이 에너지가 최고점에 있는 원자들의 배열을 전이 상태(transition state)라고 한다(그림 10-6). 활성화 에너지는 반응 물질 내에 존재하는 결합을 깨기 위한 에너지이다. 반응물들이 충돌할 때 에너지는 보존되므로 이 에너지 언덕을 넘을 수 있는 에너지는 반응물 분자들의 운동 에너지로부터 나온다. 이 활성화 에너지를 넘을 수 있는 큰 운동 에너지를 가진 반응물 분자들이 충돌하면 반응이 일어나 생성물로 가게 되고 E_a보다 적은 운동 에너지를 가진 반응물들은 에너지 장벽을 넘지 못하고 튕겨 나가게 된다.

특정 온도에서 운동 에너지와 분자 수 사이의 관계는 맥스웰 분포를 가진다(그림 10-7). 이 그림에서 반응의 최소한의 에너지 장벽(E_a)을 넘을 수 있는 에너지를 가진 분자의 분율은 각 그래프 아래의 빗금 친 부분이 되며 이 분자들은 충돌해서 생성물이 될 수 있다. 반응 온도가 올라가면 최소의 에너지 장벽 (E_a)을 넘을 수 있는 반응물 분자들의 수가 증가하게 되고 이들의 충돌로 반응 속도는 빨라지므로 결과적으로 반응 온도가 상승하면 반응 속도는 빨라지게 된다.

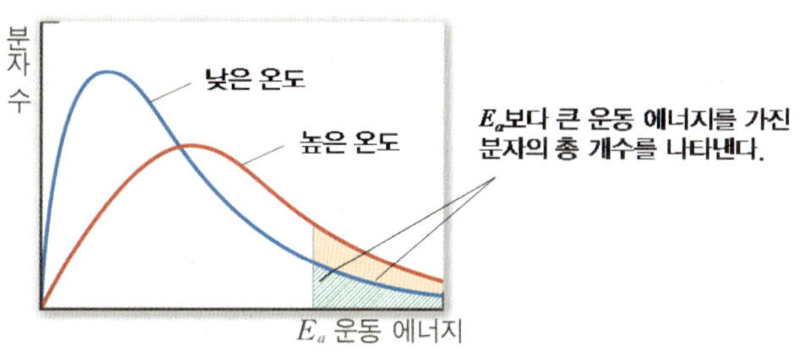

그림 10-7 온도에 따른 분자들의 운동 에너지 분포

반응 속도와 온도에 대한 실험적 연구 결과를 토대로 1889년에 스웨덴의 화학자인 아레니우스(Svante Arrhenius)는 다음과 같은 아레니우스 식을 제안하였다.

$$k = Ae^{-Ea/RT}$$

이 식에서 A를 잦음률(frequency factor)이라고 하고, 이는 반응물이 생성물로 가기 위해 적절한 배향을 가지는 충돌의 분율과 충돌 빈도수와 관련된 상수이다. 이 식에서 활성화 에너지 장벽이 증가하면 속도 상수는 감소하게 되고 온도가 증가하면 속도 상수는 증가한다.

④ 촉매의 영향

촉매는 활성화 에너지 장벽을 낮추어 반응 속도를 수천 배에서 수백만 배까지 빠르게 해 주는 물질로서 반응이 종결된 후에 소모되지 않고 그대로 회수되는 물질이다(그림 10-8).

예를 들면, 염소산 포타슘($KClO_3$)의 분해 반응은 잘 일어나지 않는다. 그러나 이산화 망가니즈(MnO_2) 촉매가 존재하면 낮은 온도에서도 쉽게 분해 반응이 일어난다.

$$2KClO_3 \xrightarrow{MnO_2} 2KCl + 3O_2$$

촉매의 종류는 반응물과 촉매의 물리적 상태에 따라서 균일 촉매와 불균일 촉매로 나뉜다. 균일 촉매는 촉매의 물리적 상태가 반응물의 상과 같은 것으로, 예를 들면

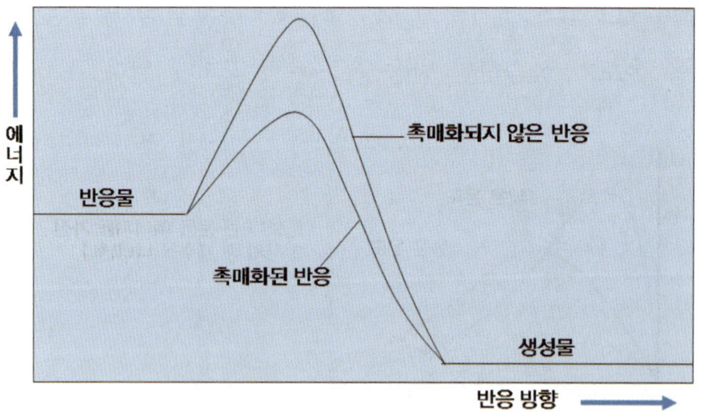

그림 10-8 촉매 효과

일산화이질소의 분해 반응에 사용되는 염소 기체의 경우가 해당한다.

$$2N_2O(g) \xrightarrow{Cl_2} 2N_2(g) + O_2(g)$$

촉매가 존재하지 않으면 이 반응의 활성화 에너지는 240 kJ/mol이지만 염소 촉매가 존재하면 활성화 에너지는 140 kJ/mol로 낮아진다.

불균일 촉매는 촉매의 물리적 상태가 반응물의 상과 다른 경우로, 반응물들은 일반적으로 고체 촉매의 표면에 흡착(adsorption)되어 반응이 일어난다. 금 촉매 존재 하에서 일어나는 산화 이질소의 분해 반응이 이 경우이며 이 반응의 활성화 에너지는 120 kJ/mol이다.

자동차는 대기 오염의 주요 원인이다. 달리는 자동차의 엔진 내부는 고온, 고압의 상태이므로 공기 중의 질소와 산소는 이곳에서 반응하여 일산화 질소(NO)를 형성하게 된다. 이 불완전 연소물은 산소와 빠르게 반응하여 이산화 질소(NO_2)를 형성한다. 일산화 탄소(CO)와 같은 불완전 연소물도 자동차에서 방출된다. 자동차의 촉매 변환기(catalytic converter)의 내부는 여러 가지의 금속 촉매를 함유하고 있고 이 금속 촉매들은 CO 기체를 CO_2와 H_2O로 산화시키거나 NO와 NO_2 기체를 N_2와 O_2로 환원시킨다. 따라서 이 금속들은 엔진에서 나오는 배기가스의 연소 반응을 촉진하여 대기 중으로 오염 물질이 방출되는 것을 줄여 주는 역할을 하는 불균일 촉매이다.

10.7 화학 평형

정반응과 역반응이 모두 일어날 수 있는 가역 반응에서 정반응 속도와 역반응 속도가 같아서 반응이 마치 정지해 있는 것처럼 보이는 상태를 화학 평형 상태라고 한다. 닫힌계의 가역 반응에서만 형성되는 이 상태에서는 반응물과 생성물의 농도가 일정하게 유지된다(그림 10-9).

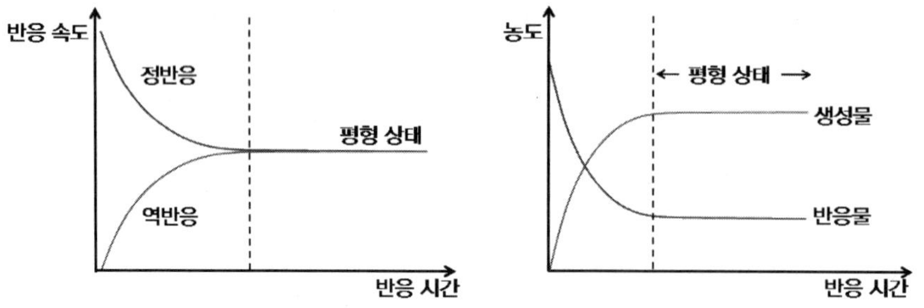

그림 10-9 화학 평형 상태에서의 반응 속도와 농도의 변화

$aA + bB \rightleftharpoons cC$ 반응의 시간에 따른 농도 변화 그래프가 다음과 같을 때 화학 반응식의 계수 a, b, c 값을 구할 수 있다.

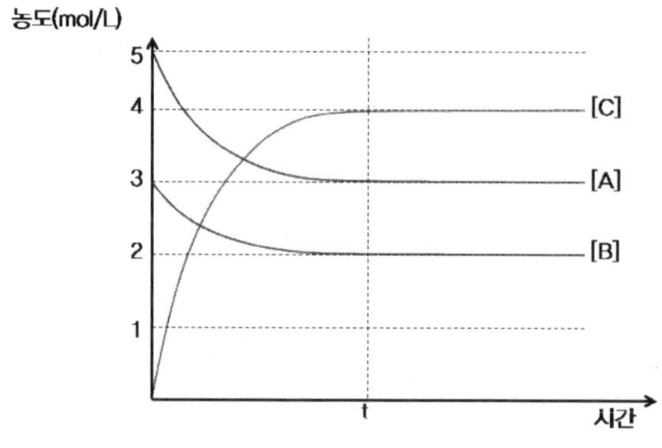

물질	처음 농도(M)	평형 농도(M)	반응한 농도(M)
A	5	3	2
B	3	2	1
C	0	4	4

반응한 농도비가 반응식의 계수 비와 같으므로 $a=2$, $b=1$, $c=4$이다. 따라서 반응식은 $2A + B \rightleftharpoons 4C$이다.

다음 반응이 일정한 온도에서 화학 평형을 이루고 있을 때 반응 물질의 농도 곱과 생성 물질의 농도 곱으로 나타내는 평형 상수(K)식 값은 항상 일정하다.

$$aA + bB \rightleftharpoons cC + dD$$

$$K = \frac{[C]^c[D]^d}{[A]^a[B]^b}$$

여기서 K는 평형 상수이고 [A], [B], [C] 및 [D]는 평형 상태에서의 각 물질의 몰 농도를 나타낸다. 평형 상수는 온도의 함수이므로 그 값은 일정한 온도에서 반응 물질의 농도가 변해도 변하지 않는다. 예를 들면 무색의 사산화 이질소 기체가 암갈색의 이산화 질소로 분해되는 반응은 다음과 같다.

$$N_2O_4(g) \rightleftarrows 2NO_2(g)$$

이 반응의 반응물과 생성물 각각의 초기 농도를 변화시키면 각 물질의 평형 농도가 다양하게 변한다(표 10-1). 각 물질의 평형 농도가 다르다. 하지만 온도가 일정하면 평형 상수가 변하지 않고 일정하게 유지되는 것을 알 수 있다.

반응물과 생성물이 단일 상태, 즉 용액 상태 혹은 기체 상태로만 존재할 때 이를 균일 평형(homogeneous equilibrium)이라고 한다. 반면에 반응물과 생성물이 두 가지 이상의 상태로 존재할 때는 불균일 평형(heterogeneous equilibrium)이라고 한다. 두 가지 이상의 상태가 평형을 이루고 있을 때 순수한 고체와 액체의 농도는 일정하므로 평형 상수 식에는 나타내지 않는다. 그러나 반응이 진행하면서 기체의 농도와 용액의 용질 농도는 변하기 때문에 이들은 평형 상수 식의 표현에 포함된다. 정반응의 평형 상수는 역반응의 평형 상수와 역수 관계에 있다. 평형 상수가 크면 평형 상태에서 반응 물질의 농도보다 생성 물질의 농도가 훨씬 크기 때문에 정반응 쪽의 반응이 우세하고 반면에 평형 상수가 작으면 평형 상태에서 반응 물질의 농도가 생성 물질의 농도보다 훨씬 크므로 역반응 쪽의 반응이 우세하다.

앞의 예에서 나온 $2A + B \rightleftarrows 4C$ 반응의 평형 상수(K)는 평형 상태에서의 각 물질의 몰농도를 대입하여 구할 수 있다.

$$K = \frac{[C]^4}{[A]^2[B]} = \frac{4^4}{3^2 \times 2} \fallingdotseq 14.2$$

표 10-1 25℃, $N_2O_4(g) \rightleftarrows 2NO_2(g)$ 반응에서 각 물질 농도 변화와 평형 상수 값

실험 번호	초기 농도(M)		평형 농도(M)		평형 상수
	$[N_2O_4]$	$[NO_2]$	$[N_2O_4]$	$[NO_2]$	$[NO_2]^2/[N_2O_4]$
1	0.0400	0.0000	0.0337	0.0125	4.64×10^{-3}
2	0.0000	0.0800	0.0337	0.0125	4.64×10^{-3}
3	0.0600	0.0000	0.0522	0.0156	4.66×10^{-3}
4	0.0000	0.0600	0.0246	0.0107	4.65×10^{-3}
5	0.0200	0.0600	0.0429	0.0141	4.63×10^{-3}

평형 상태가 아닌 조건에서 각 물질의 농도를 평형 상수 식에 대입하여 얻은 값을 반응 지수(reaction quotient, Q)라고 하는데 반응 지수와 평형 상수를 비교하면 반응의 진행 방향을 예측할 수 있다.

$$aA + bB \rightleftarrows cC + dD$$

$$K = \frac{[C]^c[D]^d}{[A]^a[B]^b}$$

여기서 [A], [B], [C], [D]는 평형 상태에서 각 물질의 몰농도이다.

$$Q = \frac{[C]^c[D]^d}{[A]^a[B]^b}$$

단, [A], [B], [C], [D]는 평형이 아닌 상태에서 각 물질의 몰농도이다.

$Q < K$이면 Q가 K와 같아지기 위해 알짜 반응은 왼쪽에서 오른쪽으로, 즉 정반응 쪽으로 진행하게 되고 $Q = K$이면 반응은 평형 상태를 유지하고 있으므로 알짜 반응은 일어나지 않고 $Q > K$이면 Q가 K와 같아지기 위해 알짜 반응은 오른쪽에서 왼쪽으로, 즉 역반응 쪽으로 진행한다.

평형 상태에 있는 화학 반응의 농도, 온도, 압력(혹은 부피)과 같은 반응 조건을 변화시키면 그 변화를 제거하려는 방향으로 반응이 진행하여 새로운 화학 평형으로 이동하는 법칙을 르샤틀리에(Henri-Louis Le Châtelier) 원리라고 한다.

일정한 온도에서 평형 상태를 이루고 있는 화학 반응에 반응 물질을 첨가하거나 혹은 생성 물질을 제거하면 평형 이동은 정반응 쪽으로 이동하고, 생성 물질을 첨가하거나 혹은 반응 물질을 제거하면 평형 이동은 역반응 쪽으로 이동한다. 예를 들면 $N_2(g) + 3H_2(g) \rightleftarrows 2NH_3(g)$ 반응에서 반응물인 N_2 혹은 H_2의 농도 증가와 생성물인 NH_3의 농도 감소는 평형을 오른쪽으로 이동시킨다. 반면에 반응물인 N_2 혹은 H_2의 농도 감소와 생성물인 NH_3의 농도 증가는 평형을 왼쪽으로 이동시킨다. 평형 상태를 이루고 있는 화학 반응에서 온도를 높이면 흡열 반응은 평형 상수가 증가하는 정반응 쪽으로 평형 이동이 일어나고 온도를 낮추면 역반응 쪽으로 평형 이동이 일어난다. 발열 반응은 온도를 낮추면 평형 상수가 증가하는 정반응 쪽으로 평형 이동이 일어나고 온도를 높이면 역반응 쪽으로 평형 이동이 일어난다. 예를 들면 암모니아를 합성하는 다음의 하버 공정 반응은 발열 반응이다.

$$N_2(g) + 3H_2(g) \rightleftarrows 2NH_3(g) + 92.2\ kJ$$

온도가 낮으면 이 반응의 평형 상수는 증가하여 평형 혼합물에서 NH_3의 상대적인 양이 많아지고 온도가 높으면 이 반응의 평형 상수는 감소하여 평형 혼합물에서 N_2와 H_2의 상대적인 양이 많아진다.

일정한 온도에서 평형 상태를 이루고 있는 기체 반응에 부피를 감소시켜서 압력을 높이면 기체의 몰수가 감소하는 방향으로 평형이 이동하고 반면에 부피를 증가시켜서 압력을 낮추면 기체의 몰수가 증가하는 방향으로 평형이 이동한다. 예를 들면 $N_2(g) + 3H_2(g) \rightleftarrows 2NH_3(g)$ 반응에서 압력을 높이면 평형 이동은 기체의 몰수가 감소하는 정반응 쪽으로 일어나고 압력을 낮추면 기체의 몰수가 증가하는 역반응 쪽으로 평형 이동이 일어난다.

촉매는 활성화 에너지 장벽을 낮추어서 단지 화학 반응 속도를 증가시켜 줄 뿐이며 평형 이동에는 관여하지 않는다. 암모니아를 합성하는 하버 공정 반응은 발열 반응이므로 저온에서 수득률이 증가하지만 반응 속도가 느려지고 고온에서는 반응 속도가 빨라지고 하지만 수득률이 낮아진다. 1900년대 초에 독일의 화학자인 프리츠 하버(Fritz Haber)는 철과 금속 산화물의 촉매를 사용함으로써 만족할 만한 속도로 NH_3의 수득률을 높일 수 있었다. 공업적으로 암모니아를 합성하는 전형적인 조건은 400 ~ 500℃와 130 ~ 300기압이다.

예제

상온에서 평형 상태에 있는 다음 반응의 평형을 정반응 쪽으로 이동시킬 수 있는 조건을 말하시오.

$$A(g) + B(g) \rightleftharpoons 2C(g) + Q\text{kJ}$$

풀이 정반응이 발열 반응이므로 반응 용기의 온도를 낮추면 평형을 정반응 쪽으로 이동시킬 수 있다. 반응 물질과 생성 물질의 몰수 합이 2 몰로 같으므로 용기의 부피를 변화(압력 변화)시켜도 평형이 이동하지 않는다. 또한 반응 용기에 반응 물질인 A 또는 B를 첨가하거나 생성 물질인 C를 제거함으로써 평형을 정반응 쪽으로 이동시킬 수 있다.

11장

물

11.1 물의 특성

물은 다양한 종류의 물질을 녹일 수 있는 용매로 사용되며 비교적 높은 끓는점과 어는점을 가진다. 또한 열을 흡수하는 능력이 다른 물질들에 비해 크기 때문에 더운 여름날 호수 주위의 온도가 다른 곳보다 낮게 유지될 수 있다. 분자량이 18 amu인 물은 실온(25℃)과 대기압(1기압)에서 액체 상태로 존재한다. 이 정도의 분자량을 가진 다른 화합물들은 같은 조건에서 대부분 기체이다. 예를 들면, 대기를 구성하는 질소, 산소, 이산화 탄소는 물보다 큰 분자량을 갖지만(각각 28, 32 및 44) 모두 기체이다. 물은 1기압하에서 0℃에서 얼고 100℃에서 끓는데 이들 온도를 기준점으로 하여 사이를 100등분한 온도가 섭씨온도계의 1온도 척도가 된다. 일반적으로 물질들은 물리적 상태가 액체 상태에서 고체 상태로 바뀌면 수축한다. 그러나 물은 예외적으로 팽창한다. 이와 같은 물의 비정상적인 성질은 화학 성분과 분자 구조 때문이다.

물은 수소와 산소의 두 가지 원소로 이루어져 있고, 화학식이 H_2O인 것은 잘 알려진 사실이다. 화합물을 구성하는 성분을 알기 위해서 전기분해(electrolysis) 방법이 사용될 수 있다. 전기분해는 자발적으로 일어날 수 없는 화학 반응에 전기

$$\text{음극: } 4H_2O + 4e^- \longrightarrow 2H_2 + 4OH^- \text{ (환원)}$$

$$\text{양극: } 2H_2O \longrightarrow O_2 + 4H^+ + 4e^- \text{ (산화)}$$

$$\text{전체 반응: } 2H_2O(l) \longrightarrow 2H_2(g) + O_2(g)$$

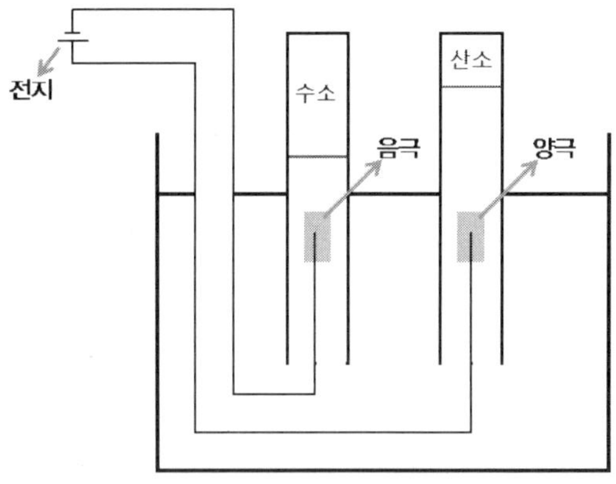

그림 11-1 물의 전기분해

에너지를 공급하여 반응이 일어나도록 하는 과정이다. 즉, 산화–환원 반응을 이용하여 전기 에너지를 화학 에너지로 바꾸어 주는 반응이다. 순수한 물은 이온화를 거의 하지 않아 전류가 흐르지 않기 때문에 수산화 소듐, 수산화 포타슘, 황산 등을 소량 넣어서 물을 전기분해한다. 물을 전기분해하면 음극(왼쪽)에서는 무색이며 공기보다 밀도가 작고 가연성이 있으며 연소할 때 많은 열을 발생하는 수소 기체가 발생하고 양극(오른쪽)에서 무색이며 공기보다 밀도가 크고 다른 물질들을 태우는 성질을 가진 조연성의 산소 기체가 발생한다(그림 11–1). 이때 발생하는 수소 기체의 부피는 산소의 두 배이다. 아보가드로 법칙에 의하면 일정한 압력과 온도에서 같은 부피의 기체에는 같은 수의 기체 분자가 포함되어 있으므로, 발생한 수소 기체의 분자 수가 산소 분자 수의 두 배가 되면 그 속에 수소 분자 수가 산소 분자 수의 두 배가 된다는 것을 뜻한다. 이로부터 물 분자 한 개에는 수소 원자의 수가 산소 원자 수의 두 배로 존재한다는 것을 알 수 있다.

물의 전기분해 과정이 일어나기 위해서 외부에서 전기 에너지를 공급해 주므로 이 과정은 흡열 반응이고 2몰의 H_2O를 분해하는 데 572 kJ의 에너지가 필요하다. 따라서 역반응은 발열 반응이 되고 역반응에서는 같은 양의 에너지가 발생한다. 이 말은 수소가 연료로 사용될 수 있다는 것을 의미한다. 그러나 수소와 산소의 혼합

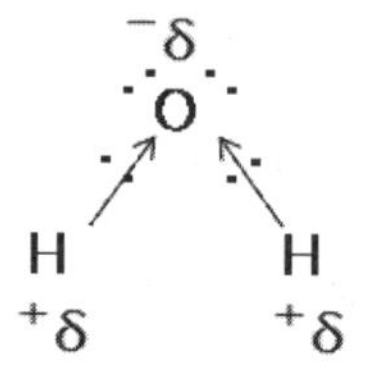

그림 11-2 물 분자의 구조

물을 다룰 때는 폭발의 위험이 있으므로 조심해야 한다.

$$2H_2(g) + O_2(g) \longrightarrow 2H_2O(l) + 572\ \text{kJ}$$

물을 구성하는 수소 원자와 산소 원자 사이의 공유 전자쌍들은 두 원자 사이에 균등하게 분포하는 것이 아니고 전기음성도가 큰 산소 원자에 치우치기 때문에 전자 구름이 상대적으로 적은 수소 원자는 부분적으로 양전하를 띠고 산소 원자는 부분적으로 음전하를 띤다. 물의 굽은 구조로 부분 전하가 서로 상쇄되지 않아 물은 극성 분자이다. 부분 전하는 델타(δ)로 표시한다(그림 11-2). 이처럼 전기음성도가 서로 다른 원자들 사이에 공유 결합이 일어나면 반대 전하가 양 끝에 생성되는데 이를 극성 공유 결합이라고 한다.

물 분자 내의 산소 원자에는 두 개의 공유 전자쌍과 두 개의 비공유 전자쌍을 가지고 있으므로 물 분자들이 서로 가까이 위치하면 한 분자의 양전하를 띠는 수소 원자는 다른 분자의 음전하를 띠는 산소 원자와 정전기적 상호작용을 하게 된다. 이것을 수소 결합이라고 하는데 한 개의 물 분자는 최대 4개의 다른 물 분자와 수소 결합을 할 수 있다(그림 11-3).

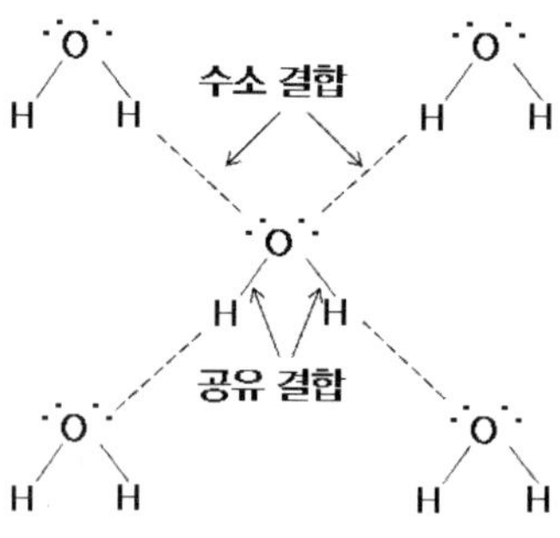

그림 11-3 물 분자 사이의 수소 결합

쉬어가기

물이 무극성 분자가 되면 어떻게 될까?

만약 물을 구성하는 수소–산소–수소 원자들이 일직선상에 존재하면 물은 무극성 분자가 될 것이고 물 분자 사이의 상호작용은 없어져 낮은 온도에서도 물은 기체 상태로 존재하게 될 것이다. 그렇게 되면 바닷물은 태양열에 의해 다 증발해 버리고 지구는 온통 사막으로 변하게 될 것이다. 따라서 물이 무극성 분자가 되면 지구에서 생명체의 존재는 불가능해진다.

참조

물의 성질

얼음을 구성하는 물 분자는 4개의 다른 물 분자들과 수소 결합을 하여 육각형의 결정 구조를 가지기 때문에 물이 얼음으로 응고하면 공간이 많아져 부피가 증가하게 된다. 물질의 밀도는 단위 부피당 질량으로 정의하는데 이 경우 단위 부피는 일반적으로 1 cm^3(1 mL)이다. 1 cm^3마다 액체 상태의 물 분자의 개수가 고체 상태의 얼음 내의 분자 개수보다 많으므로 단위 부피당 액체 상태의 물이 고체 상태의 얼음보다 질량이 더 커서 물의 밀도가 얼음보다 크다. 따라서 추운 겨울날 호수가 위에서부터 어는 것은 이 때문이다.

가해 준 열량에 대항하여 물질이 나타내는 열적 대응을 정량적으로 측정한 물리량을 비열(specific heat)이라고 한다. 비열은 어떤 물질 1 g을 1℃(1 K) 높이는 데 필요한 열에너지의 양으로 정의한다. 물은 분자 사이에 작용하는 수소 결합으로 인하여 다른 물질에 비해 비열이 큰데 그 값은 1.00 cal/g·℃(4.184 J/g·℃)이다. 비열이 큰 물은 다른 액체에 비해 쉽게 가열되지도 않고 쉽게 식지도 않는다. 어떤 물질 1몰의 온도를 1℃ 높이는 데 필요한 열량을 몰열용량(molar heat capacity)이라고 한다. 어떤 물질 온도를 1K 높이는 데 필요한 열량을 열용량(heat capacity)이라고 하는데 단위는 kcal/K이다. 비열이 c이고 질량이 m인 물질의 열용량은 mc이므로 물질의 열용량은 같은 물질의 경우 질량이 클수록 크고, 같은 질량의 경우 비열이 클수록 크게 된다.

액체 상태의 물은 열용량이 커서 땅이나 바위보다 많은 열을 저장할 수 있다. 날씨가 추워지면 지각은 함유하는 열의 양이 호수보다 적기 때문에 쉽게 냉각되는 반면에 호수는 물의 열용량이 커서 따뜻함을 오랫동안 지속할 수 있다.

참조 **비열**

18세기에 영국의 과학자인 블랙은 질량이 같은 서로 다른 물질들을 같은 온도만큼 올리는 데 소요되는 열량이 서로 다르다는 것을 알고서 비열의 개념을 발견하였다. 비열은 물체 온도에 따라 변한다. 상온에서 각 물질은 고유의 비열을 가진다. 그러나 기체는 부피를 일정하게 한 후에 잰 비열(정적 비열)과 압력을 일정하게 한 뒤에 잰 비열(정압 비열)은 서로 다르며 정압 비열이 정적 비열보다 큰 값을 가진다. 물의 비열은 커서 다른 물질보다 쉽게 온도 변화가 일어나지 않는다. 따라서 육지가 쉽게 데워진 낮에는 바다에서 육지로 해풍이 불고, 반대로 육지가 빨리 식는 밤에는 육지에서 바다 방향으로 육풍이 불게 된다.

물질을 데우기 위해 가해지는 열량은 물질의 질량, 온도 변화 정도, 비열에 의존한다. 물질의 질량, 온도 변화, 비열이 증가하면 필요한 열량도 비례하여 증가하므로 이들 사이의 관계는 다음 식으로 나타낼 수 있다.

$$\text{흡수한 열량}(Q) = m \cdot c \cdot \Delta t$$

이 식에서 m은 물질의 질량, c는 물질의 비열, Δt는 온도 변화를 나타낸다. 목욕하기 위해 95 L의 수돗물을 20°C에서 50°C로 데우는 데 필요한 열량을 계산해 보자. 물의 부피 95 L를 mL로 바꾸면 다음과 같다.

$$\text{물의 부피} = 95\text{ L} \times \frac{1000\text{ mL}}{\text{L}} = 9.5 \times 10^4\text{ mL}$$

물의 밀도를 1 g/mL로 보면 9.5×10^4 mL의 물의 부피는 9.5×10^4 g의 질량에 해당하므로 필요한 열량은 다음과 같다.

$$Q = 9.5 \times 10^4\text{ g} \times 30°\text{C} \times 1.00\text{ cal/g} \cdot °\text{C} = 2.9 \times 10^6\text{ cal} = 2{,}900\text{ kcal}$$

고체 상태의 얼음을 액체 상태의 물로 바꾸기 위해서는 열이 필요한데 이 열은 얼음 내의 분자 사이의 수소 결합을 끊기 위해 사용된다. 0°C의 얼음 일정량을 0°C의 물로 바뀌는데 필요한 열량을 융해열(heat of fusion)이라 한다.

$$H_2O(s)\ [0°C] \longrightarrow H_2O(l)\ [0°C]$$

이 상태 변화에서 얼음 1몰당 1,440 cal의 열량이 필요하고 이 값은 80 cal/g과 같다(6.01 kJ/mol, 즉 334 J/g이다).

액체 상태의 물이 기체 상태로 바뀌는 상전이 과정에 대해서도 같은 생각을 할 수 있다. 100℃에서 끓고 있는 물에 계속해서 열을 가해도 온도 상승은 일어나지 않고 물이 단지 수증기로 변화할 뿐이다.

$$H_2O(l)\ [100°C] \longrightarrow H_2O(g)\ [100°C]$$

액체 상태의 물을 기체 상태로 변화시키는 데 흡수되어야 할 열을 증발열(heat of vaporization)이라 하고 그 값은 9,720 cal/mol(540 cal/g)이다. 증발열이 융해열보다 거의 7배 정도 높은 것은 액체 상태의 물 분자 사이에 작용하는 힘이 강하다는 것을 의미한다. 100℃의 끓는 물과 증기는 모두 같은 온도이지만 물보다 증기에 의해 큰 화상을 입게 되는데 그 이유는 증기가 액체 상태의 물보다 훨씬 많은 양의 열에너지를 함유하고 있기 때문이다.

11.2 분자 사이에 작용하는 힘

이번 절에서는 분자와 분자 사이에 작용하는 힘(intermolecular force)에 대하여 알아보자. 온도가 낮아지면 기체가 액체로 액화하고, 더 낮아지면 액체가 고체로 응고하는 것을 보면 분자 사이에 작용하는 인력이 존재한다는 것을 알 수 있다. 분자를 구성하는 원자들 사이에는 비교적 강한 결합이 작용하고 이 결합보다는 그 크기가 작지만 분자 사이에도 약한 인력이 작용한다. 분자들 사이에 작용하는 힘은 크게 van der Waals 힘(London힘 또는 분산력(dispersion force)), 쌍극자-쌍극자 힘(dipole-dipole interaction), 수소 결합(hydrogen bond)의 세 가지로 구분한다.

중성 분자에는 전자 구름(electron cloud)이 분자 전체에 고루 퍼져 균형을 이루는 상태이지만 어느 순간 전자가 한쪽으로 쏠리면서 분자 내에 부분 전하를 띠게 되는 편극 현상이 일어난다. 일시적으로 전하 불균형이 생기는 경우 전자가 많이 치우친 부분은 부분적으로 음전하를 띠게 되고 반대편으로는 상대적으로 양전하를 띠는 순간 쌍극자의 분자가 만들어진다. 이때 이 분자와 인접해 있는 다른 분자에는 반대의 전하가 유도되는 유도 쌍극자의 분자가 만들어진다. 이렇게 됨으로써 두

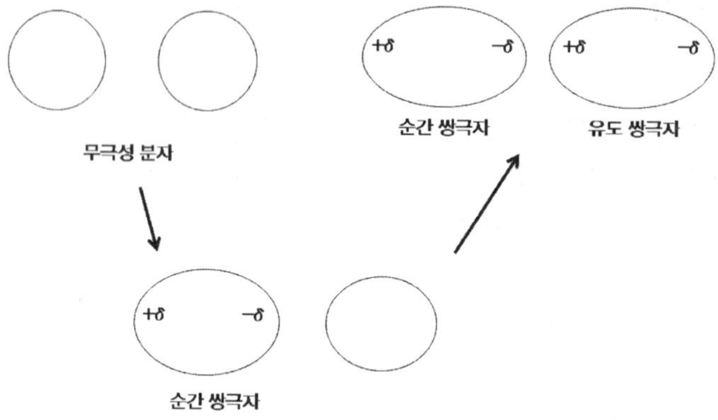

그림 11-4 반데르발스 힘

분자 사이에 인력이 생기는데 이처럼 만들어진 순간 쌍극자와 유도 쌍극자에 의한 분자 사이에 작용하는 힘을 반데르발스 힘(van der Waals force)이라고 한다. 이 힘은 극성 분자와 무극성 분자 모두에서 나타난다. 날씬한 사람의 배보다 뚱뚱한 사람의 배를 살짝 두들기면 출렁이는 정도가 크기 때문에, 큰 분자일수록 전자 구름이 불균형을 이루어 편극이 일어날 확률이 높으므로 분자량이 큰 분자일수록 분자 사이에 작용하는 반데르발스 힘은 증가한다(그림 11-4). 따라서 무극성 분자의 분자량이 클수록 물질의 녹는점, 끓는점, 증발열이 증가하게 된다.

인물보기 반데르발스

반데르발스(Johannes Diederik van der Waals; 1837~1923)는 네덜란드의 레이덴에서 출생하였으며 레이덴 대학교를 졸업하였다. 고등학교 교사를 역임했고 1877년에서 1907년 사이에 암스테르담 대학교에서 물리학 교수를 역임하였다. 1873년에 발표된 그의 박사 학위 논문인 '액체와 기체 상태의 연속성에 대해'는 당시에 대단한 관심을 불러일으켰다. 기체의 압력, 부피, 온도 사이의 상관관계를 나타내는 반데르발스 상태 방정식을 만들었으며 모세관 현상, 이온화 현상, 분자들 사이에 작용하는 인력과 같은 열역학 연구에 평생을 바쳤고 1910년에 노벨 물리학상을 받았다.

HCl과 같은 극성 분자는 분자를 구성하는 수소와 염소의 전기음성도 차이 때문에 분자 내에서 수소 원자는 부분적으로 양전하를 띠고 상대적으로 염소 원자는 부

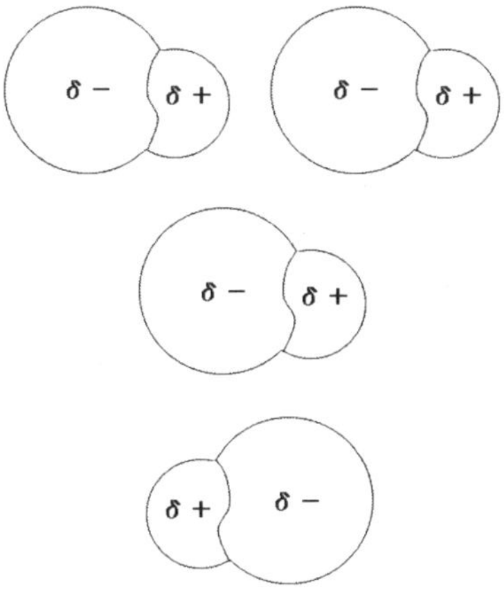

그림 11-5 쌍극자-쌍극자 힘

분적으로 음전하를 띠게 된다. 이 경우 한 분자 내에 그 크기가 같고 부호가 반대인 양전하와 음전하의 분포가 극성을 가진 자석처럼 쌍으로 존재하므로 이를 쌍극자라고 한다. 한 극성 분자의 양전하는 인접한 다른 극성 분자의 음전하를, 음전하는 다른 극성 분자의 양전하를 끌어당겨 분자들 사이에 정전기적 인력이 작용하게 되는데 이를 쌍극자-쌍극자 힘이라고 한다(그림 11-5). 이 힘의 세기는 분자의 쌍극자 모멘트가 클수록 강해지고 이에 따라 끓는점은 높아진다.

한 분자 내의 전기음성도가 큰 플루오린(F), 산소(O), 질소(N) 원자와 결합한 수소 원자와 다른 분자 내에 전기음성도가 큰 원자 사이에 작용하는 정전기적 인력을 수소 결합이라고 한다(그림 11-6). 이 힘은 분자를 구성하는 원자 사이에 작용하는 공유 결합 세기의 1/10에 불과하다. 하지만 분자 사이에 작용하는 다른 힘에 비해 훨씬 강하다. 따라서 수소 결합이 작용하는 물질의 끓는점과 녹는점은 다른 물질들보다 높다. 이 힘은 서로 다른 두 분자 내에 있는 전기음성도가 큰 플루오린,

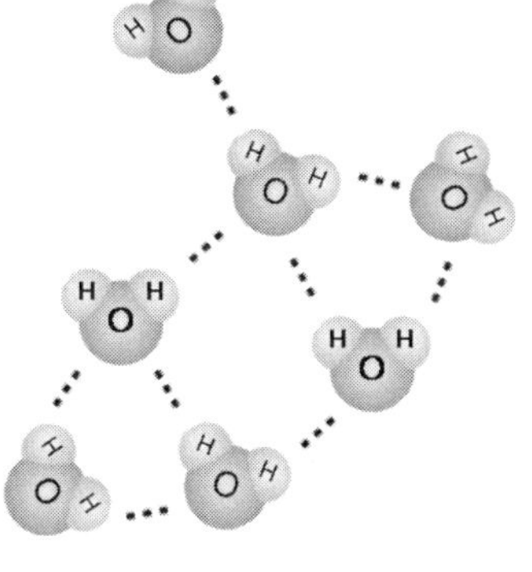

그림 11-6 수소 결합

산소, 질소 원자들 사이 중간에 수소 원자가 공유될 때 작용하고 방향성이 커서 수소 주개 원자, 수소 원자, 수소 받개 원자가 일직선상에 있을 때 가장 강하게 작용한다. 수소 원자가 강하게 결합되어 있는 원자를 수소 주개(hydrogen donor)라고 하고 그렇지 않은 원자를 수소 받개(hydrogen acceptor)라고 한다.

수소 결합은 물의 특성을 결정한다. 얼음이 녹아 물이 되거나 물이 수증기로 되기 위해서는 물 분자 사이의 수소 결합이 끊어져야 하므로 얼음의 녹는점과 물의 끓는점은 분자량이 비슷한 다른 물질보다 비교적 높다. 그리고 얼음을 구성하는 물 분자는 네 개의 다른 물 분자와 수소 결합을 하여 공간을 많이 만들기 때문에 얼음의 부피는 증가하지만 얼음이 녹으면 수소 결합 일부분이 파괴되어 물 분자들 사이의 공간을 채우기 때문에 부피가 감소하게 된다. 따라서 0℃의 물은 얼음보다 밀도가 크다. 물의 비열이 다른 액체의 비열보다 큰 것도 수소 결합이 끊어지면서 많은 열을 저장할 수 있기 때문이다. 수소 결합은 단백질과 핵산과 같은 생체 분자들의 구조 안정화에도 중요하다. 예를 들면, 단백질 내의 α 나선 구조와 DNA의 이중나선 구조는 수소 결합으로 유지된다.

그림 11-7은 수소와 14족, 15족, 16족, 17족 원소들이 만드는 수소 화합물의 끓는점과 분자량 사이의 관계를 나타낸 것이다. 이 그림에서 메테인에서 암모니아, 플루오린화 수소 그리고 물로 갈수록 수소 결합의 효과가 증가하여 끓는점이 높아진다. 플루오린화 수소의 쌍극자 모멘트(6.37×10^{-30}C · m)와 수소 결합 에너지(29 kJ/mol)가 물의 쌍극자 모멘트(6.17×10^{-30}C · m)와 수소 결합 에너지(24 kJ/mol)보다 크다. 하지만 끓는점이 낮은 이유는 물은 플루오린화 수소보다 더 많

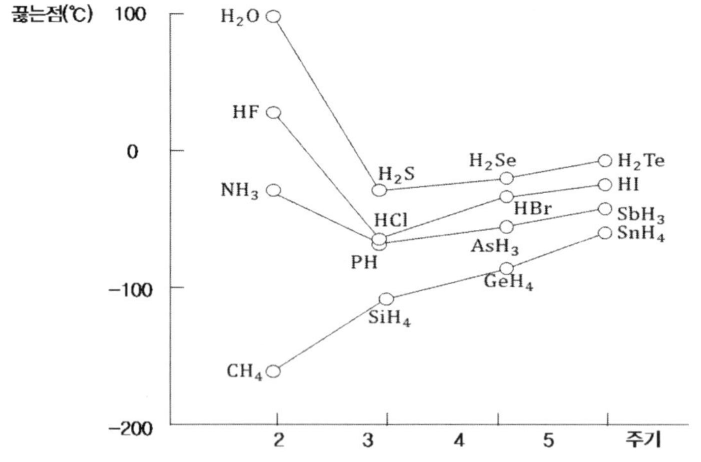

그림 11-7 수소 화합물과 끓는점 사이의 관계

은 수의 삼차원 수소 결합을 할 수 있기 때문이다. 또한 같은 족에서는 원자 번호가 증가할수록, 즉 분자량이 증가할수록 반데르발스 힘의 증가로 끓는점이 조금씩 증가하고 있다는 것을 알 수 있다.

11.3 측정

화학에서 여러 가지 결과를 얻기 위해 온도계로 온도를 재거나 혹은 저울을 사용하여 무게를 재는 등의 측정을 하는 것은 아주 중요하다. 그런데 측정에서 얻은 수는 정확한 값은 아니다. 그 값은 측정 기구의 한계와 실험자의 측정 기술의 한계로 인해 어느 정도 불확실성을 가진다. 그림 11-8의 왼쪽 온도계에서 그 온도는 대충 21.2도가 될 것이고 마지막 숫자 2는 대충 어림잡은 값이므로 불확실하다. 오른쪽 온도계에서 온도는 22.11도로 기록될 것이고 역시 마지막 숫자는 불확실성을 가진다. 이처럼 유효 숫자(significant figure)는 불확실한 수를 포함해서 측정에서 사용된 모든 숫자를 포함한다.

측정에서 혼동하기 쉬운 정밀도(precision)와 정확도(accuracy)의 차이에 대하여 알아보자. 정밀도는 측정에서 재현성의 척도를 나타내는 단어이고 정확도는 측정값이 참값과 어느 정도 일치하는지를 나타낸다. 사격 경기에서 사람이 과녁에 쏜 총알의 구멍들이 서로 가까이 모여 있으면 정밀도가 높고 그렇지 않으면 정밀도가 낮다고 한다. 그리고 총알의 구멍들이 과녁의 중심에 모여 있으면 정확도가 높다고

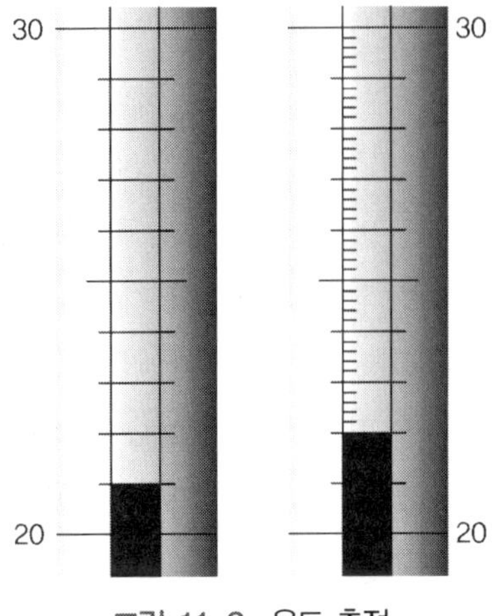

그림 11-8 온도 측정

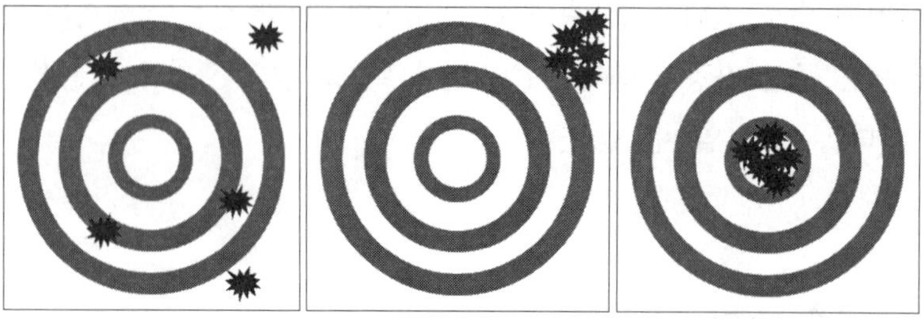

그림 11-9 정밀도와 정확도

한다(그림 11-9). 같은 총도 쏘는 사람에 따라 정확도가 틀리기 때문에 쏘는 사람의 습관에 맞춰 정확도를 높여 주는 것을 보정(calibration)이라고 한다. 정밀도가 높다고 해서 반드시 정확도가 높은 것은 아니지만 정확도가 높으면 정밀도가 높다고 해도 무방하다.

11.4 물의 분포(수권)

지구의 물이 존재하는 영역을 수권(hydrosphere)이라 한다. 물은 대기, 땅, 호수, 빙하 강과 바다 사이를 끊임없이 순환하고 기후 변화에 따라 분포가 달라지며 지구에 생명체가 살아가기 위해 없어서는 안 될 존재이다. 바닷물은 햇빛을 받아 증발하고 증발한 물은 대기에서 응결하여 비나 눈이 되어 다시 땅으로 떨어지는데 이를 강수라고 한다. 강수는 염분을 거의 함유하지 않기 때문에 민물 또는 담수라고 한다. 강수의 대부분은 바다로 떨어진다. 그러나 일부는 땅속으로 들어가 지하수로 공급되기도 하고 지하수를 거쳐서 강으로 이동하다가 다시 바다로 모이는데 물의 순환은 끊임없이 반복한다. 지구상의 물은 약 1.385×10^{21} L 정도의 엄청난 양인데 그 가운데 97.4% 정도가 바다에 존재한다. 염분이 있는 바닷물은 태양 에너지를 흡수 저장하고 이 열을 대기와 교환하면서 기후를 조절하는 역할을 하여 생태계의 기반이 된다. 2.59% 정도가 극지방의 빙하와 만년설 및 지하수인데 2% 정도인 빙하와 만년설이 기후 변화에 따른 해수면 상승에 영향을 미치고 나머지 0.59% 정도인 지하수는 염분이 없고 음용수나 농업용수로 사용된다. 나머지 0.014% 정도가 호수, 하천, 대기, 토양 속의 수분으로 분포한다(표 11-1). 대기 중 물의 대부

표 11-1 지구 상의 물의 분포

근원	존재비
바다	97.4%
빙하와 지하수	2.59%
호수, 하천, 대기 및 토양 속의 수분	0.014%

분은 햇빛을 받아 바다로부터 증발하여 생긴 것이고 일부분은 식물이 뿌리를 통해 땅속으로부터 흡수하여 증산작용으로 내보낸 것이다. 대기 중의 수증기는 공기와 함께 이동하는데, 공기가 냉각되면 수증기는 응결하여 구름이 되고 결국 비가 되어 땅으로 떨어진다. 이때 공기의 온도가 낮으면 수증기는 얼게 되고 결국 눈이 되어 땅에 떨어진다.

지구 위에 존재하는 1.385×10^{21} L 정도의 물 부피에는 얼마나 많은 물 분자가 존재하는지 다음 식에서 알 수 있다.

$$\text{물 분자수} = 1.385 \times 10^{21}\ \text{L} \times \frac{1000\ \text{g}}{1\ \text{L}} \times \frac{1\ \text{mol}}{18.0\ \text{g}} \times \frac{6.02 \times 10^{23}\text{개의 분자}}{1\ \text{mol}}$$
$$= 4.63 \times 10^{46}\text{개의 분자}$$

11.5 물과 생활

일반적으로 지하수는 깨끗하고 병을 일으키는 미생물들이 존재하지 않기 때문에 식수로 사용할 수 있다. 그러나 일반 물이 식수로 사용되기 위해서는 몇 가지 처리 과정을 거쳐 불순물들을 제거해야 한다. 상수 처리 시설에 들어온 물에서 먼저 음료수병 조각이나 타이어 조각과 같은 덩치가 큰 물질들을 제거하기 위해 거름 장치를 통과하면 여기에 황산 알루미늄($Al_2(SO_4)_3$)과 수산화 칼슘($Ca(OH)_2$)이 첨가된다. 이 두 가지 화합물로부터 젤 모양의 수산화 알루미늄($Al(OH)_3$)이 형성되는데 이것은 물에 떠다니는 더러운 입자들을 침전시켜 제거하게 된다.

$$Al_2(SO_4)_3(aq) + 3Ca(OH)_2(aq) \longrightarrow 2Al(OH)_3(s) + 3CaSO_4(aq)$$

마지막 단계에서 물에 존재할 수 있으면서 병을 유발할 수 있는 미생물들을 제거하기 위해 염소 처리 과정을 거치게 된다. 염소는 염소 기체(Cl_2), 하이포염소산 소듐

표 11-2 염소의 산소 음이온의 명명

	화학식	음이온의 이름
ClO^-	hypochlorite	하이포염소산 이온
ClO_2^-	chlorite	아염소산 이온
ClO_3^-	chlorate	염소산 이온
ClO_4^-	perchlorate	과염소산 이온

($NaOCl$), 하이포염소산 칼슘($Ca(OCl)_2$) 등 세 가지 형태로 가해지는데 이들로부터 발생하는 항균제는 하이포염소산($HClO$)이 된다. 하이포염소산의 농도는 용액 1 L 당 0.075 mg에서 0.60 mg가 되도록 한다. 유럽에서는 물을 살균하기 위해 염소 대신에 오존을 사용하기도 한다. 오존은 산화력이 강해서 적은 농도로도 살균, 소독, 탈취와 표백 작용을 하므로 염소보다 경제적이지만 빨리 분해되기 때문에 처리 시설을 빠져나온 물이 다시 오염되면 그것을 막을 수 없는 단점이 있다. 때에 따라서 물에서 나는 불쾌한 냄새를 제거하기 위해 물을 공기 중에 살포하는 단계를 첨가하거나, 물에 산화 칼슘(CaO)을 첨가하여 물의 산도를 중화시키기도 한다. 또는 충치 예방의 효과를 얻기 위해 물에 플루오린화 소듐(NaF)을 1 ppm의 농도로 살균 과정 후에 추가로 첨가하기도 한다.

경수(센물, hard water)는 칼슘 이온이나 마그네슘 이온들이 많이 녹아 있어서 비누가 잘 풀리지 않는데 이 물을 가열하면 암석과 같은 단단한 물질이 침전되기 때문에 붙여진 이름이다. 물의 경도(hardness)는 보통 물에 녹아 있는 칼슘의 질량을 ppm으로 나타낸다. 칼슘 이온을 포함한 물은 주전자나 수도관에 단단하고 녹지 않는 탄산 칼슘($CaCO_3$)의 침전을 만들기도 하는데 특히, 보일러에 경수를 사용하게 되면 관 내부에 침전물을 만들기 때문에 보일러의 효율을 떨어뜨리게 한다. 또한 경수는 비누로 세탁하고 난 후에 옷에 얼룩을 생성시키기도 하므로 비누의 세척력을 저하한다.

비누란 에스터 화합물인 동물이나 식물의 유지를 수산화 소듐($NaOH$) 혹은 수산화 포타슘(KOH)과 같은 염기와 반응시켜서 생성된 지방산의 소듐 염으로 비누가 형성되는 반응을 비누화(saponification) 반응이라고 한다.

$$\begin{array}{l} CH_2COOR \\ | \\ CHCOOR \\ | \\ CH_2COOR \end{array} + 3NaOH \longrightarrow \begin{array}{l} CH_2OH \\ | \\ CHOH \\ | \\ CH_2OH \end{array} + 3RCOONa$$

유지 글리세롤 지방산의 소듐염(비누)

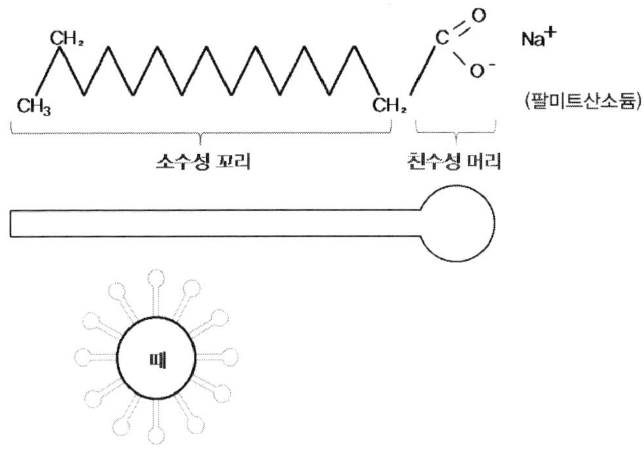

그림 11-10 비누의 구조와 기름과의 상호작용

이렇게 생성된 비누는 소듐 이온(Na^+)과 음전하를 띠는 긴 탄화수소로 이루어져 있다. 따라서 비누는 물을 좋아하는 친수성 부분인 음전하를 띠는 카복실기와 물을 싫어하는 소수성의 긴 탄화수소의 꼬리 부분으로 구성된다. 때가 묻은 옷감을 비눗물에 넣으면 비누 중에서 소수성의 긴 탄화수소 꼬리가 비극성 물질인 기름때와 상호작용을 하여 그림 11-10에서처럼 긴 탄화수소는 기름 속으로 묻히게 되고 그 결과 비누 분자로 둘러싸인 기름때는 물속에서 잘게 부서진다. 이처럼 중성의 기름 표면을 감싼 비누 분자의 공 모양의 구조를 마이셀이라고 한다. 표면이 음전하로 덮인 기름은 물과 같은 극성 용매와 반응하여 잘 씻겨 나가게 된다.

참조

비누화 값

지방(고체) 혹은 기름(액체) 1 g을 비누화시키는 데 사용되는 수산화 포타슘(KOH)의 mg 수로서 지방 혹은 기름의 평균 분자량이나 지방 속에 들어 있는 지방산을 구성하는 탄소 사슬의 평균 길이를 나타낸다. 비누화 값이 큰 지방일수록 탄소 사슬의 길이가 짧은 지방산들을 많이 함유하고 있다.

합성세제

합성세제는 비누의 친수성기인 카복실기가 $-SO_3^-$ 또는 $-PO_3^{-2}$로 치환된 구조를 가지며 크게 ABS(알킬벤젠 설폰산 소듐)와 LAS(선형 알킬벤젠 설폰산 소듐)로 구분된다. 초기에 사용된 ABS 합성세제는 세척력이 우수하다. 하지만 소수성의 탄화수소 사슬 부분이 가지가 많이 달린 구조이기 때문에 미생물에 의해서 쉽게 분해되지 못하여 수질 오염을 일으켰다. LAS 합성세제는 소수성의 탄화수소 부분이 가지가 거의 없는 선형 구조이므로 미생물에 의해서 쉽게 분해되고 오늘날 많이 사용된다.

물속에서 1족 금속들은 비누와 반응하여 침전물을 형성하지 않는다. 하지만 Ca^{2+}과 Mg^{2+}과 같은 다른 족의 금속들은 불용성의 침전을 형성한다. 경수에 비누를 녹이면 경수의 칼슘 이온과 마그네슘 이온은 비누와 반응해서 끈끈한 불용성의 염을 형성한다. 따라서 경수에는 비누가 잘 풀리지 않는다. 이 침전물이 형성되는 것을 막기 위해서는 경수에 있는 칼슘 이온과 마그네슘 이온들을 제거해야 하는데 이 이온들이 제거된, 비누가 잘 풀리는 물을 연수(단물, soft water)라고 한다. 칼슘 이온과 탄산수소 이온이 결합한 염을 가진 센물을 가열하면 다음과 같은 반응으로 센물을 단물로 바꿀 수 있는데, 이런 센물을 일시 센물이라고 한다.

$$Ca(HCO_3)_2 \xrightarrow[\text{가열}]{} CaCO_3 + H_2O + CO_2$$

반면에 칼슘 이온이나 마그네슘 이온들의 염화물이나 황산염 등이 녹아 있는 물은 끓여도 단물로 바꿀 수 없으므로 이런 물은 영구 센물이라고 한다. 대체로 지하수는 센물이고 빗물은 단물이다.

물을 연화시키는 데에는 연화제, 이온 교환, 증류, 역삼투의 크게 네 가지 방법이 사용된다.

연화제

비누를 물에 녹일 때 탄산 소듐(Na_2CO_3)을 함께 넣어 주면 탄산 이온(CO_3^{2-})은 물속의 칼슘 이온(Ca^{2+})과 반응하여 물에 씻겨 나가는 불용성의 탄산 칼슘($CaCO_3$)을 형성하므로 경수에서 칼슘 이온을 제거할 수 있다. 이처럼 물을 연화시켜 주는 화합물을 연화제라고 한다. 연화제에는 탄산 소듐 이외에도 사붕산 소듐(붕사, $Na_2B_4O_7$)과 인산 소듐(Na_3PO_4) 등이 있다.

$$Ca^{2+}(aq) + CO_3^{2-}(aq) \longrightarrow CaCO_3(s)$$

이온 교환

경수 속의 금속 이온들을 제거하기 위해 음전하를 가지는 다공성의 합성수지(이를 양이온 교환 수지라고 한다)를 이용할 수 있다. 알루미늄, 규소, 산소로 구성된 흙과 같은 무기질인 제올라이트(일반적으로 제올라이트는 Na^+이 결합된 형으로 공급된다)로 관 속을 채운다. 이 관에 경수를 부어 주면 Ca^{2+}, Mg^{2+} 또는 Fe^{3+} 이온들이 소듐 이온보다 제올라이트에 강하게 결합하므로 이 이온들은 달라붙어 경수에서 제거될 수 있다. 그 결과 원래 붙어 있던 소듐 이온은 Ca^{2+}, Mg^{2+}, Fe^{3+} 이온들에 의해서 교환되어 방출되는데 이 방법을 이온 교환(ion exchange)법이라고 한다. 이온 교환에 의해 경수 속의 칼슘 이온이 제거되는 과정을 나타내면 다음과 같다.

$$Na_2Z + Ca^{2+} \longrightarrow CaZ + 2Na^+$$

여기서 Z는 제올라이트를 나타낸다. 관 속의 제올라이트들이 Ca^{2+}, Mg^{2+}, Fe^{3+} 이온들로 포화하면 진한 염화 소듐(NaCl) 용액을 첨가한다. 그러면 위 식의 역반응이 일어나서 칼슘 이온이 빠져나가고 원래의 소듐 이온이 결합한 관이 재충전되므로, 제올라이트가 들어 있는 관은 반복해서 반영구적으로 사용할 수 있다. 상업적으로 판매되는 연수기가 바로 이런 원리를 이용한 상품이다.

증류

용액을 가열하여 증발시키고 곧바로 냉각시켜 순수한 용매만을 얻는 방법을 증류라고 한다. 경수를 끓여 수증기를 발생시킨 다음, 이 수증기를 냉각시키면 증기는 응축하여 순수한 물이 된다. 물이 다 증발하고 나면 둥근 플라스크 내에는 금속염들만이 존재하고 순수한 물은 다른 플라스크에 수집된다. 자연에서 빗물도 이처럼 형성되므로 빗물은 금속 이온들을 함유하고 있지 않은 연수라고 생각할 수 있지만, 실제는 대기 오염의 결과로 많은 화합물을 함유하고 있다. 물을 끓이는 데 많은 양의 에너지가 필요하므로 이 방법을 이용한 연화는 비용이 많이 드는 단점이 있다. 따라서 순수한 물이 필요한 경우가 아니면 이 방법은 많이 사용되지 않는다.

역삼투

용액 중에서 물과 같이 크기가 작은 용매 성분은 자유롭게 통과할 수 있고 하지만 용

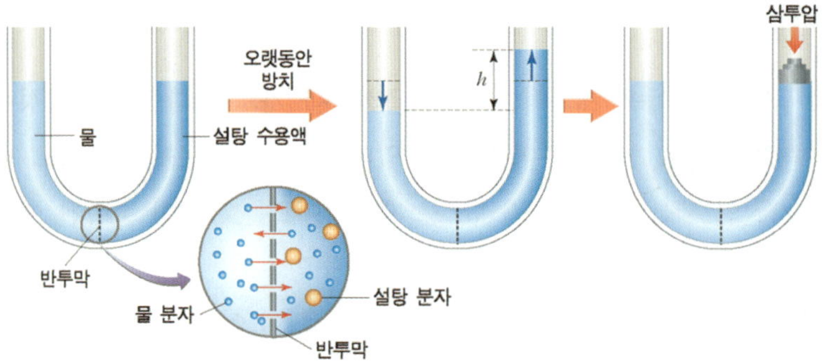

그림 11-11 삼투 현상

질처럼 크기가 큰 성분은 통과할 수 없는 막을 반투막(semipermeable membrane)이라고 한다. 달걀의 속껍질, 양파의 속껍질 또는 셀로판종이와 같은 반투막을 경계로 물과 설탕물 용액이 접해 있으면 설탕 분자는 반투막을 통과하지 못하지만 물 분자는 반투막을 자유롭게 통과하므로 물과 같은 용매 분자가 반투막을 통해 용액 쪽으로 움직이는데 이 현상을 삼투(osmosis)라고 한다(그림 11-11). 결과적으로 용액 쪽의 수면은 용매 쪽보다 높아지게 되고 오른쪽의 용액 수면을 원래의 용매 수면과 같은 상태로 일치하도록 외부에서 가해주는 압력을 삼투압(osmotic pressure)이라고 한다. 삼투는 생명을 유지하는 데 꼭 필요한 과정이다. 예를 들면, 식물은 삼투를 이용해 필요한 대부분 물을 흡수하고 동물은 삼투를 이용하여 혈액(체액)과 세포 사이의 물의 흐름을 조절한다. 또한 김치를 담글 때 배추에 소금을 뿌려 절이면 배추에서 수분이 빠져나와 숨이 죽어 부피가 줄어들거나 식물에 너무 많은 비료를 주게 되면 식물에서 수분이 빠져나와 식물이 말라 죽게 되는 것도 삼투 현상의 예이다.

오른편 용액 쪽에 자연적인 삼투압보다 더 큰 압력을 가해주면 용액 쪽의 물 분자들은 순수한 물 쪽으로 이동하게 된다. 결과적으로 순수한 물의 양은 증가하고 오른쪽 용액의 농도는 원래보다 더 진해진다. 이처럼 열을 가하지 않고 물로부터 금속 이온들을 제거하는 방법을 역삼투(reverse osmosis)라고 한다. 1950년에 미국의 리드가 이 방법을 발견하였고 역삼투막으로는 아세트산 셀룰로스 막이나 나일론 막 등이 사용된다. 일부 중동 국가에서는 이 방법을 이용하여 해수나 염수와 같은 짠물로부터 식수를 얻고 있다. 용액의 염 농도가 일정값 이상이면 더 높은 압력을 가해야 하는데 진해진 쪽의 용액을 새로운 용액으로 치환하는 것이 경제적으로 더 이로우므로 역삼투 방식으로 순수한 물을 얻는 방법은 물의 낭비가 많은 것이 단점이다.

참조 **삼투압**

1877년에 독일의 식물학자인 페퍼(Wilhelm Friedrich Johannes Pfeffer; 1845~1920)가 최초로 삼투압을 측정하였다. 삼투압은 녹아 있는 용질의 종류에는 무관하고 용질 입자 개수에 의존한다. 1885년에 네덜란드의 화학자인 반트호프는 비휘발성의 용질이 녹아 있는 묽은 용액의 삼투압이 용액의 몰농도와 절대 온도에 비례한다는 반트호프 식을 정리하여 발표하였다. 이 식을 이용하면 용질의 분자량을 알 수 있다.

$$\pi V = nRT$$

(π는 삼투압, R은 기체 상수(0.082 atm · L/mol · K), T는 절대 온도)

예제

27°C에서 비휘발성, 비전해질의 용질 10.0 g이 녹아 있는 수용액 1 L의 삼투압이 380 mmHg일 때 이 용질의 분자량을 구하시오.

풀이 $\pi V = nRT = (w/M)RT$ 식으로부터 유도된 $M = wRT/\pi V$ 식에 대입하면 된다. 여기서 w는 용질의 질량이고 M은 용질의 분자량이다.

$$M = \frac{10\ \mathrm{g} \times 0.082\ \mathrm{atm \cdot L/mol \cdot K} \times 300\ \mathrm{K}}{(380/760)\ \mathrm{atm} \times 1\ \mathrm{L}} = 492\ \mathrm{g/mol}$$

11.6 총괄성

물에 용질이 녹아 있는 용액의 성질 가운데 녹아 있는 용질 입자의 개수에 따라 영향을 받는 성질을 총괄성(colligative property)이라고 한다. 총괄성은 용질 입자의 종류나 성질에는 무관하고 단지 용질 입자의 양에만 의존하고 묽은 용액에서 잘 적용된다. 여기에는 증기 압력 내림, 끓는점 오름, 어는점 내림, 삼투압 등의 네 가지가 잘 알려져 있다.

증기 압력 내림(lowering vapor pressure)

온도가 일정한 상태에서 밀폐된 용기에 액체를 넣으면 운동 에너지가 충분히 큰 분자가 분자 사이의 인력을 넘어 액체 표면을 벗어나서 증발하게 된다. 용기를 충분한 시간 동안 방치한 후에는 압력이 일정하게 유지되는데 이때를 동적 평형 상태라고 한다. 증기 압력은 이러한 동적 평형을 이룬 상태에서 용기 안 액체의 증발로 인한 압력으로, 액체의 온도가 올라가면 비례하여 증가하고 분자 사이의 인력이 작은 액체일수록 증가한다. 액체의 증기압은 온도에 따라서 비선형적으로 증가하므로 취급하기가 쉽지 않다. 쉽게 다루기 위해 증기압의 자연로그함수 값인 $\ln P_{증발}$을 절대 온도의 역수$\left(\frac{1}{T}\right)$에 대하여 그래프를 그리게 되면 선형 관계가 성립하는데 이 식을 클라우시우스-클라페이론 식(Clausius-Clapeyron equation)이라고 한다.

$$\ln P_{증발} = \frac{(-\Delta H_{증발})}{R}\frac{1}{T} + C$$

이 식에서 $\Delta H_{증발}$은 액체의 기화열, R은 기체 상수, $-\frac{\Delta H_{증발}}{R}$은 선형 그래프의 기울기와 같고 상수 C는 y절편에 해당하고 물질 고유의 상수이다.

일정한 온도에서 설탕과 같은 비휘발성 용질을 녹인 용액의 증기 압력은 순수한 물의 증기 압력보다 낮아지는데 이를 증기 압력 내림이라고 한다. 설탕과 같은 비휘발성, 비전해질이 녹아 있는 묽은 용액의 증기 압력 내림 정도는 가해준 용질의 몰수에 비례해서 감소하는데 이를 라울의 법칙(Raoult's law)이라고 한다. 이 법칙에 의하면 용액의 증기압은 순수한 용매의 증기압에 용매의 몰 분율을 곱한 값과 같다.

$$P_{용액} = P_{용매} \times X_{용매}$$

이 식에서 $P_{용액}$은 용액의 증기압이고 $P_{용매}$는 순수한 용매의 증기압이며 $X_{용매}$는 용매의 몰 분율이다. 예를 들면 25℃에서 순수한 물의 증기압은 23.76 mmHg인데 15.0몰의 물에 1.00몰의 설탕을 녹인 용액은 22.3 mmHg의 증기압을 가진다.

$$P_{용액} = P_{용매} \times X_{용매} = 23.76\ \text{mmHg} \times \frac{15.0몰}{(15.0몰 + 1.00몰)} = 22.3\ \text{mmHg}$$

따라서 용액의 증기압 내림($\Delta P_{용액}$) 정도는 1.5 mmHg(= 23.76 mmHg-22.3 mmHg)이다. 한편으로 용액의 증기압 내림 값은 순수한 용매의 증기압에 용질의

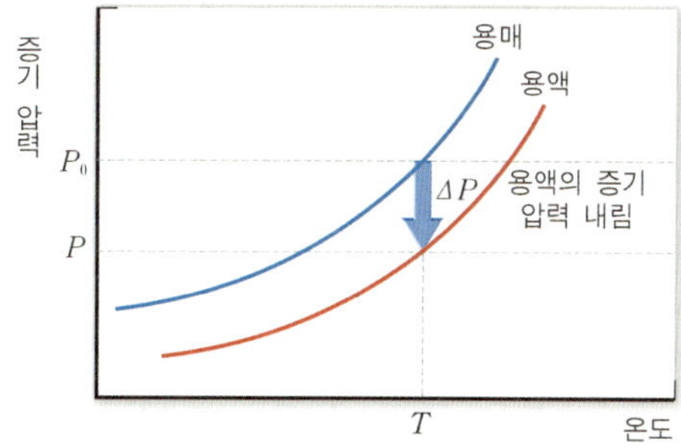

그림 11-12 용매와 용액의 증기 압력 곡선

몰분율을 곱해 줌으로써 구할 수도 있다.

$$\Delta P_{용액} = P_{용매} \times X_{용질} = 23.76\ \text{mmHg} \times \frac{1.00몰}{(15.0몰 + 1.00몰)} = 1.49\ \text{mmHg}$$

비휘발성 용질을 포함하는 용액의 표면은 용질 분자에 의하여 용매 분자들이 치환되고 그 결과 액체 표면을 벗어나려는 용매 분자 수는 감소하므로 용액의 증기 압력은 순수한 용매의 증기 압력보다 항상 작게 된다. 증기 압력 내림은 모든 온도에서 일어나고 $\Delta P_{용액}$으로 나타낸다(그림 11-12).

끓는점 오름(boiling point elevation)

액체가 기체로 변화하는 끓는점은 액체의 증기 압력이 외부의 대기압(1 atm)과 같아질 때 온도이다. 끓는점은 대기압, 즉 외부 압력이 변하면 따라서 변한다. 고도가 높아질수록 대기압이 감소하기 때문에 이에 따라 끓는점도 낮아진다. 예를 들면, 물은 해수면에서 100℃에 끓지만 해발 3,000 m의 고지에서는 90℃ 정도에 끓는다. 온도가 일정한 상태에서 순수한 용매의 끓는점과 비휘발성 용질을 녹인 용액의 끓는점 사이에는 차이가 있는데 이 차이를 끓는점 오름이라고 한다. 비휘발성 용질을 녹인 용액의 증기 압력은 순수한 용매의 증기 압력보다 낮아지므로 용액의 증기 압력이 대기압과 같아지려면 용액의 끓는점이 순수한 용매보다 높아져야 하므로 용액을 좀 더 가열해야 한다(그림 11-13).

끓는점 오름(ΔT_b)은 녹아 있는 용질의 종류에는 상관없고 용액의 몰랄 농도(m, 용매 1000 g당 녹아 있는 용질의 몰수로 정의함)에 비례한다.

$$\Delta T_b = K_b \times m$$

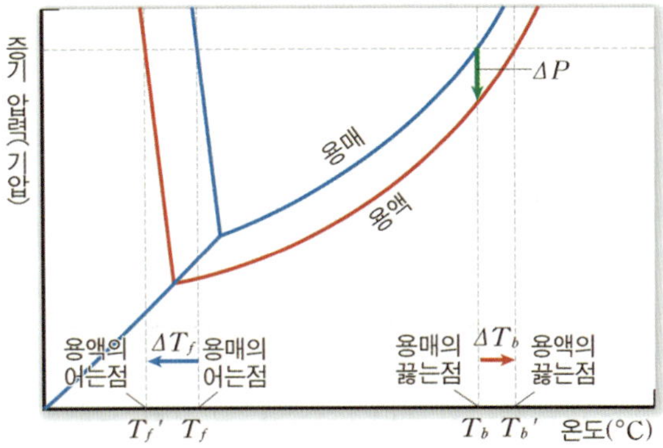

그림 11-13 끓는점 오름과 어는점 내림

여기서, m은 몰랄 농도이고 비례 상수 K_b는 1 m 용액의 끓는점 오름 값으로서 끓는점 오름 상수라고 하는데 용매의 종류에 따라 달라진다. 몇 가지 용매에 대한 K_b 값을 표 11-3에 나타내었다. 실험에서 용액의 끓는점 오름을 측정하고 위 식을 이용하면 비휘발성 용질의 분자량을 알 수 있다.

표 11-3 몇 가지 용매의 끓는점 오름 상수와 어는점 내림 상수

용매	끓는점(°C)	K_b(°C/m)	녹는점(°C)	K_f(°C/m)
물	100.0	0.512	0.0	1.86
벤젠	80.2	2.53	5.46	4.90
아세트산	118	3.07	16.6	3.90

예제

물 100 g에 비휘발성이면서 비전해질인 물질 18 g을 녹인 수용액의 끓는점이 100.51°C이었다. 이 물질의 분자량을 구하시오.(물의 K_b 값은 0.51이다.)

풀이 $$\text{몰랄 농도}(m) = \frac{\text{용질의 몰수(mol)}}{\text{용매의 질량(kg)}} = \frac{(18/M)}{0.1} = \frac{180}{M}$$

$\Delta T_b = K_b \times m$에 넣으면 $0.51 = 0.51 \times \dfrac{180}{M}$, 분자량$(M) = 180$ g/mol이다.

참조

끓는점 오름 상수

몰랄 오름 상수라고도 하며 순수한 용매와 비휘발성이면서 비전해질인 용질이 녹아 있는 1몰랄 농도의 용액 사이의 끓는점의 차이를 말한다. 예를 들면 순수한 물의 끓는점은 100℃인데 설탕 1몰랄 농도 용액의 끓는점은 100.51℃이기 때문에 물의 끓는점 오름 상수는 0.51℃/m이다.

상평형 그림

온도와 압력 변화에 따른 물질의 세 가지 상태 변화를 나타내는 그래프를 일컫는다.

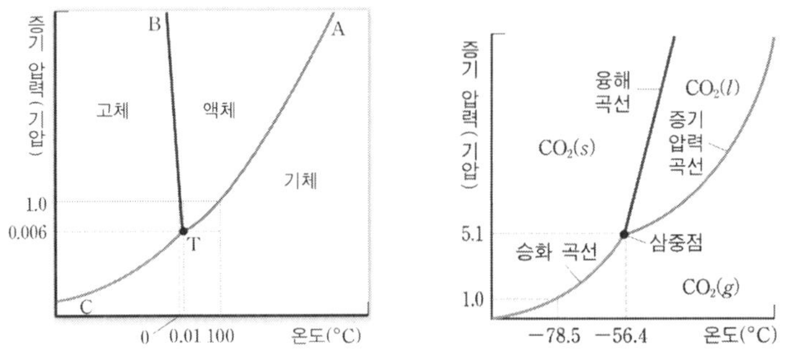

물의 상평형　　　이산화 탄소의 상평형

1기압의 압력이 융해 곡선과 만나는 점이 어는점이고 증기 압력 곡선과 만나는 점이 끓는점이다. 물은 융해 곡선의 기울기가 (−)이므로 외부 압력이 증가하면 물의 녹는점(어는점)은 감소하고 이산화 탄소는 융해 곡선의 기울기가 (+)이므로 외부 압력이 증가하면 녹는점(어는점)이 증가한다. 액체 상태의 물질을 기화시키려면 압력을 낮추거나 온도를 높여 주면 된다. 고체, 액체, 기체가 공존할 때 온도와 압력이 나타내는 점인 삼중점 이하의 압력에서만 물질이 승화할 수 있으므로 물은 0.006기압 이하에서 온도를 높여 주면 고체의 얼음에서 기체의 수증기로 승화하고 이산화 탄소는 5.1기압 이하에서 온도를 높여 주면 고체 드라이아이스에서 기체로 승화한다.

어는점 내림(freezing point depression)

어떤 물질이 액체 상태에서 고체 상태로 변할 때 온도를 어는점이라고 하는데, 이는 물질 고유의 값이다. 일반적으로 액체에 이물질을 첨가하면 어는점이 낮아진다. 예를 들면, 추운 겨울철 자동차의 냉각수가 어는 것을 방지하기 위하여 부동액으로 에틸렌글리콜($HOCH_2CH_2OH$)이라는 화합물을 넣어서 어는점을 −13℃로 낮추어 준다. 에틸렌글리콜과 물의 비율을 1:1로 맞춘 혼합물의 어는점은 −37℃ 정도이다. 이처럼 어는점은 순수한 용매에서 비휘발성 용질이 녹아 있는 용액으로 갈수록 더 낮은 온도로 이동하게 된다. 이것을 어는점 내림이라고 하고, 어는점 내림(ΔT_f)은 끓는점 오름과 마찬가지로 용질의 종류에는 관계없고 용액의 몰랄 농도에 비례한다.

$$\Delta T_f = K_f \times m$$

여기서, m은 용액의 몰랄 농도이고 K_f는 어는점 내림 상수로서 용매의 종류에 따라 달라진다. 몇 가지 용매에 대한 K_f 값을 표 11-3에 나타내었다. 실험에서 용액의 어는점 내림을 측정하고 위 식을 이용하면 용질의 분자량을 알 수 있다. 눈이 오는 추운 겨울날 길거리에 염화 칼슘을 뿌려 주면 얼었던 눈이 녹기 때문에 어는점 내림을 이용하여 도로가 결빙되는 것을 방지할 수 있다. 또한 기온이 영하로 떨어진 추운 겨울날 강물은 얼어도 바닷물은 얼지 않는 것도 바닷물 속에 녹아 있는 염분으로 인해 어는점이 내려갔기 때문이다.

참조

어는점 내림 상수
몰랄 내림 상수라고도 한다. 순수한 용매와 비휘발성이면서 비전해질인 용질이 녹아 있는 1몰랄 농도 용액 사이의 어는점의 차이를 말한다.

라울의 법칙
1878년에 프랑스의 화학자인 라울(Francois Marie Raoult; 1830~1901)은 포도주 안에 있는 알코올 농도를 측정하기 위해 용액의 어는점에 관하여 연구하였다. 1882년에 그는 용액의 어는점이 녹아 있는 용질의 농도에 비례하여 감소한다는 사실을 발견하였고 1886년에는 증기 압력 내림에 대하여 같은 결론을 얻고서 라울의 법칙을 만들었다. 라울의 법칙에 의하면 용액을 구성하는 한 성분의 부분 증기 압력은 그 성분의 순수한 증기 압력에다 용액 중에 존재하는 몰분율을 곱한 것과 같다. 이 법칙을 이용하면 용액에 녹아 있는 용질의 분자량을 구할 수 있다. 실제 용액은 라울의 법칙을 잘 따르지 않는데, 이 법칙을 따르는 용액을 이상 용액이라고 한다. 용매와 용질 분자의 모양과 크기가 유사하면 실제 용액은 이상 용액화한다. 또한 용액의 농도가 매우 묽으면 그 용액도 라울의 법칙을 잘 따른다.

수질 오염을 나타내는 척도

• 생화학적 산소 요구량(Biochemical Oxygen Demand: BOD)

수중의 미생물이 유기물을 분해하는 데 요구되는 산소량을 말하며 생물학적 산소 요구량이라고도 한다. 호기성 세균이 유기물을 분해하는 데 필요한 산소량을 이용하여 유기물의 농도를 간접적으로 측정한다. BOD는 시료 1 L를 20°C에서 5일 동안 배양할 때 용액 속의 유기물을 분해하는 데 호기성 세균에게 요구되는 산소의 양을 mg이나 ppm으로 나타낸다. BOD가 1 ppm 이하이면 1급수로서 여과만으로 음료수로 사용 가능하고, 1~3 ppm 이하이면 2급수로서 약물을 처리한 후에 음료수로 사용할 수 있고, 3~6 ppm이면 3급수로서 약품을 많이 처리해야 한다. 이처럼 BOD 값은 물의 오염도를 나타내는 지표로 사용되고 그 값이 크면 오염 정도가 심한 물이 된다.

• 화학적 산소 요구량(Chemical Oxygen Demand: COD)

중크로뮴산 포타슘($K_2Cr_2O_7$)과 과망가니즈산 포타슘($KMnO_4$)과 같은 산화제를 사용하여 수중의 유기물을 산화시킬 때 요구되는 산소량을 말한다. COD 값이 클수록 수중에 유기물 함량이 많은 오염된 물이다. 이 방식은 박테리아를 사용함으로써 측정 시간이 긴 BOD 방식보다 반응 시간이 짧고 실험 오차도 적기 때문에 많이 사용된다. 특히, 수중에 박테리아의 활동을 저해하는 물질이 존재하면 BOD 방식보다 이 방식이 더 많이 사용된다.

• 용존 산소량(DO, Dissolved Oxygen)

하천이나 호수와 같은 물속에 녹아 있는 산소의 양을 나타내며 단위로는 mg/L 또는 ppm을 사용한다. 일정한 온도와 압력에서 물속에 녹을 수 있는 산소의 농도는 일정한데 생활하수 혹은 공장 폐수와 같은 물은 호기성 세균에 의한 유기물의 분해를 위해 산소가 많이 소비되기 때문에 용존 산소의 농도는 감소하게 된다. 따라서 용존 산소량에 따라서 물의 오염 정도를 알 수 있다. 그러나 물속에 광합성을 할 수 있는 식물성 플랑크톤이 많을 때 물의 오염도와 관계없이 용존 산소 농도가 높게 나오기 때문에 반드시 용존 산소량이 오염도의 척도를 나타내지 않는 경우도 있다.

11.7 용액

용해와 용해도

두 가지 이상의 순물질이 균일하게 섞이는 현상을 용해라고 하고 그때의 혼합물을 용액이라고 한다. 이 용액 중에서 어떤 물질을 녹이는 물질을 용매라고 하고 녹아 들어 가는 물질을 용질이라고 한다. 용매와 용질의 물리적 상태가 같을 경우는 더 많이 존재하는 물질이 용매가 되고 양이 적게 존재하는 물질은 용질이 된다. 용해 과정은 용매 입자와 용질 입자 사이의 인력 차이로 발생한다. 용매 입자와 용질 입자 사이의 인력이 용매와 용매 입자들 사이의 인력이나 용질과 용질 입자 사이의 인력보다 크면 용해가 잘 일어나지만 반대가 되면 용해는 잘 일어나지 않는다. 황산 구리(II)나 염화 소듐과 같은 이온성 물질은 물과 같은 극성 용매에 잘 녹지만 아이오딘(I_2)과 같은 무극성 물질은 물보다 벤젠이나 사염화 탄소와 같은 무극성 용매에 더 잘 녹는다. 용매 입자가 용질 입자 주위를 에워싸는 것을 용매화라고 하며 특히 용매가 물인 경우를 수화(hydration)라고 한다.

일정한 온도에서 일정량의 용매에 최대한의 용질이 녹아 있는 용액을 포화 용액이라고 하는데 이 용액은 겉으로는 용질이 더 이상 녹아 들어가지 않는 것처럼 보이지만 실제로는 용질이 끊임없이 용액 속으로 녹아들어 가고 다시 결정으로 석출된다. 즉, 포화 용액에서는 용질의 용해 속도와 석출 속도가 같아서 동적 평형 상태를 이루고 있다. 포화 용액보다 더 적은 용질이 녹아 있는 용액을 불포화 용액이라고 하고 포화 용액보다 더 많은 용질이 녹아 있는 용액을 과포화 용액이라고 하는데 과포화 용액은 외부에서 조그만 충격을 가해도 용질이 쉽게 석출되는 불안정한 상태의 용액이다.

일정한 온도에서 용매 100 g에 녹을 수 있는 용질의 최대 g 수를 용해도라고 한다. 일반적으로 고체의 용해도는 온도가 증가할수록 더 많은 고체가 녹는 흡열 과정이다. 온도 변화에 따른 용해도 변화를 나타내는 그래프를 용해도 곡선이라고 하는데 용해도 곡선상의 점은 포화 용액을, 곡선의 아랫부분은 불포화 용액을, 그리고 곡선의 윗부분은 과포화 용액을 가리킨다. 그림 11-14는 물에 녹는 몇 가지 이온성 화합물의 용해도 곡선을 나타낸 것이다.

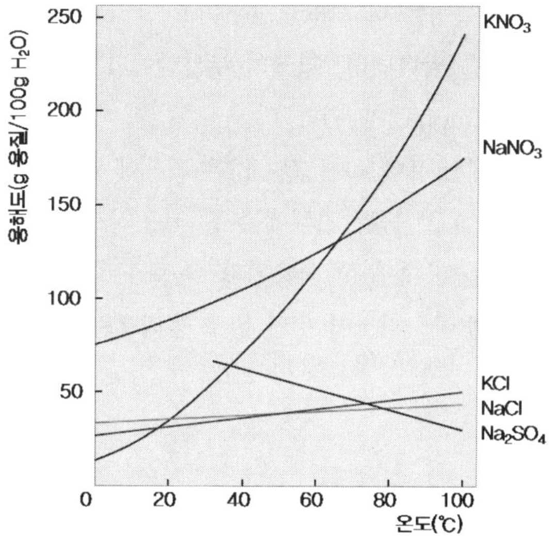

그림 11-14 용해도 곡선

예제

60℃의 포화 수용액 120 g을 20℃로 냉각시키면 석출되는 용질의 g수는? (단, 이 용질의 용해도는 20℃에서 80이고 60℃에서 120이다.)

풀이 포화 수용액의 질량 : 석출량 = 주어진 용액의 질량 : 석출되는 용질의 질량수

$$(100+120):(120-80)=120:x$$

$$\therefore \text{ 석출되는 용질의 질량수}(x)=\frac{120\times 40}{220}=21.8\text{ g}$$

암모니아나 염화수소와 같은 극성 기체들은 물과 같은 극성 용매에 잘 녹지만 질소, 산소, 수소, 이산화 탄소와 같은 무극성 기체들은 물에 잘 녹지 않는다. 일반적으로 기체의 용해도는 온도가 높을수록 감소하고 압력이 증가할수록 용해되는 기체의 질량수가 증가한다. 헨리의 법칙은 압력 변화에 따른 용해되는 기체의 질량 변화 관계를 나타낸다. 이 법칙에 의하면 일정한 온도에서 일정량의 용매에 녹는 기체의 질량은 그 기체의 압력에 비례한다. 즉 기체의 압력이 2배, 3배로 증가할수록 물에 녹아들어 가는 기체 분자의 수도 2배, 3배로 증가한다.

$$\text{기체의 용해도}=k\cdot P$$

이 식에서 k는 각 기체의 특성을 나타내는 상수이고 단위는 mol/(L・atm)이고 P는 용액 위의 기체 부분압을 나타낸다. 기체의 부분압이 1기압이면 헨리 법칙의 상수 k는 그 기체의 용해도(mol/L)가 된다.

헨리 법칙은 낮은 압력에서 용해도가 크지 않은 기체에 잘 적용되기 때문에 암모니아나 염화 수소 같이 물에 잘 녹는 기체에는 잘 적용되지 않고 수소, 산소, 헬륨과 같이 물에 잘 녹지 않는 기체에 잘 적용된다. 음료수 병마개를 따면 기체 거품이 발생하거나 더운 여름에 물고기들이 수면 위로 올라오는 것 등은 기체의 용해도와 관련된 현상이다.

용액의 농도

퍼센트 농도(%)는 용액 100 g 속에 녹아 있는 용질의 g 수를 나타내는 것으로 질량은 온도와 압력에 따라 변하지 않으므로 퍼센트 농도는 온도와 압력 변화에 무관하다.

$$\text{퍼센트 농도}(\%) = \frac{\text{용질의 질량}}{\text{용액의 질량}} \times 100$$

몰농도(M)는 용액 1 L에 녹아 있는 용질의 몰수를 나타내는 것(mol/L)으로 용액의 부피는 온도 변화에 따라 변하기 때문에 몰농도는 온도 변화에 따라 변한다.

$$\text{몰농도}(\mathrm{M}) = \frac{\text{용질의 몰수}(\mathrm{mol})}{\text{용액의 부피}(\mathrm{L})}$$

몰랄 농도(m)는 용매 1 kg에 녹아 있는 용질의 몰수를 나타내는 것(mol/kg)으로 온도 변화에 무관하게 일정하다.

$$\text{몰랄 농도}(\mathrm{m}) = \frac{\text{용질의 몰수}(\mathrm{mol})}{\text{용매의 질량}(\mathrm{kg})}$$

예제

12 M 염산 용액의 % 농도와 몰랄 농도를 구하시오. (단, HCl의 분자량은 36.5이고, 염산 용액의 밀도는 1.25 g/mL이다.)

풀이 용질의 g 수$= 12\ \mathrm{mol} \times 36.5\ \mathrm{g/mol} = 438\ \mathrm{g}$

$$용액의\ 질량 = 1000\ mL \times 1.25\ g/mL = 1250\ g$$

퍼센트 농도(%)는 용액 100 g 속에 녹아 있는 용질의 g 수이기 때문에

$$\therefore\ \%\ 농도 = \frac{438}{1250} \times 100 = 35\%$$

$$용매의\ 질량 = 용액의\ 질량 - 용질의\ 질량 = 1250\ g - 438\ g = 812\ g$$

몰랄 농도(m)는 용매 1 kg에 녹아 있는 용질의 몰수이기 때문에

$$\therefore\ 몰랄\ 농도(m) = \frac{12\ mol}{0.812\ kg} \fallingdotseq 14.8\ m$$

예제

20% 염산 용액의 몰랄 농도를 구하시오. (단, HCl의 분자량은 36.5이다.)

풀이 용매의 질량(kg)$= \dfrac{(100-20)}{1000} = 0.08\ kg$

용질의 몰수(mol)$= \dfrac{20\ g}{36.5\ g/mol} = 0.548\ mol$

$\therefore$ 몰랄 농도(m)$= \dfrac{0.548\ mol}{0.08\ kg} = 6.85\ m$

이상에서 주어진 농도 단위를 다른 농도 단위로 자유롭게 환산할 수 있어야 한다.

12장

산과 염기

12.1 산과 염기의 성질

산(acid)이란 물질은 수용액에서 신맛을 내고 지시약의 색 변화에서 푸른색의 리트머스 시험지를 붉은색으로 바꾸고 금속과 반응하여 수소를 발생시키는 특성이 있다(표 12-1). 화학에서 산은 물에 녹아 수소 이온(H^+)의 농도를 증가시켜 주는 물질로 정의한다. 물속에서 생성된 수소 이온은 물 분자와 결합하여 하이드로늄 이온(H_3O^+)을 형성한다.

$$HCl(g) + H_2O(l) \longrightarrow H_3O^+(aq) + Cl^-(aq)$$

화학 반응식에서 양성자 하나만 차이 나는 화학종들을 짝산-염기쌍(conjugate acid-base pairs)이라 한다. 위 반응식에서 HCl은 염화 이온(Cl^-)의 짝산이고 Cl^-

표 12-1 산과 염기의 특성 비교

	산	염기
맛	신맛	쓴맛
지시약의 색 변화	푸른색 리트머스를 붉은색으로	붉은색 리트머스를 푸른색으로
성질	양성자 주개	양성자 받개

은 수소 이온을 받아들일 수 있으므로 HCl의 짝염기(conjugate base)라 한다. 물에 녹아 이온화하는 정도가 산의 세기를 결정한다. 물에 녹아 거의 다 이온화를 하는 염산은 강산이지만 수용액에서 약간의 수소 이온을 내놓는 아세트산은 약산이다. 강산처럼 피부에 화상을 입히는 해로운 산도 있고 생명 유지를 위해 꼭 필요한 산도 있다. 예를 들면, 사람의 위에서 만들어지는 염산은 소화 작용에 꼭 필요하다. 탄소를 함유하지 않는 무기산은 대부분 강산이고 폭발물, 비료, 금속, 페인트 및 플라스틱을 만드는 데 사용된다. 대표적인 무기산인 황산은 강산이며 자동차 배터리 전해액으로 널리 사용된다. 반면에 유기산은 탄소를 함유하는 산으로서 음료, 화장품과 의약품을 만드는 데 사용된다. 과일의 신맛을 내는 시트르산, 비타민 C인 아스코르브산과 아스피린의 원료 물질인 아세틸살리실산 등이 유기산에 해당한다.

염기(base)는 쓴맛을 내고 수용액 상태에서 미끈미끈한 느낌을 주고 지시약의 색 변화에서는 붉은색의 리트머스 시험지를 푸른색으로 바꾸어 주는 특성을 가진다. 화학에서 염기는 수용액에서 수산화 이온(OH^-)의 농도를 증가시키는 물질로 정의한다.

$$NaOH(s) \longrightarrow Na^+(aq) + OH^-(aq)$$

산과 염기가 반응하면 염과 물이 생성되는데 이 반응을 중화 반응이라고 한다.

$$HCl(aq) + NaOH(aq) \longrightarrow NaCl(aq) + H_2O(l)$$

위 반응식과 같이 반응물과 생성물을 화학식으로 나타낸 반응식을 분자 반응식(molecular equation)이라고 한다. 그러나 이 반응식은 용액 속에서 실제 일어나는 현상에 대한 정보를 제공하지 못한다. 예를 들면, 염산, 수산화 소듐, 염화 소듐 등은 수용액에서 분자 상태로 존재하는 것이 아니라 개개의 이온으로 존재한다. 따라서 위의 반응에 대한 용액 속에서 반응물과 생성물의 실제 형태를 나타내 주는 전체 이온 반응식(total ion equation)은 다음과 같다.

$$H^+(aq) + Cl^-(aq) + Na^+(aq) + OH^-(aq) \longrightarrow Na^+(aq) + Cl^-(aq) + H_2O(l)$$

전체 이온 반응식에서 Na^+와 Cl^- 이온은 반응 전후에 용액 속에 그대로 존재하므로 이 이온들처럼 반응에 직접 관여하지 않는 이온들을 구경꾼 이온(spectator ion)이라고 한다. 반응식의 양쪽에 똑같이 존재하는 이 이온들은 제거할 수 있으므로, 결과적으로 반응에 직접 관여하는 성분만을 포함하는 알짜 이온 반응식(net ion equation)을 얻을 수 있다.

$$H^+(aq) + OH^-(aq) \longrightarrow H_2O(l)$$

완전한 중화 반응은 수용액에서 수소 이온과 수산화 이온의 최종 농도가 같아질 때이고 이때 발생하는 중화열(ΔH)은 −57.7 kJ로서 산과 염기의 종류에 무관하게 일정하다.

12.2 산과 염기에 대한 이론

아레니우스 이론

스웨덴의 과학자인 아레니우스(Svante August Arrhenius; 1859~1927)는 '산은 수용액에서 수소 이온(H^+)을 내놓는 물질이고 염기는 물에 녹아 수산화 이온(OH^-)을 내놓는 물질이다.'라고 제안하였다.

$$\underset{\text{산}}{HA} \longrightarrow H^+(aq) + A^-(aq)$$

$$\underset{\text{염기}}{MOH} \longrightarrow M^+(aq) + OH^-(aq)$$

HA 산에는 HCl과 HNO_3 등이 있고 MOH 염기에는 NaOH와 KOH 등이 있다. 편의상 간단하게 표시한 $H^+(aq)$는 하이드로늄 이온(hydronium ion, H_3O^+)을 나타낸다. 산들은 물에 녹아 내놓는 H^+(aq)의 개수가 다르다. 예를 들면, 염산(HCl)은 단 하나의 $H^+(aq)$을 내놓기 때문에 일양성자산(monoprotic acid)이라 하고 황산(H_2SO_4)은 두 개의 $H^+(aq)$을 내놓기 때문에 이양성자산(diprotic acid)이라 하고 인산(H_3PO_4)은 세 개의 $H^+(aq)$을 내놓기 때문에 삼양성자산(triprotic acid)이라 한다.

황산의 경우 첫 번째 $H^+(aq)$는 완전히 해리하지만 두 번째 $H^+(aq)$의 해리는 완결되지 않기 때문에 다음 반응식에서 이중 화살표로 나타내었다.

$$H_2SO_4(aq) + H_2O(l) \rightarrow HSO_4^-(aq) + H_3O^+(aq)$$

$$HSO_4^-(aq) + H_2O(l) \rightleftarrows SO_4^{2-}(aq) + H_3O^+(aq)$$

인산의 경우 세 개의 $H^+(aq)$의 해리는 완결되지 않는다.

$$H_3PO_4(aq) + H_2O(l) \rightleftarrows H_2PO_4^-(aq) + H_3O^+(aq)$$
$$H_2PO_4^-(aq) + H_2O(l) \rightleftarrows HPO_4^{2-}(aq) + H_3O^+(aq)$$
$$HPO_{42}^-(aq) + H_2O(l) \rightleftarrows PO_4^{3-}(aq) + H_3O^+(aq)$$

인물보기 **아레니우스**

스웨덴의 웁살라 근처의 비크에서 출생한 그는 웁살라 대학교를 졸업하였고 1895년에 스톡홀름 왕립기술연구소의 교수로 임명되었다. 1884년에 그는 박사 학위 논문에서 염화 소듐과 같은 전해질은 물에서 이온으로 해리한다는 혁명적인 개념을 제안하였다. 그 당시에는 전자가 아직 발견되지 않았고 화학자들이 소듐과 염소 원자가 어떻게 전하를 띤 이온으로 되는지에 대한 이해의 토대도 가지고 있지 않았기 때문에 이 개념은 혁명적이었다. 물론 그의 지도교수는 그의 생각을 인정하지 않았고 그의 학위 논문은 가장 낮은 점수로 통과할 수밖에 없었다. 1890년대 동안 전자에 대한 톰슨의 실험으로 원자가 전하를 띤 입자들을 가지고 있다는 것이 밝혀짐으로써 아레니우스의 개념은 지지받았다. 1903년에 아레니우스는 19년 전에 거의 거절되었던 그의 논문으로 화학 분야에서 노벨상을 받았다. 또한 그는 대기 중의 이산화 탄소가 열을 잡는다는 온실 효과 개념을 제안하였고 화학 반응의 속도에 영향을 주는 활성화 에너지의 개념도 소개하기도 하였다.

브뢴스테드–로우리 이론

1923년에 덴마크의 화학자인 브뢴스테드(Johannes Nicolaus Brønsted; 1897~1947)와 영국의 화학자인 로우리(Thomas M. Lowry; 1874~1936)는 아레니우스의 산–염기 개념을 확장하여 양성자 이론을 바탕으로 한 '산은 양성자 주개이고 염기는 양성자 받개이다.'라는 새로운 이론을 제안하였다.

$$\underset{\text{산}}{HCl(g)} + \underset{\text{염기}}{H_2O(l)} \longrightarrow \underset{\text{염기}}{Cl^-(aq)} + \underset{\text{산}}{H_3O^+(aq)}$$

위 반응식에서 Cl^-는 HCl의 짝염기(conjugate base)이고 HCl은 Cl^-의 짝산

(conjugate acid)이 된다. 마찬가지로 H_2O는 H_3O^+의 짝염기이고 H_3O^+는 H_2O의 짝산이다.

인물보기

브뢴스테드

덴마크의 바르데에서 토목기사의 아들로 출생한 브뢴스테드는 1899년에 코펜하겐 대학교에서 화학공학을 전공하였다. 1908년에 코펜하겐 대학교에서 박사 학위를 받고서 그해 코펜하겐 대학교에서 화학 교수가 되었다. 그는 용해도와 용액에서 이온들의 상호작용 그리고 열역학에 대하여 중요한 많은 논문과 책들을 출간하였다. 제2차 세계 대전 동안 나치가 덴마크를 인수하려는 것에 반대함으로써 유명하게 되었다. 1935년에 영국왕립학회의 회원이 되었고 1947년에 덴마크 의회에서 의원으로 선출되었고 하지만 그해 겨울에 병으로 죽었다.

로우리

로우리는 1899년에 런던 대학교에서 박사 학위를 받았다. 웨스트민스터 사범대학에서 화학을 강의하였고 구이(Guy's) 병원 의과대학에서 화학과장으로, 그리고 런던 대학교에서 화학 교수로 근무하였다. 1920년에는 케임브리지 대학교에서 물리화학 분야의 장으로 임명되었다. 브뢴스테드와는 독립적으로 일을 하면서 산과 염기에 대한 같은 많은 개념을 발전시켰지만, 오랜 기간 지속하지 못하였다. 이 때문에 많은 책이 산-염기 화학 발전에 대한 로우리의 기여를 인정하지 않는다. 로우리는 광학 이성질체의 광학 회전력에 관한 광범위한 연구를 하였기 때문에 유기화학자와 물리화학자로 널리 알려지게 되었다.

루이스 이론

1923년에 미국의 화학자인 루이스(Gillbert N. Lewis)는 비공유 전자쌍을 가지는 물질의 산-염기 반응에도 적용되는 산과 염기에 대한 좀 더 광범위한 산, 염기 정의를 소개하였다. 그는 '염기는 비공유 전자쌍을 가진 물질(전자쌍 주개)이고 산은 전자쌍을 받아들이는 물질(전자쌍 받개)이다.'라고 제안하였다. 루이스의 산-염기 정의에 의하면 암모니아가 수소 이온과 결합하여 암모늄 이온을 형성하는 반응도 산-염기 반응이다. 즉, 암모니아는 비공유 전자쌍을 내놓기 때문에 염기로 작용하고 전자쌍을 받는 수소 이온은 산으로 작용한다.

$$\underset{\text{산}}{H^+} + \underset{\text{염기}}{:NH_3} \longrightarrow NH_4^+$$

12.3 산과 염기의 세기

전해질이 녹아 있는 수용액이 평형 상태를 이루고 있을 때 녹아 있는 전해질의 몰수에 대한 이온화된 전해질의 몰수비를 이온화도(α, $0 < \alpha \le 1$)라고 한다. 이온화도가 큰 산과 염기는 용액에서 분자 상태로 존재하는 것보다 대부분 이온 상태로 존재하므로 강산과 강염기가 된다. 반면에 적은 정도로 해리하는 산과 염기는 약산(weak acid)과 약염기(weak base)가 된다. 강산에는 염산(HCl), 브로민화수소산(HBr), 아이오딘화수소산(HI), 질산(HNO_3), 황산(H_2SO_4)과 과염소산($HClO_4$) 등이 있고 이들의 짝염기인 Cl^-, Br^-, I^-, NO_3^-, HSO_4^-, ClO_4^-들은 약한 염기이다(표 12-2). 약산에는 아세트산(CH_3COOH)과 플루오린화 수소산(HF), 아질산(HNO_2) 등이 있고 이들의 짝염기인 CH_3COO^-, F^-, NO_2^-들은 강염기이다. 강염기에는 NaOH와 $Ba(OH)_2$ 등의 금속 수산화물이 있고 약염기에는 암모니아(NH_3) 등이 있다. 암모니아는 물에 녹아 약간의 NH_4^+와 OH^- 이온을 생성하기 때문에 암모니아 수용액을 수산화 암모늄(ammonium hydroxide)으로 부르는 것은 잘못된 명칭이다.

산과 염기가 녹아서 평형 상태를 이루고 있는 수용액의 평형 상수를 각각 산 이온화 상수(K_a)와 염기 이온화 상수(K_b)라고 한다.

표 12-2 흔히 사용되는 산과 염기

	산		염기		
강산	$HClO_4$	과염소산	KOH	수산화 포타슘	강염기
	H_2SO_4	황산	NaOH	수산화 소듐	
	HBr	브로민화수소산	$Ba(OH)_2$	수산화 바륨	
	HCl	염산	$Ca(OH)_2$	수산화 칼슘	
↑	NO_3	질산			↑
	H_3PO_4	인산	NH_3	암모니아	
약산	HF	플루오린화수소산			약염기
	HNO_2	아질산			
	CH_3COOH	아세트산			

산(HA)에 대한 이온화 평형은 다음과 같이 쓸 수 있다.

$$HA + H_2O \rightleftharpoons H_3O^+ + A^-$$

이 반응의 평형 상수는 다음과 같다.

$$K = \frac{[H_3O^+][A^-]}{[HA][H_2O]}$$

25℃의 순수한 물에는 매우 적은 양의 H^+와 OH^-가 존재하는데 이들의 농도는 $[H^+] = [OH^-] = 1.0 \times 10^{-7}$ M이고 또한 순수한 물의 농도는 물의 몰농도와 밀도로부터 55.4 M으로 계산된다.

$$[H_2O] = (\frac{1\ mol}{18.0\ g})(\frac{997\ g}{L}) = 55.4\ \frac{mol}{L}$$

이로부터 $\frac{[H_2O]_{해리}}{[H_2O]_{비해리}} = \frac{1.0 \times 10^{-7} M}{55.4 M} = 1.8 \times 10^{-9}$이다.

물의 농도는 반응 전이나 후에 거의 일정하게 유지되므로 $K[H_2O] = K_a$라 하면 다음과 같이 쓸 수 있다.

$$K_a = \frac{[H_3O^+][A^-]}{[HA]}$$

염기(B)에 대한 이온화 평형은 다음과 같이 쓸 수 있다.

$$B + H_2O \rightleftharpoons BH^+ + OH^-$$

이 반응의 평형 상수는 다음과 같다.

$$K = \frac{[BH^+][OH^-]}{[B][H_2O]}$$

물의 농도는 반응 전이나 후에 거의 일정하게 유지되므로 $K[H_2O] = K_b$라 하면 다음과 같이 쓸 수 있다.

$$K_b = \frac{[BH^+][OH^-]}{[B]}$$

이온화 상수가 클수록 정반응 쪽이 우세하므로 그런 산과 염기는 강산과 강염기가 된다. $pK_a(K_b) = -\log K_a(K_b)$이므로 pK_a값이 클수록 약산이 되고 pK_a값이 작을수록 강산이 된다. 마찬가지로 pK_b값이 클수록 약염기가 되고 pK_b값이 작을수록 강염기가 된다.

산의 세기를 결정하는 요인

산(HA)의 산도를 결정하기는 복잡하지만 짝염기인 A^-가 안정화될수록 산은 강산이 된다. 주기율표에서 같은 주기, 예를 들면 2주기 원소로 이루어진 이성분 산의 경우 왼쪽에서 오른쪽으로 갈수록 A의 전기음성도가 증가하면서 HA의 산도는 증가한다.

$$\begin{array}{lcccc} & CH_4 \; < & NH_3 \; < & H_2O \; < & HF \\ pK_a \fallingdotseq & 50 & 38 & 16 & 3.2 \end{array}$$

주기율표에서 같은 족, 예를 들면 17족 원소로 이루어진 이성분 산의 경우 위쪽에서 아래쪽으로 갈수록 A의 음전하가 더 넓은 부피에 퍼져 안정화되므로 HA의 산도는 증가한다.

$$\begin{array}{lcccc} & HF \; < & HCl \; < & HBr \; < & HI \\ pK_a \fallingdotseq & 3.2 & -6 & -9 & -10 \end{array}$$

아세트산과 같은 약산의 이온화도와 이온화 상수는 서로 밀접한 관계가 있다. 초기 농도가 C mol/L(M)인 약산 HA의 이온화도(α)를 이용하여 산 이온화 상수(K_a)를 구할 수 있다.

	HA $\rightleftarrows$	H_3O^+ +	A^-
초기 농도	C	0	0
이온화한 농도	$-C\alpha$	$+C\alpha$	$+C\alpha$
평형 농도	$C(1-\alpha)$	$C\alpha$	$C\alpha$

평형 농도를 산 이온화 상수(K_a)에 대입한다.

$$K_a = \frac{[H^+][A^-]}{[HA]} = \frac{(C\alpha)^2}{C(1-\alpha)} = \frac{C\alpha^2}{1-\alpha}$$

여기서 약산의 이온화도(α)는 매우 작으므로 $1-\alpha \fallingdotseq 1$이 된다.

$$\therefore \quad K_a \fallingdotseq C\alpha^2$$

예제

25℃에서 0.1 M 아세트산 수용액의 이온화 상수(K_a)를 구하시오(단, 아세트산의 이온화도는 0.01로 한다.)

풀이

	CH_3COOH	$+ H_2O \rightleftharpoons$	H_3O^+	+	CH_3COO^-
초기 농도	0.1		0		0
이온화한 농도	−0.1×0.01		+0.1×0.01		+0.1×0.01
평형 농도	0.1(1−0.01)		0.001		0.001

평형 농도 $[H_3O^+]=[CH_3COO^-]=0.001$ M와 $[CH_3COOH]=0.1(1-0.01)=0.099$ M를 산 이온화 상수(K_a)에 대입한다.

$$K_a = \frac{[H_3O^+][CH_3COO^-]}{[CH_3COOH]} = \frac{0.001^2}{0.1(1-0.01)} \fallingdotseq \frac{0.001^2}{0.1} = 1.0 \times 10^{-5}$$

12.4 pH 척도

pH라는 용어는 산성비와 관련된 기사와 샴푸, 화장품에 대한 선전 문구에서 어렵지 않게 발견할 수 있다. 이런 기사와 광고 문구를 이해하기 위해 pH라는 용어의 의미를 이해할 필요가 있다.

1909년에 덴마크의 생화학자인 쇠렌센(Soren Peter Lauritz Sörensen; 1868~1939)은 pH를 수소 이온 몰농도의 음의 로그 값으로 제안하였다. 즉 pH에서 p는 power(거듭제곱)의 머리글자로서 음의 대수(−log)의 수학적 약자이고 H는 수소 이온의 몰농도를 나타낸다.

$$pH = -\log [H^+]$$

pH의 의미를 명확히 하기 위해 구체적으로 예를 들어 설명해 보자. 수소 이온 농도가 3.2×10^{-4}인 오렌지 주스의 pH를 계산하면 다음과 같다.

$$pH = -\log(3.2\times10^{-4}) = -(-3.5) = 3.5$$

수소 이온의 몰농도로부터 pH를 계산하는 것처럼 거꾸로 pH 값으로부터 수소 이온의 몰농도를 계산할 수 있다.

$$[H^+] = 10^{-pH}$$

산성비의 pH가 3.45이면 이 비의 수소 이온의 농도는 $10^{-3.45} = 3.5\times10^{-4}$이다. 음식물 내에서 자연적으로 얻어지는 산들의 pH는 다음과 같다. 식초는 pH=2.5 정도의 아세트산을 포함하고, 사과는 pH=3 정도의 말산을, 레몬주스는 pH=2.3 정도의 시트르산을 포함한다. 비타민 C인 아스코르브산의 pH는 4 정도이고 토마토와 콜라의 pH는 각각 4.2와 3.1이다. 우리가 일상생활에서 접할 수 있는 여러 가지 액체들의 pH 값들을 표 12-3에 나타내었다.

pH가 7.0보다 작은 값을 가지는 용액은 산성, pH가 7.0인 용액은 중성, pH가 7.0보다 큰 값을 가지는 용액은 염기성이라고 한다. pH 척도와 수소 이온의 몰농도와 수산화 이온의 몰농도 사이의 관계를 표 12-4에 나타내었다.

수소 이온의 몰농도 $> 10^{-7}$　　pH $<$ 7인 산성 용액

수소 이온의 몰농도 $= 10^{-7}$　　pH $=$ 7인 중성 용액

수소 이온의 몰농도 $< 10^{-7}$　　pH $>$ 7인 염기성 용액

순수한 물은 전기를 통하지 않는 비전도체이고 하지만 예민한 실험으로 측정하면 순수한 물에도 약간의 이온이 존재한다. 이처럼 물은 자체 이온화로 약간의 수소 이온(H^+)과 수산화 이온(OH^-)을 생성한다.

$$H_2O(l) \rightleftharpoons H^+(aq) + OH^-(aq)$$

25°C의 순수한 물에는 매우 적은 양의 H^+와 OH^-가 존재하는데 이들의 농도는 다음과 같다.

표 12-3 여러 가지 액체들의 pH 값

액체	pH
가정용 잿물	13.6
표백제	12.6
해수	8.0
혈장	7.4
침	6.6
소변	5~8
맥주	4.5
위산	1.2~3.0
배터리 액	0.35

※ 수소 이온과 수산화 이온의 몰농도는 25℃에서 측정된 값이다.

$$[H^+] = [OH^-] = 1.0 \times 10^{-7}\ M$$

따라서 수소 이온의 몰농도와 수산화 이온의 몰농도를 곱하여 얻은 상수 K_w를 물의 이온화 곱(ion product) 상수라고 하고 그 값은 1.0×10^{-14}이다.

$$K_w = [H^+][OH^-] = 1.0 \times 10^{-14}$$

K_w의 의미는 대단히 중요하다. 25℃ 용액 안에 어떤 물질이 존재하든지와 관계

표 12-4 pH 척도

pH	$[H^+]$		$[OH^-]$	
0	(10^{0})	1.0	0.00000000000001	(10^{-14})
1	(10^{-1})	0.1	0.0000000000001	(10^{-13})
2	(10^{-2})	0.01	0.000000000001	(10^{-12})
3	(10^{-3})	0.001	0.00000000001	(10^{-11})
4	(10^{-4})	0.0001	0.0000000001	(10^{-10})
5	(10^{-5})	0.00001	0.000000001	(10^{-9})
6	(10^{-6})	0.000001	0.00000001	(10^{-8})
7	(10^{-7})	0.0000001	0.0000001	(10^{-7})
8	(10^{-8})	0.00000001	0.000001	(10^{-6})
9	(10^{-9})	0.000000001	0.00001	(10^{-5})
10	(10^{-10})	0.0000000001	0.0001	(10^{-4})
11	(10^{-11})	0.00000000001	0.001	(10^{-3})
12	(10^{-12})	0.000000000001	0.01	(10^{-2})
13	(10^{-13})	0.0000000000001	0.1	(10^{-1})
14	(10^{-14})	0.00000000000001	1.0	(10^{0})

없이 H^+와 OH^-의 농도 곱은 항상 1.0×10^{-14}의 일정한 값을 가진다. 이것은 $[H^+]$가 증가하면 $[OH^-]$은 감소하고 반대로 $[H^+]$가 감소하면 $[OH^-]$는 증가하여 두 농도의 곱은 항상 1.0×10^{-14}가 된다는 것이다.

수용액은 세 가지 상태로 존재할 수 있다. 즉, 수소 이온의 농도가 수산화 이온의 농도보다 크면 산성 용액(acidic solution)이고, 수산화 이온의 농도가 수소 이온의 농도보다 크면 염기성 용액(basic solution)이며 두 이온의 농도가 같을 때 중성 용액(neutral solution)이 된다.

$$\text{산성 용액:} \quad [H^+] > [OH^-]$$
$$\text{염기성 용액:} \quad [H^+] < [OH^-]$$
$$\text{중성 용액:} \quad [H^+] = [OH^-]$$

pH와 수소 이온의 몰농도 사이의 관계를 그림 12-1에 실었다. 수소 이온의 몰농도가 감소하면 pH는 증가한다.

비의 정확한 pH를 측정하려면 비를 오염되지 않게 모으는 것이 무엇보다도 중요하다. 따라서 먼저 깨끗한 용기를 사용하고 비를 모을 때 용기를 충분히 높은 곳에 설치하여서 흙이 튀어 용기 안으로 들어가는 것을 방지해야 한다. 포집된 비의 pH는 pH 미터기를 이용하거나 pH에 따라 색깔이 변화는 리트머스 종이와 같은 지시약을 사용하여 측정한다. pH 미터를 이용하여 시료의 정확한 pH를 얻기 위해서는 먼저 미터기를 pH가 알려진 기준용액으로 보정을 한 후에 측정에 사용해야 한다. pH 검출 종이를 이용하는 방법은 검출 종이에 측정하려는 용액을 약간 떨어뜨린 후 나타나는 색깔을 표준변색표와 비교함으로써 용액의 pH를 알 수 있다. 이 방법은 값이 저렴하고 용액의 pH를 쉽고 빠르게 측정할 수 있다. 하지만 정확도가 떨어지며 한번 사용한 검출 종이는 버려야 한다.

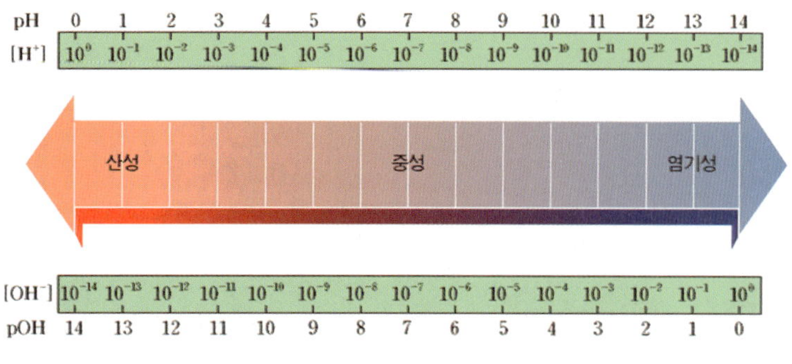

그림 12-1 수소 이온의 몰농도와 pH 사이의 관계

순수한 물의 pH는 7이지만 놀랍게도 오염되지 않은 비도 중성이 아니라 약산성을 띤다. 대기 중에 존재하는 이산화 탄소는 빗물에 약간 녹아 탄산(H_2CO_3)을 형성하는데 이 탄산은 약산이므로 분자의 약 1%만이 해리하여 수소 이온(H^+)을 내놓기 때문에 순수한 빗물조차도 약한 산성을 띠게 된다.

$$CO_2(g) + H_2O(l) \longrightarrow H_2CO_3(aq)$$

$$H_2CO_3(aq) \longrightarrow H^+(aq) + HCO_3^-(aq)$$

25°C에서 정상 대기 중에 있는 이산화 탄소와 평형 상태를 유지하는 물의 수소 이온 농도가 2.5×10^{-6} M이므로 pH는 5.6이다. 정상적인 비는 이산화 탄소로부터 생성된 탄산뿐만 아니라 아세트산과 같은 다른 산들도 소량 포함하고 있으므로 이보다는 약간 낮은 산도를 가진다.

강산(일양성자산)은 수용액에서 거의 100% 해리하기 때문에 $[H^+]$와 $[OH^-]$는 산의 초기 농도와 같다. 마찬가지로 알칼리 금속 수산화물의 강염기도 거의 100% 해리하기 때문에 알칼리 금속 이온의 몰농도 $[M^+]$와 $[OH^-]$는 염기의 초기 농도와 같다. 따라서 0.025 M HNO_3 용액과 0.10 M NaOH 용액의 각 pH는 다음과 같다. 0.025 M HNO_3 용액의 $pH = -\log[H_3O^+] = -\log(2.5\times10^{-2}) = 1.60$이고 0.10 M NaOH 용액의 $[H_3O^+] = \dfrac{K_w}{[OH^-]} = \dfrac{1.0\times10^{-14}}{0.10} = 1.0\times10^{-13}$ M이므로 $pH = -\log(1.0\times10^{-13}) = 13.00$이다.

그러나 약산 용액의 pH 계산은 평형에서의 $[H_3O^+]$를 구해야 하므로 좀 복잡하다. 약산인 아세트산 수용액의 pH를 계산하는 것에 대하여 다음 문제에서 설명해 보자.

예제

0.1 M 아세트산 수용액($K_a = 1.8\times10^{-5}$)의 pH를 계산하시오.

$$CH_3COOH(aq) + H_2O(l) \rightleftarrows H_3O^+(aq) + CH_3COO^-(aq)$$

	CH_3COOH	H_3O^+	CH_3COO^-
초기 농도(M)	0.1	0	0
농도 변화(M	$-x$	$+x$	$+x$
평형 농도(M)	$0.1-x$	x	x

각 화학종의 평형 농도를 K_a에 대입하여 x에 대하여 푼다.

$$K_a = 1.8 \times 10^{-5} = \frac{[H_3O^+][CH_3COO^-]}{[CH_3COOH]} = \frac{x^2}{(0.1 - x)}$$

아세트산은 약산이므로 x는 초기 농도에 비하여 무시할 수 있으므로 $0.1-x ≒ 0.1$로 가정하고 x의 근삿값을 계산한다.

$$x^2 = (1.8 \times 10^{-5})(0.1), \quad x = 1.34 \times 10^{-3}$$

따라서 $\text{pH} = -\log[H_3O^+] = -\log(1.34 \times 10^{-3}) = 2.87$

해리 백분율을 사용하면 또한 약산의 세기를 나타낼 수 있다. 해리 백분율은 산의 초기 농도를 분모에 해리된 산의 농도를 분자에 나타내고 곱하기 100을 하면 된다. 즉, 다음과 같이 정의한다.

$$\text{해리 백분율}(\%) = \frac{[\text{HA}]_{\text{해리}}}{[\text{HA}]_{\text{초기}}} \times 100$$

앞의 예에서 0.1 M 아세트산의 해리 백분율을 구할 수 있다.

$$\text{해리 백분율}(\%) = \frac{[CH_3COOH]_{\text{해리}}}{[CH_3COOH]_{\text{초기}}} \times 100 = \frac{1.34 \times 10^{-3}}{0.1} \times 100 = 1.34\%$$

산에 따라 해리 백분율은 다르고 K_a 값이 증가할수록 증가하는 경향을 보인다. 약산의 해리 백분율은 농도가 감소할수록 증가하고 농도가 증가할수록 감소한다.

짝산-염기쌍의 두 평형 상수는 서로 연관되어 있으므로 한 평형 상수를 알면 다른 평형 상수를 구할 수 있다. 예를 들면 짝산-염기쌍인 CH_3COOH와 CH_3COO^-를 생각해 보자.

$$CH_3COOH(aq) + H_2O(l) \rightleftarrows H_3O^+(aq) + CH_3COO^-(aq)$$

$$K_a = \frac{[H_3O^+][CH_3COO^-]}{[CH_3COOH]}$$

$$CH_3COO^-(aq) + H_2O(l) \rightleftarrows OH^-(aq) + CH_3COOH(aq)$$

$$K_b = \frac{[OH^-][CH_3COOH]}{[CH_3COO^-]}$$

$$2H_2O(l) \rightleftarrows H_3O^+(aq) + OH^-(aq) \qquad K_w = [H_3O^+][OH^-]$$

$$K_a \times K_b = K_w = 1.0 \times 10^{-14}$$

짝산-염기쌍의 산 해리 상수와 염기 해리 상수의 곱은 물의 이온곱 상수와 같다. 즉, 산의 세기가 증가하면(K_a가 크면) 그 짝염기의 세기는 감소한다(K_b는 작아진다). 위의 식 양변에 로그를 취하고 마이너스를 붙이면 다음 식을 얻게 된다.

$$\mathrm{p}K_a + \mathrm{p}K_b = \mathrm{p}K_w = 14$$

12.5 산성비의 원인과 피해

산성비가 내리는 지역은 주로 공업화가 많이 되었거나 아니면 인구밀도가 높은 곳이다. 그런 지역은 황 산화물과 질소 산화물을 심하게 방출하는 장소이므로 산성비는 공기 중의 수증기가 황 산화물 또는 질소 산화물과 밀접한 관계가 있다. 석탄이나 석유, 기름을 사용하는 화력 발전소나 공장들이 많은 중공업 지역은 화석 연료의 연소로 이산화 황을 많이 방출하고 인구밀도가 높아서 자동차 운행이 많은 지역에는 자동차 배기가스로 배출된 일산화 질소뿐만 아니라 이 일산화 질소가 공기 중의 산소와 반응하여 이산화 질소와 같은 질소 산화물이 많이 발생한다. 이들 황과 질소 산화물들은 산의 무수물로 물과 반응하면 산을 생성한다. 예를 들면, 이산화 황과 삼산화 황은 물에 녹아 각각 아황산과 황산을 형성하고 황산은 해리하여 H^+를 내놓는다.

$$SO_2(g) + H_2O(l) \longrightarrow H_2SO_3(aq)$$

$$SO_3(g) + H_2O(l) \longrightarrow H_2SO_4(aq)$$

$$H_2SO_4(aq) \longrightarrow 2H^+(aq) + SO_4^{2-}(aq)$$

이산화 질소도 비슷한 방법으로 물속에서 질산을 형성하고 이 질산은 해리하여 H^+를 내놓는다.

$$4NO_2(g) + 2H_2O(l) + O_2(g) \longrightarrow 4HNO_3(aq)$$

$$HNO_3(aq) \longrightarrow H^+(aq) + NO_3^-(aq)$$

산성비 형성의 주된 원인 물질인 황 산화물과 질소 산화물은 대기의 운동으로 먼 곳까지 이동할 수 있으므로 산성비의 피해는 청정 지역에서도 관찰된다. 대기 중에 떠다니는 산성 입자들은 땅바닥으로 가라앉기도 하는데 이러한 건성 물질들도 산성 오염의 중요한 원인 물질이 된다. 이런 건성의 산성 오염 물질과 산성비와 같은 습성의 산성 오염 물질들을 통틀어서 산성 침전물이라고 한다.

산성비란 황 산화물이나 질소 산화물과 같은 산성 물질로 오염된 비를 말한다. 오염되지 않은 비의 pH도 공기 중의 이산화 탄소의 영향으로 pH가 5.6 정도이다. (화산 폭발이나 산불 등의 자연적인 현상으로도 비의 pH는 5.2 정도가 되기도 한다) 일반적으로 pH가 5.6 미만의 비를 산성비라고 한다. pH가 4.2인 호수의 물은 pH가 6.2인 물과 pH의 차이는 2 밖에 나지 않지만 수소 이온의 농도 차이는 100배나 더 크다. 이처럼 pH의 작은 변화일지라도 산성의 변화로 따지면 큰 것이기 때문에 생명체에게는 큰 영향을 끼칠 수 있다.

건축물과 철에 미치는 피해

산성비는 건물, 다리, 조각상 등에 손상을 입히기도 한다. 산성비로 인하여 손상을 입은 조각상은 주로 대리석과 석회암의 단일 성분인 탄산 칼슘($CaCO_3$)으로 만들어졌으며 모든 탄산염은 산에 녹아 이산화 탄소와 물을 생성하게 된다.

$$CaCO_3(s) + 2H^+(aq) \longrightarrow Ca^{2+}(aq) + CO_2(g) + H_2O(l)$$

이러한 반응으로 많은 건물과 동상들이 산성비에 의해 서서히 손상되고 있으며 또한 부식으로 인하여 더 이상 글자를 읽을 수 없는 묘비들도 점점 많아지고 있다.

산성비의 또 다른 피해는 금속의 부식이다. 다리, 기차선로, 자동차, 선박, 트럭과 같은 운송 수단들은 철로 만들어져 있는데 철의 부식 속도는 질산이나 황산의 존재하에서 굉장히 빠르게 일어난다. 철은 공기 중의 산소와 수소 이온과 반응하여 Fe^{2+} 이온을 형성하고 이것은 더 많은 산소와 반응하여 적갈색 물질인 녹이라는 산화 철(Fe_2O_3)을 생성한다.

$$4Fe(s) + 2O_2(g) + 8H^+(aq) \longrightarrow 4Fe^{2+}(aq) + 4H_2O(l)$$

$$4Fe^{2+}(aq) + O_2(g) + 4H_2O(l) \longrightarrow 2Fe_2O_3(s) + 8H^+(aq)$$

이 두 반응을 합하면 알짜 반응식이 다음과 같다.

$$4Fe(s) + 3O_2(g) \longrightarrow 2Fe_2O_3(s)$$

강철을 부식으로부터 막기 위해 페인트칠로 막을 형성하여 보호하고 하지만 페인트 또한 산성비에 노출되면 부식 속도가 빨라진다.

경치를 흐리게 하는 여름날의 아지랑이 또한 산성비의 영향 때문이다. 주로 황산(H_2SO_4), 황산 암모늄($(NH_4)_2SO_4$), 황산수소 암모늄(NH_4HSO_4) 등을 함유한 혼합물이 아지랑이 연무질 입자의 구성 성분인데, 태양광선이 강하게 내리쬐는 여름날에 광화학 반응으로 황산이 만들어지면 아지랑이는 더욱 분명해진다. 이 연무질 입자들이 인간의 호흡으로 폐 안으로 들어가면 호흡기 질환을 유발하여 인간의 건강에 해로운 영향을 끼치게 된다.

납(Pb), 카드뮴(Cd), 수은(Hg)과 같은 중금속의 용해도는 산 존재하에서 매우 증가한다. 토양이나 암석에 존재하는 이 원소들이 산성비에 의하여 녹아 땅속으로 들어가면 인접한 저수지가 중금속으로 오염될 수 있다.

참조 **아지랑이**

햇빛이 강한 한낮에 지표면의 공기가 아른거리면서 위로 올라가는 현상이다. 봄철이나 여름철 맑은 날 낮에 도로나 백사장 위에서 관찰된다. 햇빛을 받아 지표면이 데워지면 지표면의 공기는 팽창하여 밀도가 작아져 위로 올라가게 된다. 이 공기가 주위의 밀도가 큰 공기와 섞이게 되면 지나가는 빛이 마구잡이로 굴절하여 아지랑이가 관찰된다. 뜨거운 난로 위에서도 이 현상이 관찰된다.

호수와 하천에 미치는 피해

산성비가 호수, 시내, 강물에 내리면 물은 더욱 산성으로 변하고 물고기와 수중 생물들의 수가 감소하기 시작한다. 그러나 호수나 주위의 토양이 산을 중화시킬 수 있는 탄산염이나 중탄산염의 염기를 가지고 있으면 호수의 pH는 감소하지 않을 것이다. 이처럼 산이 유입되었을 때 산성을 중화할 수 있는 호수의 능력을 산중화 용량(acid neutralizing capacity, ANC)이라고 한다. 호수 주위에 있는 바위들이 석회암(탄산 칼슘)이면 탄산 칼슘이 이산화 탄소와 물과 반응하여 탄산수소 칼슘을 형성한다. 이렇게 생성된 탄산수소 이온은 산을 중화시켜 pH가 감소하는 것을 막을 수 있다.

$$CaCO_3(s) + CO_2(g) + H_2O(l) \longrightarrow Ca^{2+}(aq) + 2HCO_3^-(aq)$$

$$HCO_3^-(aq) + H^+(aq) \longrightarrow CO_2(g) + H_2O(l)$$

위산의 과다한 분비로 야기되는 위궤양의 통증을 완화하기 위해 제산제를 먹는데 이러한 제산제에는 탄산수소 소듐이 함유되어 있어 이를 복용하면 위와 같은 반응으로 위산을 중화시키게 된다. 그러나 호수 주위에 단단하고 반응성이 작은 암석이나 화강암들이 분포하면 호수의 산중화 용량은 작아서 그런 호수의 pH는 산성비에 의해 쉽게 영향을 받는다.

산소와 규소 다음으로 지각에 많이 존재하는 원소인 알루미늄은 일부 토양과 화강암에 포함되어 있다. 알루미늄의 물에 대한 용해도는 작다. 하지만 산이 존재하면 용해도는 매우 증가한다. 산성비로 호수의 pH가 감소하면 호수에 용해된 알루미늄의 농도가 증가할 수 있으며, 이 알루미늄은 물고기의 아가미에 점막을 형성시켜 물고기들을 질식시킬 수 있다.

산림에 미치는 피해

산성 강수에 의한 가장 참혹한 피해는 나무와 산림의 손상이다. 산성비로 인해 나무들은 죽거나 죽어 가고 있으며 원래 상태로 회복하는 데도 수십 년이 걸릴 것으로 생각된다. 그러나 삼림 감소의 원인이 산성 강수가 유일한 것이 아니고 어떤 경우에는 기후에 의한 영향, 곤충의 침해, 오존과 같은 대기 오염 물질 때문일 수도 있다. 이처럼 산림의 피해의 원인은 단순하게 한 가지 요인에 의한 것이 아니고 여러 가지 요인들이 복합적으로 합쳐져 일어난다. 그렇지만 산성비에 의한 지표수의 산도 감소가 산림의 피해와 깊은 관계가 있는 것은 부인할 수 없는 사실이다.

12.6 산성비에 대한 대책

앞에서 논의한 산성비에 대한 피해를 줄이기 위해서는 공기로 방출되는 질소 산화물과 이산화 황과 같은 원인 물질의 발생을 억제하는 것이 무엇보다도 중요하다.

이런 이유로 산업체의 굴뚝으로부터 나오는 황 산화물과 대도시의 자동차에서 방출되는 질소 산화물의 발생을 막고자 여러 가지 장치들이 개발되고 있다.

일산화 질소는 대기 중의 질소와 산소로부터 고온, 고압의 달리는 자동차 엔진 내부에서 발생한다. 자동차 배기가스 중의 일산화 질소는 촉매 변환기에 통과시킴으로써 줄일 수 있다. 촉매 변환기에는 여러 종류의 금속 촉매들이 포함되어 있는데 그 가운데 로듐 금속은 일산화 질소를 다시 질소와 산소로 분해하는 반응을 촉매한다.

$$2NO(g) \longrightarrow N_2(g) + O_2(g)$$

이산화 황의 발생을 줄이는 데 현재 가능한 방법은 세 가지 정도가 있다. (1) 황 성분의 함량이 적은 석탄을 사용한다. (2) 석탄을 깨끗하게 정제하여 황 성분을 제거한다. (3) 발전소 굴뚝에 이산화 황을 중화할 수 있는 화학적 장치를 설치한다.

석탄은 종류에 따라 황의 함량과 발생하는 열량이 다양하다(표 12-5). 무연탄은 적은 유황 성분과 단위 무게당 높은 에너지를 발생하므로 가장 좋은 연료이지만 불행하게도 현재는 거의 고갈 상태이다. 역청탄은 무연탄과 거의 같은 열량을 발생한다. 하지만 황의 함량이 많아 연소 시에 무연탄보다 훨씬 많은 이산화 황을 발생시킨다.

석탄 세척(coal cleaning)이라는 기술로 석탄에 함유된 황과 같은 무기물을 쉽게 제거할 수 있다. 먼저 석탄을 미세한 분말이 될 때까지 잘게 부순 후 물로 씻으면 황을 함유한 무기물이 바닥에 가라앉아 제거된다. 이 과정으로 이산화 황 1톤을 제거하는 데 500~1,000달러 정도의 비용이 든다.

정화(scrubbing)는 발전소에서 연소 과정 동안 혹은 그 후에 발생하는 이산화 황을 화학적으로 제거하는 방법이다. 굴뚝에서 발생하는 기체를 석회석($CaCO_3$)의 젖은 현탁액에 통과시키면 산성의 이산화 황은 중화되어 황산 칼슘($CaSO_4$)을 형성한다. 석회석은 값싸고 좋은 효율을 갖지만, 이 과정으로 이산화 황 1톤을 제거하는 데 400~600달러 정도의 비용이 든다.

표 12-5 석탄의 종류에 따른 성분 비교

(건조 전의 무게 %)

연료	수분	유황 성분	탄소	열량(kJ/g)
무연탄	4.4	4.8	81.8	30.5
역청탄	2.3~5.9	19.6~43.8	46.5~65.8	30.6~31.4
갈탄	36.8	27.8	30.2	16.2

이상에서, 산성비 문제에 대하여 우리가 할 수 있는 개인적이면서 사회적인 대응은 에너지를 절약하고 또한 석탄에 대한 의존도를 낮추는 것이다. 자동차의 운행과 에너지 소비를 줄이면 산화 질소와 이산화 황과 같은 부산물의 발생도 감소하게 되고 따라서 산성비의 피해도 줄어들게 될 것이다. 그리고 핵에너지와 물과 바람을 이용한 대체 에너지 개발에 박차를 가해 석탄에 대한 의존도를 줄여야 할 것이다.

13장

신재생 에너지

13.1 수소 | 13.2 산화 환원 반응 | 13.3 연료 전지 | 13.4 전지와 납축전지
13.5 광전지

석유와 석탄과 같은 화석 연료는 매장량이 한정되어 있으므로 조만간 고갈될 것이다. 이에 인류는 대체 에너지 개발의 필요성을 인식하고 지금까지 여러 가지 시도를 해 왔다. 풍차와 물레방아는 옛날부터 광범위하게 사용되었고, 이러한 풍력과 수력을 이용한 발전도 근본적으로 태양 에너지로부터 유래된다. 풍력은 대부분 지역에서 바람이 간헐적으로 불기 때문에 이용에 제한이 있을 수 있으므로 풍력을 이용한 발전은 작은 규모에 전기를 공급할 때 유용하다. 수력 발전소는 물이 있는 지역에서만 가능하므로 이 또한 응용을 제한한다. 반면에 태양 에너지는 지구 어디에서나 이용할 수 있고 무공해이며 그 양도 무궁무진하다. 지구가 매년 태양으로부터 받는 에너지양은 현재 전 세계가 사용하는 에너지양보다 훨씬 많다. 그러나 태양 에너지가 대체 에너지로 이용되기 위해서는 수집, 축척, 유용한 형태로의 전환이 이루어져야 하므로 이의 연구가 선행되어야 한다. 달의 인력에 의해 발생하는 조수 간만의 차이를 이용한 조력 발전이나 파도 에너지를 이용한 파력 발전 등도 신재생 에너지이다.

13.1 수소

색깔, 냄새, 맛이 없는 수소 기체를 구성하는 수소 원자(H)의 원자량은 1.008 amu로서 지금까지 알려진 원자들 가운데 가장 작고 가볍다. 지각의 1%를 구성하는 수소 원소는 대부분 다른 원소와 결합하여 화합물을 형성하는데 여기에는 물, 탄화수소 화합물, 천연가스, 석유 등이 있다. 1766년에 영국의 물리학자이면서 화학자인 캐번디시에 의해 발견된 수소는 끓는점 −252.8℃, 녹는점 −259.14℃를 가진다. 같은 부피의 공기 무게의 1/14 정도인 수소 기체는 매우 가벼우며 물에 조금 녹고 독성은 없다. 수소의 동위 원소는 세 가지가 존재한다. 자연에 가장 많이 분포하는 수소 동위 원소의 질량수는 1이고 핵 속에 한 개의 양성자를 가진다. 1932년에는 미국의 화학자인 유리(Harold Clayton Urey; 1893~1981)가 핵 속에 1개의 양성자와 1개의 중성자를 가진 질량수가 2인 두 번째 동위 원소인 중수소를 발견하였다. 1934년에 핵 속에 1개의 양성자와 2개의 중성자를 가진 질량수가 3인 세 번째 동위 원소인 삼중수소가 발견되었다. 삼중수소는 자연에 아주 적은 양으로 존재하고 방사성 원소로서 수소 폭탄의 제조에 사용된다.

물의 전기분해는 흡열 과정이므로 반응이 진행되기 위해서는 전기 에너지가 공급되어야 한다. 이는 물의 전기분해 반응의 역반응이 발열 반응임을 의미한다.

$$2H_2(g) + O_2(g) \longrightarrow 2H_2O(l) + 572\ \text{kJ}$$

위의 반응에서 수소 2몰이 연소하면 총 572 kJ의 에너지를 방출하므로 수소 1몰이 연소하면 286 kJ의 에너지를 방출하게 된다. 이것은 수소가 연료로 사용될 수 있다는 것을 의미한다. 일반적으로 연소열은 연료 1 g당 발생하는 에너지로 표현되므로 수소 분자 1몰의 질량(분자량)은 2.00 g이고, 따라서 수소 1 g당 방출하는 에너지는 다음과 같다.

$$\text{에너지}(E) = \frac{286\ \text{kJ}}{1\ \text{mole H}_2} \times \frac{1\ \text{mole H}_2}{2.00\ \text{g}} = 143\ \text{kJ/g}$$

석탄의 연소열은 30 kJ/g, 가솔린의 주성분인 옥테인의 연소열은 46 kJ/g, 천연가스의 주성분인 메테인의 연소열은 54 kJ/g이다. 수소는 다른 어떤 물질보다 높은 연소열을 가지므로 연료로 사용될 가능성이 충분하다. 우주를 구성하는 가장 풍부한 원소인 수소는 반응성이 커서 원소 상태가 아닌 화합물의 형태로 존재한다.

따라서 수소를 연료로 사용하려면 화합물을 분해해서 순수하게 얻는 것이 선행되어야 한다.

수소의 발생

① 금속과 산의 반응

아연과 같은 금속을 황산과 반응시키면 아연이 황산의 수소 원자를 치환하여 염과 수소가 발생한다.

$$Zn(s) + H_2SO_4(aq) \longrightarrow ZnSO_4(aq) + H_2(g)$$

이 반응은 시료가 비싸므로 공업적인 큰 규모로 확대할 수 없는 어려움이 있다. 한편 소듐(Na)과 같이 반응성이 큰 금속은 상온에서 물과 직접 반응하여 수소를 발생시키고 소듐보다 반응성이 작은 마그네슘과 같은 금속은 수증기와 반응하여 수소를 발생시킨다.

② 물의 전기분해

물을 전기분해하면 양극에서는 산소 기체가, 음극에서는 수소 기체가 발생하므로 수소를 얻을 수 있다(그림 13-1).

$$H_2O(l) + 286\ kJ \longrightarrow H_2(g) + \frac{1}{2}O_2(g)$$

이 반응에 필요한 에너지는 화석 연료나 핵분열로부터 발생하는 전기를 이용한다. 열역학 제2 법칙에 의하면 화석 연료를 사용해서 필요한 전기 에너지를 얻는

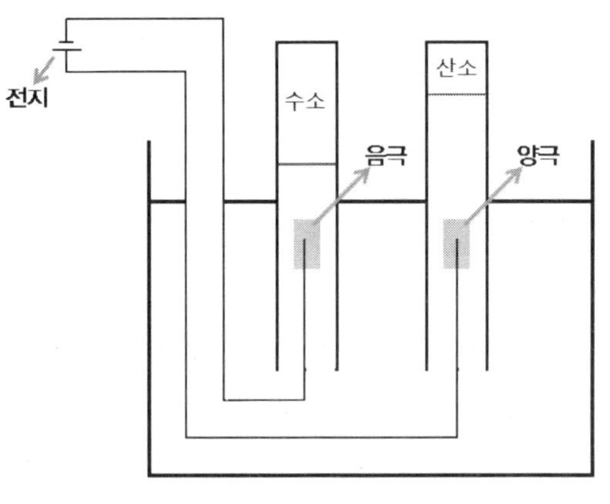

그림 13-1 물의 전기분해

과정에서 항상 열의 형태로 에너지 손실이 일어난다. 수소를 생산하기 위해 화석 연료를 연소시켜서 얻을 수 있는 에너지양이, 수소를 연료로 사용하여 얻을 수 있는 에너지양보다 2배 이상 필요하므로 물을 전기분해하는 과정으로 수소 연료를 얻는 방법은 경제적이지 않다.

③ 햇빛으로 물을 분해

물로부터 수소를 얻기 위해서는 분자 내의 O–H 결합을 끊어 주어야 한다. 이 결합의 세기는 459 kJ/mol이므로 이것을 끊기 위해서는 자외선 영역의 광자를 흡수해야 한다. 그러나 대기권 내의 오존층으로 인해 지구 표면에 도달하는 태양 에너지는 가시광선과 적외선 영역이 대부분이므로 햇빛으로 물 분자를 직접 분해하는 것은 불가능하다. 자연에는 가시광선으로 물 분자를 분해하는 촉매 계를 가지고 있다. 녹색 식물의 클로로필은 가시광선 영역의 빛을 이용하여 물의 O–H 결합을 끊고 광합성 작용을 한다. 따라서 광합성 과정을 모방하면 햇빛의 가시광선 영역을 이용하여 물로부터 수소와 산소를 얻을 수 있을 것이다.

복잡한 광합성 과정은 두 단계로 나누어진다. 첫 번째 과정은 빛이 필요한 명반응이고 두 번째 반응은 빛에 무관한 암반응이다. 광합성에서 주된 역할을 하는 클로로필 a는 빨간색과 푸른색 파장의 빛을 흡수하고 다른 색에 비해 초록색을 거의 흡수하지 않고 반사하기 때문에 클로로필 a의 색소를 가진 잎은 녹색으로 보인다. 명반응에서 클로로필 분자가 태양 에너지를 흡수하고 물을 분해하여 수소 이온, 산소 분자와 전자를 방출하고, 암반응에서는 이산화 탄소로부터 탄수화물이 형성된다.

$$H_2O \longrightarrow 2H^+ + \frac{1}{2}O_2 + 2e^-$$

클로로필의 구조와 비슷한 염화 트리스(바이피리딘) 루테늄($Ru(bipyridine)_3Cl_2$)(간단하게 rubippy라고도 한다)은 450 nm의 청록색에 해당하는 빛을 흡수하여 물을 수소와 산소로 분해할 수 있으므로 이 분자를 이용해서 수소를 얻을 수 있다. 그러나 이 화합물은 비싸고 불안정하여 쉽게 분해되어 원치 않은 다른 반응을 일으킬 수 있으므로 수소 생성 효율이 1% 미만이다. 따라서 이 방법으로 대량의 수소를 얻는 것은 어렵다.

수소를 얻는 가장 흔한 방법은 뜨거운 코크스나 철에 수증기를 통과시켜서 얻거나 촉매 존재하에서 수증기와 천연가스를 반응시켜서 얻는다.

수소의 저장

수소가 대량으로 생산하는 방법이 개발되더라도 에너지로 널리 사용되기 위해서는 휴대하기 쉽고, 집약되어 있고 간편하게 먼 거리까지 수송할 수 있어야 하며, 다양하고 유용한 형태로의 전환이 선행되어야 한다. 그러나 수소는 1 g당 12 L의 큰 부피를 차지하므로 수소의 수송과 저장에 문제점이 따른다. 수소를 −253℃로 냉각시켜 액체 상태로 유지하면 부피 문제를 해결할 수 있으나 이를 위해 높은 비용을 내야 한다.

수소를 저장하는 방법에 대하여 제안된 두 가지 방법은 다음과 같다. 첫째는 수소 기체를 표면적이 큰 활성 탄소와 같은 고체에 적당한 압력에서 흡착시키는 것이다. 흡착된 수소는 필요할 때 가열하면 수소 기체로 방출되어서 연료로 사용할 수 있다. 또 다른 방법은 리튬과 같은 금속과 수소를 반응시켜 수소 화합물을 만드는 것이다. 이 수소 화합물은 수소를 많이 저장할 능력이 있다. 예를 들면 25℃, 1기압에서 수소 기체 10 L를 리튬 금속과 반응시키면 4.3 mL의 수소화리튬(LiH)이 만들어진다. 이 화합물을 물과 반응시키면 수소가 발생하므로 수소를 연료로 사용할 수 있게 된다. 이 두 가지 방법들은 수소의 취급을 쉽게 하여 수소를 연료로 사용할 수 있게 할 것이다.

13.2 산화 환원 반응

산화 반응은 산소를 얻거나 수소를 잃거나 전자를 잃는 반응에 해당하고 환원 반응은 산소를 잃거나 수소를 얻거나 전자를 얻는 반응에 해당한다. 산화 환원 반응은 항상 동시에 함께 일어나며, 이때 한 물질이 잃어버리는 전자 수와 다른 물질이 얻는 전자 수가 같다. 산화될지 아니면 환원될지에 관한 결정은 화합물에 있는 각 원자의 전자가 풍부한지 아니면 부족한지를 나타내는 산화수(oxidation number, 산화 상태)를 확인함으로써 가능하다. 다음에서 산화수를 할당하는 규칙을 설명한다.

첫째, 원소 상태의 원자의 산화수는 0이다. 예를 들면 Na, Br_2와 S의 산화수는 각자 0이다. 둘째, 단원자 이온의 산화수는 그 이온의 전하값과 같다. 예를 들면 Ca^{2+}와 O^{2-}의 산화수는 각각 +2와 −2이다. 셋째, 다원자 이온 혹은 분자 화합물에서 한 원자의 산화수는 단원자 이온의 전하값과 같다. 예를 들면 암모니아(NH_3)에서 N과 H의 산화수는 각각 −3과 +1이다. 수소는 금속과 결합하면 −1의 산화수를 갖는다. NaH에서 수소의 산화수는 -1이다. 산소는 -2의 산화수를 가지지만 과산화물에서는 -1의 산화수를 가진다. 예를 들면 O_2^{2-}에서 산소의 산화수는 -1이다. 할로젠 원자들은 -1의 산화수를 가진다. 그러나 염소, 브로민, 아이오딘 원자들이 산소와 결합하면 예외적으로 양의 산화수를 가진다. 예를 들면 Cl_2O에서 O의 산화수는 -2이고 Cl의 산화수는 +1이다. 넷째, 중성 분자에서 각 원자의 산화수 합은 0이고 다원자 이온에서 각 원자의 산화수 합은 그 이온의 알짜 전하와 같게 된다. 예를 들면 과염소산 이온(ClO_4^-)에서 Cl 원자의 산화수는 +7이다.

예제

다음 각 화합물에서 각 원자의 산화수를 할당하시오.

① HNO_3　② AlH_3　③ $Na_2Cr_2O_7$　④ $S_2O_3^{2-}$

풀이

① HNO_3 (+1 +5 −2)　② AlH_3 (+3 −1)　③ $Na_2Cr_2O_7$ (+1 +6 −2)　④ $S_2O_3^{2-}$ (+2 −2)

다른 물질을 산화시키고 자신은 환원되는 물질을 산화제라고 하며 전자를 잘 받아들이는 비금속 원소들이 산화제로 작용한다. 반면에 다른 물질을 환원시키고 자신은 산화되는 물질을 환원제라고 하며, 전자를 잘 내놓는 금속 원소들이 환원제로 작용한다.

$$\underset{+4}{\underline{Mn}}O_2 + 4H\underset{-1}{\underline{Cl}} \longrightarrow \underset{+2}{\underline{Mn}}Cl_2 + 2H_2O + \underset{0}{\underline{Cl_2}}$$

MnO_2는 환원되었으므로 산화제이고 HCl은 산화되었으므로 환원제이다.

전기화학

전기화학 전지(electrochemical cell)는 갈바니 전지(galvanic cell)[또는 볼타 전지(voltaic cell)라 함]와 전해 전지(electrolytic cell) 등의 두 종류로 구분된다. 갈바니 전지는 자발적인 화학 반응을 이용하여 전기 에너지를 얻는 장치이고 전해 전지는 갈바니 전지와 반대로 전기 에너지를 공급받아 비자발적인 반응을 일어나게 하는 장치이다.

갈바니 전지

산화-환원 반응을 이용하여 화학 에너지를 전기 에너지로 바꾸어 주는 장치를 갈바니 전지라고 한다. 갈바니 전지는 전지를 나타내는 간략 표기법을 사용하여 나타내면 편리하다. 전지는 (−)극 | 전해질 용액 | (+)극으로 구성되어 있는데, 이 표기법에서 수직선은 전극과 수용액 사이의 상 경계를 나타내고 산화 전극에 왼쪽에, 환원 전극은 오른쪽에 나타낸다. (−)극은 반응성이 큰 금속으로 이루어져 있으며 산화 반응이 일어나고, (+)극은 반응성이 작은 금속으로 이루어져 있으며 환원 반응이 일어난다. 전자는 도선을 통해 (−)극에서 (+)극으로 이동하고 전류의 흐름은 전자의 이동 방향과 반대이므로 (+)극에서 (−)극으로 이동한다.

볼타 전지

볼타 전지는 묽은 황산의 전해질에 담근 (−)극의 아연판과 (+)극의 구리판을 도선으로 연결한 전지이다. (−)극의 아연판은 전자를 잃고 Zn^{2+}가 되어 용액으로 들어가게 되고 따라서 (−)극의 질량은 감소한다. (+)극의 구리판에서는 수소 기체가 발생하므로 (+)극의 질량 변화는 없다.

$$Zn(s)\,|\,H_2SO_4(aq)\,|\,Cu(s), \quad E^\circ = 0.76\ V$$

$$(-)\ \text{전극}:\ Zn \longrightarrow Zn^{2+} + 2e^-\ (\text{산화})$$

$$(+)\ \text{전극}:\ 2H^+ + 2e^- \longrightarrow H_2\ (\text{환원})$$

$$\text{전체 반응}:\ Zn + 2H^+ \longrightarrow Zn^{2+} + H_2\uparrow$$

전류가 흐르면서 (+)극 구리 표면에서 발생한 수소 기체들로 인하여 용액의 수소 이온(H+)이 구리 표면으로 더 이상 접근할 수 없어서 전압이 급격하게 떨어지는 분극 현상이 발생한다. (+)극 구리 표면에서 발생한 수소 기체를 물로 산화시키는 이산화 망가니즈(MnO_2), 과산화 수소(H_2O_2), 중크로뮴산 포타슘($K_2Cr_2O_7$) 등과 같은 강한 산화제를 사용하면 분극 현상을 제거할 수 있으며 이 산화제들을 감극제라고 한다.

다니엘 전지

갈바니 전지의 한 예로서 황산 아연 용액에 (−)극의 아연 금속판을 담그고 황산 구리(Ⅱ) 용액에 (+)극의 구리 금속을 담근 두 전해질 용액을 염다리로 연결한 전지이다. 아연판과 구리판은 전극(electrode)이 되고 이들은 도선으로 연결된다. 염다리는 황산 소듐(Na_2SO_4)과 같이 반응성이 없고 젤 형태의 전해질 용액을 가진 U자관 모양을 가진다. 이 전해질 용액의 이온들은 전극의 산화 환원 반응에 관여하지 않는다. 전자는 도선을 통해 Zn으로부터 Cu^{2+} 쪽으로 움직인다. (−)극의 아연은 산화되어 아연 이온으로 용액으로 녹아 들어가기 때문에 (−)극의 질량은 감소하고 아연판은 산화 전극이라 한다. 용액 속의 구리 이온(Cu^{2+})은 환원되어 구리로 석출되기 때문에 (+)극의 질량은 증가하고 구리판은 환원 전극이라 한다.

$$Zn(s)|ZnSO_4(aq)||CuSO_4(aq)|Cu(s),\ E^\circ = 1.1\ V$$

$$(-)\ 전극:\ Zn \longrightarrow Zn^{2+} + 2e^- \ (산화)$$

$$(+)\ 전극:\ Cu^{2+} + 2e^- \longrightarrow Cu \ (환원)$$

$$전체\ 반응:\ Zn + Cu^{2+} \longrightarrow Zn^{2+} + Cu$$

전지에 대한 간략 표기법에서 이중 수직선(||)은 염다리를 나타낸다. 이 전지의 (−)극 반쪽 전지에는 Zn^{2+}의 양이온이 생성되고 (+)극의 반쪽 전지에는 Cu^{2+}의 양이온이 없어지고 음이온이 풍부해지므로 염다리가 없으면 양쪽 반쪽 전지가 전하가 중성이 되지 않고 불균형으로 인해 결국 전류가 흐르지 않게 된다. KCl, KNO_3, Na_2SO_4 등의 전해질로 구성된 U자 관 모양의 염다리는 이런 문제점을 해결해 준다. 즉 염다리 속의 음이온(Cl^-, NO_3^-, SO_4^{2-})들은 산화 전극인 (−)극으로 이동하고 양이온(K^+, Na^+)들은 환원 전극인 (+)극으로 이동하여 양쪽 전해질의 전하를 중화시키기 때문에 전류가 계속해서 흐르게 된다. 산화 전극(anode)으로 음이온(anion)이 이동하고 환원 전극(cathode)으로 양이온(cation)이 이동하므로 전극 이름은 이온의 흐름 방향에서 유래되었다.

표준 환원 전위

전지의 표준 전위는 전지를 구성하는 산화 전극의 산화와 환원 전극의 환원에 해당하는 각각의 표준 반쪽 전지 전위를 합한 값이다.

$$E^{\circ}_{전지} = E^{\circ}_{산화} + E^{\circ}_{환원}$$

아쉽게도, 단일 전극 전위의 측정은 불가능하다. 그러나 기준이 되는 임의의 반쪽 전지의 전위를 정한 후 이 표준 전극과 전위를 측정하고자 하는 전극 사이에 전압계를 배치하여 기준 전극에 대한 상대적인 값들을 측정함으로써 표준 반쪽 전지 전위를 측정할 수 있다. 기준으로서의 표준 수소 전극(standard hydrogen electrode, SHE)은 25℃에서 1M의 H^+ 용액에 1기압의 수소 기체가 둘러싸여 있는 백금 판이 담겨 있는 전극으로서 이 전극의 전위는 0.00 V로 정의한다.

$$2H^+(aq,\ 1M) + 2e^- \rightarrow H_2(g,\ 1기압),\ E^{\circ}=0.00\ V$$

표준 수소 전극을 (−)극으로 하여 여기에 반쪽 전지를 연결하여 얻은 전지의 기전력이 반쪽 전지의 표준 전극 전위(E°)가 된다. 예를 들면 다음 전지의 전체 전위는 Cu^{2+}/Cu 반쪽 전지의 전위가 된다.

$$Pt(s)\ |\ H_2(1atm)\ |\ H^+(1\ M)\ \|\ Cu^{2+}(1\ M)\ |\ Cu(s)$$

$$E^{\circ}_{전지} = E^{\circ}_{H2\rightarrow H+} + E^{\circ}_{Cu2+\rightarrow Cu} = 0.34\ V$$

반쪽 반응은 산화가 아닌 환원 반응 형태로 나타내고 반쪽 전지의 전위를 표준 환원 전위(standard reduction potential) 혹은 표준 전극 전위(standard electrode potential)라고 한다. 표준 환원 전위 값이 (+)이면 H^+보다 환원되기 쉬우므로 전지의 (+)극으로 되고 표준 환원 전위 값이 (−)이면 H^+보다 환원되기 어렵기 때문에 전지의 (−)극이 된다. 다음 표에 표준 환원 전위 값들을 나타내었다. 이 표를 이용하면 어떤 반응이 자발적으로 일어날 것인지 일어나지 않을 것인지를 예측할 수 있다. 이 표에서 산화제는 자신보다 아래의 환원제를 산화시킬 수 있지만 자기보다 위쪽의 환원제는 산화시킬 수 없다. 표 13-1에서 강한 산화제일수록 전자 친화도가 크고 주기율표의 오른쪽에 위치하는 것을 알 수 있다. F_2, Cl_2 또는 MnO_4^-와 $Cr_2O_7^{2-}$처럼 높은 산화수의 금속을 포함한 옥소산 이온 등이 이에 해당한다. 높은 산화수의 금속은 전자 친화도가 높고 낮은 상태로 쉽게 환원된다. 강한 환원제일수록 주기율표의 왼쪽에 있으며 상대적으로 낮은 이온화 에너지를 갖는 주족 금속이며 따라서 이들은 쉽게 산화된다. 활동도 서열에서 왼쪽에 있는 활성이 큰 금속일수록 산화 전위가 크고 표준 환원 전위가 더 큰 음수가 된다.

표 13-1 25 ℃에서 표준 환원 전위 값

	환원 반쪽 반응			$E°$(V)	
더 강한 산화제	$F_2(g) + 2e^-$	→	$2F^-(aq)$	2.87	더 약한 환원제
	$H_2O_2(aq) + 2H^+(aq) + 2e^-$	→	$2H_2O(l)$	1.78	
	$MnO_4^-(aq) + 8H^+(aq) + 5e^-$	→	$Mn^{2+}(aq) + 4H_2O(l)$	1.51	
	$Cl_2(g) + 2e^-$	→	$2Cl^-(aq)$	1.36	
	$Cr_2O_7^{2-}(aq) + 14H^+(aq) + 6e^-$	→	$2Cr^{3+}(aq) + 7H_2O(l)$	1.36	
	$O_2(g) + 4H^+(aq) + 4e^-$	→	$2H_2O(l)$	1.23	
	$Br_2(aq) + 2e^-$	→	$2Br^-(aq)$	1.09	
	$Ag^+(aq) + e^-$	→	$Ag(s)$	0.80	
	$Fe^{3+}(aq) + e^-$	→	$Fe^{2+}(aq)$	0.77	
	$O_2(g) + 2H^+(aq) + 2e^-$	→	$H_2O_2(aq)$	0.70	
	$I_2(s) + 2e^-$	→	$2I^-(aq)$	0.54	
	$O_2(g) + 2H_2O(l) + 4e^-$	→	$4OH^-(aq)$	0.40	
	$Cu^{2+}(aq) + 2e^-$	→	$Cu(s)$	0.34	
	$Sn^{4+}(aq) + 2e^-$	→	$Sn^{2+}(aq)$	0.15	
	$2H^+(aq) + 2e^-$	→	$H_2(g)$	0	
	$Pb^{2+}(aq) + 2e^-$	→	$Pb(s)$	−0.13	
	$Ni^{2+}(aq) + 2e^-$	→	$Ni(s)$	−0.26	
	$Cd^{2+}(aq) + 2e^-$	→	$Cd(s)$	−0.40	
	$Fe^{2+}(aq) + 2e^-$	→	$Fe(s)$	−0.45	
	$Zn^{2+}(aq) + 2e^-$	→	$Zn(s)$	−0.76	
	$2H_2O(l) + 2e^-$	→	$H_2(g) + 2OH^-(aq)$	−0.83	
	$Al^{3+}(aq) + 3e^-$	→	$Al(s)$	−1.66	
	$Mg^{2+}(aq) + 2e^-$	→	$Mg(s)$	−2.37	
더 약한 산화제	$Na^+(aq) + e^-$	→	$Na(s)$	−2.71	더 강한 환원제
	$Li^+(aq) + e^-$	→	$Li(s)$	−3.04	

다니엘 전지에서 전자는 아연 산화 전극에서 도선을 통해 구리 환원 전극으로 이동하는데 음의 전자를 산화 전극(−)에서 밀어내고 환원 전극(+)으로 당기는 힘을 기전력(electromotive force, emf)이라 한다. 이 전위는 전지 전위(cell potential, E) 혹은 전지 전압(cell voltage)으로 부르기도 한다. 전지의 SI 단위는 볼트(V)이고 갈바니 전지의 전위는 양의 값으로 나타낸다.

$$1\ \text{J} = 1\ \text{C} \times 1\ \text{V}$$

여기에서 줄(J)은 에너지의 SI 단위고 1 C(쿨롱)은 1암페어(ampere, A)의 전류가

1초 동안 흐를 때 이동한 전하량이다. 즉, 1 J은 1 V의 전위차를 갖는 두 전극 사이를 1 C의 전하가 이동할 때 전지에서 방출되는 에너지의 양이다.

$$1\,\mathrm{W} = \frac{1\,\mathrm{J}}{\mathrm{s}} = \frac{1\,\mathrm{C} \times 1\,\mathrm{V}}{\mathrm{s}} = 1\,\mathrm{A} \times 1\,\mathrm{V}$$

여기서 1 W(와트) 1 J/s이고 1 A는 1 C/s이다.

화학 반응이 일어나는 경향에 대한 두 가지 정량적 척도인 자유 에너지 변화(free−energy change, ΔG, 열역학적인 양)와 전지 전위(E, 전기화학적인 양) 사이에는 다음의 식에 의해 정비례 관계가 성립한다.

$$\Delta G = -nFE$$

이 식에서 n은 반응에서 이동한 전자의 몰수이고 F는 패러데이 상수(Faraday constant)로서 전자 1 mol에 해당하는 전하량(96,485 C/mol e^-)이고 계산에서는 반올림하여 세 자리(96,500 C/mol e^-)만을 사용한다. 자유 에너지 변화는 물질의 양에 의존하는 크기 성질(extensive property)이고 반면에 전지 전위는 물질의 양에 무관한 세기 성질(intensive property)이므로 이동한 전자 수 n을 곱한다. 이 식은 중요한 두 가지 특징을 가진다. 첫째, 쿨롱 단위(이동한 전하 nF)와 볼트 단위(전지 전위 E)를 곱하면 줄 단위의 에너지(ΔG)가 된다(1 J=1 C × 1 V). 둘째, ΔG와 E는 반대 부호를 가진다. 자발적으로 일어나는 반응의 자유 에너지 변화는 음의 값을 가지므로 자발적으로 일어나는 볼타 전지에서 전지 전위는 양의 값을 갖게 된다.

전지 전위도 자유 에너지 변화처럼 반응 혼합물의 조성에 따라 달라진다. 반응물과 생성물이 용질일 경우 1 M 농도, 기체일 경우 1 atm의 부분 압력 그리고 25℃의 순수한 형태의 고체와 액체로 구성된 표준 상태에서의 전지 전위를 표준 전지 전위(standard cell potential, E^o)라 한다. 표준 전지 전위와 표준 자유 에너지 변화 사이의 관계식은 다음과 같다.

$$\Delta G^o = -nFE^o$$

다음의 표준 환원 전위 값을 이용하여 다니엘 전지의 표준 기전력을 계산하면 다음과 같다.

$$Cu^{2+}(aq,\ 1\ M) + 2e^- \rightarrow Cu(s) \qquad E^\circ = 0.34\ V$$
$$2H^+\ (aq,\ 1\ M) + 2e^- \rightarrow H_2(g,\ 1\text{기압}) \qquad E^\circ = 0.00\ V$$
$$Zn^{2+}(aq,\ 1\ M) + 2e^- \rightarrow Zn(s) \qquad E^\circ = -0.76\ V$$

다니엘 전지의 (−)극은 산화가 일어나고 (+)극은 환원이 일어나기 때문에

$$(-)\ \text{전극: } Zn \rightarrow Zn^{2+} + 2e^- \qquad E^\circ = 0.76V$$
$$(+)\ \text{전극: } Cu^{2+} + 2e^- \rightarrow Cu \qquad E^\circ = 0.34V$$

전지의 표준 기전력(E°)은 0.34V+0.76V=1.1V이다. 따라서 이 전지 반응은 자발적으로 일어난다.

전지 반응이 진행되면서 반응물과 생성물의 농도나 기체의 부분 압력은 표준 상태의 값에서 벗어나게 된다. 전지 전위의 온도와 반응 혼합물의 조성에 대한 의존성은 다음의 식에서 유도된다.

$$\Delta G = \Delta G^\circ + RT\ln Q$$

ΔG는 비표준 상태에서 자유 에너지 변화이고 ΔG°는 표준 상태에서 자유 에너지 변화이며 Q는 반응 지수(reaction quotient)이다. $\Delta G = -nFE$이고 $\Delta G^\circ = -nFE^\circ$이므로 다음과 같이 바꿔서 쓸 수 있다.

$$-nFE = -nFE^\circ + RT\ln Q$$

양변을 $-nF$로 나누면 다음의 네른스트식(Nernst equation)을 얻게 된다.

$$E = E^\circ - \left(\frac{RT}{nF}\right)\ln Q$$

또는

$$E = E^\circ - \left(\frac{2.303RT}{nF}\right)\log Q$$

25℃에서 $\dfrac{2.303RT}{F}$ 값이 0.0592 V이므로 다음과 같이 쓸 수 있다.

$$E = E^{o} - \left(\frac{0.0592\ \mathrm{V}}{n}\right)\log Q$$

이 식을 이용하면 표준 상태가 아닌 조건에서 전지 전위를 구할 수 있다.

표준 자유 에너지 변화는 표준 전지 전위 및 평형 상수와 다음과 같은 관계가 있다.

$$\Delta G^{o} = -nFE^{o}$$
$$\Delta G^{o} = -RT\ln K$$

두 식을 합하면

$$-nFE^{o} = -RT\ln K$$
$$E^{o} = \left(\frac{RT}{nF}\right)\ln K = \left(\frac{2.303RT}{nF}\right)\log K$$

25℃에서 $\frac{2.303RT}{F}$ 값이 0.0592 V이므로 산화-환원 반응에 대한 표준 전지 전위와 평형 상수 사이의 관계식은 다음과 같이 쓸 수 있다.

$$E^{o} = \left(\frac{0.0592\ \mathrm{V}}{n}\right)\log K$$

화학 반응에 대한 평형 상수 K를 구할 수 있는 세 가지 관계식

① 용액의 용질 농도로부터 구하는 관계식. $K = \frac{[\mathrm{C}]^{c}[\mathrm{D}]^{d}}{[\mathrm{A}]^{a}[\mathrm{B}]^{b}}$

② 열역학 자료로부터 구하는 관계식. $\Delta G^{o} = -RT\ln K \quad \ln K = -\frac{\Delta G^{o}}{RT}$

③ 전기화학 자료로부터 구하는 관계식. $E^{o} = \left(\frac{RT}{nF}\right)\ln K \quad \ln K = \frac{nFE^{o}}{RT}$

전해 전지

전해 전지는 외부에서 전류를 공급받아 비자발적인 반응을 일어나게 하는 장치이고 갈바니 전지와 일어나는 과정이 정반대이다. 즉, 전해 전지는 음의 E 값(그리고 양의 ΔG 값)을 갖는 반응이 전류를 공급받아 진행되고 전기 에너지를 화학 에너지로 변환하는 장치이다. 전류를 공급받아 화학 변화를 일으키는 공정을 전기분해 (electrolysis)라고 한다.

용융 염화 소듐의 전기분해

전해 전지는 전해질에 두 전극이 담겨 있고 직류 전원에 연결되어 있다. 용융 염화 소듐의 전기분해에서 Na^+는 (−)의 환원 전극에서 배터리에서 공급되는 전자와 결합하여 금속 소듐으로 환원된다. Cl^- 이온은 (+) 산화 전극에서 배터리에서 제거된 전자를 공급하여 Cl_2로 산화된다. 전체 전지 반응은 다음과 같다.

$$\text{산화 전극: } 2\ Cl^-(l) \rightarrow Cl_2(g) + 2\ e^-$$
$$\text{환원 전극: } 2\ Na^+(l) + 2\ e^- \rightarrow 2\ Na(l)$$
$$\text{전체 전지 반응: } 2\ Na^+(l) + 2\ Cl^-(l) \rightarrow 2\ Na(l) + Cl_2(g)$$

갈바니 전지처럼 산화 전극에서는 산화 반응이 일어나고 환원 전극에서는 환원 반응이 일어난다. 그러나 갈바니 전지와 전해 전지에서 전극의 부호는 정반대이다. 갈바니 전지의 산화 전극은 외부 도선에 전자를 공급하므로 (−)극이고 환원 전극은 (+)이다. 반면에 전해 전지에서는 산화 전극은 (+)이고 환원 전극은 (−)이다.

염화 소듐 수용액의 전기분해

염화 소듐 수용액의 전기분해에서 전극 반응은 용융 염화 소듐의 전기분해와 다르다. 환원 전극 반쪽 반응은 Na^+가 금속 소듐으로 환원되거나 물이 수소 기체로 환원될 수 있다.

$$Na^+(l) + e^- \rightarrow Na(l) \qquad E^\circ = -2.71\ V$$
$$2\ H_2O(l) + 2\ e^- \rightarrow H_2(g) + 2\ OH^-(aq) \qquad E^\circ = -0.83\ V$$

물의 환원 표준 전위가 Na^+의 환원 표준 전위보다 작은 음의 값을 가지므로 물이 선택적으로 환원되고 환원 전극에서 수소 기체가 발생한다.

산화 전극 반쪽 반응은 Cl^- 이온이 Cl_2 기체로 산화되거나 물이 산소 기체로 산화될 수 있다.

$$2\ Cl^-(aq) \rightarrow Cl_2(g) + 2\ e^- \qquad E^\circ = -1.36\ V$$
$$2\ H_2O(l) \rightarrow O_2(g) + 4\ H^+(aq) + 4\ e^- \qquad E^\circ = -1.23\ V$$

물의 산화가 우세할 것으로 예상되지만 산화 전극에서 관찰된 기체는 O_2가 아니고 Cl_2이다. 실험에 의하면 전기분해 반응을 일으키는데 필요한 전압은 표준 환원 전위로부터 계산한 값보다 항상 크다. 추가로 필요한 이 전압을 과전압(overpotential, overvolage)이라 한다.

염화 소듐 수용액의 전기분해에서 관찰된 전극 반응과 전체 전지 반응은 다음과 같다.

산화 전극: $2\ Cl^-(aq) \rightarrow Cl_2(g) + 2\ e^-$ $\qquad E^\circ = -1.36\ V$

환원 전극: $2\ H_2O(l) + 2\ e- \rightarrow H_2(g) + 2\ OH^-(aq)$ $\qquad E^\circ = -0.83\ V$

전체 전지 반응: $2\ H_2O(l) + 2\ Cl^-(l) \rightarrow Cl_2(g) + Cl_2(g) + 2\ OH^-(aq)$

$E^\circ = -2.19\ V$

소듐 이온은 전극 반응에 참여하지 않는다.

물의 전기분해

수용액의 전기분해를 위해 전류를 운반하는 전해질이 있어야 하는데 비활성의 전해질인 Na_2SO_4 수용액은 전기분해할 수 있다. 물의 전기분해에 대한 전극과 전체 전지 반응은 다음과 같다.

산화 전극: $2\ H_2O(l) \rightarrow O_2(g) + 4\ H^+(aq) + 4\ e^-$

환원 전극: $4\ H_2O(l) + 4\ e^- \rightarrow 2\ H_2(g) + 4\ OH^-(aq)$

전체 전지 반응: $6\ H_2O(l) \rightarrow 2\ H_2(g) + O_2(g) + 4\ H^+(aq) + 4\ OH^-(aq)$

산화 전극 용액과 환원 전극 용액이 섞이면 H^+와 OH^-로부터 H_2O가 생성된다.

$$4\ H^+(aq) + 4\ OH^-(aq) \rightarrow 4\ H_2O(l)$$

물의 전기분해 알짜 반응은 물의 분해이다.

$$2\ H_2O(l) \rightarrow 2\ H_2(g) + O_2(g)$$

전기분해에서 한 전극에서 생성되는 물질의 양은 전지를 흐르는 전하량에 의존한다는 것이 패러데이 법칙(Faraday's law)이다. 예를 들면 다운스 전지(Downs cell)에서 1 mol의 전자가 흐르면 환원 전극에서 1 mol의 액체 소듐(23.0 g)이 생성된다.

$$Na^+(l) + e^- \rightarrow Na(l)$$

13.3 연료 전지

연료 전지(fuel cell)는 메탄올이나 수소를 같은 연료를 반응물로 사용하는 갈바니 전지이다. 연료 전지의 반응물이 전지 내부에 있는 것이 아니라 외부 가스탱크로부터 공급된다는 점에서 연료 전지는 일반 배터리와 구별된다. 우주선에 전력 공급을 위해 사용되는 수소–산소 연료 전지가 가장 잘 알려진 예이다. 수소를 취급할 때 작은 불꽃이라도 일어나게 되면, 폭발 위험성이 있으므로 특히 조심해야 한다. 연료 전지는 이런 문제를 해결할 수 있는 좋은 예이다. 연료 전지는 불꽃 없이 연소반응을 일으키면서 전기 에너지를 방출하는 장치이다. 이 전지에는 전자를 잃어버리는 산화 반응과 전자를 얻는 환원 반응이 물리적으로 두 영역으로 분리되어 있다(그림 13–2). 화학 반응이 일어나는 전극은 기체가 반응하기 좋은 비활성의 금속 백금으로 만들어지지만 때로는 다공성 탄소가 이용되기도 한다. 다공성 탄소가 전극으로 사용되면 금속 촉매가 주입되는데 양극은 니켈을 함유하고 음극은 니켈과 산화 니켈을 포함하며 고온의 수산화 포타슘 수용액은 전해질로 사용된다.

연료인 수소 기체와 산화제인 산소 기체는 직접 반응하지 않고 전지의 분리된 구

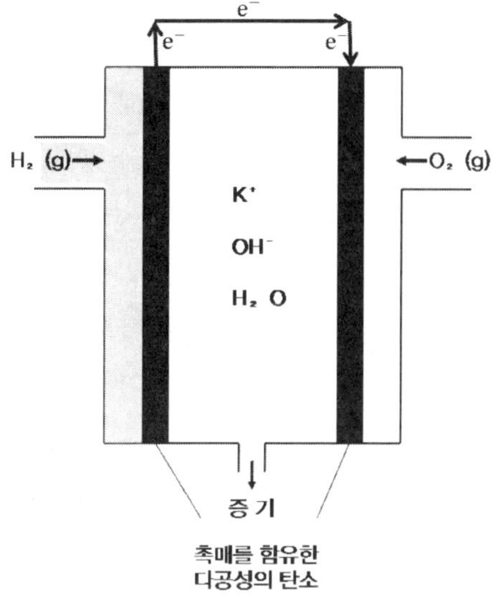

그림 13–2 수소–산소 연료 전지

획으로 들어가서 수소 기체는 양극(anode)에서 $H_2O(l)$로 산화되고 양극에서 방출된 전자는 음극에서 산소 기체를 $OH^-(aq)$로 환원시킨다.

$$\text{양극: } 2H_2(g) + 4OH^-(aq) \longrightarrow 4H_2O(l) + 4e^-$$

$$\text{음극: } O_2(g) + 2H_2O(l) + 4e^- \longrightarrow 4OH^-(aq)$$

음극에서 생성된 수산화 이온(OH^-)이 양극으로 이동하여 회로가 완성되면 전지가 작동한다. 두 반쪽 반응을 합한 전체 반응은 수소와 산소가 물로 전환되는 반응이다.

$$2H_2(g) + O_2(g) \longrightarrow 2H_2O(l)$$

우주 비행선은 영구적이면서 가벼운 수소 연료 전지를 사용하는데 이때 생성된 물은 버릴 수도 있고 우주선 내에서 다른 목적으로 사용할 수도 있다. 연료 전지는 연소 반응보다 에너지 효율이 높고 환경오염 물질을 방출하지 않는 특징이 있으며 수소와 산소가 외부에서 공급되는 동안은 계속해서 작동하는 이점이 있다. 수소 연료 전지는 상업적 목적으로 대규모 에너지 발생을 위해 주로 연구되고 있지만, 비용이 많이 드는 단점이 있다.

수소 자동차(Hydrogen Vehicle)는 수소 연료 전지를 이용해 구동되는 차량이다. 수소 자동차는 내연기관 대신 수소와 산소의 화학 반응을 통해 전기를 발생시켜 전기 모터를 구동한다. 이 과정에서 발생하는 유일한 배출물은 물(g)이므로 수소 자동차가 친환경적이고 배출가스 제로 차량이다.

수소 자동차의 주요 특징으로 첫째, 배출가스 제로로 수소 자동차는 연료 전지에서 발생하는 전기를 이용하여 모터를 구동하므로, 운행 중에 물만 배출된다. 이는 환경에 매우 유리하다. 둘째, 빠른 충전 시간이다. 수소 자동차는 배터리 전기차와 달리 충전 시간이 매우 빠르다. 수소 연료를 충전하는 데 걸리는 시간은 약 3~5분 정도로, 이는 전기차의 긴 충전 시간에 비해 매우 빠르다. 셋째, 긴 주행 거리이다. 수소 자동차는 전기차보다 한 번 충전으로 더 긴 거리를 주행한다. 대부분 수소차는 500~600 km 이상 주행하며 장거리 이동에 유리하다. 넷째, 고속도로 주행에서 장점이다. 수소 연료 전지 차량은 주행 중 나오는 에너지가 일정하고, 꾸준하게 높은 출력을 낼 수 있으므로 고속도로 주행에 유리하다.

수소 자동차의 도전 과제로는 첫째, 수소 충전 인프라 부족: 수소 충전소는 아직 초기 단계에 있으며, 충전소의 수가 부족하다. 충전소를 늘리기 위해서는 상당한 시간과 투자가 필요하다. 둘째, 수소 생산 비용과 방법: 수소는 대부분 천연가스에서 추출하거나 물의 전기분해에서 얻는데, 이 과정에서 사용되는 에너지 비용이 많고 또한, 수소의 생산 방식이 환경에 미치는 영향도 문제이므로 친환경적인 수소 생산 방법을 확대하는 것이 중요하다. 셋째, 높은 차량 비용: 수소 자동차는 연료 전지 기술과 관련된 고급 기술이 필요하므로 초기 차량 가격이 높고 이는 소비자들에게 부담이 된다. 넷째, 연료 전지 기술의 한계: 수소 연료 전지 기술이 꾸준하게 발전하고 있지만, 여전히 기술적으로 해결해야 할 문제가 있다. 예를 들어, 연료 전지의 효율성과 내구성, 원가 절감 등이 개선되어야 한다.

수소 자동차의 장기적인 가능성으로 첫째, 수소 자동차는 환경에 미치는 영향을 최소화하고, 특히 대형 차량이나 장거리 운행에 적합한 기술로 평가받고 있다. 또한 수소는 저장과 운반이 가능해서 특정 지역에서의 사용뿐 아니라, 대규모로 공급할 수 있다. 둘째, 많은 나라들이 탄소 배출을 줄이기 위해 수소 사회를 구축하려는 노력을 진행하고 있다. 예를 들어, 일본과 한국은 수소 경제를 적극적으로 추진하고 있고, 수소 충전소의 수를 늘려가며, 수소차의 보급을 확대하려 한다.

향후 수소 자동차의 보급이 확대될 경우, 친환경적이고 효율적인 교통수단으로 자리 잡을 것이다.

13.4 전지와 납축전지

산화 환원 반응을 이용하여 자발적으로 일어나는 화학 반응에서 방출하는 화학 에너지를 전기 에너지로 바꾸는 장치가 전지이고 이 전지는 전기 에너지를 화학 에너지로 바꾸는 전해 전지와는 반대되는 장치이다.

알칼리 전지는 전자를 운반할 수 있으면서 자체는 환원되지 않는 탄소 막대를 비활성 음극으로 사용한다. 흑연은 수산화 포타슘(KOH)과 이산화 망가니즈(MnO_2)로 이루어진 반죽으로 싸여 있고 이 반죽은 이온들을 함유하고 있으므로 전해질(electrolyte)이 된다. 아연으로 이루어진 양극(anode)은 전지 전체를 감싸고 있다. 양극의 산화 반응에서 생성된 전자들은 외부 전선을 통하여 환원 반응이 일어나는 음극 쪽으로 이동한다. 전해질로 사용되는 수산화 포타슘이 알칼리성이므로 아연이 부식되지 않아 전지의 수명이 길다. 알칼리 전지의 두 반쪽 반응은 다음과 같다.

$$\text{양극(산화)}: Zn(s) + 2OH^-(aq) \longrightarrow Zn(OH)_2(s) + 2e^-$$

$$\text{음극(환원)}: 2MnO_2(s) + H_2O(l) + 2e^- \longrightarrow Mn_2O_3(s) + 2OH^-(aq)$$

두 반쪽 반응을 합한 전체 전지 반응은 다음과 같다.

$$Zn(s) + 2MnO_2(s) + H_2O(l) \longrightarrow Zn(OH)_2(s) + Mn_2O_3(s)$$

이 전지의 전압은 1.54 V이고 전압은 전지 내의 물질의 양과 전지의 크기에는 무관하며 단지 반응에 관여하는 원소와 화합물에만 의존한다. 따라서 모든 알칼리 전지는 그 크기에는 관계없이 작은 AAA에서 큰 D까지 1.54 V를 유지한다. 반면에 전자의 흐름인 전류는 전하량이 클수록 비례해서 커지기 때문에 전지의 크기에 의존한다.

손전등이나 장난감 및 휴대용 라디오는 효율이 높고 크기가 작은 건전지로 작동된다. 알칼리 전지와 달리 이 전지에는 액체 전해질이 들어 있지 않기 때문에 건전지라고 한다. 일반적으로 건전지는 양극으로 작용하는 아연 내부 통과 이산화망가니즈, 염화암모늄과 탄소의 반죽 그리고 음극의 흑연 막대로 구성되어 있다. 전해질로 사용되는 염화암모늄의 약한 산성으로 아연이 부식되기 때문에 전지의 수명이 짧다. 이 전지의 반쪽 반응은 근사적으로 다음과 같다.

$$\text{양극(산화)}: Zn \longrightarrow Zn^{2+} + 2e^-$$

$$\text{음극(환원)}: 2NH_4^+ + 2MnO_2 + 2e^- \longrightarrow Mn_2O_3 + 2NH_3 + H_2O$$

한 개 이상의 전지를 연결한 전지의 집합체를 배터리(battery)라고 한다. 자동차에 사용되는 납축전지는 6개의 전지로 구성되어 있으므로 진정한 의미의 배터리이다. 그러나 손전등에 사용되는 배터리는 옳은 표현이 아니고 전지라고 해야 바른 표현이다. 납축전지는 총 12 V 정도의 전압을 유지하는데 이것은 구성하는 각 전지가 2.1 V의 전압을 발생하기 때문이다. 납축전지는 양극은 금속 납, 음극은 산화납(Ⅳ)으로 구성되어 있고 전해질인 진한 황산 용액이 반응에 필요한 H^+를 공급한다. 양극에서는 납이 원자가전자 두 개를 잃고 Pb^{2+}가 되고 이것이 SO_4^{2-}와 반응하여 $PbSO_4$의 불용성의 고체를 만들기 때문에 전극의 질량은 증가하게 된다. 음극의 산화납(PbO_2)에서는 +4의 산화 상태를 가지는 납이 원자가전자 두 개를 받아서 Pb^{2+}으로 되어 고체 $PbSO_4$를 형성하여 전극에 달라붙기 때문에 전극의 질량은 증가하게 된다.

$$\text{양극(산화)}: Pb + H_2SO_4 \longrightarrow PbSO_4 + 2H^+ + 2e^-$$

$$\text{음극(환원)}: PbO_2 + H_2SO_4 + 2H^+ + 2e^- \longrightarrow PbSO_4 + 2H_2O$$

반응이 진행됨에 따라 두 전극에는 황산납이 달라붙고 황산 전해질의 농도는 감소하게 된다. 두 반응을 합한 전체 반응식은 다음과 같다.

$$Pb(s) + PbO_2(s) + H_2SO_4(aq) \rightleftharpoons 2PbSO_4(s) + 2H_2O(l)$$

자동차 내의 각종 전기 장치를 가동하면 위의 반응은 오른쪽으로 진행하여 전압과 전류가 감소하고 배터리는 방전된다. 그러나 차에 시동을 걸면 엔진에 연결된 발전기가 회전하게 되고 여기에서 발생한 직류 전기가 배터리에 공급되어 위 반응의 역반응이 일어나면서 배터리가 재충전되므로 납축전지는 2차 전지이다. 오늘날의 납축전지는 5년 이상의 방전과 충전 과정을 반복하면서 지속하여 사용할 수 있다.

전기 자동차(EV, Electric Vehicle)는 내연기관 대신 전기 모터를 이용해 움직이는 무공해 차량이다. 전기 자동차는 전기를 에너지로 사용하는 배터리(주로 리튬이온 배터리)를 탑재하고 있으며, 이 배터리를 충전하여 자동차를 구동한다. 전기 자동차는 친환경적이고, 연료비가 저렴한 장점이 있어 점점 인기를 얻고 있다.

전기 자동차의 주요 특징으로 첫째, 배출가스 제로: 전기 자동차는 운행 중에 배출가스를 전혀 내지 않기 때문에 대기 오염을 줄이고, 환경 보호에 공헌한다. 둘째, 저렴한 운영비: 전기차는 전기를 사용하므로 내연기관 차보다 연료비가 낮고, 유지보수 비용도 적다. 예를 들어, 기계적 부품이 적고, 오일 교환이 불필요하고 유지보수가 간편하다. 셋째, 주행 거리와 충전: 초기 모델들은 주행 거리가 짧았으나, 최신 전기차들은 한 번 충전으로 400~500km 이상을 주행하는 모델도 있다. 충전 인프라의 확장도 중요한 부분으로, 많은 지역에서 전기차 충전소를 늘려가고 있다. 넷째, 소음: 전기차는 엔진 소음이 없으므로 운전 시 매우 조용하고, 이는 소음 공해를 줄이는데 공헌한다. 다섯째, 충전: 전기차는 가정용 콘센트에서 충전할 수 있지만, 급속 충전기나 충전소를 통해 더 빠르게 충전한다. 그러나 충전 시간은 내연기관차의 주유와 비교하면 여전히 긴 편이다.

전기차의 도전 과제로 첫째, 충전 인프라 부족: 전기차의 보급이 증가하면서 충전소가 늘어나고 있지만, 여전히 일부 지역에서는 충전소가 부족하다. 둘째, 주행

거리: 완전 충전 후 주행 가능한 거리가 내연기관 차보다 짧고, 이는 장거리 이동 시 불편을 초래한다. 셋째, 배터리 수명: 배터리의 수명이 다하면 교체 비용이 발생하며, 이는 전기차의 장기적인 유지비에 영향을 준다.

전 세계적으로 많은 자동차 제조사들이 전기차의 생산을 늘리고 있으며, 정부 차원에서도 전기차의 보급을 촉진하기 위한 다양한 인센티브와 규제를 시행하고 있다. 특히, 환경 보호와 탄소 배출 저감이라는 목표를 달성하기 위해 전기차는 미래의 교통수단으로 주목을 받고 있다.

13.5 광전지

태양 에너지는 집열 장치를 이용하여 난방에 이용하거나 태양 빛을 전기 에너지로 변환하여 이용할 수 있다. 태양 에너지를 사용하여 전기를 발생시키는 장치를 광전지(photovoltaic cell)라고 한다. 전기란 전자의 흐름으로서, 전자는 높은 전위에서 낮은 전위로 흐른다. 광전지가 전기를 발생하기 위해서는 태양 빛이 전자가 흐르도록 유도해야 한다.

다이아몬드를 구성하는 탄소 원자는 4개의 원자가전자를 가지고 이 전자들은 인접한 탄소 원자들과의 공유 결합에 관여한다. 다이아몬드는 전기 부도체로, 이 전자들은 일정한 위치에 고정되어 있으므로 바깥으로 끄집어내기 위해서는 매우 많은 에너지가 필요하다.

주기율표의 14족에 속하는 탄소 바로 밑에 있는 규소는 탄소와 아주 유사한 결정 구조를 가지므로 일상적인 상황에서는 전기 도체가 아니다. 그러나 결합 위치에 있는 전자가 충분한 에너지를 흡수하면 들뜨면서(excitation) 방출될 수 있다. 규소 결정의 결합 전자들은 다이아몬드의 전자보다 훨씬 쉽게 들뜰 수 있으므로 규소 결정은 가시광선 영역의 광자를 받으면 전자를 들뜨게 하여 본질적으로 약간의 전기를 전도할 수 있는 반도체 물질이 된다.

결정성 규소에 갈륨과 비소와 같은 원소를 1 ppm 정도로 치환하면 재미있는 현상이 일어난다. 원자 번호가 14인 규소는 14족에 속하므로 최외각 전자 4개를 가지고 원자 번호가 33인 비소는 15족에 속하므로 최외각 전자 5개를, 그리고 원자 번호가 31인 갈륨은 13족에 속하므로 최외각 전자 3개를 가진다.

비소 원자로 치환된 규소 결정의 일부분은 여분의 전자들이 생겨서 전기 전도도

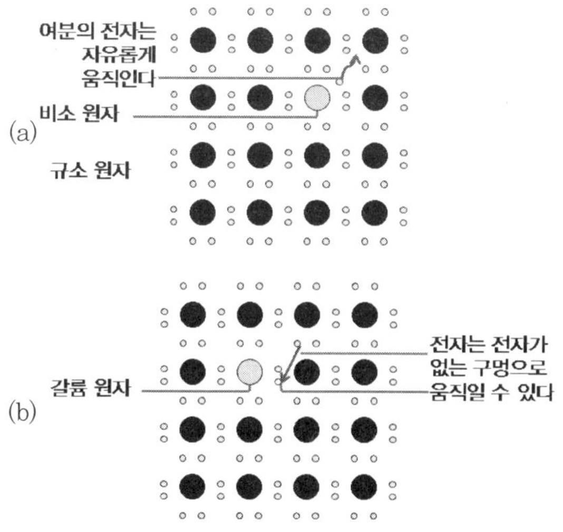

그림 13-3 (a) n-형 반도체와 (b) p-형 반도체

는 순수한 규소보다 증가한다. 이처럼 비소가 첨가된 규소를 n-형 반도체라고 한다. 반면에 갈륨 원자로 치환된 규소 결정의 일부분은 규소보다 원자 한 개마다 전자 하나가 부족하므로 양으로 하전된 구멍이 형성된다. 전자가 이 구멍으로 이동하여 전기 전도도가 역시 증가하게 된다. 갈륨이 불순물로 첨가된 규소를 p-형 반도체라고 한다(그림 13-3).

비소와 갈륨이 동시에 가해지면 전자가 풍부한 영역과 전자가 부족한 영역이 동시에 생겨난다. 지구상에 도달하는 가시광선과 적외선 영역의 태양 빛은 불순물이 첨가된 결정 내의 전자를 들뜨게 하기에 충분하므로 전자와 구멍을 동시에 움직이게 한다. 광전지에는 전자가 풍부한 n-형 반도체와 양전하 구멍이 풍부한 p-형 반도체가 접촉되어 있으므로 전자는 n-영역에서 p-영역으로 확산되고 양의 구멍은 p-영역에서 n-영역으로 이동하게 된다. 이처럼 광전지는 태양 에너지를 이용하여 전자의 흐름, 즉 직류 전류를 발생시키는 장치이다. 광전지 기술의 초기 설립 비용은 화석 연료를 이용하여 발전하는 비용보다 많다. 하지만 광전지 시설이 일단 설립되면 유지비가 거의 들지 않고 어느 곳에서나 사용할 수 있으므로 고립된 지역의 전기 생산에 유리하다. 태양광선은 24시간 지구의 모든 지역을 비추지 않기 때문에 낮에 광전지에 의하여 생산된 전기를 저장하여 밤에 사용할 수 있도록 배터리를 사용해야 하는 불편한 점이 있다. 하지만 태양 빛으로부터 직접 전기를 생산하는 광전지 기술은 다음과 같은 많은 이점을 가지고 있다. 첫째, 화석 연료를 캐거나 운반하는 과정에서의 환경 파괴를 줄이고 화석 연료에 대한 의존도를 줄일 수 있다.

둘째, 화석 연료를 연소시킴으로써 발생하는 황 산화물의 방출을 감소시킬 수 있어 대기 오염의 수준을 낮출 수 있다. 마지막으로, 이산화 탄소의 방출을 줄일 수 있으므로 지구 온난화의 위험도 감소시킬 수 있다.

참조

인공지능(AI, artificial intelligence)

컴퓨터가 사람의 지능을 모방해서 사람처럼 생각하거나 학습 및 문제 해결할 수 있는 기술이다. 인공지능은 크게 두 가지 종류로 구분할 수 있다. 첫째, 좁은 인공지능(Narrow AI)으로 특정 작업만 수행하는 AI이다. 여기에는 음성 인식, 번역기와 챗봇 등이 여기에 해당한다. 둘째, 범용 인공지능(General AI)으로 사람같이 지적 활동을 할 수 있는 AI로서 아직 개발되지는 않았다. 인공지능에는 로봇을 제어할 수 있는 로보틱스 기술, 데이터를 스스로 학습하는 기계 학습 기술, 복잡한 패턴을 학습하는 딥러닝 기술, ChatGPT처럼 언어를 이해하고 생성하는 자연어 처리 기술과 이미지를 인식 분석하는 컴퓨터 비전 기술 등이 핵심 기술이다. 인공지능은 자율주행 자동차, 얼굴 인식 시스템, 의료 진단 보조와 산업 자동화 등에 사용된다.

14장

유기화학

14.1 탄소 화합물 | 14.2 방향족 탄화수소 | 14.3 탄화수소 유도체
14.4 카이랄과 비카이랄 | 14.5 고분자 | 14.6 의약품

14.1 탄소 화합물

탄소를 기본 골격으로 하여 수소, 산소, 질소, 인, 황 등을 포함하는 탄소 화합물(또는 유기 화합물)을 연구 대상으로 하는 화학의 한 분야를 유기화학이라고 한다. 14족에 속하는 탄소 원자는 원자가전자 4개를 가진 결합 능력이 다양한 원소이므로 여러 종류의 다양한 유기 화합물을 만들 수 있다. 탄소 원자는 옥텟 규칙(octet rule)을 만족하기 위해서 네 가지의 다른 결합 형태를 가질 수 있다. 첫째, 네 개의 단일 결합, 둘째, 두 개의 단일 결합과 하나의 이중 결합, 셋째, 한 개의 단일 결합과 한 개의 삼중 결합, 마지막으로, 두 개의 이중 결합이다(그림 14-1). 다른 원자들은 탄소 원자와 다른 결합 양식을 나타낸다. 예를 들면 수소 원자는 항상 한 개의 단일 결합을 하고 산소 원자는 두 개의 단일 결합이나 한 개의 이중 결합을 하

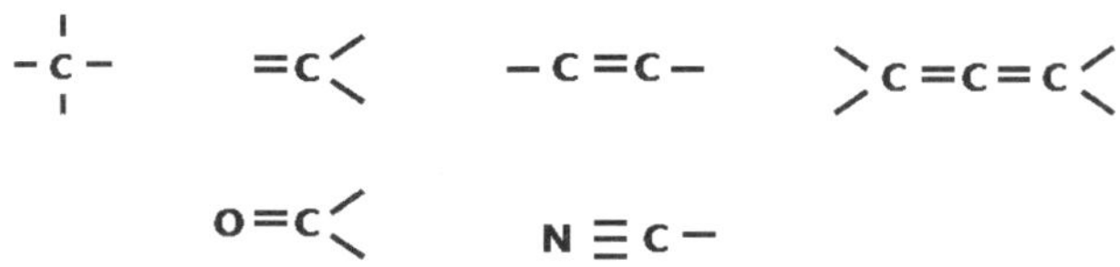

그림 14-1 탄소의 결합 가능성

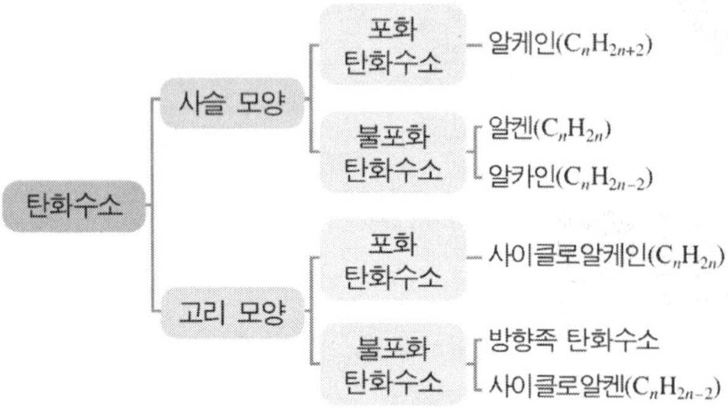

그림 14-2 탄화수소 분류

며, 질소 원자는 세 개의 단일 결합이나 한 개의 단일 결합과 한 개의 이중 결합 또는 한 개의 삼중 결합을 할 수 있다.

탄소 화합물들은 화학적으로 안정하고 녹는점과 끓는점이 낮으며 물과 같은 극성 용매보다는 벤젠이나 알코올과 같은 유기 용매에 더 잘 녹는다. 공기 중에서 연소하면 이산화 탄소, 물과 함께 다량의 열을 발생하므로 연료로 많이 사용된다.

탄소와 수소로 이루어진 탄화수소 화합물은 탄소 원자 사이의 결합에 따라 두 가지 형태로 나누어진다. 즉 탄소 원자 사이의 결합이 모두 단일 결합인 포화 탄화수소와 탄소 원자 사이의 결합 가운데 이중 결합이나 삼중 결합을 가지는 불포화 탄화수소로 나뉜다. 또한 탄소 원자 사이의 연결 방식에 따라 탄소 원자들이 사슬 모양으로 연결된 사슬 모양 탄화수소와 탄소 원자들이 고리 모양으로 연결된 고리 모양 탄화수소로 나뉜다(그림 14-2).

알케인(alkane)은 탄소 원자 사이의 결합이 단일 결합이면서 사슬 모양의 포화 탄화수소이며 일반식은 C_nH_{2n+2}이다. 탄소 원자의 개수가 증가할수록, 즉 메테인, 에테인, 프로페인, 뷰테인 쪽으로 갈수록 분자 사이의 인력이 증가하여 녹는점과 끓는점이 높아지는 경향이 있으며 화학적으로 안정하고 햇빛이 있는 상태에서 알케인의 수소 원자는 할로젠(F, Cl, Br)으로 치환될 수 있다.

에탄올(C_2H_5OH)과 다이메틸 에터(CH_3OCH_3)는 같은 분자식(C_2H_6O)을 갖지만 서로 다른 분자이다. 이런 두 화합물을 이성질체(isomer)라 한다. 이성질체는 크게 구조 이성질체(constitutional isomer)와 입체 이성질체(stereoisomer) 등의 두 부류로 나눈다. 에탄올과 다이메틸 에터처럼 같은 분자식을 가지지만 원자의 연결 방식이 다른 화합물을 구조 이성질체라 하고 녹말과 셀룰로스처럼 같은 분자식을 가지지만 단지 원자들의 삼차원 배열이 다른 화합물을 입체 이성질체라 한다. 이 이성질체의 존재가 여러 가지 다양한 유기 화합물들이 존재하게 하는 이유 가운데

표 14-1 몇 가지 탄화수소의 이성질체 수

화합물	C_4H_{10}	C_5H_{12}	C_6H_{14}	C_7H_{16}	C_8H_{18}	$C_{10}H_{22}$
이성질체 수	2	3	5	9	18	75

하나가 된다. 네 개의 탄소로 이루어진 뷰테인(C_4H_{10})은 네 개의 탄소 원자들이 직선상에 배열된 n-뷰테인과 직선상에 있지 않은 iso-뷰테인의 두 가지 이성질체가 가능하다.

$$CH_3-CH_2-CH_2-CH_3 \qquad CH_3-\underset{\displaystyle CH_3}{\underset{|}{CH}}-CH_3$$

탄화수소 화합물을 구성하는 탄소 원자의 개수가 증가하면 이성질체의 수도 증가한다. 알케인에 속하는 몇 가지 화합물들의 이성질체 개수를 표 14-1에 나타내었다.

알켄(alkene)은 탄소 원자 사이의 결합에 이중 결합을 가지는 사슬 모양의 불포화 탄화수소이며 일반식은 $C_nH_{2n}(n \geq 2)$이다. 이중 결합이 있는 탄소 원자에 다른 원자들이 결합하는 첨가 반응이나 중합 반응을 하며, 탄소 수를 두 개 가지는 에텐(에틸렌)이 가장 간단한 알켄이다. 에탄올에 진한 황산을 섞어 160~170℃로 가열하면 에텐을 얻을 수 있는데 이 에텐을 적갈색의 브로민수에 통과시키면 이중 결합에 브로민 한 분자가 첨가되어 무색의 1,2-다이브로모에테인이 만들어진다.

$$C_2H_5OH \xrightarrow[160 \sim 170\,^\circ C]{\text{진한 황산}} C_2H_4 + H_2O$$

$$C_2H_4 + Br_2 \longrightarrow CH_2BrCH_2Br$$

참조

기하 이성질체

이중 결합을 가지는 탄소 화합물을 구성하는 원자(단)들의 공간 배치가 달라서 생기는 이성질체를 기하 이성질체라고 한다. 이중 결합을 중심으로 구성 원자단들이 같은 방향에 위치하면 시스(*cis*-)형, 서로 대각선 방향에 위치하면 트랜스(*trans*-)형이라고 한다.

알카인(alkyne)은 탄소 원자 사이의 결합에 삼중 결합을 가지는 사슬 모양의 불포화 탄화수소이며 일반식은 $C_nH_{2n-2}(n \geq 2)$이다. 삼중 결합이 있는 탄소 원자에 다른 원자들이 결합하는 첨가 반응이나 중합 반응을 잘하며, 탄소 수를 두 개 가지는 에타인(아세틸렌)이 가장 간단한 알카인이다. 탄소화 칼슘(CaC_2)에 물을 넣고 반응시키면 에타인을 얻을 수 있는데 이 에타인을 적갈색의 브로민수에 통과시키면 삼중 결합에 브로민 두 분자가 첨가되어 무색의 1,2-테트라브로모에테인이 만들어진다.

$$CaC_2 + 2H_2O \longrightarrow Ca(OH)_2 + C_2H_2$$

$$C_2H_2 + 2Br_2 \longrightarrow CHBr_2CHBr_2$$

아세틸렌을 산소가 충분한 조건에서 연소시키면 3,000℃ 이상의 고온을 얻을 수 있으므로 금속의 용접이나 절단에 이용된다.

유기 분자는 많은 원자로 구성되어 있으므로 매번 결합과 원자를 그리는 것은 번거롭다. 이에 구조를 간단하게 표기하는 단축법이 필요하다. 단축 표기법에는 축약 구조(condensed structure)와 골격 구조(skeletal structure) 등의 두 가지 유형이 사용된다. 축약 구조에서는 모든 원자를 표시하고 원자 사이의 두 개의 전자로 이루어진 결합선은 생략하고 결합한 원자 옆에 원자를 그리고 같은 그룹이 같은 원자에 결합되어 있으면 괄호로 표기하고 고립 쌍은 생략한다. 예를 들면 뷰테인(C_4H_{10})의 축약 구조는 $CH_3(CH_2)_2CH_3$로 표기한다. 골격 구조는 고리와 사슬을 동시에 가지는 유기 화합물에 주로 사용된다. 세 가지 규칙으로 첫째, 두 선이 만나는 점과 선의 끝에는 탄소 원자가 존재한다. 둘째, 각 탄소는 4가가 되기 위한 수의 수소 원자가 존재한다. 셋째, 헤테로 원자와 이에 결합한 수소 원자는 나타낸다. 예를 들면 뷰테인(C_4H_{10})의 골격 구조는 로 표기한다.

탄소와 탄소 원자 사이의 단일 결합은 회전이 가능하므로 단일 결합의 회전으로 인한 원자들의 다른 배열을 형태(conformation)라 한다. 여기에는 한 탄소의 C–H 결합이 인접한 탄소의 C–H 결합과 겹치는 가려진 형태(eclipsed conformation)와 한 탄소의 C–H 결합이 인접한 탄소의 H–C–H 결합각을 이등분하는 엇갈린 형태(staggered conformation) 등의 두 가지 다른 배열이 있다.

14.2 방향족 탄화수소

탄소 원자는 직선형으로만 결합하는 것이 아니고 아스피린의 경우에서처럼 고리를

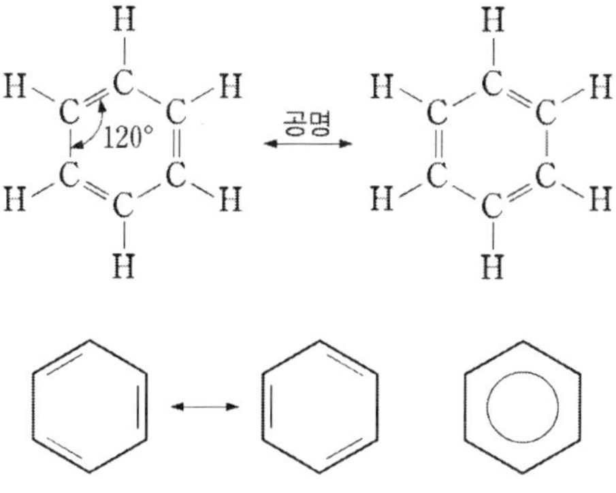

그림 14-3 벤젠의 구조

형성할 수 있는데 보통 5개 또는 6개의 탄소 원자를 포함하는 고리를 형성한다. 그림 14-3은 6개의 탄소 원자를 포함한 고리형의 불포화 탄화수소인 벤젠을 나타낸다. 벤젠은 육각형의 평면 구조를 가지며 각 탄소에는 한 개의 수소 원자가 결합되어 있다. 분자 내의 모든 탄소-탄소 결합은 단일 결합과 이중 결합 사이의 중간 정도의 결합력과 결합 길이를 가지며 모두 동등하다.

벤젠은 무색의 무극성 액체로 탄화수소를 녹이는 유기 용매로 사용되고 특유의 냄새가 나며 발암물질로 분류되기 때문에 취급하는 데 주의를 요한다. 벤젠은 불포화 탄화수소이지만 공명 구조로 안정하기 때문에 첨가 반응보다 치환 반응을 잘한다. 벤젠의 탄소에 결합한 수소 원자가 할로젠 원자로 치환되는 할로젠화 반응, 나이트로기(NO_2)로 치환되는 나이트로화 반응, 설폰기(SO_3H)로 치환되는 설폰화 반응, 알킬기로 치환되는 알킬화 반응 등이 그 예이다.

14.3 탄화수소 유도체

많은 종류의 유기 화합물은 탄소와 수소 이외의 원소들을 포함하는데 탄화수소 화합물의 수소 대신에 다른 원자나 원자단이 치환된 화합물을 탄화수소 유도체라고 한다. 탄화수소 이외의 원자나 원자단을 작용기(functional group)라 하고 작용기는 분자에 특정 성질을 띠게 한다. 동일 작용기를 가지는 화합물들은 같은 종류의 반응을 일으킨다. 이러한 작용기들은 또한 화합물의 용해도에 영향을 끼치므로 사람 몸 안에서 약의 흡수와 잔류 시간에 중요한 역할을 한다. 예를 들면 비극성 성

표 14–2 몇 가지 작용기와 탄화수소 유도체의 분류

분류	작용기	일반식	예
알코올	–OH	R–OH	CH_3CH_2OH
에터	–O–	R–O–R′	$CH_3CH_2–O–CH_2CH_3$
알데하이드	O ‖ –C–H	O ‖ R–C–H	O ‖ H–C–H
케톤	O ‖ –C–	O ‖ R–C–R′	O ‖ $CH_3–C–CH_3$
카복실산	O ‖ –C–OH	O ‖ R–C–OH	O ‖ $CH_3–C–OH$
에스터	O ‖ –C–O–	O ‖ R–C–O–R′	O ‖ $CH_3–C–OCH_2CH_3$
아민	$–NH_2$	$R–NH_2$	CH_3NH_2

※ R과 R′는 탄화수소를 나타내고 같을 수도 있고 다를 수도 있다.

질을 나타내는 탄화수소로 이루어진 약은 비극성의 지방 조직에 축적되는 경향이 있다. 유기 화합물에서 중요한 몇 가지 작용기들의 종류를 표 14–2에 나타내었다.

알코올은 탄화수소의 수소 원자 1개가 하이드록실기(–OH)로 치환된 화합물로서 분자 사이에 수소 결합을 할 수 있으므로 같은 탄소 수를 가지는 알케인에 비해 끓는점과 녹는점이 높다. 탄소 수가 적은 알코올은 물에 잘 녹지만 탄소의 개수가 많아질수록 물에 대한 용해도가 작아진다. 하이드록실기는 이온화하지 않기 때문에 알코올은 비전해질이고 액성은 중성이다. 알코올은 알칼리 금속과 반응하여 수소 기체를 내놓고 진한 황산에서 카복실산과 반응하여 에스터를 만든다. 1차 알코올은 알데하이드를 거쳐 카복실산으로 산화되고 2차 알코올은 케톤으로 산화되고 3차 알코올은 산화되지 않는다.

1차 알코올: $CH_3OH \xrightarrow{\text{산화}} HCHO \xrightarrow{\text{산화}} HCOOH$

2차 알코올: $CH_3CHOHCH_3 \xrightarrow{\text{산화}} CH_3COCH_3$

3차 알코올: $CH_3-\overset{\overset{\large OH}{|}}{\underset{\underset{\large CH_3}{|}}{C}}-CH_3 \longrightarrow$ 산화되지 않음

진한 황산 존재하에서 에탄올을 가열하면 분자 간 탈수 반응을 하여 다이에틸 에터가 되거나, 분자 내 탈수 반응을 하여 에텐이 만들어진다.

$$2C_2H_5OH \xrightarrow[130 \sim 140℃]{\text{진한 황산}} CH_3CH_2OCH_2CH_3 + H_2O$$

$$C_2H_5OH \xrightarrow[160 \sim 170℃]{\text{진한 황산}} CH_2{=}CH_2 + H_2O$$

에터는 알코올(ROH)의 OH의 수소 원자가 다른 알킬기(R')로 치환된 화합물로서 진한 황산의 존재하에서 알코올을 130~140℃로 가열하면 분자 간 탈수 반응을 일으켜서 만들 수 있다. 에터는 수소 결합을 하지 못하기 때문에 이성질체 관계에 있는 같은 탄소 수를 가지는 알코올보다 끓는점이 낮다. 예를 들면 분자식(C_2H_6O)이 같은 에탄올(C_2H_5OH)의 끓는점은 78℃이지만 다이메틸에터(CH_3OCH_3)의 끓는점은 −24℃로 낮다. 에터는 휘발성이 있으며 인화성 물질이고 반응성이 작으므로 유기 용매로 사용된다.

1차 알코올을 산화시켜서 얻는 알데하이드(RCHO)는 카복실산으로 쉽게 산화되므로 환원성이 크고, 따라서 은거울 반응과 펠링 반응을 한다. 폼알데하이드(HCHO)가 30~40% 녹아 있는 수용액인 포르말린은 표본 병 안의 생물 부패를 방지하기 위한 방부제 또는 소독, 살균제로 사용된다. 에탄올을 산화시켜 얻는 아세트알데하이드(CH_3CHO)는 아세트산 제조에 사용된다.

참조 **은거울 반응과 펠링 반응**

은거울 반응은 암모니아성 질산은 용액에 알데하이드와 같은 환원성 물질을 가하면 환원성 물질 자신은 산화되고 은 이온(Ag^+)은 은(Ag)으로 환원되어 석출되는 반응이다. 펠링 반응은 구리 이온(Cu^{2+})을 함유한 푸른색의 펠링 용액에 알데하이드와 같은 환원성 물질을 가하면 환원성 물질 자신은 산화되고 구리 이온은 환원되어 붉은색의 산화구리(Ⅰ)(Cu_2O)로 침전되는 반응이다.

케톤은 더 이상 산화되기 어려우므로 환원성이 없어 은거울 반응과 펠링 반응을 하지 않는다. 그리고 탄소 수가 같은 알데하이드와는 이성질체 관계가 있는 무색의 휘발성 액체이다. 케톤은 물과 같은 극성 용매와 벤젠과 같은 무극성 용매에도 잘 녹기 때문에, 합성수지를 녹이는 유기 용매로 사용된다.

카복실산은 알데하이드를 산화시켜 얻을 수 있고 탄소 수가 적은 것은 물에 녹지만 탄소 수가 많은 것은 물에 잘 녹지 않는다. 수소 결합을 형성할 수 있으므로 탄소 수가 비슷한 다른 탄소 화합물보다 끓는점이 높다. 물에 녹으면 약한 산성을 나타내기 때문에 염기와 중화 반응을 하고 알칼리 금속과 반응하여 수소 기체를 발생하며 황산 촉매하에서 알코올과 반응하여 에스터를 만든다.

$$CH_3COOH + NaOH \longrightarrow CH_3COONa + H_2O$$

$$2CH_3COOH + 2Na \xrightarrow[H^+]{} 2CH_3COONa + H_2\uparrow$$

$$CH_3COOH + C_2H_5OH \xrightarrow[\text{가열}]{} CH_3COOC_2H_5 + H_2O$$

가장 간단한 카복실산인 폼산은 산성의 카복실기뿐만 아니라 환원성의 폼일기를 가지므로 은거울 반응과 펠링 반응을 한다.

에스터는 황산 촉매하에서 알코올과 카복실산의 축합 반응으로 만들며 물에 잘 녹지 않고 향료로 많이 사용된다. 폼산의 에스터도 은거울 반응과 펠링 반응을 할 수 있다. 에스터를 강한 염기와 함께 가열하면 카복실산의 염과 알코올이 형성되는데 이 반응을 비누화 반응이라고 한다.

$$\underset{\text{에스터}}{RCOOR'} + \underset{\text{강한 염기}}{NaOH} \longrightarrow \underset{\text{카복실산염}}{RCOONa} + \underset{\text{알코올}}{R'OH}$$

14.4 카이랄과 비카이랄

모든 분자는 거울상을 가진다. 원래 분자가 자신의 거울상과 겹치지 않으면 카이랄(chiral)이라 한다. 왼손의 거울상은 오른손이고 이들은 서로 겹칠 수가 없다. 원래 분자가 자신의 거울상과 겹치게 되면 비카이랄(achiral)이라 한다. 양말 한 짝은 서로 거울상이고 겹치게 된다.

카이랄 분자는 같은 분자식을 가지지만 분자 구조가 다르고 빛과의 상호작용도 서로 다른 분자 형태를 말한다. 하나의 탄소 원자는 4개의 결합을 형성할 수 있는데 4개의 서로 다른 원자나 원자단이 한 탄소 원자에 결합되어 있으면 이런 화합물은 카이랄이다. 이와 같은 탄소 원자를 포함하는 화합물은 왼손과 오른손이 포개질 수 없는 것처럼 마치 거울 면을 기준으로 두 개의 서로 다른 분자 형태로 존재할 수 있다. 원래 분자와 거울상은 치환기의 삼차원 배열만 다른 이성질체이므로 이들은 입체 이성질체이고 특히, 거울상 이성질체(enantiomer)라 한다. 4개의 서로 다른 원자나 원자단이 결합된 탄소를 입체 발생 중심(stereogenic center)이라 한다. 카이랄의 어원은 '손'을 의미하는 그리스어 cheir에서 유래되었다.

구조 이성질체는 물리적 화학적 성질이 다르지만 거울상 이성질체는 평면 편광(plane-polarized light)과 상호작용하는 방식을 제외하곤 녹는점, 끓는점, 용해도와 같은 물리적 성질이 같다. 평면 편광을 회전시키는 화합물은 광학 활성(optically active)이고 반대로 평면 편광을 회전시키지 않는 화합물은 광학 비활성(optically inactive)이다. 평면 편광을 오른쪽 시계 방향으로 회전시키는 화합물은 우회전성(dextrorotatory)이라 하고 반대로 평면 편광을 왼쪽 반시계 방향으로 회전시키는 화합물은 좌선성(levorotatory)이라 한다. 동일 양의 두 거울상 이성질체를 라셈 혼합물(racemic mixture) 또는 라셈체(racemate)라 하고 라셈 혼합물은 광학 비활성이다. 한 쌍의 광학 이성질체는 화학적 그리고 물리적 성질이 거의 비슷하지만 사람의 몸속에서 그들의 약리 작용은 크게 다르고 보통 하나의 이성질체만이 약효를 나타낸다. 예를 들면 버드나무 껍질에서 추출된 아스피린은 두 가지 화합물로, 즉 두 이성질체로 분리될 수 있으며 이들 가운데 하나만이 해열과 진통의 효과를 나타낸다.

14.5 고분자 화합물

연료

원유를 분별 증류시키면 여러 종류의 석유로 분리하여 다양한 용도로 사용할 수 있다. 즉 원유를 370°C 정도로 가열하여 증류탑에 넣으면 가정용 연료로 사용하는 끓는점이 가장 낮은 25°C 이하의 석유 가스(C_1~C_4)가 맨 위쪽에서 나오고, 이어 화학 공업 원료로 사용하는 끓는점이 40~160°C 정도의 나프타(C_4~C_{10}), 가정용 난방 연료로 사용하는 끓는점이 160~250°C 정도의 등유(C_{10}~C_{16}), 버스와 트럭의 연료로 사용하는 끓는점이 250~300°C 정도의 경유(C_{16}~C_{20}), 선박과 화력 발전소의 연료로 사용하는 끓는점이 300~350°C 정도의 중유(C_{20}~C_{25}), 도로포장에 사용하는 끓는점이 가장 높은 350°C 이상의 아스팔트(C_{25} 이상) 순으로 나온다.

기체 화석 연료의 두 종류인 LNG와 LPG는 연소 과정에서 재와 연기가 거의 발생하지 않는다. 천연가스를 액화시킨 LNG는 주성분이 메테인(CH_4)인데, 메테인은 끓는점이 −162°C로 매우 낮아서 액화시키기 어려워 고압의 기체 상태로 공급한다. 도시가스 연료로 사용되는 LNG는 공기의 밀도(1.20 g/L)보다 작으므로 누출되면 상층으로 확산한다. 원유의 분별 증류에서 나오는 석유 가스를 압축하여 액화시킨 LPG는 주성분이 프로페인(C_3H_8)과 뷰테인(C_4H_{10})이고 프로페인과 뷰테인의 끓는점이 각각 −42°C와 −0.6°C로 비교적 높으므로 액화시키기 쉬워서 통에 담아 공급한다. 자동차와 가정용 연료로 사용되는 LPG는 공기 밀도보다 크기 때문에 누출되면 아래쪽으로 가라앉는다. 액체 상태로 저장된 LPG는 기온이 낮은 겨울철이 되면 기화가 되지 않아서 불이 잘 붙지 않기 때문에 끓는점이 낮은 프로페인의 혼합 비율을 높여서 점화가 잘 일어나도록 해서 사용해야 한다.

고분자 화합물

현대인들에게 있어 고분자 제품은 일상생활을 하는 데 없어서는 안 될 필수 불가결한 요소라고 할 수 있다. 아침에 일어나서 저녁 잠자리에 들 때까지 사용하는 대부분 물품이 고분자 화합물들이다. 예를 들면 칫솔, 의류, 카펫, 자동차의 계기판과 타이어, 전화기, 피아노 건반, 가전제품 및 아이들이 이용하는 장난감 등 고분자 제품이 아닌 것을 찾기 힘들 정도이다. 우리가 사용하는 고분자 화합물은 크게 두 가지로 분류할 수 있다. 전분, 셀룰로스, 단백질, 목화 및 천연고무 등과 같이 천연에서 생산되는 천연 고분자 화합물도 있지만, 합성수지(플라스틱), 합성 섬유 및 합성고무 등과 같이 화학적으로 합성한 고분자 화합물이 대부분이다.

고분자(또는 중합체, polymer)는 단위체(monomer)라고 하는 작은 분자들 여러 개로 이루어진 거대분자(macromolecule)이다. 단위체가 모여 고분자를 만드는 과정을 중합 반응(polymerization)이라고 하고, 여기에는 첨가 중합 반응(addition polymerization)과 축합 중합 반응(condensation polymerization)의 두 가지 유형이 있다. 첨가 중합 반응은 단위체에 존재하는 이중 결합이 끊어지면서 단위체 사이에 결합이 형성되고 단위체를 구성하는 모든 원자가 중합체를 형성할 때 그대로 더해지면서 빠져나오는 것이 없는 반응이다. 예를 들면 에틸렌(C_2H_4)의 단위체로부터 긴 사슬의 폴리에틸렌이 형성되는 반응이 여기에 해당한다.

$$n\ CH_2{=}CH_2 \longrightarrow \left[CH_2{-}CH_2 \right]_n$$

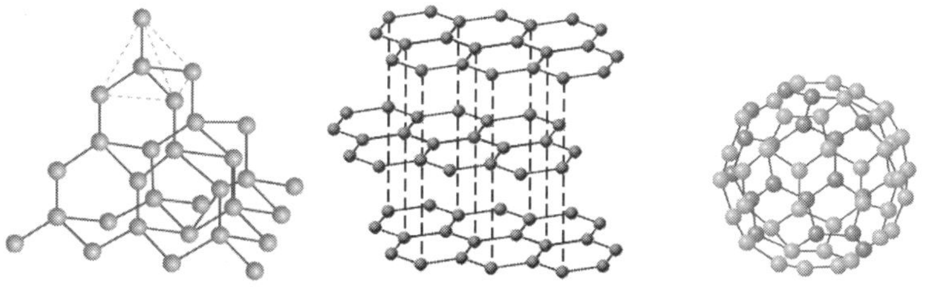

(a) (b) (c)

그림 14-4 다이아몬드(a), 흑연(b) 및 C_{60}(c)의 구조

축합 중합 반응의 단위체는 $-COOH$, $-NH_2$와 $-OH$ 등의 반응성이 큰 작용기를 두 개 이상 가지고 있다. 이 작용기들의 축합 중합 과정은 단위체를 구성하는 원자들이 중합체에 그대로 포함되는 것이 아니라 일부가 물이나 HCl과 같은 형태로 분리되어 떨어져 나가는 반응이다. 6-아미노헥세인산의 단위체로부터 폴리아마이드 중합체인 나일론 6이 형성되는 반응이 그 예이다.

$$n\ \mathrm{HO{-}\overset{\overset{\displaystyle O}{\|}}{C}CH_2CH_2CH_2CH_2CH_2NH_2} \longrightarrow \left[\mathrm{\overset{\overset{\displaystyle O}{\|}}{C}CH_2CH_2CH_2CH_2CH_2NH}\right]_n + n\mathrm{H_2O}$$

4개의 최외각 전자를 가지는 탄소는 거대분자 사슬 형성을 가능하게 해 주는 대표적인 원소이다. 탄소 원자는 그물 구조, 고리 모양, 삼차원 구조를 가지면서 다른 탄소 원자와 서로 결합한다. 다이아몬드를 구성하는 각 탄소 원자는 4개의 다른 탄소 원자와 공유 결합을 형성하여 단단한 그물 구조를 이룬다(그림 14-4). 반면에 흑연을 구성하는 탄소 원자들은 6각형 고리의 모서리에 위치하며 서로 강한 결합을 하여 판을 형성한다. 그러나 판과 판 사이의 탄소 원자끼리 작용하는 힘이 약하기 때문에 탄소층이 쉽게 벗겨질 수 있다. 따라서 이 구조를 가지는 흑연은 연필로 사용될 수 있다. 20개의 6-원자 고리와 12개의 5-원자 고리로 이루어진 축구공과 같은 구조의 명명을, 이 분자를 디자인한 벅민스터 풀러(Buckminster Fuller)의 이름을 따서 버크민스터풀러렌(buckminsterfullerene)이라고 한다. 이것의 구조가 축구공과 닮았기 때문에 버키볼(buckyball)이라는 말로 변하게 되어 퍼지게 되었다. 분광학과 X-선 분석에 의하면, 이 구조에서 탄소 원자는 2개의 6-원자 고리와 1개의 5-원자 고리가 합쳐지는 모서리에 위치하며 다른 탄소 원자와 서로 결합하고 있다. 버키볼은 다이아몬드와 흑연처럼 탄소의 동소체이다.

참조

탄소 나노튜브

1991년 일본 NEC 연구소의 이지마 박사는 길이가 수백 나노미터이면서 튜브 모양을 하는 새로운 화합물을 발견하고, 이를 '나노튜브'라고 명명하였다. 나노튜브는 강철선보다 몇 배 강하므로 초경량 자전거, 로켓의 모터, 테니스 라켓 등에 사용될 수 있으며, 다른 분자를 튜브 안에 넣어서 저장 용기로도 사용할 수 있다.

탄소 나노튜브(CNTs, Carbon Nanotubes)는 탄소 원자들이 육각형 배열로 이루어진 원통 모양의 구조를 가며 나노 크기를 가진다. 이 물질은 강하고 가벼우며, 전기 전도성과 열 전도성이 뛰어나다. 탄소 나노튜브는 크게 두 가지 유형으로 나눌 수 있다. 첫째, 하나의 탄소 원자층이 원통 모양으로 말린 구조인 단일벽 탄소 나노튜브(SWCNT, Single-Walled Carbon Nanotube)이고, 둘째, 여러 겹의 탄소 원자층이 원통 모양으로 겹쳐진 구조인 다중벽 탄소 나노튜브(MWCNT, Multi-Walled Carbon Nanotube)이다.

탄소 나노튜브의 성질과 특성으로 첫째, 강도가 매우 높다. 철보다 100배 정도 강하므로 다양한 구조물에 이용될 수 있다. 둘째, 전기 전도성이 뛰어나므로 전자기기나 나노 전자소자에 이용될 수 있다. 셋째, 열 전도성이 뛰어나므로 효율적으로 열을 전달할 수 있다.

응용 분야로는 첫째, 나노 크기의 전자소자와 센서 등에 사용된다. 둘째, 에너지 저장 장치에서 효율적인 전도체 및 전극 재료로 배터리와 슈퍼커패시터에 사용된다. 셋째, 약물 전달 시스템(drug delivery system, DDS), 세포 진단과 생체 인식 시스템 등의 의료 분야에서 이용된다. 넷째, 강도가 높고 가벼워서 항공기, 우주선과 자동차 등의 구조 재료로 연구 · 사용된다.

탄소 나노튜브의 기타 특징으로 첫째, 자기적 성질을 가질 수 있어서 자성 물질로 이용된다. 둘째, 표면을 화학적으로 처리하여 특정 분자와 결합하거나 반응하도록 할 수 있다.

합성 중합체

당구공의 재료로 사용되던 상아의 대체 물질을 찾으려는 시도에서 최초로 시판된 플라스틱인 셀룰로이드가 합성되었다. 1870년에 미국의 인쇄업자인 하이엇(John Hyatt; 1837~1920)은 목재에서 얻을 수 있는 셀룰로스를 질산으로 처리하여 나이트로셀룰로스 유도체를 얻고 이것을 에탄올과 장뇌의 혼합물로 처리하여 부드럽게 만든 후 이 물질을 매끄럽고 단단한 공으로 성형하였다. 이렇게 합성된 셀룰로이드는 코끼리 상아를 대체해서 당구공뿐만 아니라 주로 상업적 용도로 많이 사용되었다.

과학자들은 자연에 존재하는 거대분자를 변형시키기보다는 간단한 분자들로부터 새로운 거대분자들을 합성하려고 시도하였다. 진정한 의미에서 최초로 만들어진 합성 고분자는 1907년에 베이크랜드(Leo Baekeland; 1863~1944)가 만든 페놀과 폼알데하이드를 고온과 고압에서 화합시켜 생성한 페놀 수지이다. 이것은 발명자의 이름을 따서 베이클라이트(Bakelite)라고 명명되었고 불투명하고 부서지기 쉬운 검은색의 중합체로이다.

어떤 물질이 힘을 받아서 모양이 변하고 힘을 제거한 후에도 그 형태를 그대로 유지하고 있을 때 이와 같은 성질을 가소성(plasticity)이라고 한다. 이 단어로부터 플라스틱이라는 이름이 유래되었으므로 플라스틱은 '성형될 수 있다.'를 의미한다. 오늘날 합성 중합체는 생활의 대변혁을 가져왔고 앞으로도 그 용도가 더욱 확대될 것으로 보인다. 예를 들면 플라스틱 헬멧, 축구장에 깔리는 인공 잔디, 테니스공과 라켓 줄 그리고 야구 배트와 장갑 등 다양한 곳에 플라스틱이 사용되고 있다. 또한 자동차 제조에 사용되는 강철보다 강하고 부식에 잘 견디는 플라스틱의 개발은 미래 자동차의 무게를 감소시켜서 연료 절감 효과를 가져올 것이다.

1935년에서 1985년까지 50년 동안 미국에서 생산된 플라스틱의 양은 500배나 증가하였고, 특히 1976년 이후로 강철, 구리와 알루미늄보다 플라스틱(합성 수지)이 더 많이 생산되었다. 이들 합성 중합체에 대하여 간단히 알아보기에 앞서 첨가 중합 반응으로 생성된 고분자 화합물에 대하여 알아보자.

① 폴리에틸렌

폴리에틸렌(PE)은 합성 고분자 가운데 가장 간단하며 과일이나 채소를 담기 위해 사용하는 비닐 봉투, 세탁소 의류 봉투, 쓰레기봉투와 장난감 등 다양한 용도로 사용된다. 원유의 분별 증류 과정에서 다량 생산되는 에틸렌은 적당한 촉매하에서 열과 압력을 받으면 서로 연결하여 긴 중합체를 형성한다.

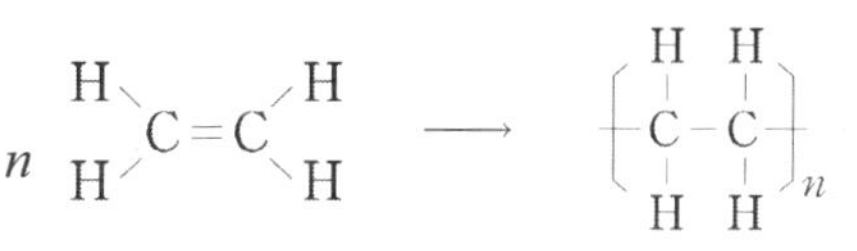

일반적으로 n은 수백에서 수천 사이의 값을 가지고 폴리에틸렌의 분자량은 10,000에서 100,000 사이의 값을 가진다.

폴리에틸렌은 크게 두 종류로 나누어지는데 이들은 중합체 사슬의 가지치기를

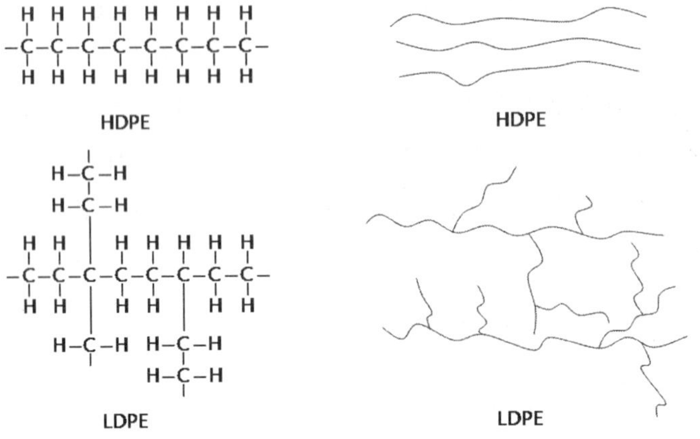

그림 14-5 고밀도(선형) 폴리에틸렌과 저밀도(가지달린) 폴리에틸렌의 구조

조절함으로써 얻어진다. 저밀도 폴리에틸렌(LDPE)은 약 500개 정도의 단위체들로 구성되며 가지를 친 많은 곁사슬을 가지고 있다(그림 14-5). 이것은 연하고 굽힘성이 있으며 투명한 플라스틱으로서 주로 플라스틱 백, 치약용 튜브와 일회용 기저귀 커버 등 일반 가정용품 제조에 사용된다. 고밀도 폴리에틸렌(HDPE)은 약 1만개 정도의 단위체로 구성된 선형 분자로 매우 질서정연한 결정성 구조를 가진다. 이것은 LDPE보다 더 큰 밀도, 인장 강도, 높은 녹는점을 가지며 불투명하며 무거운 형태이다. 장난감, 1갤런 우유 용기, 가전제품 상자와 외과 수술용 장갑 등을 만드는 데 사용된다. 폴리에틸렌은 제2차 세계 대전이 일어나기 전에 발명되었고 질기면서 유연한 전기 절연체로, 제2차 세계 대전 중에는 전선을 코팅하는 전선 절연체로 사용되었다.

첨가 중합체들의 대부분은 에틸렌 단위체의 수소 원자 가운데 하나 또는 그 이상이 다른 원자나 작용기로 치환된 에틸렌의 유도체로 만들어진다.

② 폴리 염화 바이닐

상온에서 기체인 염화 바이닐(발암물질로 알려져 있다)을 첨가 중합 반응시키면 열가소성의 폴리 염화 바이닐(PVC)이 만들어진다. PVC의 배열에서 염소 원자들은 인접해서 탄소 원자에 결합할 수 있거나 혹은 하나 걸러서 탄소 원자에 결합할 수 있고 또한 불규칙하게 결합하여 혼합물을 형성할 수도 있다(그림 14-6). 이처럼 중합체 안에서 단위체의 배향에 따라서 PVC는 단단할 수도 혹은 유연할 수도 있다. 단단한 PVC는 배수와 하수의 파이프와 주택 창틀에서 사용되고, 유연한 PVC

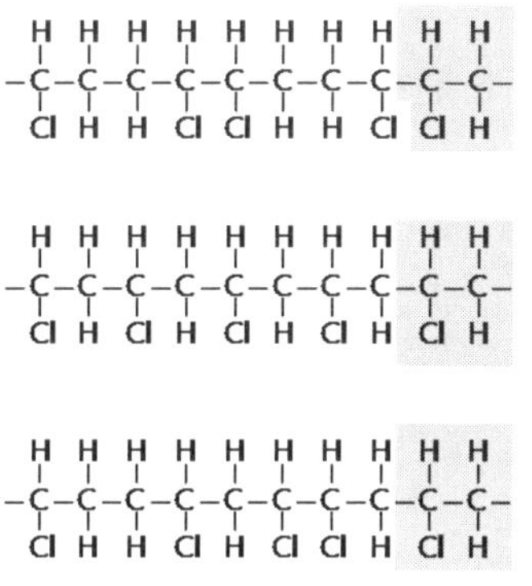

그림 14-6 PVC 단위체의 가능한 3가지 배열

는 포장용 플라스틱 랩(wrap), 목욕탕 샤워 커튼과 정원 호스를 만드는 데 사용된다. 폴리 염화 바이닐은 재활용하기가 어렵다.

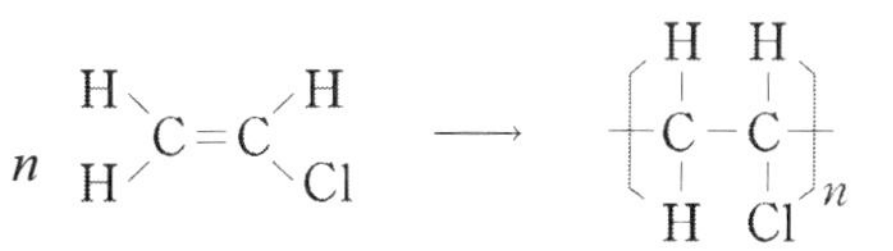

③ 폴리스타이렌

에틸렌의 수소 원자 하나를 페닐기(C_6H_5-)로 치환한 스타이렌을 첨가 중합하면 폴리스타이렌이 형성된다.

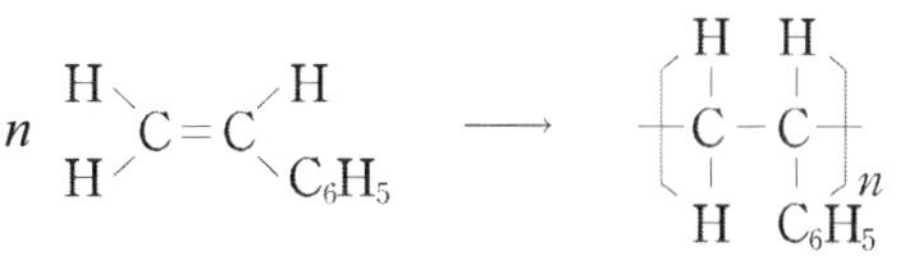

스타이렌 폴리스타이렌

이 식에서 n은 약 5,000이다. 폴리스타이렌은 투명한 일회용 음료수 컵을 만드는 데 사용된다. 액체의 폴리스타이렌에 기체를 불어넣어 발포시키면 가볍고 열 절연체인 스티로폼이 만들어진다. 이 발포 수지는 라디오와 텔레비전과 같은 가전제품의 포장 재료와 주택의 단열재로 주로 사용된다. 폴리스타이렌은 단단하지만 깨지기 쉽고 유기 용매에 잘 녹는다.

④ 폴리프로필렌

폴리프로필렌은 에틸렌의 수소 원자 하나를 메틸기로 치환하여 형성된 프로필렌 단위체의 첨가 반응으로 만들어진다.

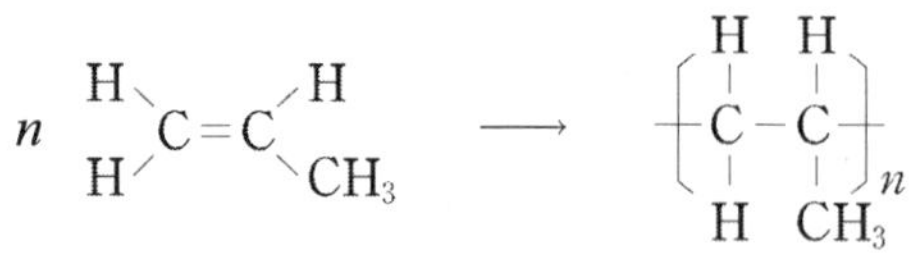

일반적으로 사용되는 폴리프로필렌은 분자 내에 메틸기가 번갈아서 탄소 원자에 결합한다. 이 규칙성 때문에 폴리프로필렌은 강하고 단단하므로 비디오카세트 상자, 실내외 카페트 및 배터리 케이스로 사용된다.

⑤ 테플론

에틸렌의 모든 수소 원자가 플루오린으로 치환된 화합물이 테트라 플루오린 에틸렌으로서 이 단위체들 사이의 첨가 중합 반응으로 형성된 생성물이 폴리 테트라 플루오린 에틸렌(PTFE, 테플론)이다.

$$n\ CF_2{=}CF_2 \longrightarrow \left[CF_2{-}CF_2 \right]_n$$

C-F 결합은 열과 화학 약품에 안정하므로 테플론은 반응성이 없는 물질이다. 따라서 이 중합체는 프라이팬과 같은 요리 기구에 음식물이 눌어붙지 않도록 표면 코팅이나 전선을 감싸는 외피의 전기 절연체에 주로 사용된다.

합성수지(플라스틱)는 열에 대한 특성에 따라 열가소성(thermoplastic) 수지와 열경화성(thermosetting) 수지로 분류한다. 열가소성 수지는 사슬 모양이며 사슬 사이의 인력이 약하게 작용하므로 가열하면 사슬 위치가 쉽게 이동하여 다른 모양으로 쉽게 변하는 플라스틱이다. 여기에는 폴리에틸렌 이외에도 폴리스타이렌(PS), 폴리프로필렌(PP), 폴리 염화 바이닐(PVC), 나일론 및 셀룰로이드 등이 포함된다. 반면에 열경화성 수지는 그물 모양이며 모든 방향으로 강하게 결합되어 있으므로 한번 만들어지면 그 형태가 열에 의해서 바뀌지 않고 영구적으로 단단한 물질이다. 여기에는 페놀 수지, 에폭시 수지, 폴리에스터 수지, 폴리카보네이트 수지, 폴리우레탄 수지 등이 있다.

많은 플라스틱이 현재까지 알려졌고 이들 대부분은 2가지의 폴리에틸렌(LDPE와 HDPE)과 4가지의 다른 중합체인 폴리프로필렌(PP), 폴리스타이렌(PS), 폴리 염화

표 14-3 여섯 가지 중합체의 특성

중합체	단위체	성질
LDPE	에틸렌	불투명하고 부드러우며 100~125℃에서 녹는다. −100℃까지 부서지지 않으며 햇빛에 노출되면 쉽게 산화된다.
HDPE	에틸렌	LDPE와 비슷하지만 더 불투명하고 더 무거우며 결정성이고 견고하다.
PVC	염화 바이닐	견고하고 열가소성이며 투명하고 충격 강도가 높다.
PS	스타이렌	맑고 반짝거리며 쉽게 조립할 수 있다. 많은 유기 용매에 녹는다.
PP	프로필렌	불투명하고 160~170℃의 높은 녹는점을 가진다. 견고하며 표면이 부드럽다.
PETE	에틸렌글리콜, 테레프탈레이트	투명하고 잘 늘어나지 않으며 값이 싼 편이다.

바이닐(PVC), 폴리에틸렌 테레프탈레이트(PET 또는 PETE)이다. 이들 전체 6가지 중합체들에 대한 정보를 표 14-3에 요약하였다.

고무

자연에서 얻어지는 천연고무는 휘발성의 액체인 아이소프렌이라는 불포화 탄화수소의 첨가 중합체이다.

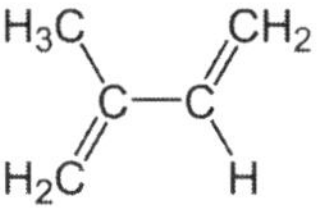

아이소프렌

천연고무는 온도가 높은 여름에는 부드럽고 끈적끈적해지고 추운 겨울철에는 단단하게 굳어지는 성질 때문에 사용에 어려움이 있다. 미국의 굿이어(Charles Goodyear; 1800~1860)는 고무를 황과 반응시켜 신축성이 있는 가황(vulcanization) 고무를 최초로 합성하였다. 가황 과정은 탄화수소 사슬을 황 원자로 가교 결합(cross-linking)하는 것(그림 14-7)으로 가황 고무는 가황하지 않은 고무보다 더 단단하고 탄성이 있다.

합성 고무를 구성하는 단위체는 천연고무의 아이소프렌과 관련이 있는 것들이 상당히 많이 있다. 예를 들면 폴리뷰타다이엔(polybutadiene)은 뷰타다이엔(butadiene) 단위체로부터 만들어지고 이 단위체는 아이소프렌의 2번 탄소에 메틸기가 결실되어 있다.

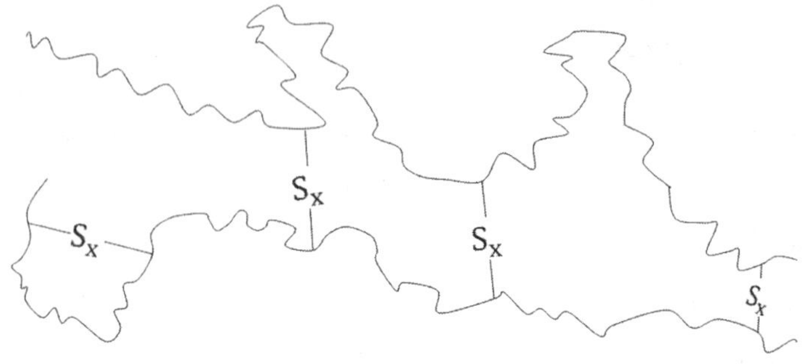

그림 14-7 가황 고무는 황 원자에 의해 가교 결합된 탄화수소 사슬을 가진다.

$$n\ CH_2{=}CH{-}CH{=}CH_2 \longrightarrow \left[CH_2{-}CH{=}CH{-}CH_2 \right]_n$$

뷰타다이엔

폴리클로로프렌(polychloroprene, chloroprene rubber, CR, 네오프렌 고무)은 클로로프렌(chloroprene) 단위체의 첨가 중합 반응으로부터 만들어지며, 이 단위체는 아이소프렌의 메틸기 대신에 염소 원자를 가지고 있다. 네오프렌 고무는 화학약품, 기름과 열에 저항성을 나타내기 때문에 자동차 타이어, 튜브, 구두창 및 전선의 피복 등의 제조에 사용된다.

$$n\ CH_2{=}\underset{\displaystyle Cl}{\underset{|}{C}}{-}CH{=}CH_2 \longrightarrow \left[CH_2{-}\underset{\displaystyle Cl}{\underset{|}{C}}{=}CH{-}CH_2 \right]_n$$

몇몇 합성 고무들은 두 가지 단위체들의 공중합 반응(copolymerization)으로 형성되기도 하고 이렇게 생성된 물질을 공중합체(copolymer)라고 한다. 예를 들면 스타이렌–뷰타다이엔 고무(SBR, 부나–S 고무)는 스타이렌(25%)과 뷰타다이엔(75%) 두 가지 단위체의 공중합체로서 그 구조는 다음과 같다.

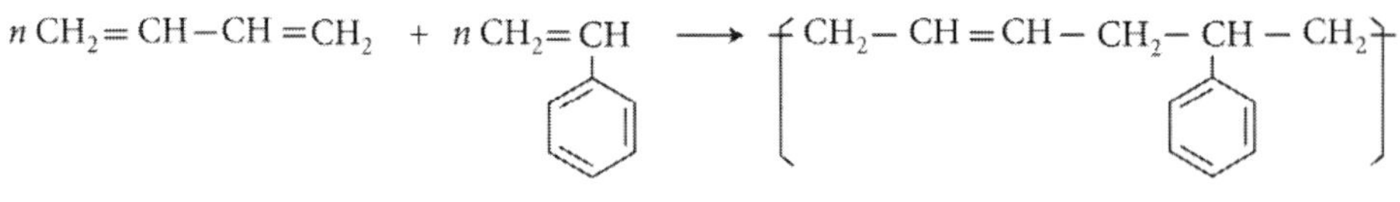

뷰타다이엔 스타이렌 부나–s

이 고무는 이중 결합이 있고 따라서 가황 결합을 할 수 있고 열에 안정하고 잘 마모되지 않기 때문에 자동차 타이어 제조에 주로 사용된다.

축합 중합 반응 고분자

① 폴리에틸렌 테레프탈레이트

폴리에틸렌 테레프탈레이트(polyethylene terephthalate, PET 또는 PETE)는 첨가 중합 반응이 아닌 축합 중합 반응으로 형성된다. 즉, 에틸렌글라이콜($HOCH_2CH_2OH$)과 테레프탈산($HOOCC_6H_4COOH$)의 두 개의 단위체가 반응하여 물 분자가 떨어져 나가고 형성된 공중합체이다.

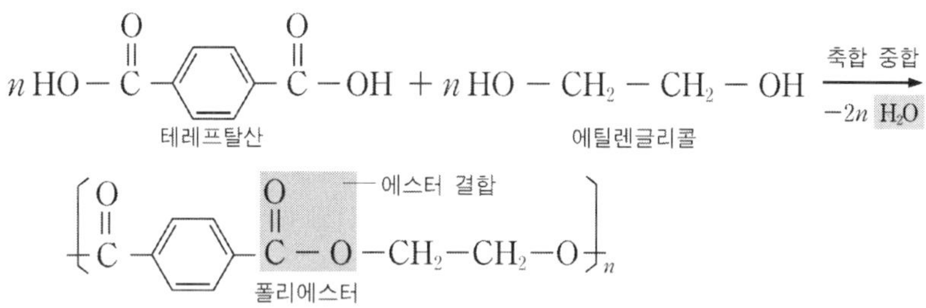

이 중합 과정에서 산과 알코올로부터 에스터(ester)라는 화합물이 형성되므로 PET는 에스터 결합을 많이 함유한 폴리에스터(polyester)계 합성 섬유이다. 이 폴리에스터는 잘 구겨지지 않기 때문에 빨아도 다림질이 필요 없는 의류를 만드는 데 사용되고 Dacron이라는 상표로 친숙하다. 보편적으로 이 플라스틱은 청량음료 용기, 옷감의 재료, 사진 필름 및 녹음테이프 등의 제조에 널리 사용된다.

② 폴리아마이드

사람의 피부, 머리털, 근육 그리고 효소는 단백질(protein)이라는 생체 고분자로 주로 구성되어 있다. 모든 단백질은 아미노산(amino acid)이라는 단위체의 축합 중합 반응으로 형성된 폴리아마이드이다. 아미노산은 아미노기($-NH_2$)와 카복실기($-COOH$)를 모두 가지고 있는 양쪽성 화합물이고 그 일반식은 다음과 같다.

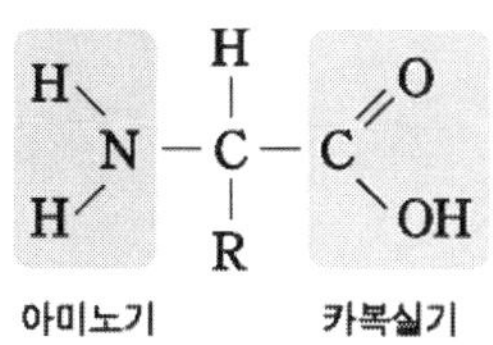

R은 곁사슬이라고 하고 이것의 종류에 따라 20개의 다양한 아미노산들이 단백질에서 발견된다. 단백질은 한 아미노산의 카복실기와 다른 아미노산의 아미노기 사이의 펩타이드 결합으로 형성된 축합 중합체이고 이 축합 반응에서 물 분자가 제거

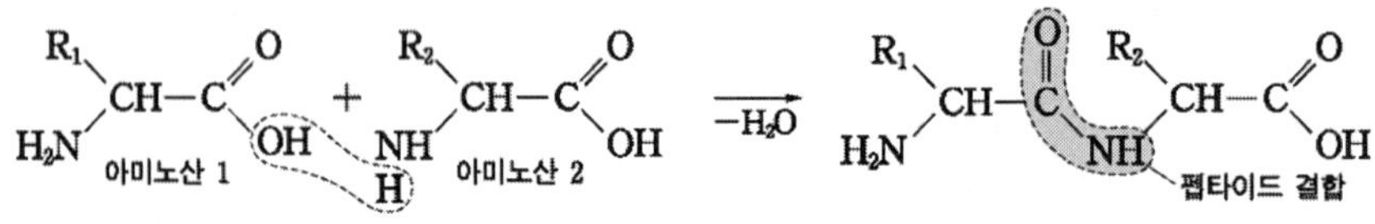

그림 14-8 펩타이드 결합의 형성

된다(그림 14-8).

③ 나일론

단백질과 같은 자연 화학을 모방하려는 시도가 1937년에 듀폰 회사의 화학자인 케러더스(Wallace Carothers; 1896~1937)에 의하여 있었다. 그는 최초로 두 개의 카복실기를 가진 아디프산($HOOC(CH_2)_4COOH$) 단위체와 두 개의 아미노기를 가진 헥사메틸렌다이아민($H_2N(CH_2)_6NH_2$)의 축합 반응으로 나일론 중합체인 나일론 6,6의 폴리아마이드계 섬유를 합성하였다.

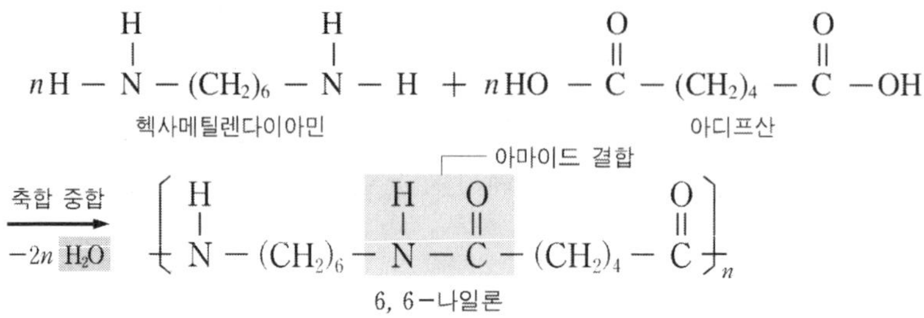

이 중합체로 뽑아낸 가는 실은 누에가 뽑아낸 천연의 단백질과 아주 유사하여 명주 대용품으로 사용되었다. 그러나 나일론은 강도와 안정도 면에서는 명주보다 훨씬 우수하지만 땀을 잘 흡수하지 못하고 정전기가 발생하며 열에 약한 특징이 있다. 칫솔, 전선의 절연 재료, 그물과 밧줄 등으로 이용된다.

참조

나일론의 명명은 단위체에 존재하는 탄소의 개수에 따라 명명된다. 예를 들면 아디프산 단위체와 헥사메틸렌다이아민 단위체는 각각 6개의 탄소를 함유하고 있으므로 이들로부터 만들어진 고분자는 나일론 6,6으로 명명된다.

④ 베이클라이트(Bakelite)

최초로 만들어진 합성 고분자는 1907년에 Leo Baekeland에 의하여 만들어진 페놀과 폼알데하이드 사이의 축합 중합 반응으로 형성된 것으로, 발명자의 이름을 따서 베이클라이트(Bakelite)라고 명명하였다. 페놀(페놀–폼알데하이드) 수지 형성은 먼저 페놀 분자의 2번과 4번 위치에 폼알데하이드가 첨가된 다음 단계적으로 진행된다. 치환으로 생성된 분자들은 서로 반응하여 물 분자를 떨어뜨리고 연결되는데 그 연결은 거대한 중합체가 형성될 때까지 일어난다. 이렇게 형성된 고분자는 삼차원적으로 매우 복잡한 구조를 가지고 열경화성 수지가 된다. 이 수지는 누전 차단기나 전기 소켓 등에 이용된다.

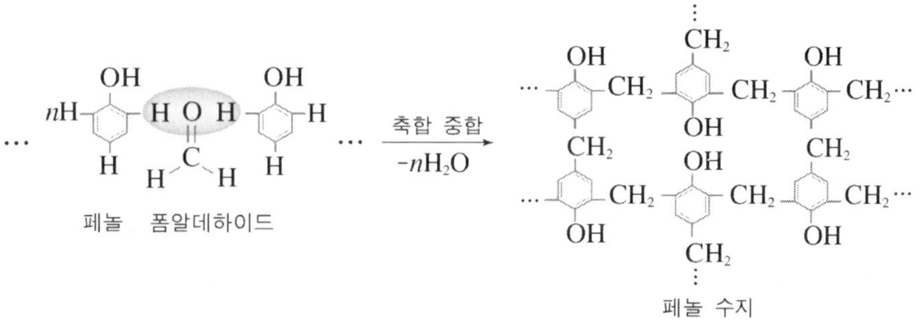

⑤ 그 밖의 축합 중합체들

폴리카보네이트(polycarbonate)는 단단하고 투명한 고분자이기 때문에 주로 방탄 유리 또는 보호용 헬멧에 사용되고 일반적으로 다음과 같은 반복 단위를 가진다.

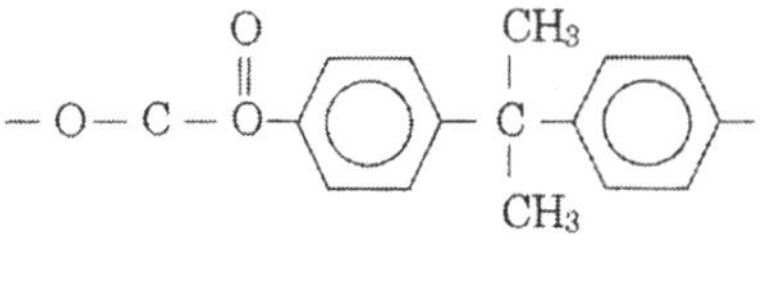

폴리우레탄(polyurethane)은 나일론과 비슷한 구조를 가지므로 쿠션과 매트릭스와 같은 푹신한 가구에 주로 사용되고 다음과 같은 반복 단위를 가진다.

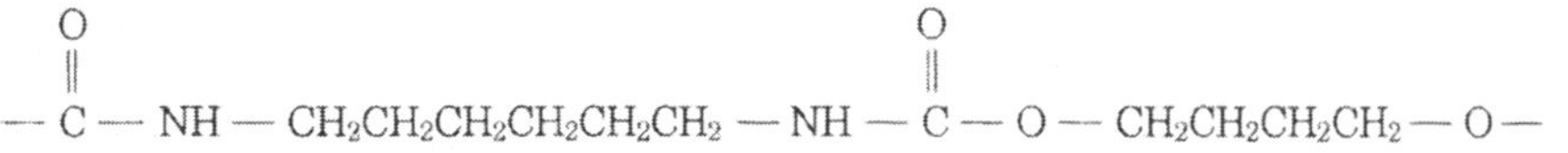

에폭시 수지(epoxy resin)는 강력한 접착제로 사용되고 다음과 같은 반복 단위를 가진다.

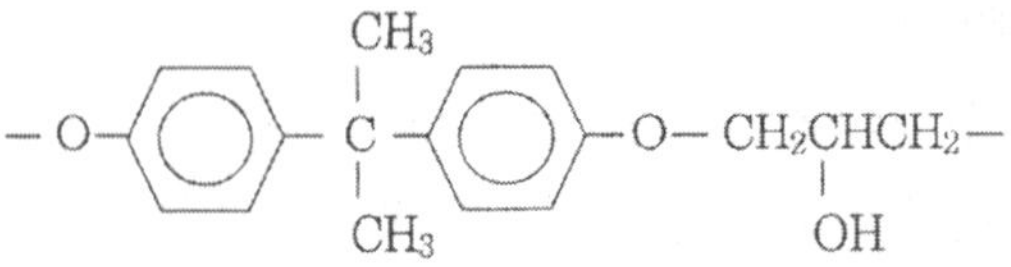

⑥ 실리콘

주기율표에서 14족에 속하는 탄소 원소 바로 아래에 있는 규소는 탄소처럼 수소, 산소, 다른 탄소와 결합할 수 있다. 실리콘은 규소, 탄소, 산소, 수소를 포함하는 축합 고분자를 말한다.

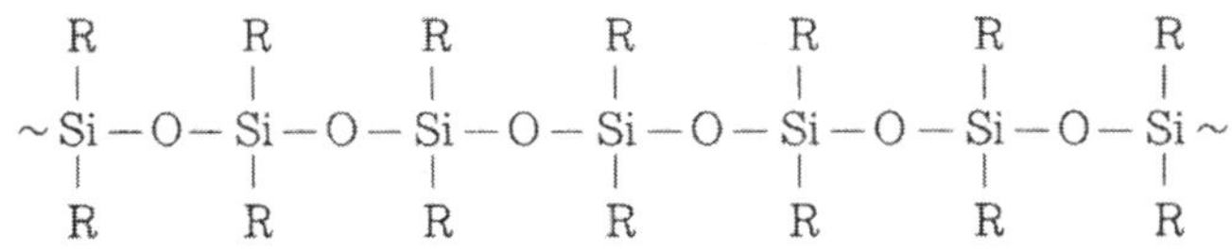

이 식에서 R은 탄화수소기를 나타낸다. 실리콘은 열에 안정하고 특히 우수한 방수 효과를 나타내어 우산과 우의 등에 사용된다. 또한 실리콘은 창문 개스킷, 비행기와 빌딩의 밀폐제 그리고 의류에 사용될 정도로 그 용도가 다양하다.

고분자 화합물의 성질

이온 결합이나 금속 결합으로 구성된 분자량이 작은 물질들은 그 특성이 일정한 데 비해 분자량이 10,000 이상의 탄소 화합물인 고분자 화합물은 성질이 다양하다. 실제로 많은 고분자 가운데 어느 두 가지도 그 성질이 같지 않다. 고분자 화합물은 결정이 되기 어렵고 녹는점이 일정하지 않으며 열과 전기를 잘 통하지 않는 부도체이며 고체와 액체 상태로 존재한다.

① 결정성과 비결정성

고분자는 결정성(crystalline)과 비결정성(amorphous)으로 구분되고 비결정성은 무정형이라고도 한다. 결정성 고분자는 구성 분자들이 질서 정연하게 배열되어 있어 유연하고 투명하며 높은 인장 강도를 가진 섬유 형태를 이루고 반면에 무정형 고분자는 구성 분자들이 무질서한 배열을 이루고 고무와 같은 좋은 탄성 중합체(elastomer)를 만든다(그림 14-9). 플라스틱은 결정성 고분자와 무정형 고분자 사이의 중간 정도의 성질을 가지며 여러 가지 형태로 변형될 수 있다.

참조

유리 전이 온도(glass transition temperature, T_g)

대부분 고분자는 고유의 유리 전이 온도를 가진다. 유리 전이 온도 이상에서 고분자는 탄력이 있고 질긴 상태를 유지하는 반면에 유리 전이 온도보다 낮은 온도에서는 유리같이 단단하고 깨지기 쉬운 물성을 가진다. 따라서 자동차 타이어로 사용할 고분자는 항상 탄성이 있고 질긴 상태를 유지해야 하므로 T_g가 낮은 물질이어야 하고 반면에 유리를 대신할 고분자는 높은 T_g를 가져서 항상 단단한 상태를 유지해야 한다. T_g의 개념은 일상생활에도 유용하게 사용될 수 있다. 예를 들면 옷에 껌이 묻을 경우, 껌이 붙은 부위에 얼음을 대고 온도를 떨어뜨리면 껌이 단단해져서 쉽게 떼어낼 수 있게 된다.

가소제(plasticizer)

고분자의 T_g를 낮추어 고분자가 부드럽고 부서지지 않도록 첨가하는 휘발성이 낮은 액체를 가소제라고 한다. 한때 PCB(polychlorinated biphenyl)가 널리 사용되었는데 지금은 사용되지 않는다.

플라스틱의 처리

매년 막대한 양의 플라스틱 폐기물이 땅속에 매립되고 있다. 그런데 조만간 매립 공간 부족을 가속화할 것이므로 플라스틱 폐기 처리가 심각한 문제가 아닐 수 없다. 여기서는 쓰레기로 매립되는 플라스틱의 양을 줄이는 방법으로 사용될 수 있는 소각 처리, 생분해, 재활용 등에 대하여 알아보고자 한다.

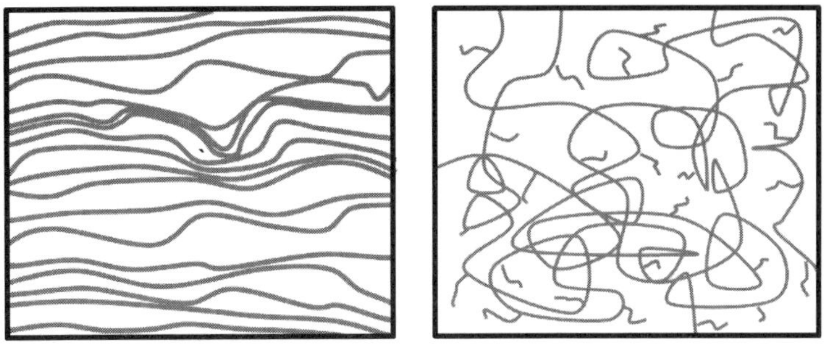

(a) (b)

그림 14-9 고분자의 결정성 배열(a)과 무정형 배열(b)

① 소각 처리(incineration)

대부분 플라스틱은 탄소와 수소로 이루어진 탄화수소 화합물이기 때문에 소각 처리는 플라스틱을 처리하는 우수한 방법으로 꼽힌다. 연소 주 생성물은 이산화 탄소, 물 그리고 많은 양의 에너지이다. 사실 동등한 양의 플라스틱은 석탄보다 높은 에너지를 발생하므로 플라스틱은 연료로서 가치가 충분하다. 플라스틱을 소각 처리하면 쓰레기 매립지로 향하는 플라스틱의 부피를 90%까지 현저하게 줄일 수 있으므로 부족한 매립지 공간 문제도 어느 정도 해결할 수 있다. 그러나 소각 처리 방법이 완전한 것은 아니다. 플라스틱과 고무와 같은 중합체를 태움으로써 몇 가지 문제점이 발생할 수 있다. 예를 들면 염소를 포함한 중합체인 PVC를 태우면 염화 수소(HCl)가 발생하고 이것은 물에 녹아 염산을 형성하기 때문에 연소시킨 후에 발생하는 배기가스가 산성비의 원인이 될 수 있다. 또한 자동차 타이어를 가늘게 갈아서 석탄 분말과 함께 태우면 연료로 사용할 수 있는데 이때 그을음과 악취가 나는 연기가 발생하기도 한다. 소각 처리의 장점과 결점들을 고려해 볼 때, 잘 관리된 소각 처리는 플라스틱 폐기물의 부피를 감소시키고, 필요한 에너지를 얻을 수 있으며 환경에 부정적 영향들을 제거하는 방법이 될 수 있을 것이다.

② 생분해(biodegradation)

플라스틱 쓰레기의 약 절반이 포장으로부터 발생한다. 따라서 플라스틱 포장 재료를 박테리아가 쉽게 분해할 수 있는 생분해성으로 만들면 플라스틱 폐기물의 양을 크게 줄일 수 있을 것이다. 대부분의 생분해성 플라스틱은 전분(starch)을 기본으로 하여 만들어진 고분자이다. 한편으로 빛에 의해 파괴될 수 있는 플라스틱 포장 재료는 광분해성이라고 하며 이 합성 고분자는 대체로 감광성 첨가제를 포함한다.

③ 재활용(recycling)

분해가 되지 않는 플라스틱은 매립으로 썩지 않으며, 태워도 완전 연소가 힘들고 유독 가스도 발생한다. 따라서 플라스틱을 폐기 처리하는 방법 가운데 경제적이면서 환경 보호에도 좋은 방법은 재활용이다. 열가소성 수지는 낮은 온도로 가열하여 녹이거나 부드럽게 만든 후 재활용한다. 열경화성 수지는 잘게 부수어 건축이나 토목 자재로 다시 사용한다. 재활용을 위해서는 먼저 플라스틱을 수집하여 분류하고 잘게 부셔 녹인 다음 다시 만들어야 한다. 한 종류의 플라스틱만으로 분류된 중합체는 녹여서 다른 새로운 제품을 제조하는 데 사용할 수 있다. 이때 다리 결합을 많이 함유하지 않은 중합체는 녹이기 쉽다. 재활용될 수 있는 플라스틱의 예로 청량음료병으로 사용되는 PET가 카펫용 폴리에스터 섬유로 전환될 수 있고, 우유병으로 사용되는 HDPE가 인조 목재로 전환될 수 있는 등 미미하지만 재활용이 매립지 부족의 문제를 해결하는 데 가장 가능성이 큰 분야이다. 스티로폼(polystyrene)도 재활용되는 제품이다.

플라스틱 처리를 해결할 수 있는 이상적인 한 가지 방법은 없다. 소각 처리, 생분해 법, 재활용 등의 세 가지 방법을 통합 운영할 때 폐기물 처리에 맞는 방법을 선택하게 될 것이고 이로써 에너지를 보존하고 환경 파괴를 최소화할 수 있을 것이다.

④ 고분자와 미래

합성 고분자는 오늘날 널리 사용되고 있고 하지만 미래에는 현재보다 더 많은 새로운 고분자들이 개발 합성되어 사용될 것이므로 미래의 물질이라고 할 수 있다. 예를 들면 강철보다 단단하고 더 가벼운 플라스틱이 자동차와 비행기에서 지금까지 사용되던 금속을 대신하면 자동차와 비행기의 무게를 줄일 수 있어 연료를 절약할 수 있을 것이다. 또한 의약 분야에서 신체 일부를 대체할 수 있는 고분자들이 이미 사용되고 있고, 앞으로 그 용도가 더 커질 것이다. 이를테면 현재 사용되는 인조 뼈와 인공심장 이외에도 인공 폐와 간도 기대할 수 있을 것이다. 그리고 아세틸렌의 단위체로부터 만들어지는 폴리아세틸렌은 금속처럼 전기를 전도할 수 있는 고분자이므로, 이것의 사용은 전기 자동차에 사용될 수 있는 가벼운 배터리 제작을 가능하게 할 것이다.

$$2n\ \text{H–C}\equiv\text{C–H} \longrightarrow \text{+ CH=CH–CH=CH +}_n$$

아세틸렌 폴리아세틸렌

14.6 의약품

1900년대 사람의 예상 평균 수명보다 오늘날의 예상 평균 수명은 훨씬 증가하였다. 이와 같은 수명 연장은 여러 가지 의약품의 개발로 가능하였다. 특히 항균(antibacteria)제의 개발은 사람의 수명 연장에 크게 공헌하였다. 의약품은 천연 의약품과 합성 의약품으로 크게 두 가지로 나눌 수 있다. 천연 의약품에는 자연에서 얻은 식물이나 광물을 가공 과정 없이 그대로 사용하거나 약간의 가공 과정을 거친 의약품인 생약과 생약 중에서 약효가 있는 성분만을 추출한 의약품인 추출약 등이 있다. 합성 의약품에는 소화제, 항생제와 진통제 등 다양한 것들이 있고 이 장에서는 오늘날 널리 사용되는 합성 의약품들에 대하여 알아보고자 한다.

아스피린

히포크라테스는 버드나무 껍질을 달여 먹으면 열을 내리는 데 효과가 있다는 것을 알았다. 그 이후 해열 작용을 하는 물질이 이 나무로부터 순수한 화합물의 형태로 분리되었고 살리실산(salicylic acid)으로 명명되었다(그림 14-10). 살리실산은 해열과 진통 효과가 있지만 그대로 먹으면 신맛이 날 뿐만 아니라 위에 자극적이다. 살리실산을 수산화 소듐이나 수산화 칼슘과 같은 염기로 중화시킴으로써 신맛이나 위의 통증과 같은 부작용을 줄일 수 있다. 1899년에 독일의 바이엘(Bayer) 제약회사가 아세틸살리실산을 제조하여 아스피린이라는 상품명으로 소개하였고 현재 세계적으로 널리 사용되고 있다. 이처럼 아스피린은 민간 치료를 과학적으로 연구하여 얻은 대표적인 약품이다.

아스피린은 호르몬과 유사한 화합물인 프로스타글란딘을 합성하는 데 관여하는 효소인 prostaglandin synthase를 방해하여 작용한다. 프로스타글란딘은 열과 종기를 일으키게 하고, 고통을 감지하는 수용체의 민감도를 증가시키며 혈관 확장을 억제하는 작용을 한다. 아스피린에 의하여 프로스타글란딘의 생성이 억제되면 열과 통증이 줄어들고 염증이 가라앉게 된다. 또한 아스피린은 혈액이 응고되는 것을 막아 주는 효과를 가지고 있으므로 뇌졸중과 심장마비의 가능성을 줄이는 데 도움이 될 수 있다. 아스피린은 주로 신체의 화학적 전달 체계를 변화시킴으로써 작용하는데, 편두통과 같은 심한 통증에는 별 효과가 없는 것으로 알려졌다. 또한 관절염 환자가 진통을 위해 아스피린을 장기로 복용하면 위장 장애를 일으킬 수 있다. 사

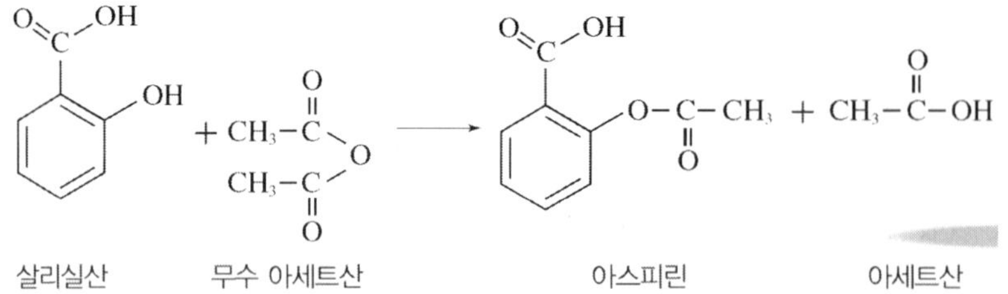

그림 14-10 살리실산과 아스피린

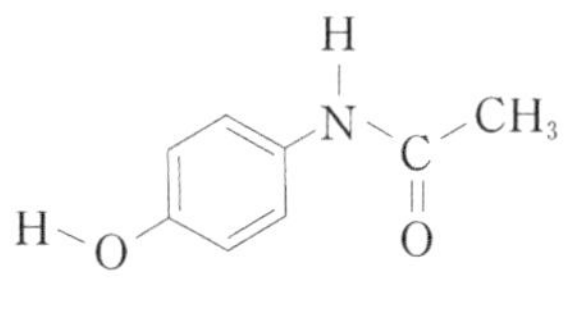

아세트아미노펜

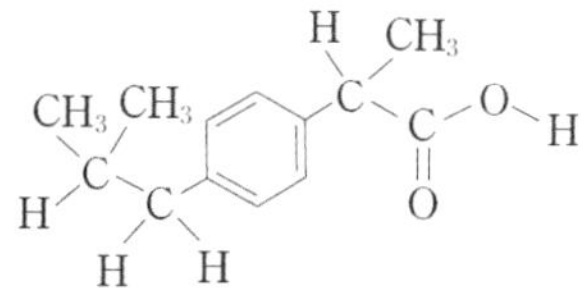

이부프로펜

그림 14-11 아세트아미노펜과 이부프로펜

람에 따라서는 아스피린에 관한 알레르기 반응으로 피부 발진이나 천식 등이 일어날 수 있다는 보고도 있다.

아스피린의 대체물로는 아세트아미노펜(acetaminophen, 타이레놀)과 이부프로펜(ibuprofen)이 사용되는데 이들은 진통 정도에 차이가 있지만 아스피린과 비슷한 효과를 나타낸다(그림 14-11). 아세트아미노펜은 해열과 진통 작용에서 아스피린과 견줄 만하지만 소염 작용은 거의 없다. 한편 이부프로펜은 아스피린보다 더 좋은 해열, 진통, 소염 작용을 하고 분자 내에 작용기도 적게 가지므로 아스피린보다 부작용이 적다.

참조

알레르기 반응

알레르기 반응을 유발하는 물질인 알레르겐(allergen)이 특정 세포 표면에 있는 수용체 단백질에 결합하면, 알레르기 증상을 유발하는 매개체인 히스타민(histamine)이 세포 밖으로 분비되어 염증이나 가려움과 같은 증상이 일어나게 된다. 항히스타민(antihistamine)제는 히스타민의 분비를 억제하여 재채기, 콧물 그리고 가려움과 같은 알레르기 증상을 효과적으로 치료하는 약물로서, 간혹 뇌세포에 영향을 주어 졸음을 야기하기도 한다. 항히스타민제에는 chlorpheniramine, diphenhydramine과 promethazine 등이 있다.

항균제

1932년 독일의 약리학자인 도마크(Gerhard Domagk; 1895~1964)는 붉은 갈색 염료인 프론토실(prontosil)을 치명적인 박테리아에 감염된 쥐에 투여하여 이 염료가 치료 효과가 있음을 발견하였다. 이어 그는 이 화학 물질을 박테리아성 혈액병에 걸려 죽어 가는 여자아이에게도 사용하여 아이를 성공적으로 치료하였다. 이것

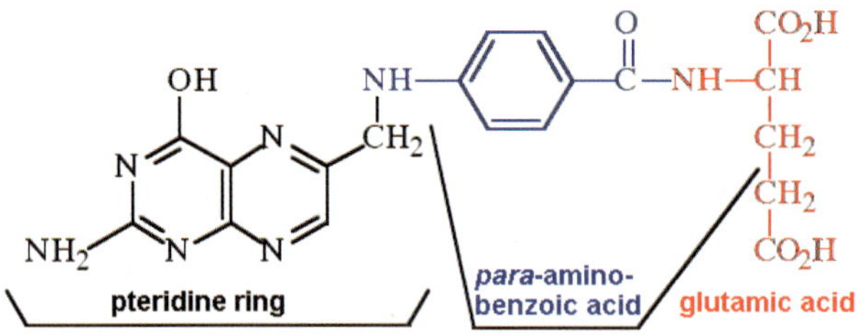

폴산

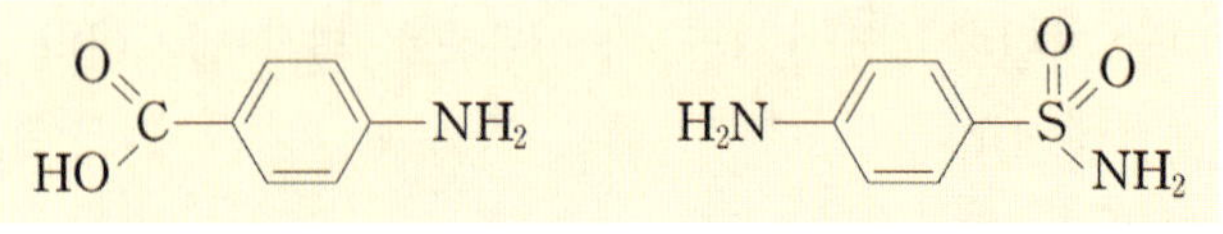

그림 14-12 PABA와 설파닐아마이드

이 최초로 발견된 항균제(antibacteria)이다. 이 물질의 합성으로 이전에는 박테리아에 감염되면 치명적이었던 질병 치료가 가능하게 되었다.

설폰아마이드기가 포함된 설파제는 인간에게는 독성을 나타내지 않고 박테리아만 선별적으로 죽인다. 어떻게 이와 같은 선택성이 가능한지에 대한 생화학적 작용 기구는 다음과 같다. 박테리아는 살아가기 위해 필수적인 폴산(folic acid)을 파라-아미노벤조산(para-aminobenzoic acid, PABA)으로부터 만든다(그림 14-12). 박테리아에 감염된 부위에 설파제 가운데 가장 간단한 설파닐아마이드를 바르면 이 화합물과 PABA 사이의 구조적 유사성 때문에 박테리아 효소는 이 두 가지 화합물을 구별하지 못하게 되어 잘못된 폴산을 만들게 되므로 박테리아는 성장을 멈추게 된다. 반면에 사람은 폴산을 만드는 효소가 없으며 필요한 폴산은 음식으로부터 섭취한다. 이처럼 중요한 비타민을 만들지 못하는 사람의 생화학적 결함이 오히려 치명적인 박테리아로부터 사람을 안전하게 지켜주게 되는 것이다.

지금까지 유사한 설파제들이 많이 개발되고 있지만 어떤 설파제는 신장 결석을 일으켜 신장에 해를 끼치기도 하므로 개발된 것 가운데 단지 몇 종류만이 사용되고 있다.

항생제

항생물질(antibiotics)은 곰팡이와 박테리아와 같은 미생물의 성장이나 기능을 억제하는 화학 물질로서 이들 미생물에 의해 생산되는 수용성 물질이다. 1928년에 영국의 미생물학자인 플레밍(Alexander Fleming; 1881~1955)이 최초의 항생제

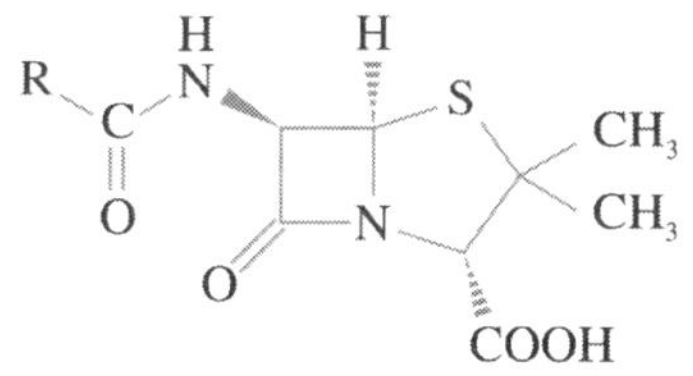

그림 14-13 페니실린의 구조

인 페니실린을 발견하였다. 당시 그는 전염성 박테리아인 *Staphylococcus aureus*에 관하여 연구하고 있었는데 하루는 이 박테리아들이 자란 용기가 *Penicillin notatum*의 푸른곰팡이로 오염되었다. 오염된 부위에서는 박테리아가 존재하지 않은 것을 관찰하고, 곰팡이가 어떤 물질을 방출하여 박테리아가 성장하지 못하게 되었다고 정확하게 해석하고서 이 물질을 페니실린이라고 명명하였다. 이 업적으로 그는 다른 두 명의 연구자들과 함께 노벨 의학상을 받았다.

오늘날은 페니실린의 작용 기구에 대하여 생화학적으로 완전히 밝혀졌다. 박테리아의 세포벽을 구성하는 펩티도글리칸(peptidoglycan)은 긴 다당류 사슬로 이루어져 있으며, 이들 사슬은 짧은 펩타이드로 교차 결합 되어 있다. 펩티도글리칸은 기계적 지탱력을 주기 때문에 박테리아는 파열되지 않고 살아갈 수 있게 된다. 페니실린은 펩티도글리칸의 합성에 중요한 효소를 불활성화하여 세포벽 합성을 방해하여 박테리아가 살 수 없도록 한다. 그러나 사람의 세포막은 박테리아의 세포막과 다르므로 페니실린에 의하여 영향을 받지 않는다. 따라서 페니실린은 사람에게는 독성을 주지 않고 세균만을 선택적으로 죽이게 된다. 오늘날 많이 사용되는 페니실린에는 페니실린 G, 페니실린 V, 아목시실린(amoxicillin) 등이 있다(그림 14-13).

항생제에는 페니실린을 포함한 테라마이신, 스트렙토마이신과 테트라사이클린 등이 있으며 항생제를 과다 복용하면 항생제에 내성을 가지는 변형균이 생길 수 있어 조심해야 한다.

항암제

암(cancer)으로 알려진 질병은 신체를 구성하는 한 가지 또는 그 이상의 세포가 통제할 수 없을 정도로 빠르게 성장하고 증식하는 것으로 인근 다른 조직으로 퍼져나가는 특징이 있다. 세포 증식과 분할의 조종은 신호 전달 단백질들을 포함해서 많

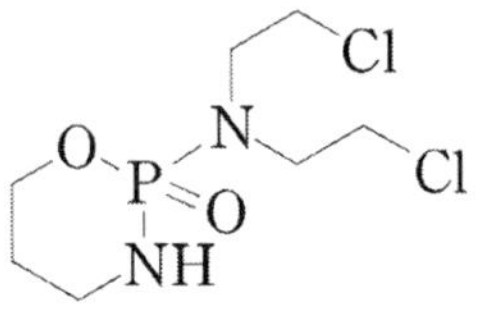

그림 14-14 사이클로포스파마이드

은 다른 인자들을 함유하는 매우 복잡한 과정이다. 암의 발생 요인에 대해서 아직 정확하게 알 수 없다. 하지만 현재 암을 치료하기 위해 사용되는 방법에는 크게 세 가지가 있다; 첫째, 외과 수술로 암세포를 절개하는 방법, 둘째, 암세포에 방사선을 쪼여 죽이는 방법, 마지막으로 화학약품을 투여하여 암세포를 죽이는 화학요법(chemotherapy)이 있다. 화학요법에 사용되는 항암제는 크게 알킬화제와 항대사물질 등으로 분류한다.

① 알킬화제(alkylating agent)

알킬화제는 알킬기를 DNA에 전달하여 DNA가 정상적인 이중 나선 구조를 더 이상 가지지 못하게 하여 세포 분열을 중단시키는 화학 약품이다. 이 약품은 정상 세포보다 분열이 빠른 암세포에 효과가 더 크다.

제1차 세계 대전 중에는 액체나 기체 상태로 피부에 닿으면 아주 고통스러운 수포를 일으키는 황을 함유한 수포제인 겨자 가스($Cl-CH_2CH_2-S-CH_2CH_2-Cl$, mustard gas H)가 화학 무기로 사용되었다. 그러던 중 1935년에 이 질소 겨자가 특정 암의 치료에 효과적인 것으로 밝혀졌고 질소 겨자들 가운데 사이톡산[cytoxan, 사이클로포스파마이드(cyclophosphamide)]이 현재 암 치료에 사용되고 있다(그림 14-14). 아이러니하게도 사람의 특정 암을 치료하기 위해 사용되는 알킬화제를 쥐에 투여하면 폐와 간에 암을 유발할 수 있으므로 주의해야 한다.

② 항대사물질(antimetabolite)

빠르게 증식하는 암세포는 세포 증식을 위해 많은 양의 DNA를 요구한다. 항대사물질은 DNA의 합성을 억제하여 암세포의 수적 증가를 막아 준다. 이처럼 항대사물질은 핵산의 합성을 억제하는 화합물이다. 가장 널리 사용되는 항암제는 백금을 함유하는 화합물인 시스플라틴이고 이 화합물은 DNA에 결합하여 복제를 막는다(그림 14-15). 그러나 시스플라틴과 이성질체 관계인 트랜스 플라틴은 항암 효과가 없다.

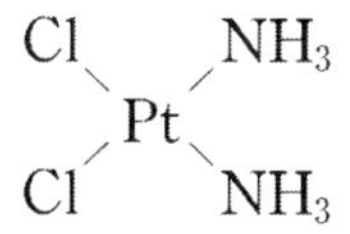

그림 14-15 시스플라틴

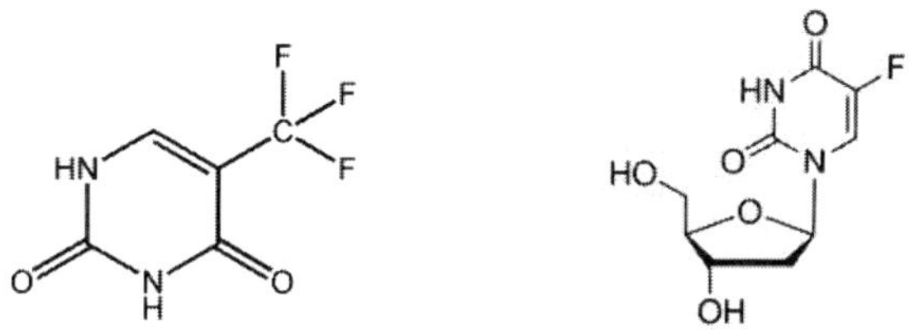

그림 14-16 5-플루오로유라실과 5-플루오로데옥시유리딘

다른 항대사물질에는 5-플루오로유라실과 이것의 데옥시라이보스 유도체인 5-플루오로데옥시유리딘이 이용되고 있고, 이것들은 유방암과 소화기 계통의 암 치료에 유용하게 사용된다(그림 14-16).

또한 세포 성장을 증진하는 기능을 하면서 폴산의 구조와 유사한 항대사물질인 메토트렉세이트(methotrexate)는 효소에 대한 결합에서 폴산과 경쟁적으로 결합하여 세포 분열을 늦추게 하여 암 성장을 지연시킨다(그림 14-17).

항암제는 암세포를 치료하거나 억제하는 데 사용되는 약물로서 암세포의 성장과 확산을 막는 다양한 방식으로 작용하는데, 그 종류와 작용 방식은 여러 가지가 있다. 항암제의 종류는 크게 다음과 같습니다: 첫째, 화학요법 약물(항암 화학요법제): 암세포의 분열을 방해하거나 암세포를 사멸하는 약물로서 혈액을 통해 전신에 전달되어 암세포를 공격한다. 예를 들면 시클로포스파미드, 메토트렉세이트, 독소루비신 등이 있다. 둘째, 표적 치료제: 암세포의 특정 분자나 단백질을 목표로 하여 치료하는 약물로서 암세포에만 영향을 미쳐 부작용을 최소화할 수 있다. 예를 들면 이마티닙(글리벡)과 트라스투주맙(허셉틴) 등이 있다. 셋째, 면역 요법제: 면

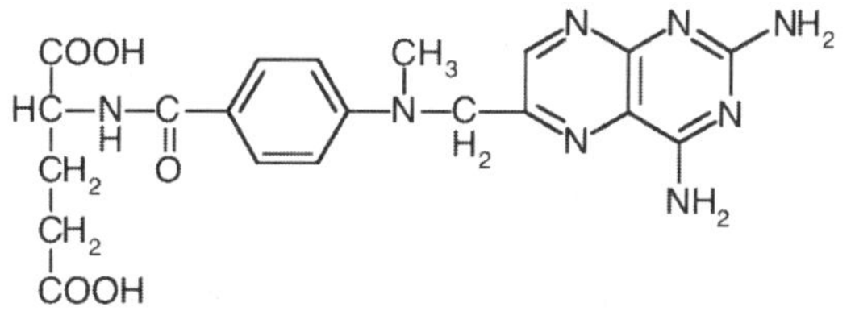

그림 14-17 메토트렉세이트(methotrexate)

역 체계를 자극하여 암세포를 인식하고 공격하도록 돕는 약물로서 면역세포가 암세포를 인식하고 효과적으로 싸우게 한다. 예를 들면, 펨브롤리주맙(키트루다)과 니볼루맙(옵디보) 등이 있다. 넷째, 호르몬 요법: 호르몬에 의해 성장하는 암은 이 호르몬의 작용을 차단하거나 호르몬의 양을 줄여서 암세포의 성장을 막을 수 있다. 예를 들면, 타목시펜(유방암 치료)과 아나스트로졸 등이 있다.

항암제는 암의 종류, 진행 단계와 환자의 건강 상태 등을 고려하여 선택되며, 종종 여러 가지 항암제나 치료법이 결합하여 사용된다. 항암 치료는 효과를 보기도 하지만, 여러 가지 부작용을 동반할 수 있다.

스테로이드

스테로이드는 네 개의 고리로 이루어진 기본 골격 구조를 가진다(그림 14-18). 동물에서 발견되는 가장 흔한 스테로이드인 콜레스테롤은 모든 동물 조직의 일반적 구성 성분으로, 뇌의 약 10%가 신경 세포막을 구성하는 콜레스테롤로 이루어져 있다. 이처럼 콜레스테롤은 신체를 구성하는 중요한 물질이지만 한편으로는 담석의 구성 성분이고 동맥 경화의 주요 원인 물질이기도 하다.

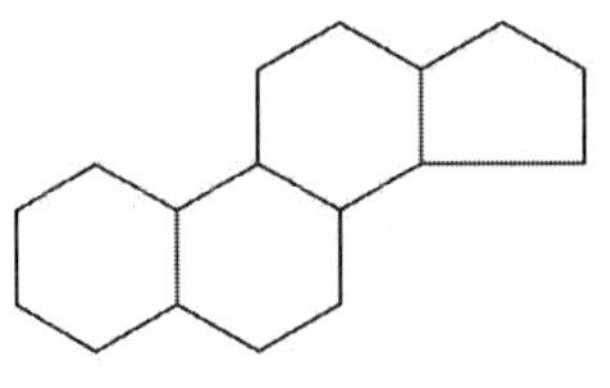

그림 14-18 스테로이드의 골격

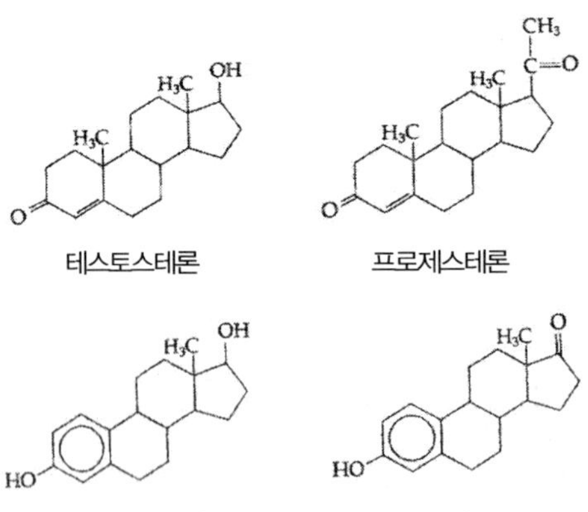

그림 14-19 성 호르몬

① 성 호르몬

남성 호르몬과 여성 호르몬은 구조적으로 약간의 차이밖에 없다. 하지만 이들의 생리 작용은 현저하게 다르다(그림 14-19). 남성의 변성기와 몸에 나는 털과 같은 2차 성징의 발달에 관여하는 남성 호르몬에는 안드로젠(androgen)과 테스토스테론(testosterone) 등이 포함된다. 한편 여성 호르몬에는 크게 두 종류가 있으며 그 가운데 하나인 에스트로젠(estrogene)은 난소에서 생산되며 월경 주기와 유방의 발달에 관여하고 여기에는 에스트라디올과 에스트론 등이 있다. 또 다른 여성 호르몬인 프로제스테론(progesterone)은 임신 중에 더 이상의 난자가 생산되지 않게 해 주는 역할을 한다.

암의 화학요법에서 초기에 사용된 몇 개의 화합물들이 성호르몬이었다. 예를 들면 남성의 전립선암 치료에 여성 호르몬인 에스트로젠이 사용되었고 여성의 유방암 치료에 남성 호르몬인 테스토스테론이 사용되었다.

쉬어가기

비아그라(viagra)

이 약은 처음부터 발기 치료제로 개발된 것이 아니라, 초기에는 혈관을 확장시켜 고혈압과 협심증(심장 근육에 산소가 부족하여 짧은 시간 동안 나타나는 가슴의 통증)을 치료하기 위해 연구, 개발된 것이다. 개발 기간 동안 이 약의 임상 실험에서 많은 사람이 발기 부작용을 호소하였고 현재는 발기 치료제로 사용되고 있다.

이 약은 주성분이 실데나필(1-((3-(6,7-dihydro-1-methyl-7-oxo-3-propyl-1H-pyrazolo (4,3-d)pyrimidin-5-yl)-4-ethoxyphenyl)sulfonyl)-4-methylpiperazine citrate, 분자량 666.7)로

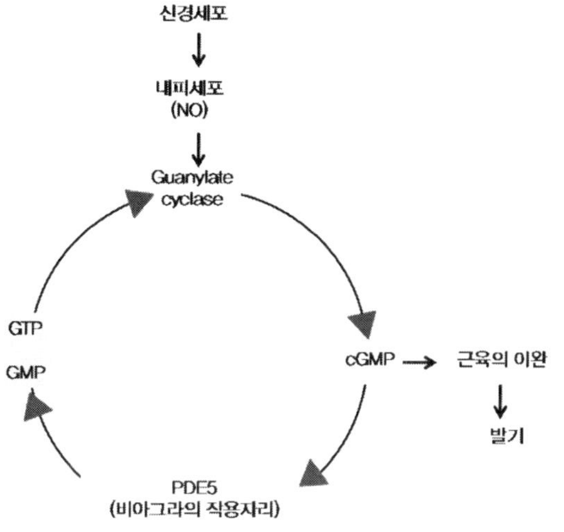

서 물에서 3.5 mg/mL의 용해도를 가지는 흰색의 결정 분말이고 cGMP-특이한 phosphodiesterase 유형 5(PDE5)를 특이하게 억제한다.

이 약의 작용 기구는 다음과 같다. 성적인 자극이 신경세포에서 나오면 음경의 스폰지와 같은 해면체 조직에서 신호전달 물질인 일산화 질소(NO)가 분비되고, 일산화 질소는 guanylate cyclase를 활성화시켜 cGMP의 농도를 증가시킨다. 이 고리형 화합물은 근육을 이완시키고 혈류량을 증가시켜 발기시킨다. 반면에 PDE5가 작용하여 cGMP를 가수분해하면 정맥을 통해 음경 밖으로 혈액을 내보내게 된다. 비아그라는 PDE5를 억제하여 cGMP의 가수분해를 막아 발기 현상이 지속되도록 해 준다.

향정신약

사람의 정신 상태와 행동에 영향을 끼치는 약제를 향정신약(psychotropic drug) 혹은 향정신성 약물이라고 하며 주로 뇌의 신경 전달물질에 작용하여 기분, 사고와 행동을 변화시킨다. 향정신약은 치료 목적으로 사용되고 하지만 오남용이나 불법적으로 사용하면 부작용이나 중독을 일으킬 수 있다. 크게 진정제(depressant drug), 각성제(stimulant drug), 환각제(hallucinogenic drug)의 세 가지 부류로 나눈다. 각성제는 주의력결핍과다행동장애(ADHD, attention deficit hyperactivity disorder)와 같은 증상을 치료하기 위해 이용되고 중추신경계에 작용하여 집중력 향상과 과다 행동을 억제한다. 즉, 경계심을 증가시키고, 정신 작용을 가속화하여 보통 감정(mood)을 고양시켜 주는 물질로서 여기에는 코카인(cocaine)과 암페타민(amphetamine) 등이 포함된다. 진정제는 불안이나 스트레스를 완화시켜 주며 중추신경에 작용하여 진정 효과를 나타낸다. 즉, 지각 수준과 외부 환경의 자극에 대한 반응 강도를 감소시켜 주며 여기에는 알코올(alcohol), 마취제(anesthetics), 아편(opiates)과 바비투르산염(barbiturates) 등이 포함된다. 진정제는 일반적으로 감정 반응을 무디게 한다. 환각제는 사물에 대한 사람의 감각 인지 방식에 영향을 끼쳐 현실을 변형 · 왜곡시키는 약물로서 mindbender라 한다. 시각, 청각, 후각과 촉각 등의 감각이 변형되어 실제 존재하지 않는 것들을 보거나 듣는 경험을 할 수 있다. 이 약은 정신 상태나 인지 기능에 영향을 주고 때로는 감정이나 사고에도 영향을 준다. 여기에는 lysergic acid diethylamide(LSD)와 마리화나(marijuana) 등이 있다.

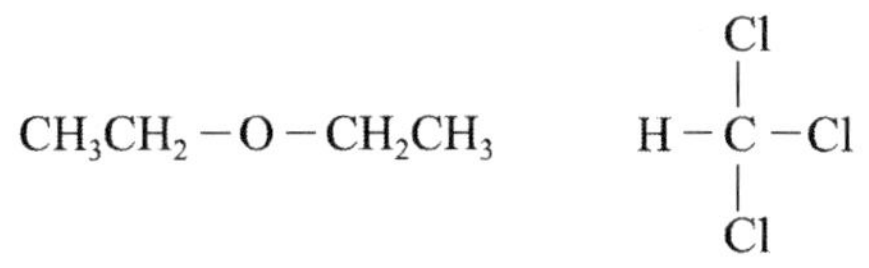

에터 클로로폼

그림 14-20 에터와 클로로폼

① 진정제

• 알코올

사람들이 과일과 곡물을 발효시켜 만들었던 에틸알코올은 아마도 사람에 의해서 만들어진 최초의 합성 화학 물질일지도 모른다. 많은 사람이 알코올을 마시면 흥분된다고 생각하지만 사실 알코올은 진정제이다. 알코올은 육체적 그리고 정신적 활성을 늦추어 준다. 하루에 두 잔 이하의 적당량의 알코올을 마시는 사람들은 전혀 마시지 않는 사람들보다 오래 산다는 연구 결과가 있는데 이것은 알코올의 긴장 완화 효과의 결과일지도 모른다.

• 마취제

마취제는 최후의 진정제로, 일반 마취제(general anesthetic)는 뇌에 작용하여 감각이나 고통을 무감각하게 할 뿐만 아니라 무의식을 일으킨다. 최초로 사용된 일반 마취제는 다이에틸에터(diethylether)이고 이 에터는 비교적 안전한 약품으로 사용되었다(그림 14-20). 왜냐하면 에터가 효과적인 마취 효과를 낼 수 있는 양과 사람에게 치명적인 치사량 사이에는 상당한 차이가 존재하기 때문이다. 그러나 에터는 인화성이 높고 구토와 같은 부작용을 일으킬 수 있는 단점이 있다.

1847년에는 클로로폼($CHCl_3$)이 일반 마취제로 도입되었다. 클로로폼은 인화성이 없고 효과적인 마취 상태를 만든다. 하지만 효과를 내기 위해 사용되는 양과 치사량 사이의 차이가 아주 근접해서 안전상에 문제가 있었다. 또한 클로로폼은 간에 해를 끼치며, 보관하는 동안 공기 중의 산소와 반응하여 제1차 세계 대전 동안 사용된 치명적인 포스겐(phosgene, $COCl_2$) 기체를 형성하는 단점이 있다.

오늘날 사용되는 일반 마취제에는 할로탄, 엔플루란과 메톡시플루란과 같은 플루오린을 함유한 화합물들이 있다(그림 14-21). 이 화합물들은 인화성이 없고 환자에게 비교적 안전하다. 그러나 수술실에서 근무하는 여성들이 일반인들보다 유산율이 높은데 그 원인 물질로서 할로탄이 의심되고 있다.

일반 마취제는 신경 세포막을 구성하는 지방에 녹아 투과도를 변화시킴으로써

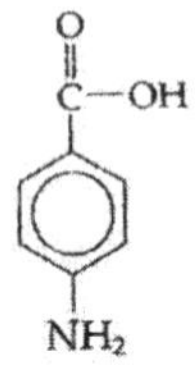
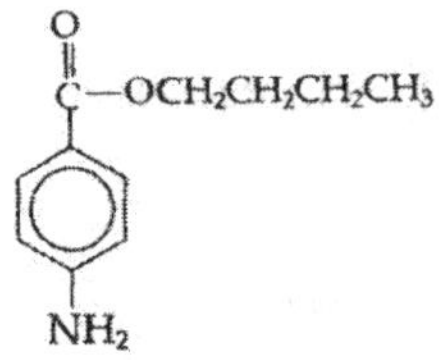

파라-아미노벤조산 뷰틸 파라-아미노벤조산

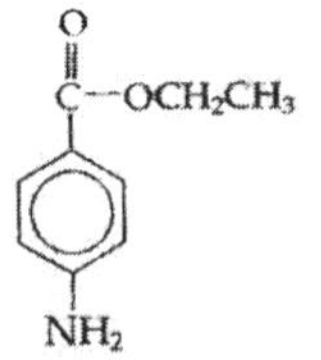
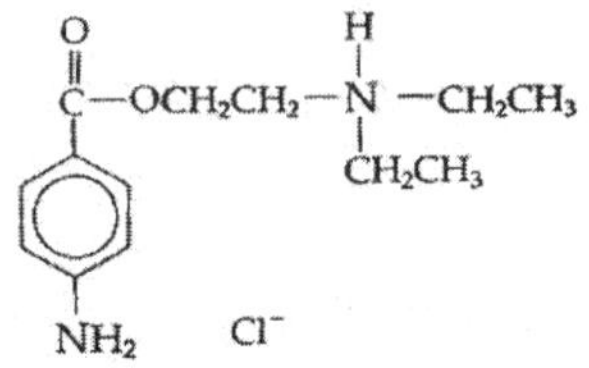

에틸 파라-아미노벤조산 프로카인

그림 14-22 몇 가지 국부 마취제

또는 뉴런의 전도도를 감소시킴으로써 작용하는 것으로 생각되므로 마취제의 효과는 그 화합물의 지방에 대한 용해도와 관련이 깊다.

• 국부 마취제(local anesthetics)

신체 일부분을 고통으로부터 무감각하게 만들고 하지만 환자의 의식을 유지하게 하는 화합물을 국부 마취제라고 한다. 성공적으로 사용된 최초의 국부 마취제는 코카인이고 이 화합물은 1860년에 코카나무 잎에서 처음으로 추출되었다.

파라-아미노벤조산(PABA)의 에스터는 국부 마취제로 사용되며, 특히 이 화합물의 에틸과 뷰틸 에스터는 화상과 상처의 통증을 경감시키는 데 사용된다(그림 14-22). 프로카인[procaine, 노보카인(novocaine)]처럼 에스터의 알킬기에 2차 질소 원자를 가진 유도체들은 강력한 마취 효과를 나타낸다. 국부 마취제는 신경 충격이 뇌로 전달되는 것을 차단함으로써 작용한다.

• 바비투르산 염(barbiturate)

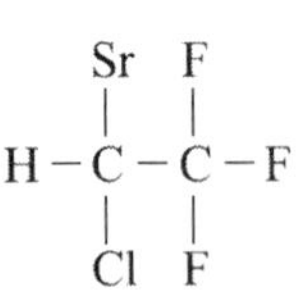
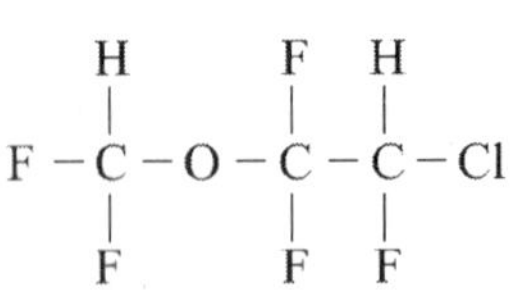
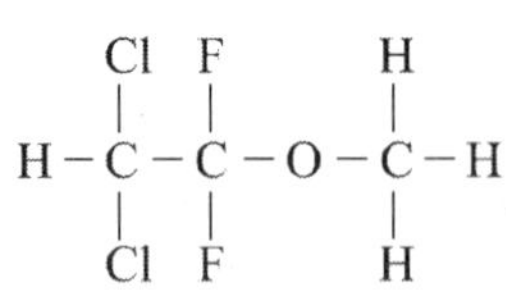

할로탄 엔플루란 메톡시플루란

그림 14-21 오늘날 사용되는 일반 마취제

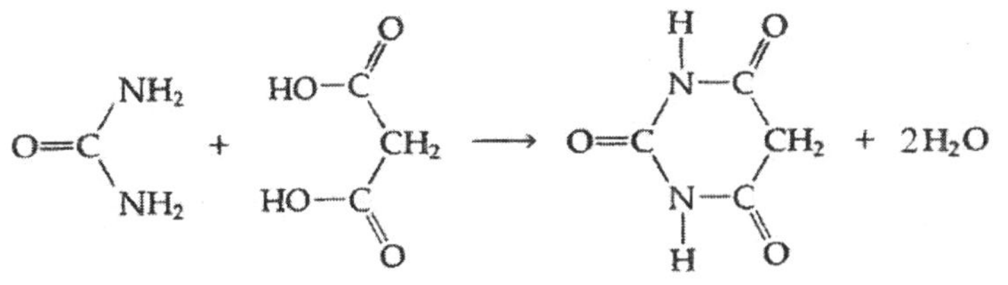

유레아 말론산 바비투르산

그림 14-23 유레아와 말론산으로부터 바비투르산의 합성

바비투르산은 1864년 바이어(Adolph von Baeye; 1835~1917)에 의해 최초로 합성되었다. 이 화합물은 소변에 있는 유레아와 사과에 존재하는 말론산으로부터 만들어졌다(그림 14-23). 당시에 바이어가 바라라(Barbara)라는 소녀에게 빠져 있었으므로 'Barbara'와 'urea'로부터 바비투르산염의 이름이 만들어졌다는 일화도 있다. 바비투르산염은 바비투르산을 구성하는 한 탄소 원자에 결합한 두 개의 수소 원자가 다른 기로 치환된 유도체들이다. 이 화합물들은 온화하게 진정시키거나 깊은 잠에 빠지게 하거나 혹은 심지어 죽음에 이르게 할 정도로 폭넓게 다양한 성질을 나타낸다.

두 가지 진정제인 에틸알코올과 바비투르산염을 함께 복용하면 매우 위험하여 사망에 이를 수 있다. 이 두 화합물은 단독으로 약한 진정 효과를 나타낸다. 하지만 혼합하면 진정 효과가 산술적으로 증가하는 것이 아니고 200배까지 증가할 수 있다. 이처럼 하나의 약이 또 다른 약의 효과를 기하급수적으로 증가시키는 것을 상승 효과(synergistic effect)라고 하고 이 효과는 치명적일 수 있다. 바비투르산염은 습관성이 강하고 알코올과 비슷한 부작용을 나타내므로 과량으로 복용하면 숙취, 졸음, 현기증과 두통 등을 일으킨다.

• 마약(narcotics)

많은 약들이 마취 상태를 만들어 고통을 경감시킬 수 있다. 이 효과를 나타내는 약제들 가운데 습관성이 있는 것만이 마약으로 분류된다.

아편은 동양의 양귀비(*Papaver somniferum*)의 미성숙의 씨앗으로부터 뽑아낸 것으로 20개의 질소를 함유한 유기 염기인 알칼로이드와 여러 가지 다른 화합물들이 함께 존재하는 혼합물이다. 이 원액에는 주요 알칼로이드인 모르핀이 무게비로 약 10% 존재한다(그림 14-24). 모르핀은 1805년에 독일 약사인 제르튀르너(Friedrich Wilhelm Adam Sertürner; 1783~1841)에 의해 최초로 추출되었고

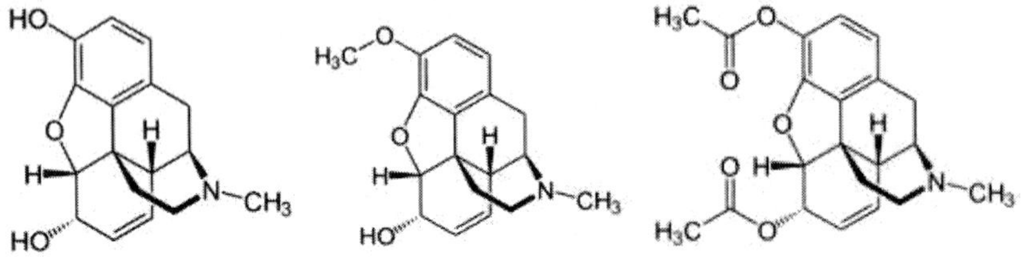

그림 14-24 모르핀, 코데인, 헤로인

최면 작용이 강해서 그리스 신화의 잠의 신 모르페우스(Morpheus)에서 그 이름이 유래되었다.

코데인(codeine)은 모르핀의 $-OH$기 하나를 $-OCH_3$기로 치환하여 만들어진 것으로 생리 작용이 모르핀과 비슷하고 하지만 그 습관성은 모르핀보다 적다. 헤로인은 모르핀과 아세트산 무수물로부터 만들어진다. 이 화합물은 1874년 독일의 바이엘(Baeyer) 회사에서 처음으로 만들어졌고 모르핀보다 습관성이 강하고 그 습관성을 치료하기가 쉽지 않기 때문에 미국은 불법 의약품으로 취급하고 있다. 그러나 영국에서는 말기 암 환자들의 고통을 경감시키기 위해 사용되고 있다.

② 각성제

베타-페닐에틸아민(β-phenylethylamine)과 관련된 다양한 합성 아민이 널리 알려진 각성제들 가운데 하나이다(그림 14-25).

암페타민과 메탐페타민은 널리 남용되었고 특히 암페타민은 한때 체중 감량을 위해 사용되기도 하였다. 이 약은 일시적으로 체중 감량 효과를 주지만 흥분, 격정, 불면증, 동공 확장, 혈압의 증가와 환각을 일으킨다. 메탐페타민은 암페타민보다 더 심각한 심리 효과를 나타낸다.

초기에 국부 마취제로 사용된 코카인은 강력한 각성제이다(그림 14-26). 코카인을 피우면 코의 점액성 막을 통해 이 화학 물질이 흡수되어 뇌로 전달되고 이렇게 흡수된 코카인은 신경세포에서 방출된 신경전달물질인 도파민을 막음으로써 작용

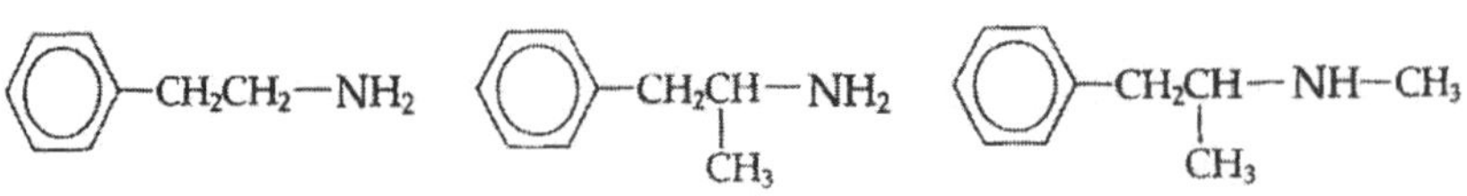

그림 14-25 베타-페닐에틸아민, 암페타민, 메탐페타민

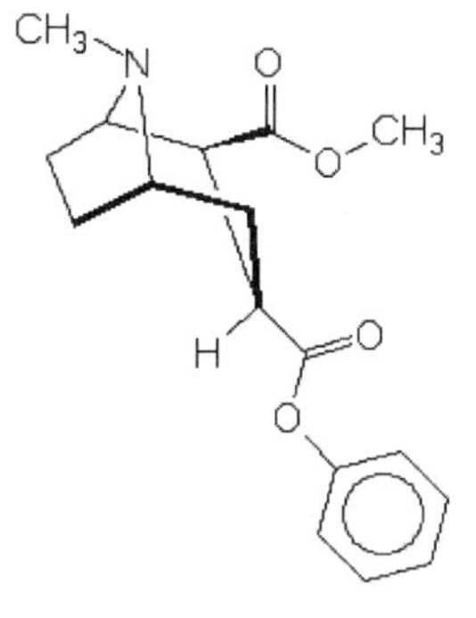

그림 14-26 코카인

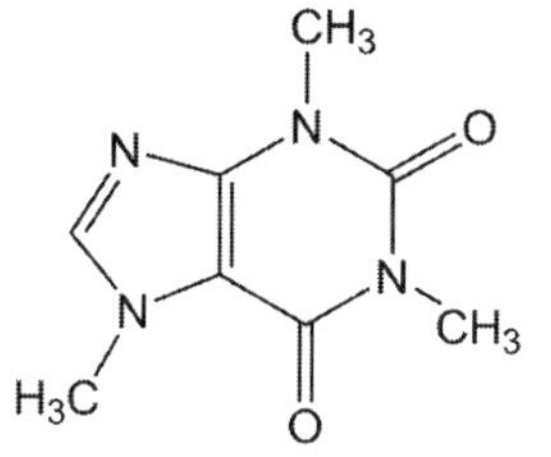

그림 14-27 카페인

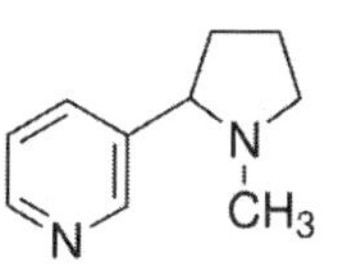

그림 14-28 니코틴

한다. 코카인을 사용하면 일시적으로 원기가 증가하고 피로가 감소한다. 하지만 그 뒤로 우울증이 따라오게 된다.

커피나무에서 추출한 카페인(caffeine)은 커피, 차와 콜라에 들어 있는 약한 각성제이다(그림 14-27). 카페인이 효과를 내는 양은 200 mg 정도로서 이것은 진한 커피나 차 두 잔에 존재하는 양에 해당한다. 아침에 일어나서 불쾌감(morning grouch)이 들면 카페인에 약하게 중독되었다는 것을 의미한다.

니코틴(nicotine)은 담배 연기에 포함된 또 다른 각성제로서 동물에게 유독하며 농업에서 살충제로 사용되었다(그림 14-28). 니코틴을 주입하면 특히 위험한데 사람의 경우 50 mg 정도가 치사량인 것으로 알려졌다. 니코틴은 일시적으로 각성제로 작용하고 하지만 그 후에 우울증이 따라오게 된다.

③ 환각제

LSD는 가장 강력한 환각제 가운데 하나이고 시각적이며 청각적인 환각을 유발한다(그림 14-29). 호밀에서 자라는 진균류인 맥각에서 얻어지는 리세르그산(lysergic acid)은 염화 싸이오닐($SOCl_2$)과 다이에틸아민(diethylamine)의 처리 과정을 차례로 거치면서 LSD로 변하게 된다. LSD는 10~100 μg 정도의 적은 양으로도 사람에게 황홀한 효과를 느끼게 할 수 있을 정도로 강력하다.

마리화나(marijuana, 대마초)는 대마(*Cannabis sativa*)의 꽃잎, 씨, 줄기로 제조한 것으로 여기에는 다양한 화학 물질들이 포함되어 있지만 테트라하이드로카나비놀(THC)이 중요한 활성 성분이다(그림 14-30). 야생의 식물들은 보통 0.1% 정도의 THC 함량을 가진다. 마리화나를 피우면 맥박수가 증가하고 제대로 시간을 느끼지 못하며, 행복감, 걱정, 총명해졌다는 잘못된 감각을 느끼기도 한다.

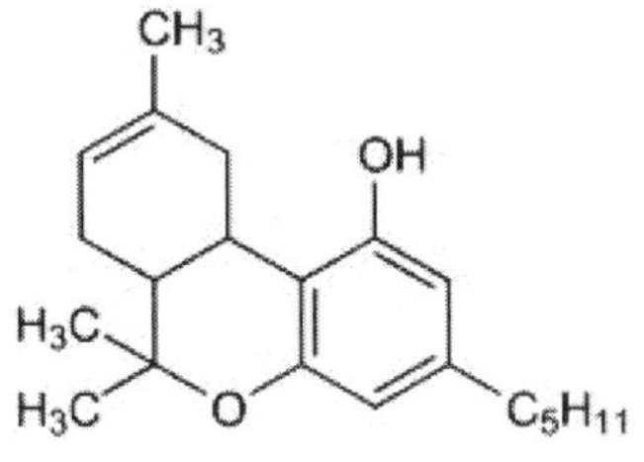

그림 14-30 테트라하이드로카나비놀(THC)

마리화나를 피우는 젊은 남성들 가운데 몇몇은 가슴이 확대되는 것을 호소하였고 이들의 가슴은 흰 우유와 같은 액체를 분비하였다. 이것은 THC와 여성 호르몬 사이의 구조가 약간 유사하여 THC가 에스트로젠 수용체에 약하게 결합하여 일어난 것으로 생각된다.

향정신약은 여러 정신 질환을 치료하는 데 유용하고 일부 약물은 신경 화학적 불균형을 조절하여 환자의 증상을 완화하고 삶의 질을 높여 준다. 향정신약의 의약적 용도로 첫째, 정신 질환 치료: 향정신약은 우울증, 불안 장애와 정신분열증 등 여러 정신 질환을 치료하는 데 사용된다. 둘째, 통증 관리: 진통제와 같은 향정신약은 통증을 완화할 수 있다. 셋째, 주의력 결핍 장애 치료: 각성제 계열 약물은 ADHD를 치료하여 집중력을 개선하고 과도한 활동을 억제한다.

향정신약은 효과뿐 아니라 심각한 부작용으로 인해 위험할 수 있다. 부작용은 약물의 종류와 개인에 따라 다르며 오랜 기간 사용하면 의존성이나 중독과 신경학적 장애 등이 일어날 수 있다. 향정신약의 부작용과 위험으로 첫째, 의존성과 중독: 오피오이드 계열이나 벤조디아제핀 계열 약물은 중독성을 유발할 수 있다. 이 약물은 오랜 기간 사용하면 정신 · 신체적 의존성을 초래하고, 중단하면 금단 증상을 일

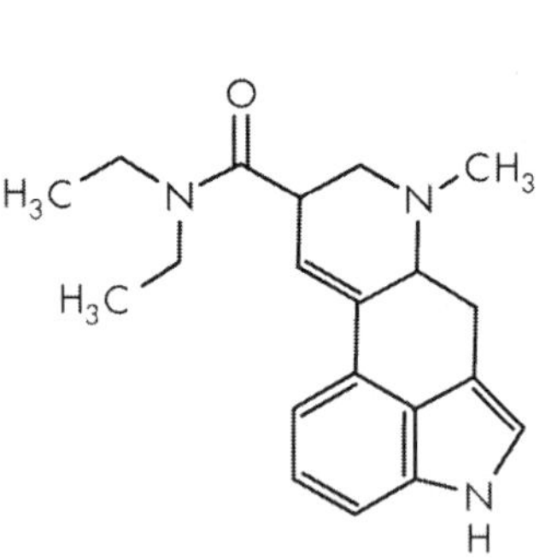

그림 14-29 LSD

으킬 수 있다. 둘째, 부작용: 향정신약의 부작용에는 구토, 체중 변화, 졸림, 불면증과 기분 변화 등 다양할 수 있다. 예를 들면 항우울제는 불안감을 증가시키고 항정신병약은 운동 장애나 체중 증가 등의 부작용을 일으킬 수 있다. 셋째, 불법 사용과 오남용: 일부 향정신약은 오남용되거나 불법적으로 사용될 수 있다. 각성제나 마약류 진통제는 남용될 수 있어 이들 관리가 중요하다.

향정신약은 다른 약물과 상호작용 효과를 일으킬 수 있으므로 약물을 복용할 때 주의하고 의사의 지시를 따라야 한다.

향정신약은 사용과 유통에 엄격한 관리와 규제가 필요하다. 여러 나라에서 향정신약을 처방받기 위해 의사의 진단과 처방이 필요하고 오남용 방지를 위해 의약품의 유통 경로를 철저히 관리한다.

향정신약의 규제로 첫째, 부작용과 오남용을 방지하기 위해 향정신약은 의사의 처방을 받아야만 사용할 수 있다. 둘째, 일정량 이상의 향정신약을 유통하거나 저장하는 것은 법으로 금지되어 있으며 판매나 배급도 엄격하게 관리된다.

향정신약은 유용한 약물이지만 그 사용은 신중해야 하고 전문가나 의사의 지도하에 사용해야 한다.

쉬어가기

사랑: 화학적 연결

로맨틱한 관계를 유도하는 감정은 베타-페닐에틸아민(β-phenylethylamine, PEA)이라는 화합물에 의해 부분적으로 조절될 수 있다. PEA는 사람 뇌에서 신경전달물질로 작용하는데 이 물질은 흥분되고 조심하는 감정을 가지게 한다. PEA의 수준이 증가하면 사람은 사랑에 빠진 느낌과 같은 기분을 느낀다. PEA는 음식에서 직접 섭취할 수 없다. 하지만 단백질이 풍부한 음식은 PEA의 선구 아미노산인 페닐알라닌(phenylalanine)을 함유하고 있다. 따라서 이성 친구를 소개받고 마음에 들었을 때는 분식보다 단백질 함량이 많은 스테이크로 저녁 식사를 하는 것이 사랑을 이룰 수 있는 하나의 방법이 될 수 있다.

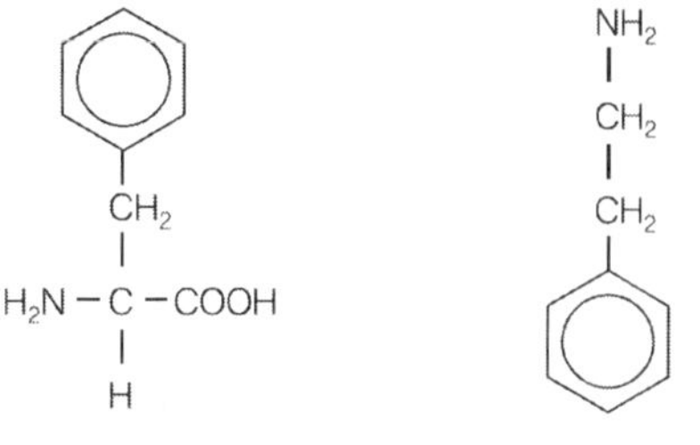

페닐알라닌 베타-페닐에틸아민

참조

신약의 개발

신약 개발은 새로운 치료제를 발견하고, 실험을 통해 그 효과와 안전성을 입증하며 시장에 출시하기까지의 복잡하고 긴 과정이다. 이 과정은 대개 수년에서 수십 년에 걸쳐 진행되며, 여러 단계의 연구와 임상시험을 거친다. 신약 개발의 주요 단계는 다음과 같다.

1. 기초 연구(Preclinical Research)

목표: 신약 후보 물질을 찾기 위해 기초적인 연구가 이루어지는 단계로서 암, 알츠하이머, 심혈관 질환 등 특정 질병을 치료할 수 있는 분자나 화합물을 식별한다.

연구 방법: 세포 실험과 동물 모델을 통해 화합물의 효능과 안전성을 평가한다.

성공적 후보군 발굴: 여러 화합물 중에서 치료 효과가 있을 것으로 예상되는 후보 물질을 선택하여 약물로 개발 가능성이 있는지를 평가한다.

2. 임상 전 개발(Preclinical Development)

후보 물질의 가능성이 확인되면, 동물 실험을 통해 그 물질의 독성, 약리학적 효과와 약물의 대사 경로 등을 평가한다. 이 단계에서 약물이 사람에게 미칠 수 있는 영향을 예측하고, 인간에 대한 안전성 자료를 확보한다.

3. 임상시험(Clinical Trials)

1상 임상시험: 안전성을 확인하는 단계로 주로 건강한 자원자들을 대상으로 약물의 안전성과 부작용을 평가한다.

2상 임상시험: 약물의 효과를 테스트하는 단계로 작은 그룹의 환자를 대상으로 치료 효과와 안전성을 평가한다.

3상 임상시험: 대규모 환자 그룹을 대상으로 약물의 효능, 부작용과 비교 분석을 통해 약물이 기존 치료법보다 우수한지를 평가한다. 임상 3상 결과가 성공적일 경우 신약은 허가 신청을 진행할 수 있다.

4. 허가 신청 및 출시

임상 3상 시험의 결과를 바탕으로 해당 국가의 규제 기관(예: 미국의 FDA, 유럽의 EMA, 한국의 식약처 등)에 신약 승인을 신청한다. 규제 기관은 약물의 효능, 안전성과 품질 등을 평가한 후 승인을 결정하고 승인을 받으면, 약물은 공식적으로 시장에 출시될 수 있다.

5. 시판 후 관리(Post-Marketing Surveillance)
신약이 시장에 출시된 후에도 지속적인 모니터링이 이루어지고 이 단계에서는 장기적인 부작용과 드물게 발생할 수 있는 부작용을 감시한다.
임상 4상 연구: 시장에 출시된 약물의 장기적 효과와 안전성을 모니터링하기 위한 후속 연구이다.

신약 개발의 어려움과 도전

고비용과 긴 시간: 신약 개발은 보통 10년 이상의 시간이 소요되며, 비용이 수백억 원에 이를 수 있다. 대부분의 신약 후보는 임상시험에서 실패하고, 성공 확률이 낮다.
불확실성: 많은 후보 물질들이 초기 연구에서는 좋은 성과를 보이지만, 임상시험에서 예기치 않은 부작용이나 효과 부족으로 실패한다.
규제의 엄격함: 각국의 규제 기관은 환자의 안전을 최우선으로 하기 때문에, 신약이 시장에 출시되기 전에 철저한 검토와 심사를 요구한다.

최근의 신약 개발 동향

유전자 치료: DNA나 RNA를 직접 수정하거나 교체하여 질병을 치료하는 방법이 활발히 연구되고 있고 이는 특히 유전적 질환 치료에 가능성을 열어준다.
면역 요법: 면역 체계를 강화하거나 암세포를 인식하여 공격하는 면역 요법은 최근 항암 치료에서 혁신을 이룬다.
정밀 의학(Precision Medicine): 개인의 유전자 정보, 생활 습관 등을 기반으로 맞춤형 치료제를 개발하는 분야가 성장한다.
신약 개발은 환자의 생명을 구하거나 질병을 치료하는 데 중요한 역할을 한다. 하지만 그 과정에서 많은 도전과 난관을 맞닥뜨리게 된다. 신약 개발에 대한 이해가 깊어지면, 의약품이 어떻게 개발되고, 어떤 어려움이 있는지에 대한 통찰을 얻게 된다.

생명과학 V

15장 생명과학

15장

생명과학

15.1 멘델의 유전 법칙

19세기 중반에 오스트리아의 수도사이며 과학자인 그레고어 멘델(Gregor Mendel)은 완두콩 실험을 통해 식물의 특성이 다음 세대로 어떻게 전달되는지를 연구하여 유전의 3대 기본 법칙을 발표하였다.

첫째는 우열의 법칙(Law of Dominance)으로, 서로 다른 형질의 순종을 서로 교배하면 자손 1세대에서는 한 가지 형질만 나타난다는 법칙이다. 이때 발현하는 형질을 우성(dominant)이라 하고 나타나지 않는 형질을 열성(recessive)이라 한다. 예를 들면, 노란색(Y)의 완두콩을 초록색(y)의 완두콩과 교배하면 자손 1 세대에서 모두 노란색(Yy)의 완두콩만 나타나게 되는데 이때 노란색이 우성이고 초록색이 열성이 된다.

둘째는 분리의 법칙(Law of Segregation)으로, 대립 형질의 유전자는 생식세포를 만들 때 서로 분리하여 각 생식세포로 들어간다. 예를 들면, Yy 세대가 서로 교배하면 다음 세대에서 나타나는 유전자형은 YY:Yy:yy=1:2:1이고 표현형은 노란색과 초록색 사이에 3:1이 된다. 따라서 다음 세대에서 열성 형질도 나타날 수 있다.

셋째는 독립의 법칙(Law of Independent Assortment)으로, 서로 다른 두 가지 이상의 형질이 유전될 때 각각의 형질은 서로 독립적으로 자손에게 분리 전달된다. 예를 들면, 씨 색깔이 노란색(Yy)인 완두콩과 씨 모양인 둥근(Rr) 완두콩을 교배하면 자손 1세대에서 모두 YyRr이 되고 다음 세대에서는 다양한 조합이 가능한데 YR:Yr:yR:yr=9:3:3:1의 표현형 비율을 가진다.

멘델 실험의 특징으로 첫째, 형질이 뚜렷하고 생육이 빠른 완두콩을 실험에 사용하였다. 둘째, 대립 형질을 가진 순종의 완두콩을 사용하였다. 셋째, 수학적 방법인 확률과 통계 개념을 도입하여 실험 결과를 분석하였다.

멘델의 유전 법칙은 간단한 형질에는 잘 적용되지만 불완전 우성, 공우성, 연관 유전, X염색체 연관 유전과 다인자 유전 등에는 잘 적용되지 않기 때문에 현대 유전학(Modern Genetics)과는 차이가 있을 수 있다. 예를 들면 첫째, 붉은 꽃과 흰 꽃을 교배하면 분홍 꽃이 나타나는 것처럼 이형접합 시에 중간 형질이 나타나는 경우이다(불완전 우성). 둘째, ABO 혈액형에서 A와 B로부터 AB형이 나타나는 것처럼 두 형질이 모두 표현되는 경우이다(공우성). 셋째, 파리의 눈 색깔과 날개형처럼 같은 염색체에 있는 유전자는 함께 유전되는 경우이다(연관 유전). 넷째, 색맹과 혈우병처럼 X염색체에 있는 유전자가 성별과 함께 유전되는 경우이다(X염색체 연관 유전). 다섯째, 키와 피부색처럼 여러 가지 유전자가 작용하여 하나의 형질을 조절하는 경우이다(다인자 유전).

15.2 유전 물질인 DNA

1928년에 영국의 세균학자 그리피스(Fred Griffith; 1877 ~ 1941)는 폐렴을 일으키는 폐렴쌍구균을 이용하여 DNA가 유전 물질이라는 것을 증명하였다. 폐렴쌍구균은 매끈한 모양의 다당류 껍질을 가지면서 병원성을 띠는 S형과 거친 모양을 하며 비병원성인 R형의 두 가지 형태가 있다. S형의 균을 쥐에 주사하면 쥐는 폐렴을 일으켜 죽고 R형의 균을 쥐에 주사하면 쥐는 살아남게 된다. 가열 멸균된 S형을 쥐에 주사하면 쥐는 산다. 그러나 가열 멸균된 S형과 R형을 동시에 쥐에 주사하면 쥐는 폐렴에 걸려 죽는다(그림 15-1). 죽은 생쥐의 혈액에서 S형의 폐렴쌍구균이 발견되었고, 가열 멸균된 S형의 폐렴쌍구균을 파쇄시켜 원심 분리하여 얻은 무세포

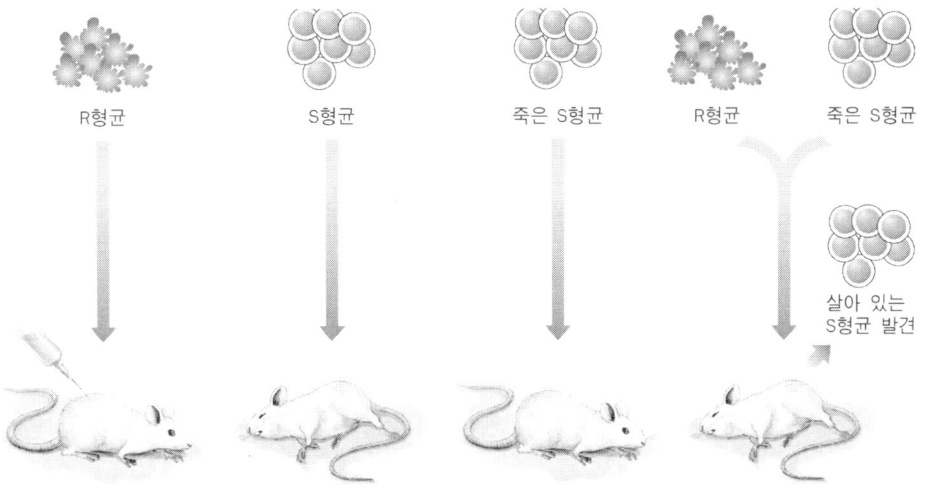

그림 15-1 그리피스의 실험

추출물(cell-free extract)을 R형의 배양액에 첨가하면 R형이 S형으로 형질 변환되는 것이 관찰되었다. 이 실험에서 무세포 추출물에는 형질을 변환시키는 어떤 물질이 존재한다는 것을 확인할 수 있었다.

1944년에 미국의 에이버리(Oswald Theodore Avery; 1877~1955), 맥클라우드(Colin Munro MacLeod; 1909~1972), 그리고 매카티(Maclyn McCarty, 1911~ 2005)는 가열 멸균된 S형의 폐렴쌍구균으로부터 무세포 추출물을 분리하여 성분들의 특성을 분석하였다. 이 분석에서 정제된 형질 변환 물질의 광학적, 초원심분리적 특성과 전기 이동도와 같은 물리적 성질이 DNA의 것과 같았으며, 무세포 추출물에서 단백질이나 지방질을 제거하여도 형질 변환의 활성은 잃지 않았고 또한 무세포 추출물을 단백질 가수분해효소(protease)나 라이보핵산 가수분해효소(RNase) 등으로 처리하여도 형질 변환의 활성은 잃지 않았다. 하지만 데옥시리보핵산 가수분해효소(DNase)를 첨가한 뒤에는 형질 변환 활성이 상실되었다. 이 결과들은 DNA가 유전 물질이라는 강력한 증거가 되었다.

1952년에 허시(Alfred Day Hershey; 1908~1997)와 체이스(Martha Cowles Chase; 1927~2003)는 대장균에 감염하는 T2 박테리오파지를 이용하여 DNA가 유전 물질인 것에 대한 또 다른 실험을 하였다. 스스로는 증식하지 못하고 박테리아와 같은 숙주 세포에서만 증식할 수 있는 바이러스를 박테리오파지라고 하는데, 이 파지는 중심에 DNA와 이것을 감싸고 있는 단백질 껍질로 이루어져 있다(그림 15-2). 그들은 실험에서 DNA를 방사성 동위 원소 ^{32}P로 표지하고 단백질 껍질을

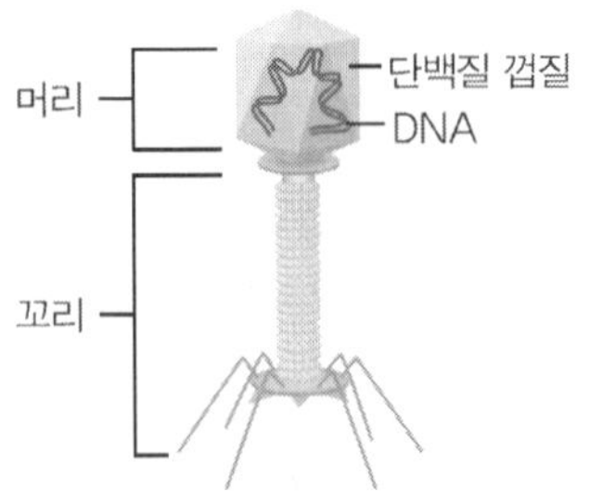

그림 15-2 박테리오파지의 모형

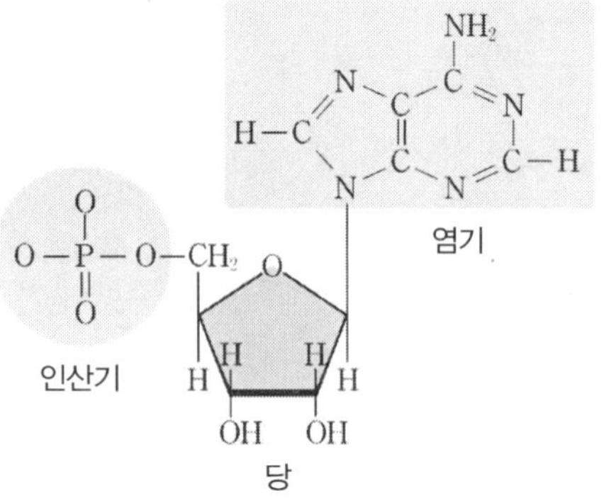

그림 15-3 뉴클레오타이드의 구조

^{35}S로 표지시킨 파지를 대장균에 감염시킨 후 ^{32}P와 ^{35}S의 분포를 관찰하였다. 이 결과에서 대부분의 파지 DNA가 대장균 내에서 발견되었으므로 대장균을 침투하는 부분은 파지의 단백질이 아니라 ^{32}P를 포함한 DNA인 것이 관찰되었고 대장균 내로 침투한 DNA로부터 파지 증식이 일어난다는 것이 확인되었다.

DNA를 구성하는 기본 단위인 뉴클레오타이드는 데옥시리보스 오탄당, 인산 그리고 염기로 이루어져 있고(그림 15-3), DNA에 존재하는 네 종류의 염기들은 아데닌과 구아닌의 퓨린 염기와 사이토신과 타이민의 피리미딘 염기가 있다(그림 15-4). 여러 개의 뉴클레오타이드가 공유 결합(포스포다이에스터 결합)으로 결합된 선형의 고분자 화합물이 DNA이다.

DNA 이중 나선 구조

1953년에 미국의 왓슨(James Watson; 1928~)과 영국의 크릭(Francis Harry Compton Crick; 1916~2004)은 샤가프 규칙(Chargaff's rule) 및 프랭클린(Rosalind Franklin; 1920~1958)과 윌킨스(Maurice Hugh Frederick Wilkins; 1916~2004)가 찍은 DNA의 X-선 회절 사진을 분석하여, 유전 물질로 밝혀진 DNA의 이중 나선 구조를 밝혔다(그림 15-5). 이들에 의해 밝혀진 DNA 이중 나선 구조의 특징은 다음과 같다.

1. 공통의 축 둘레를 두 개의 나선형 폴리뉴클레오타이드 사슬이 반대 방향으로 진행한다.
2. 염기들은 나선 안쪽에 위치하고 인산과 데옥시리보스 당들은 나선 바깥에 존재한다.

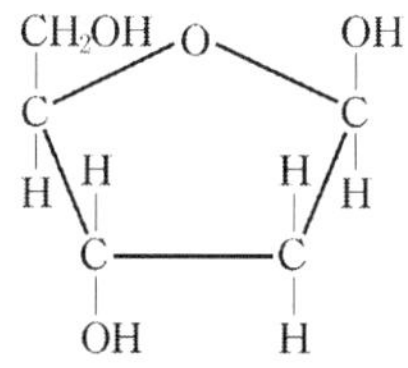

데옥시리보스

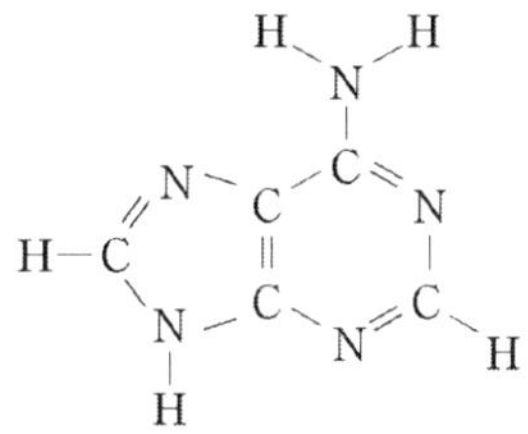

아데닌(A)

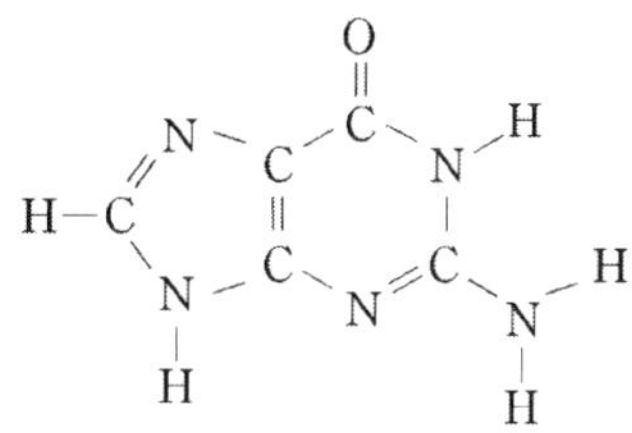

구아닌(G)

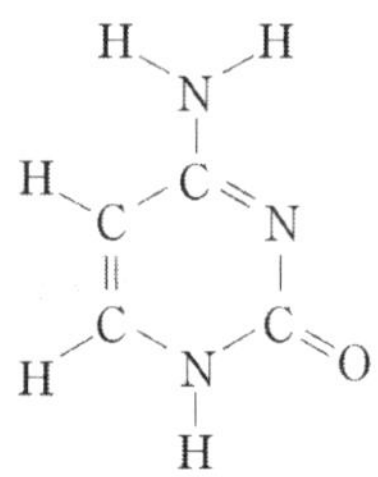

사이토신(C)

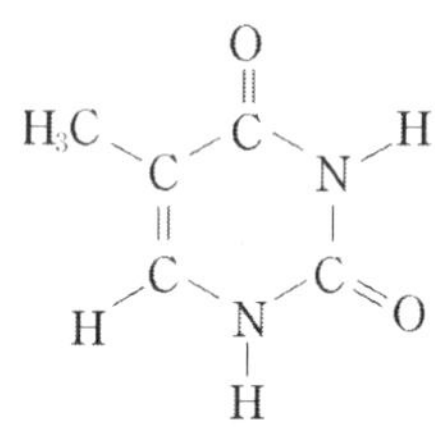

타이민(T)

그림 15-4 데옥시리보스 오탄당과 네 가지 염기들

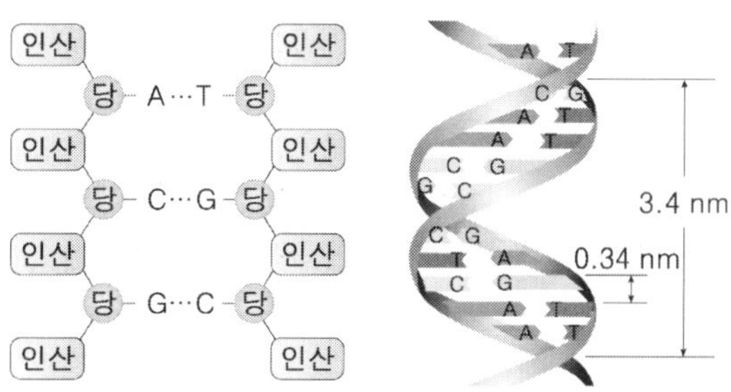

그림 15-5 DNA의 이중 나선 구조

3. 나선의 지름은 2 nm, 인접한 염기들 사이의 직선거리는 0.34 nm이고 서로 36° 만큼 회전한다. 따라서 한 심거(pitch) 내에는 10개의 염기가 존재하고 그 직선 거리는 3.4 nm가 된다.
4. 아데닌 염기는 타이민 염기와 두 개의 수소 결합으로 염기쌍을 이루고 구아닌 염기는 사이토신 염기와 세 군데서 수소 결합하여 염기쌍을 이룬다.

5. 염기들의 결합 순서에 의하여 유전 정보가 결정된다.

인물보기 왓슨과 크릭

1953년에 왓슨과 크릭은 영국의 케임브리지에 있는 캐번디시 실험실에서 윌킨스와 프랭클린에 의해 얻어진 DNA의 X-선 회절 사진을 판독하고 DNA의 이중 나선 구조를 밝혔다. 이 업적으로 1962년 왓슨, 크릭, 윌킨스는 함께 생리 의학 분야에서 노벨상을 받았다. 그러나 프랭클린은 그들이 수상하기 전에 난소암으로 사망하였으므로 수상에서 제외되었다.

참조 샤가프 규칙(Chargaff's rule)

1940년 후반에 샤가프가 많은 생물 종의 염기 조성을 분석하면서 발견한 규칙으로, 이 규칙에 따르면 생물 종에 무관하게 DNA에서 발견되는 4가지 염기들 사이의 몰비는 아데닌과 타이민 사이, 그리고 구아닌과 사이토신 사이에 항상 1 : 1의 관계가 있다; [A] = [T], [G] = [C]. 즉 퓨린 염기의 몰수와 피리미딘 염기의 몰수는 같다; [퓨린] = [피리미딘].

표 19-1 여러 생물종들의 DNA에 있는 염기 사이의 몰비

구분	A/G	T/C	A/T	G/C	퓨린/피리미딘
황소	1.29	1.43	1.04	1.00	1.1
사람	1.56	1.75	1.00	1.00	1.0
연어	1.43	1.43	1.02	1.02	1.02
밀	1.22	1.18	1.00	0.97	0.99
대장균(K-12)	1.05	0.95	1.09	0.99	1.0

이중 나선의 DNA 분자는 실과 같은 긴 비대칭 구조를 가진다. 즉, DNA 이중 나선의 지름은 2 nm이지만 대장균의 염색체를 형성하는 DNA 분자의 길이는 1.6×10^6 nm(1.6 mm)를 넘는 구조를 가진다. 사람의 세포에는 23쌍의 염색체들이 존재하고 23개의 이중 나선 DNA 분자는 약 31억 2,000만 개(3.12×10^9)의 염기쌍으로 구성된다. 왓슨과 크릭의 DNA 이중 나선 구조에서 인접한 염기쌍들 사이의 직선거리가 0.34 nm이므로 23개의 이중 나선 DNA 분자의 길이는 1 m를 넘게 된다. 따라서 사람 염색체 46개의 이중 나선 DNA 분자들의 길이는 2 m 이

상이며 이처럼 긴 실과 같은 DNA 분자가 지름이 5 μm인 세포핵 안에 존재한다는 것은 놀라운 알이다.

유전체(genome)

사람의 몸은 약 100조 개의 세포로 이루어져 있고 각 세포의 핵에는 모든 유전 정보를 함유하는 23쌍의 염색체들이 들어 있다. 세포핵 내의 23개의 염색체에 들어 있는 유전자들의 총합을 유전체(genome)라고 하며(유전체는 유전자라는 뜻의 gene과 전체 총합이라는 뜻의 'omni'에서 ome의 합성어이며 1916년 독일의 식물학자 빙글러가 처음 사용하였다) 유전체는 n으로 표시하고 사람의 체세포는 2n이며 이를 핵상이라고 한다. 사람의 유전체는 약 2만 5,000에서 3만 개 정도의 유전자로 구성되어 있고 여기에는 약 31억 2,000만 개의 염기쌍이 존재한다. 대장균의 유전체는 약 400만 개의 염기쌍으로 구성되어 있고 여기에는 4,000개의 유전자에 대한 정보가 들어 있으므로 한 개의 유전자마다 약 1,000개의 염기쌍이 존재하는 꼴이다. 생체 내에서 일어나는 반응에 중요한 작용을 하는 단백질의 크기는 사람과 대장균이 비슷할 것이므로 사람의 31억 염기쌍으로부터는 약 310만 개의 유전자가 존재해야 하는데 이보다 훨씬 적은 개수인 3만 개 정도의 유전자가 존재한다. 이처럼 사람을 포함한 진핵생물의 대부분 염기쌍에는 특정 단백질에 대한 유전 정보를 갖지 않는, 즉 유전자 역할을 하지 못하는 부분들이 많이 존재하는데 이를 인트론(intron)이라고 하고 이들의 기능에 대해서는 아직 확실하게 알려지지 않았다. 반면에 특정 단백질에 해당하는 유전 정보를 가진 DNA 부분을 엑손(exon)이라고 한다.

DNA 복제

왓슨과 크릭은 DNA 복제 과정에서 생긴 딸 DNA 분자의 한 가닥은 새로 합성되고 다른 한 가닥은 부모에서 온다는 제안을 하고서 이 과정을 반보존적(semi-conservative)이라고 불렀다. 메셀슨(Matthew Stanley Meselson; 1930~)과 스탈(Franklin Stahl; 1929~2025)은 DNA 복제 과정에 대하여 제안된 반보존적 과정을 다음과 같이 실험적으로 증명하였다. 질소의 무거운 동위 원소인 ^{15}N를 함유하는 배지에서 대장균을 여러 세대 키움으로써 DNA를 ^{15}N으로 표지시킨 다음, 질소의 보통 동위 원소인 14N를 함유하는 배지에 옮겨 키운 후 대장균 DNA를 추출하여 ^{14}N DNA와 ^{15}N DNA의 분포를 측정하였다. 1세대 후에 생성된 모든 DNA

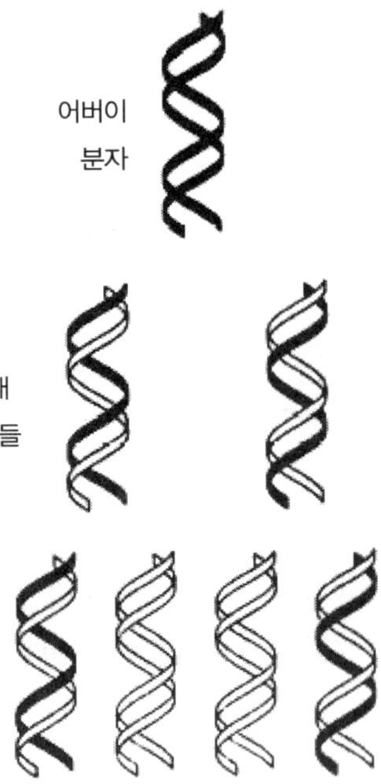

그림 15-6 반보존적 DNA 복제 모형

분자들은 ^{14}N와 ^{15}N를 함유하는 혼성체였고 2세대 후에 만들어진 모든 DNA 분자들은 ^{14}N와 ^{15}N를 함유하는 혼성체와 ^{14}N만을 가지는 것 등 총 두 종류의 DNA 분자가 같은 비율로 존재하였다(그림 15-6). 이 연구 결과는 반보존적 DNA 복제(replication)에 대한 왓슨과 크릭이 제안한 것과 잘 일치하였다. 한 분자의 어버이 DNA로부터 두 분자의 딸 DNA를 합성하는 DNA 복제 과정에 관여하는 효소를 DNA 중합 효소(DNA polymerase)라고 하며 이 효소는 1957년 미국의 콘버그(Arthur Kornberg; 1918~2007)에 의하여 대장균(*E. coli*)에서 최초로 발견되었고 DNA polymerase I 로 명명되었다.

15.3 유전 정보의 흐름

유전 정보는 세포핵 속에서 RNA 중합 효소(RNA polymerase)에 의해 DNA로부터 RNA로 흐르고, 이 RNA로부터 세포질에 있는 리보솜에서 단백질로 흐른다. 유전 정보의 이 흐름을 분자생물학에서 central dogma라고 한다(그림 15-7). 아데닌, 구아닌, 사이토신과 타이민의 4가지 염기들을 가지는 DNA와 아데닌, 구아닌,

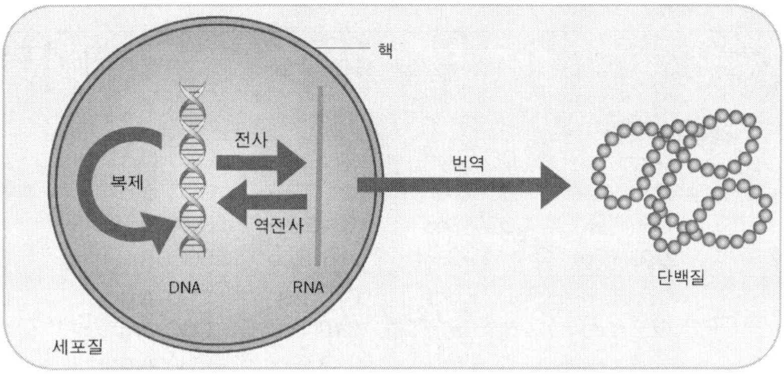

그림 15-7 유전 정보의 흐름(central dogma)

사이토신과 유라실의 네 종류 염기를 가지는 RNA는 하나의 염기를 제외한 나머지 세 가지 염기가 같으므로 DNA에서 RNA가 만들어지는 과정을 복사한다는 의미의 전사(transcription)라고 한다. 반면에 RNA의 네 가지 염기들의 서열에 있는 유전 암호로부터 20여 가지 아미노산으로 이루어진 단백질이 만들어지는 과정은 전혀 다른 언어 체계를 거치므로 번역(translation)이라고 한다. 사람에게 에이즈(AIDS)를 일으키는 면역 결핍 바이러스 유형I(HIV-I)은 유전 물질로 DNA가 아닌 RNA를 가지며 이 바이러스는 자신의 유전 물질인 RNA로부터 DNA를 만들 수 있는 역전사 효소(reverse transcriptase)를 가지고 있다. 이 바이러스에서처럼 유전 정보가 RNA로부터 DNA로 흐르는 과정을 역전사(reverse transcription)라고 하고 이 과정의 발견으로 central dogma는 약간의 변형을 받게 되었지만 생명 현상을 유지하게 하는 기본이다.

DNA의 염기 서열에 있는 유전 정보는 단백질을 구성하는 아미노산의 결합 순서로 발현된다. DNA에 존재하는 염기의 종류는 4가지이고 단백질을 구성하는 아미노산의 종류가 20가지이므로 4개의 염기가 20여 개의 아미노산을 다 지정하기 위해서는 최소한 염기 세 가지의 조합(4×4×4=64)이 필요하다. 이처럼 하나의 아미노산을 지정하는 세 개의 염기로 이루어진 삼중자(triplet)를 코돈(codon)이라고 하고 각 아미노산에 대한 코돈, 즉 유전 암호(genetic code)는 니런버그 (Marshall Warren Nirenberg; 1927~2010)와 코라나(Har Gobind Khorana; 1922~2011)에 의해 해독되었다(표 15-2).

이 표에서 나타난 유전 암호의 주요한 특징들은 다음과 같다. 첫째, 하나의 아미노산을 지정하는 삼중자는 한 가지 이상으로 존재한다. 즉, 유전 암호는 축퇴성

표 15-2 유전 암호표

첫 번째 위치 (5′-밑단)	두 번째 위치				세 번째 위치 (3′-밑단)
	U	C	A	G	
U	UUU Phe UUC Phe UUA Leu UUG Leu	UCU Ser UCC Ser UCA Ser UCG Ser	UAU Tyr UAC Tyr UAA Stop UAG Stop	UGU Cys UGC Cys UGA Stop UGG Trp	U C A G
C	CUU Leu CUC Leu CUA Leu CUG Leu	CCU Pro CCC Pro CCA Pro CCG Pro	CAU His CAC His CAA Gin CAG Gin	CGU Arg CGC Arg CGA Arg CGG Arg	U C A G
A	AUU Ile AUC Ile AUA Ile AUG Met*	ACU Thr ACC Thr ACA Thr ACG Thr	AAU Asn AAC Asn AAA Lys AAG Lys	AGU Ser AGC Ser AGA Arg AGG Arg	U C A G
G	GUU Val GUC Val GUA Val GUG Val	GCU Ale GCC Ale GCA Ale GCG Ale	GAU Asp GAC Asp GAA Glu GAG Glu	GGU Gly GGC Gly GGA Gly GGG Gly	U C A G

(degeneracy)이 크다고 표현할 수 있으며 같은 아미노산을 지정하는 코돈을 동의 코돈(synonym)이라고 하고 대부분 동의 코돈은 삼중자의 마지막 염기만이 다르다. 예를 들면 유전 암호표를 보면 XYC와 XYU는 언제나 같은 아미노산을 지정하는 암호이고 반면에 XYG와 XYA는 항상 같은 아미노산을 지정하지는 않고 다른 아미노산을 지정하는 경우가 있다. 둘째, 유전 암호표에서 AUA는 아미노산 아이소류신(Ile)에 대한 암호이지만 사람의 미토콘드리아에서 이 삼중자는 메싸이오닌(Met)을 지정하는 암호가 된다. 이처럼 유전 암호는 모든 생물에게 다 적용되는 절대적 보편성을 가지는 것이 아니라 사람의 미토콘드리아에서처럼 몇 가지 예외를 가진다.

참조

DNA의 염기 서열 분석 방법

DNA에 있는 유전 정보는 염기 결합 순서에 의하여 결정되므로 그 결합 순서의 분석은 아주 중요하다. DNA의 염기 서열을 분석하는 방법에는 막삼-길버트 방법(Maxam-Gilbert method)과 생어의 다이데옥시 방법(Sanger dideoxy method) 등 크게 두 가지로 구분된다. 막삼-길버트 방법은 특정 염기에 특이하게 작용하는 화학 약품을 이용하는 방법으로 노동을 많이 요구하므로 요즘은 거의 사용하지 않는다. 반면에 생어 방법은 다이데옥시 유사물을 이용하여 DNA 사슬 연장 반응의 종결을 일으켜서 분석하는 방법으로 현재 널리 사용되고 있다. 1977년 생어(Frederick Sanger; 1918~2013)는 자신의 이 방법을 이용하여 ϕX174 바이러스 DNA에 있는 5386 염기들의 총 서열을 결정하고서 1980년 길버트와 함께 노벨 화학상을 받았다.

15.4 단백질

인체는 생활에 필요한 에너지를 얻기 위해 탄수화물과 지방을 이용한다. 그리고 3대 영양소 가운데 나머지 하나인 단백질은 생체 내에서 일어나는 여러 가지 화학반응을 촉매하는 효소를 구성하는 물질이다. 단백질은 아미노산(amino acid)이라는 단위체들로 형성된 중합체이고 아미노산은 산성의 카복실기(–COOH)와 염기성의 아민기(–NH_2)를 함께 가지고 있으므로 친양쪽성(amphiphilic) 분자이다(양극성(amphipathic) 분자라고도 한다). 아미노산의 일반식은 다음과 같다.

$$\begin{array}{c} H_2N-CH-COOH \\ \;\;| \\ \;\;R \end{array}$$

이 식에서 R을 곁사슬(side chain)이라고 하고 R의 종류에 따라 서로 다른 아미노산 20가지가 단백질에서 발견된다. 20가지 아미노산들을 간략하게 알아보면, 지방질의 곁사슬을 가지는 아미노산에는 글라이신, 알라닌, 발린, 류신, 아이소류신, 프롤린 등이 있고, 방향족의 곁사슬을 가지는 아미노산에는 페닐알라닌, 타이로신, 트립토판 등이 있고, 하이드록실 곁사슬을 가지는 아미노산에는 세린과 트레오닌이 있다. 또한 황을 함유하는 곁사슬을 가지는 아미노산에는 시스테인과 메싸이오닌이 있고, 염기성의 아미노산에는 라이신, 아르지닌 및 히스티딘 등이 포함되며, 산성의 아미노산에는 아스파트산과 글루탐산 등이 있다.

한 아미노산의 카복실기와 다른 아미노산의 아미노기 사이에 펩타이드 결합이 형성되고 물 한 분자가 떨어져 나가면 다이펩타이드(dipeptide)가 형성된다. 이처럼 다이펩타이드는 두 개의 아미노산 잔기로 이루어져 있으며, 다이펩타이드에 하나의 다른 아미노산이 결합하면 총 3개의 아미노산 잔기로 이루어진 트라이펩타이드가 만들어지게 된다. 결과적으로 여러 가지 많은 아미노산이 펩타이드 결합으로 연결된 중합체를 폴리펩타이드(polypeptide)라고 한다.

단백질은 적게는 수십에서 많게는 수백 개의 아미노산으로 구성되고, 이 아미노산들의 결합 순서에 의하여 단백질의 독특한 구조가 결정된다. 단백질을 구성하는 구조에는 네 가지의 기본 구조 수준들이 있다. 일차 구조(primary structure)는 단백질 내에 존재하는 아미노산들의 결합 순서를 나타낸다. 이차 구조(secondary structure)는 일차 구조에서 서로 인접한 아미노산들이 삼차원 공간에서 어떻게 배열되었는지를 나타내는 것으로 이차 구조를 구성하는 요소들에는 알파 나선(α-helix)과 베타 병풍(β-pleated sheet) 가닥이 존재한다. 이 구조 요소들은 한 아미노산의 아미노기에 있는 수소 원자와 다른 아미노산의 카복실기에 있는 산소 원자 사이의 수소 결합으로 형성된다. 삼차 구조(tertiary structure)는 일차 구조에서 멀리 떨어진 아미노산들의 삼차원 공간에서 배열과 시스테인 아미노산에 있는 싸이올기(–SH) 사이의 이황화 결합(disulfide bond, –S–S–)을 일컫는 말이다. 정의에서 알 수 있듯이 이차 구조와 삼차 구조 사이의 경계는 모호하다. 한 단백질이 두 가지 이상의 폴리펩타이드들로 구성되어 있을 때 각각의 폴리펩타이드를 소단위체(subunit)라고 한다. 예를 들면 혈관에서 산소 운반에 관여하는 단백질인 헤모글로빈은 네 개의 소단위체로 구성되어 있다. 한 단백질을 구성하는 소단위체들의 공간적 배열과 그들 사이의 상호작용을 단백질의 사차 구조(quaternary structure)라고 한다.

위에서 말한 단백질 구조가 완전할 때 단백질이 그 기능을 올바르게 수행할 수 있다. 단백질의 자연 상태의 구조가 파괴되어 효소 활성이 없어지는 것을 단백질의 변성(denaturation)이라고 한다. 예를 들면 계란의 흰자를 구성하는 단백질인 오발부민(ovalbumin)은 공 모양의 구조를 갖지만 이를 가열하여 익히면 그 구조가 파괴되어 퍼져 열리게 되므로 더 이상 공 모양의 구조를 갖지 못하게 된다.

단백질은 다음과 같이 생물학적으로 중요한 기능을 수행한다.

- 효소의 촉매 작용: 생체 내에서 일어나는 거의 모든 화학 반응들이 효소(enzyme)에 의해서 촉매되며 이들 효소의 대부분은 단백질이다. 효소는 반응 속도를 보통 수천 배에서 수백만 배 이상으로 빠르게 하는 물질이다.
- 운반: 생체 내에서 작은 화합물들은 특이한 단백질에 의해 운반된다. 예를 들면 헤모글로빈(hemoglobin)은 혈액에서 산소를 운반하고 그와 연관이 있는 또 다른

단백질인 미오글로빈은 근육에서 산소를 저장하는 역할을 한다.

- 운동: 근육을 구성하는 주성분은 단백질이고 이것들 가운데 두 가지의 주된 단백질들의 운동으로 근육이 수축, 이완 작용을 수행하게 된다. 세포 분열에서 일어나는 염색체들의 양극으로의 이동도 단백질들의 조립체에 의해서 일어난다.
- 구조적 지탱: 뼈와 피부의 구조는 강력한 섬유상의 단백질인 콜라젠의 존재에 기인한다.
- 면역 방어: 외부로부터 우리 몸에 이물질이 들어오면 우리 몸은 이것을 인식하여 자신을 보호하기 위해 면역 반응을 수행한다. 이때 자아와 외부에서 오는 비자아를 구별하는 역할을 하는 항체가 단백질이다.
- 수용체: 외부에서 오는 특정 자극은 그것을 인식하는 특정 세포의 표면에 있는 수용체에 의해 인식되는데 이 수용체들은 단백질이다. 예를 들면 망막의 간상체 세포에 있는 로돕신은 빛을 인식하는 광수용체 단백질이다.
- 활성 조절: 세포 DNA의 단백질로의 발현 조절은 조종 인자라는 단백질의 작용으로 일어나며, 고등 생물에서 성장과 분화도 성장 인자라는 단백질에 의해 조절된다. 예를 들면 신경 성장 인자라는 단백질을 신경절에 첨가하면 신경의 증식이 유도된다.

헤모글로빈

적혈구에 있는 헤모글로빈은 혈관을 통해 허파에서 각 조직으로 산소를 운반할 뿐만 아니라 반대로 조직에서 허파로 이산화 탄소와 수소 이온을 운반하는 역할도 한다. 성인에 존재하는 주된 헤모글로빈인 헤모글로빈 A는 두 개의 알파 사슬과 두 개의 베타 사슬로 이루어진 $\alpha_2\beta_2$의 조성을 가진다(그림 15-8). 반면에 태아는 $\alpha_2\gamma_2$의 소단위체 조성을 가진 헤모글로빈 F를 가진다.

대사가 활발한 조직의 모세 혈관은 이산화 탄소와 수소 이온의 농도가 높은 수준으로 존재하므로 산소가 결합된 옥시헤모글로빈으로부터 산소의 방출을 촉진한다. 반면에 호흡으로 높은 산소 농도를 가지는 허파는 헤모글로빈으로부터 이산화 탄소와 수소 이온의 방출을 촉진한다. 따라서 그림 15-9에 나타낸 것처럼 헤모글로빈은 허파에서 받은 산소를 근육과 같이 활발하게 대사하고 있는 조직에 내놓고 대신 이산화 탄소와 수소 이온을 받아서 다시 허파로 운반하고 산소로 교환한다. 헤모글로빈이 산소, 수소 이온 그리고 이산화 탄소에 대하여 나타내는 이와 같은 결합의 연관관계를 보어 효과(Bohr effect)라고 한다.

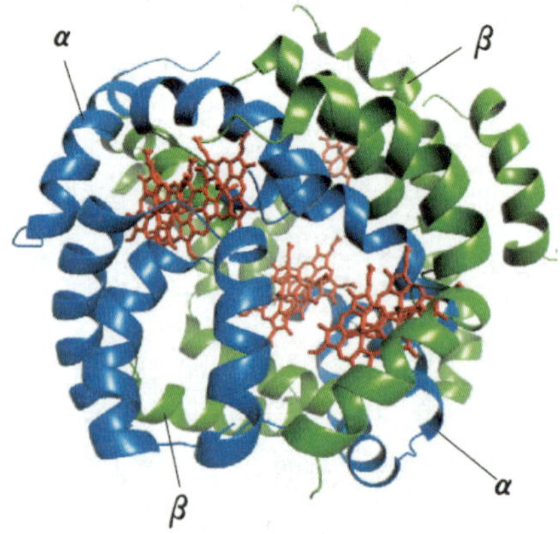

그림 15-8 헤모글로빈

15.5 DNA 재조합

당뇨병 치료제로 이용되는 인슐린 단백질은 생체 내에서 미량 만들어져서 대사 조절에 관여한다. 이처럼 미량으로 존재하는 단백질들을 대량으로 얻기 위해서 빠르고 쉽게 배양할 수 있는 대장균과 같은 박테리아를 이용할 수 있다. 1970년대 DNA 재조합(DNA recombination) 기술이 출현한 이후 인슐린과 성장 호르몬과 같은 단백질의 대량 생산이 가능해졌고 이 단백질들은 각각 당뇨병과 왜소증과 같은 질병 치료에 사용되고 있다.

DNA 재조합 기술은 유전 정보를 함유하는 특정 DNA를 다른 DNA와 조합하여 새로운 DNA 분자를 만들 수 있다. 즉 인위적으로 유전자를 조작하는 방법이다. 재조합 DNA를 위해 필요한 세 가지 성분에는 DNA의 특정 부분을 인식하여 절단하는 제한 효소(restriction enzyme), 플라스미드(plasmid)와 같은 DNA 운반체, 그리고 끊어진 DNA를 연결하는 DNA 연결 효소(DNA ligase) 등이 필요하며 각 성분의 특징은 다음과 같다.

제한 효소는 1960년대 말 아버(Werner Arber), 스미드(Hamilton Smith), 나탄스(Daniels Nathans) 등에 의해서 원핵생물로부터 광범위하게 발견되었고 DNA 이중 나선의 특정 염기 서열을 인식하여 인식 자리 내부에서 DNA 두 가닥을 절단한다. 플라스미드는 일부 박테리아에서 염색체와는 독립적으로 존재하고 그 크기가 수백 kb 정도에 이르며 숙주에서 염색체와는 관계없이 자율적으로 복제할 수 있는 원형의 이중 나선 DNA 분자이다. DNA 연결 효소는 DNA 사슬의 절단 부위

$$O_2Hb + H^+ + CO_2 \quad : \text{폐포에서}$$

$$\uparrow\downarrow$$

$$Hb(CO_2){-}H^+ + O_2 \quad : \text{조직에서}$$

그림 15-9 보어 효과

에 작용하여 공유 결합을 함으로써 이중 나선을 결합, 연결한다.

재조합 DNA를 만들기 위해서는 먼저 사람의 인슐린과 같은 특정 단백질에 대하여 정보를 주는 DNA를 특정 제한 효소를 사용하여 자른다. DNA를 자르는 데 이용된 같은 제한 효소를 사용하여 플라스미드를 자르고 절단된 두 DNA 분자들을 섞어 주면 특정 단백질에 대한 DNA와 플라스미드의 말단 사이의 상보적 염기 서열에 의해 염기쌍을 형성하여 혼성체를 이루게 된다. 마지막으로 두 DNA의 절단 부위가 공유 결합(포스포다이에스터 결합) 형성을 촉매하는 DNA 연결 효소에 의해 연결됨으로써 재조합 DNA가 만들어지게 된다(그림 15-10).

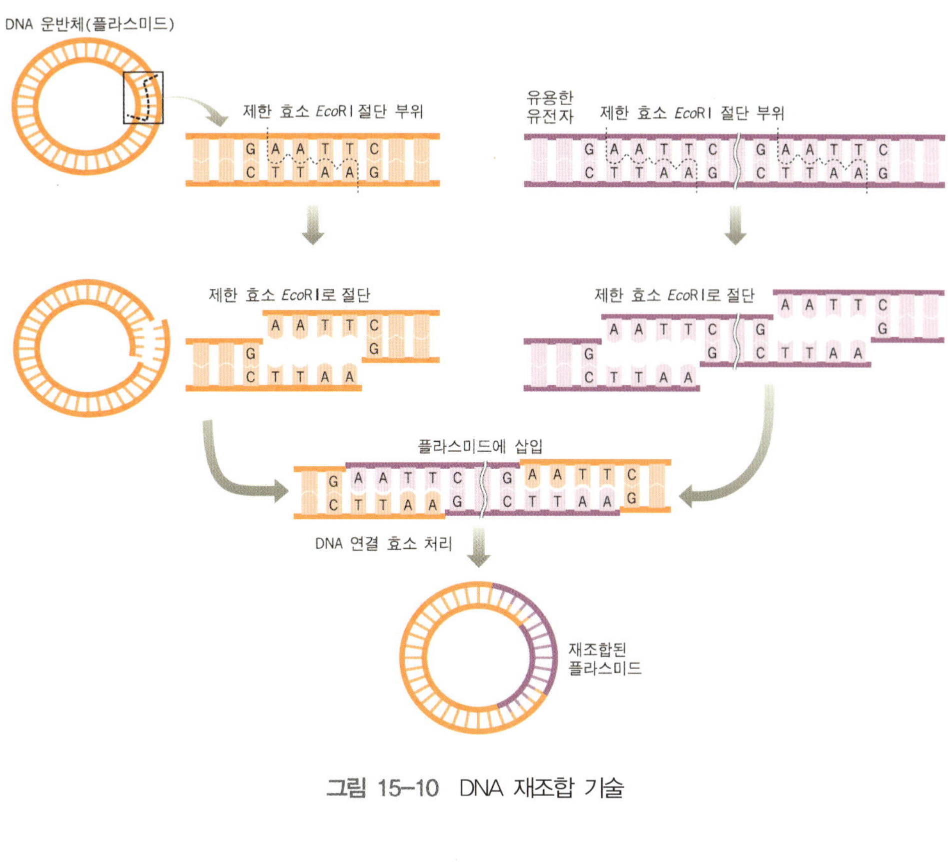

그림 15-10 DNA 재조합 기술

15.6 유전자 도입

유전자 도입(Gene introduction)은 특정 유전자를 세포나 유기체에 넣는 과정이며 유전자 치료, 유전자 분석, 농업과 생명 공학 연구 등에서 사용된다. 유전자 도입은 외부 유전자를 특정 생물의 유전체에 넣어서 새로운 특성을 부여하거나, 그 기능 연구를 위해 사용된다. 생성된 재조합 DNA는 몇 가지 방법으로 숙주 세포에 삽입할 수 있다. 화학적 방법으로 첫째, 칼슘 인산염 방법(Calcium phosphate transfection): 대장균과 같은 박테리아 세포를 칼슘 이온(Ca^{2+})으로 처리한 후 DNA와 결합하여 세포에 DNA를 삽입하는 방법으로, 세포를 배양할 때 사용하며 비교적 간단하고 저렴하며 효율은 낮지만 사용하기 쉽다. 둘째, 지방 매개 유전자 도입(Lipofection): 이 방법은 지방 입자를 사용하여 DNA를 세포 속에 전달하는 방식으로 DNA가 지방 입자에 결합하여 세포막을 통과한다. 효율이 비교적 높고 세포에 손상을 주지 않는다. 물리적 방법인 미세주입법(Microinjection): 미량 피펫을 사용하여 DNA를 난자와 같은 큰 세포 안으로 미량 주입하는 방법이다. 연구용 동물 모델에서 사용되며 정확도와 효율성이 높다. 이 방법의 성공을 위해 숙련된 전문가가 필요하다.

바이러스를 사용하는 바이러스 벡터(Viral vectors) 방법은 특정 바이러스(예를 들면 아데노바이러스와 레트로바이러스(retrovirus, 이 바이러스는 유전 물질로 DNA가 아닌 RNA를 가지므로 유전 정보의 흐름이 정상적인 DNA에서 RNA 쪽이 아니고 RNA에서 DNA로 흐르기 때문에 '거꾸로'의 의미를 가진 레트로라는 접두사를 붙여 만든 이름이다))를 사용하여 유전자를 세포 안으로 전달하는 방법이다. 바이러스는 세포에 유전자를 삽입할 수 있는 능력을 갖고 있으므로 유전자를 효율적으로 세포 안으로 넣을 수 있다. 이 방법은 유전자 치료 분야에서 널리 사용된다. 그러나 숙주에 대한 바이러스의 병원성을 나타내는 핵산 부분이 변형 혹은 제거된 후에 사용할 수 있다. 위의 방법들은 또한 동물 세포에 DNA를 집어넣고자 할 때도 또한 사용될 수 있는 방법이다.

식물 세포에 DNA를 주입하는 방법에는 두 가지가 있다. 첫째, 전기착공법(electroporation)으로 식물 세포를 먼저 셀룰로스 가수분해효소로 처리하여 셀룰로스 세포벽이 파괴된 원형질체(protoplast)로 만든다. 그런 후 여기에 고전압의 전기장을 걸어 주어서 세포막에 미세한 구멍을 만들어 식물 세포의 투과성을 증가시킴으로써 외래 DNA를 넣어 주는 방법이다. 이 방법은 효율이 높고 다양한 유형의 세포에 이용될 수 있다. 하지만 세포가 손상될 단점이 있다. 둘째, 입자 총알법

(Particle bombardment)으로 지름이 1 μm 정도 되는 텅스텐 알갱이 표면을 DNA로 바른 후 DNA 입자총(DNA particle gun)을 사용하여 이 알갱이를 고속으로 식물 세포에 충돌시켜 도입하는 방법으로, 옥수수와 밀에 많이 사용하는 방법이다. 이 방법은 식물 연구에서 널리 사용되며, 식물 세포를 유전자 변형하는 데 효과적이다. 전기착공법은 대장균 또는 동물 세포에 DNA를 넣고자 할 때도 사용할 수 있는 방법이다.

유전자 도입의 연구 예로는, 21-kd의 분자량을 가지는 성장 호르몬(growth hormone, somatotropin)은 뇌하수체에서 합성되는 것으로 체내에서 과잉으로 만들어지면 거대증을 일으키고 부족하면 왜소증을 유발한다. 쥐의 성장 호르몬에 해당하는 유전자를 플라스미드에 넣어서 얻은 재조합 DNA(또는 괴물 플라스미드라고 한다.)를 미량 주입 방법으로 쥐의 난자에 삽입시켜 이 난자를 대리모에 착상시켜 탄생한 이식 유전자를 가진 생쥐들(transgenic mice)은 정상 생쥐보다 성장 호르몬의 수준이 500배 정도 높았고 몸무게도 정상의 것보다 두 배 정도 큰 거대생쥐(supermouse)였다.

유전자 도입은 여러 분야에서 응용될 수 있다. 첫째, 유전자 치료: 유전자 도입은 결핍된 유전자를 주입하여 질병의 증상을 개선하거나 치료한다. 둘째, 농업 분야에서 유전자 변형 생물(GMO)은 유전자 도입을 통해 작물에 새로운 특성을 부여한 것으로 예를 들면 병충해 저항성, 내건성과 영양가 강화 등이 있을 수 있다. 또한 유전자 도입을 통해 특정 품종의 성질을 강화하거나 새롭게 유익한 특성을 가진 품종을 개발할 수 있다. 셋째 생명 공학 연구에서는 외부 유전자를 도입하여 특정 단백질을 발현시킴으로써 그 유전자 기능을 이해하거나 특정 단백질을 생산할 수 있다. 넷째, 동물 모델에 특정 유전자를 도입하여 질병 모델을 개발할 수 있으며 이는 질병의 메커니즘을 연구하고 새로운 치료법을 개발하게 한다.

유전자 도입의 장점으로 첫째, 외부 유전자를 도입함으로써 그 유전자가 세포나 유기체에서 하는 기능이나 작용 메커니즘을 연구할 수 있다. 둘째, 유전자 도입을 통해 유전자 치료나 맞춤형 치료가 가능하다. 셋째, 농업, 의학과 환경 등 여러 분야에서 유전자 도입이 활용되어 혁신적인 변화 발전을 일으킨다.

해결해야 할 과제로는 첫째, 유전자 도입이 모든 세포에 성공적으로 이루어지지 않을 수 있으므로 효율성이다. 둘째, 유전자 도입으로 예상치 못한 부작용이나 돌연변이가 일어날 수 있으므로 안전성이다. 셋째, 유전자 도입이 인간과 동물 실험에서 사용될 때 윤리적인 문제가 일어날 수 있다.

유전자 도입 기술은 생명과학 분야에서 중요하며 앞으로도 연구와 발전이 지속될 것이다.

15.7 중합 효소 연쇄 반응

위에서 언급한 방법은 재조합 DNA를 숙주 세포에 넣어 만들어지는 형질 변환된 세포를 일정 시간 성장시킨 후 원하는 DNA를 증폭하는 방법으로 시간이 오래 걸린다. 1983년 멀리스(Kary B. Mullis; 1944~)는 효소를 이용하여 특정 DNA 연속 부분만을 짧은 시간에 수십억 배 증폭할 수 있는 중합 효소 연쇄 반응(polymerase chain reaction, PCR) 방법을 고안하였고, 그는 이 기술의 발명으로 1993년에 노벨상을 받았다. 이 방법에서 필요한 세 가지 성분은 한 쌍의 시발체(primer), 네 종류의 데옥시리보뉴클레오타이드 삼인산(dNTP), 열에 안정한 DNA 중합 효소 등이 있으며 각 반응은 세 단계의 주기로 이루어져 있다. 첫째 주기에서는 DNA 용액을 95℃에서 가열하여 두 가닥을 분리하고, 둘째 주기에서는 이 용액을 급속히 54℃로 냉각시켜 과량으로 존재하는 시발체들을 DNA 가닥에 혼성체화시킨다. 마지막 셋째 주기에서 다시 72℃로 가열하여 호열균인 *Thermus aquaticus*로부터 추출된 Taq DNA 중합 효소에 의한 새로운 DNA 가닥의 합성이 일어나도록 한다(그림 15-11). 만약 단 한 개의 DNA 분자를 가지고 한 반응을 실

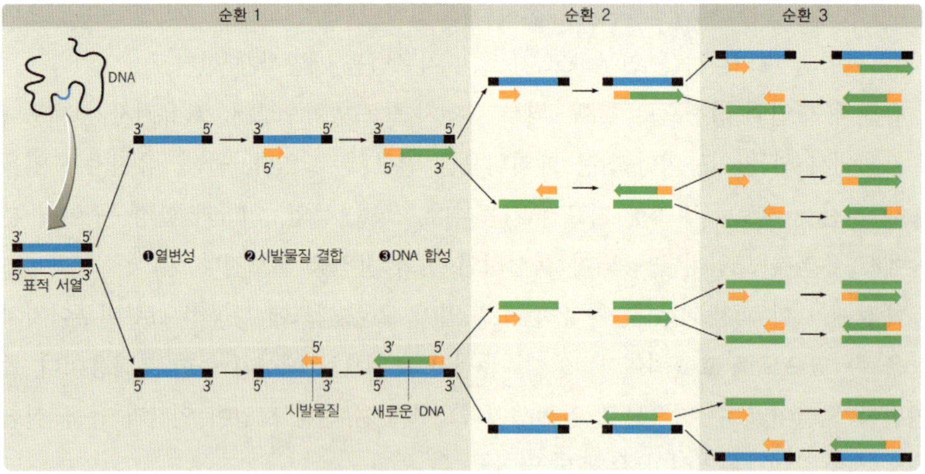

그림 15-11 중합 효소 연쇄 반응

행하면 2개의 DNA의 분자가 만들어지는데, 주기를 반복적으로 되풀이하면 표적 연속 부분은 지수 함수적으로 증가하게 된다.

PCR은 의학 진단, 법의학, 분자진화 등의 분야에서 유용한 정보를 제공한다. 의학 분야에서 PCR은 염색체의 재배열에 의해 발생하는 백혈병과 같은 암의 진단에 사용될 수 있고, 법의학 분야에서는 친자 확인 수단으로 사용될 수 있으며 또한 범죄 현장에서 떨어진 머리카락으로부터 분석할 수 있을 정도의 충분한 DNA 양을 PCR 방법으로 대량으로 얻어 범인 색출에 유용한 정보를 제공할 수 있다. 분자진화 분야에서는, 호박(나무의 수액이 굳어버린 것)에 갇혀 보존된 흰개미는 2,500~3,000만 년 전의 것으로, 이것으로부터 추출된 DNA를 PCR로 증폭시켜 얻은 특정 DNA의 염기 서열을 살아 있는 생물의 DNA 염기 결합 순서와 비교해 봄으로써 진화에 대한 연결 고리를 밝힐 수 있을 것이다. PCR 방법은 소설과 영화로 잘 알려진 〈쥐라기 공원〉의 이론적 기반이 되기도 하였다.

인물보기 멀리스

멀리스는 1944년 12월 28일에 노스캐롤라이나주에서 태어나서 1972년에 버클리에 있는 캘리포니아 대학교에서 생화학 전공으로 박사 학위를 받은 후 1973년까지 생화학을 강의하였다. 1973년에서 1977년까지 캔사스 의과대학에서 엔지오텐신과 폐혈관 생리 기능을 중심으로 소아 심장학을 연구하였고 1977년부터 2년 동안 샌프란시스코에 있는 캘리포니아 대학교에서 제약화학에 관한 연구를 하였다. 1976년에는 Cetus 회사에 취직하여 올리고뉴클레오타이드 합성에 관한 연구를 7년 동안 하면서 중합 효소 연쇄 반응(PCR)을 발명하였다. PCR 기술은 DNA를 수 시간 내에 수십억 배로 증폭시킬 수 있는 기념비적인 기술로 손꼽힌다.

참조 유전자 치료(Gene Therapy)

유전자 재조합 기술의 발달로 이미 돼지, 양 그리고 심지어 물고기와 같은 동물들을 대상으로 한 유전자 도입이 성공적으로 개발되었다. 또한 특정 유전자의 결함으로 야기되는 질병을 가진 사람들에게 정상적으로 기능을 하는 유전자를 도입하여 치료하려는 유전자 교체 치료(gene replacement therapy; 간단하게 유전자 치료라고 한다.)가 가능하게 되었고 1990년부터 유전자 치료가 시작되었다. 적당한 시기에 그리고 적절한 세포 유형에서만 유전자가 발현되도록 사람에게 도입하는 것은 기술적으로, 임상학적으로 매우 어려운 일이지만 미국의 국립보건원(National Institute of Health)은 다음 경우의 사람 환자들에게 한하여 유전자 치료를 허용하고 있다.

- SCID(severe combined immuno deficiency)
- 신경아세포종(neuroblastoma)
- 방광 섬유증(cystic fibrosis)
- E1A와 p53 종양 억제 유전자의 발현을 통한 암 치료

SCID, 즉 중증 복합 면역 결핍증은 선천성 면역 결핍 질병으로 이 병을 가지고 태어난 유아들은 항체를 만들지 못하기 때문에 태어난 후 몇 주 또는 몇 달 내에 감염으로 죽게 된다. SCID 환자들은 골수 내의 줄기세포로부터 나오는 B-림프구 및 T-림프구가 결실되어 있으며, 그들의 줄기세포들은 세포 분화와 증식을 유도하는 작은 단백질인 cytokine의 신호에 응하지 못하게 된다. 왜냐하면 이 신호분자에 대한 수용체 단백질에 대한 유전자가 결실되어 있기 때문이다.

유전자 치료(Gene therapy)는 유전자를 수정하거나 바꿔 질병을 치료하는 방법이다. 기존의 약물이나 수술적 방법 대신에 환자의 유전정보를 바꾸거나 조작하여 질병을 치료 예방하는 의료 기술이다.

유전자 치료의 기본 원리로 손상된 유전자를 바꾸거나 수정하는 것을 목표로 이의 방식으로 크게 두 가지로 구분할 수 있다. 첫째, 치료적 유전자 전달: 결핍된 유전자를 가진 환자의 세포에 해당 유전자를 삽입하여 정상적인 기능을 하도록 하는 방법이다. 둘째, 유전자 수정: 환자의 유전자 변이를 수정하나 유전자 발현을 조절하기 위해 세포 내의 특정 유전자를 바꾸어 질병을 치료하는 방법이다.

유전자 치료의 종류 두 가지로, 첫째, 체세포 유전자 치료(Somatic Gene Therapy): 환자의 체세포에 유전자를 삽입하거나 바꾸는 방법으로 바뀐 유전자는 후손에게는 전달되지 않고 치료가 필요한 부분에만 작용한다. 예를 들면, 암세포에 특정 유전자를 넣어서 면역세포가 암세포를 더 잘 인식하고 공격하게 하도록 하는 치료법이다. 둘째, 배아 유전자 치료(Germline Gene Therapy): 수정된 유전자를 생식세포에 넣는 방법으로 수정된 유전자는 후손에게 전달된다. 이 방법은 윤리적이고 안전성 문제로 규제와 논란이 많고 아직 연구 단계에 있다. 예를 들면, 부모의 생식세포에 유전자 바꿔서 유전성 질환을 예방하기.

유전자 치료의 응용 분야로 첫째, 유전적 질병: 유전자 치료는 유전자 결함으로

생긴 질병에 효과적이다. 예를 들면 낭포성 섬유증, 헌팅턴병과 겸상적혈구 빈혈 등과 같은 유전적 질환에서 결핍된 유전자를 바꾸거나 수정하여 치료할 수 있다. 둘째, 암 치료: 암 치료에 유전자 치료를 적용할 수 있다. 특정 유전자를 삽입하여 면역 체계가 암세포를 인식 공격하도록 하거나, 암세포의 유전자를 바꾸어 성장과 확산이 억제되도록 하는 방법이 연구되고 있다. 셋째, 면역 질환: 면역 시스템의 문제를 치료하는 데 특정 유전자를 삽입하여 면역 기능이 정상화되도록 할 수 있다. 넷째, 바이러스 감염 치료: HIV와 같은 바이러스에 감염된 환자에게 유전자 치료를 통해 면역 시스템을 강화하거나 바이러스를 공격하도록 한다.

유전자 치료의 장점으로 첫째, 근본적인 치료: 유전자 치료는 질병의 원인을 해결하려는 하므로 치료 효과를 오랫동안 기대할 수 있다. 둘째, 개인화된 치료: 유전자 치료는 개인의 유전적 특성에 맞는 맞춤형 치료를 제공한다.

해결해야 하는 과제로는 첫째, 안전성 문제: 유전자 치료가 예상치 못한 유전자 돌연변이로 질병을 일으킬 수 있다. 둘째, 효율성 문제: 주입된 유전자가 체내에서 제대로 작동하지 않으면 치료 효과가 제한적이다. 셋째, 비용: 유전자 치료는 비용이 높아 환자에게 경제적 부담을 줄 수 있다. 넷째, 윤리적 문제: 배아 유전자 치료의 경우 바뀐 유전성이 후손에게 전달되기 때문에 윤리적 논란이 있다.

유전자 치료는 아직 연구와 개발이 진행 중이고 점차 많은 질병으로 그 가능성을 확장하고 있다. 특히 유전적 질병에 대한 근본적인 해결책을 제시하고 있으므로 가까운 미래에 혁신적인 치료법을 제공할 수 있다.

15.8 유전체 문고

한 생명체를 이루는 세포 내의 유전체에서 특정 단백질에 대한 유전자를 찾아내는 방법에 대하여 알아보자. 먼저 제한 효소를 사용하여 유전체 DNA를 부분 가수분해하여 조각들로 만든다. 이 조각들을 같은 제한 효소로 처리하여 만든 상보적인 부착성 말단을 가진 λ 파지 DNA와 같은 운반체에 삽입한다. 시험관 내 채우기로 재조합 DNA가 도입된 재조합된 파지들을 대장균에 감염시킨 후 이 대장균들을 영양배지에서 배양한다. 그러면 대장균들이 자라서 생긴 플라크(plaque)가 만들어지는데, 이들 가운데 재조합된 파지를 포함하는 것에는 한 생명체 유전체의 거의 전체가 들어 있게 되므로 이를 유전체 문고(genomic library)라고 한다.

이 가운데에서 관심 있는 유전자를 가지는 파지를 찾기 위해 유전체 문고를 다음과 같이 선별할 수 있다. 먼저 박테리아가 자라고 있는 접시 위에 재조합 파지의 현탁액을 뿌리면 파지가 박테리아를 감염시킨 곳에서는 같은 파지를 가지는 플라크가 생성된다. 여기에 나이트로셀룰로스 종이를 대고 복사판을 뜬 후 이 종이를 NaOH 용액으로 처리하면 박테리아가 용균되면서 파지 DNA가 방출되고 방출된 이중 나선 DNA가 NaOH에 의해 단일 가닥으로 변성된다. 모접시에 있는 여러 개의 플라크 중에서 특정 DNA가 존재하는 곳은 방사능으로 표지된 상보적인 DNA 탐침을 사용하여 나이트로셀룰로스 종이 위의 DNA들을 혼성체화시킴으로써 반점을 통해 확인할 수 있다.

유전체 문고는 유전체 데이터베이스 또는 유전체 정보 저장소의 의미로 사용된다. 유전체 문고는 유전자와 그 변이와 연관된 정보를 저장하고 분석하는 시스템을 지칭한다. 이 시스템은 생명과학 연구, 의료와 유전자 기반 질병 진단 등에서 역할을 한다.

유전체 문고의 주요 목적은 첫째, 유전체 정보를 저장하는 것이다. 여러 종의 유전체 데이터와 유전자 변이에 대한 정보를 연구자들이 이용할 수 있도록 체계적으로 저장한다. 둘째는 데이터 분석이다. 특정 질병과 관련된 유전자 변이나 패턴을 분석할 수 있도록 유전체 문고에 자료를 저장한다. 셋째는 연구 지원이다. 유전체 자료를 기반으로 새로운 치료법이나 진단 방법을 연구 개발할 수 있도록 한다.

실제 연구에서 활용하고 있는 유전체 문고의 예로는 GenBank, EnSembl, dbSNP 등이 있다. GenBank는 여러 생물의 유전체 정보를 포함하고 있는 미국 국립생물공학정보센터(NCBI)에서 제공하는 유전자 서열 데이터베이스이며, Ensembl은 유전자 구조 및 변이에 대한 정보를 제공하는 인간을 비롯한 여러 생물의 유전체 데이터베이스이다. dbSNP는 유전체 변이를 연구하는 데 유용한 유전자 변이, 특히 SNP(Single Nucleotide Polymorphism, 단일 뉴클레오타이드 다형성) 정보를 함유한 데이터베이스이다.

유전체 문고의 다양하게 활용된다. 질병 연구 단계에서는 유전체 문고에 저장된 자료를 이용해 특정 질병과 관련된 유전자 변이를 분석할 수 있다. 예를 들면 암, 심장병과 당뇨병 등과 연관된 유전자 변이를 찾을 수 있다. 또한 개인의 유전체 자료를 기반으로 맞춤형 치료를 제공하는 데도 사용되어 의료 개인화에도 기여한다. 유전체 문고에 저장된 자료를 참고하여 각 개인에게 가장 적절한 치료법을 찾을 수 있다. 마지막으로, 유전체 문고에 있는 정보를 이용하여 질병의 위험 요인이나 징

후를 찾아 진단하고 예방할 수 있다. 이처럼 유전체 문고는 유전체에 대하여 이해함으로써 새로운 치료법을 개발할 수 있도록 하는 유망한 기술이라 볼 수 있다.

15.9 유전자 칩

대부분 유전자는 모든 세포에서 같은 양으로 존재한다. 하지만 mRNA로의 전사 발현 수준은 세포의 유형에 따라 광범위하게 다를 수 있다. 같은 세포에서도 생리적 환경에 따라 mRNA로의 전사 발현 수준은 달라진다.

1995년에 미국의 스탠포드 대학교에서 손톱 크기인 1.6 cm^2의 유리판에 3,000개 정도의 올리고뉴클레오타이드(DNA를 구성하는 단위인 뉴클레오타이드가 적게는 몇 개에서 수십 개 정도가 결합한 것)들이 격자 상으로 배열 결합한 DNA 미세배열(DNA microarray) 또는 유전자 칩(gene chip)이 개발되었다. 그 이후 지금은 그와 같이 좁은 면적에 40만 개 정도의 올리고 뉴클레오타이드 또는 cDNA를 고밀도 배열로 심을 수 있는 기술까지 개발되었다. 이 칩을 이용하면 특정 세포나 조직에서의 모든 유전자의 변이나 발현 양식 정도를 분석할 수 있다. 형광으로 표지된 cDNA는 혼성체화하여 이미 위치가 알려진 각 유전자의 발현 정도를 알려주기 때문에 칩에 나타난 형광 반점의 세기는 특정 유전자의 전사 발현 정도를 알려준다. 예를 들면 알츠하이머, 당뇨병, 암과 같은 특정 질병과 관련된 올리고뉴클레오타이드들이 심어 있는 칩을 이용하여 질병이 의심스러운 환자의 DNA와 칩 상의 특정 올리고 뉴클레오타이드를 혼성체화시킨다. 여기서 나오는 형광 반점의 색 세기 변화를 관찰함으로써 그 사람의 질병을 진단할 수 있다. 이처럼 유전자 칩은 DNA 분석을 위한 기술 가운데 하나로 많은 유전자 정보를 동시에 분석할 수 있다. 또한 이 칩을 이용하면 범죄 현장에서 발견된 머리카락의 DNA와 전과자의 것을 대조, 비교하여 범인을 신속하게 찾을 수 있다.

유전자 칩의 주요 기능으로 첫째, 유전자 발현 분석: 특정 조건에서 유전자들의 발현 정도를 파악할 수 있고 이를 통해 질병의 기전이나 상태를 이해할 수 있다. 둘째, 유전자 변이 탐지: 특정 유전자에 변이가 있는지를 확인할 수 있다. 예를 들면 암유전자나 유전성 질환과 연관된 변이를 찾아낼 수 있다. 셋째, 다양한 질병 진단: 유전자 칩을 사용하면 특정 질병과 관련된 유전자를 검사할 수 있다. 예를 들어, 암, 심혈관 질환과 감염성 질병 등에서 특정 유전자의 변이를 분석 · 진단하는 데 활용할 수 있다.

유전자 칩의 장점으로 첫째, 다양한 유전자 정보 분석: 효율적으로 한 번의 실험으로 여러 유전자를 동시에 분석할 수 있다. 둘째, 빠른 분석: 짧은 시간 안에 유전자 정보를 얻을 수 있다. 셋째, 정밀도: 유전자의 미세한 차이까지 감지할 수 있어 정확도가 높다.

오늘날 유전자 칩 기술은 생명과학 및 의학 분야에서 중요한 역할을 하며, 특히 개인화된 의료와 유전자 기반 질병 진단 및 치료법 개발에 영향을 주고 있다.

15.10 핵 이식 기술

1996년 7월 5일에 영국 로슬린 연구소(Roslin Institute)의 이언 윌마트(Ian Wilmut) 박사는 여섯 살 된 암양의 유방 세포에서 핵을 꺼내 이 핵을 다른 양의 핵을 제거한 난자에 집어넣고서 얻은 핵 이식된 난자를 전기적 자극을 통해 분열을 시작하게 한 후 양의 대리모의 자궁에 이식하여 복제양 '돌리'를 탄생시켰다(그림 15-12). 태어난 돌리는 세계 최초로 복제된 포유류로서 출산한 어미와는 관계없고 체세포인 유방 세포의 핵을 제공한 어미의 유전자와 같은 DNA를 갖게 된다. 이 핵 이식 기술은 정자와 난자와 같은 생식세포를 이용하지 않고 체세포를 복제하여 원래 생물과 같은 DNA를 가진 생물을 복제했다는 점에서 충격적이었다. 돌리는 자라서 1998년 '보니'라는 암컷을 출산했고 이듬해인 1999년에는 암컷 두 마리와 수컷 한 마리의 총 세 마리를 순산하였고 출생한 지 6년 만에 폐렴으로 사망하였다. 돌리의 탄생은 생명과학 분야에서 복제 기술의 가능성을 입증하고 성체에서 유전적으로 같은 생물을 만들 수 있음을 보여준다.

복제 기술은 생명체의 유전정보를 복사하여 새로운 개체를 만드는 기술로서 크게 두 가지로 구분한다. 하나는 성체 복제(Somatic Cell Nuclear Transfer, SCNT)로, 성체의 체세포에서 핵을 빼내고 이를 수정되지 않은 난자에 삽입하여 새로운 개체를 만드는 방법이다. 돌리가 이 방법으로 태어났다. 다른 하나는 줄기세포 복제로, 줄기세포를 이용하여 특정 조직이나 기관을 복제하는 기술이며 치료 목적으로 연구된다.

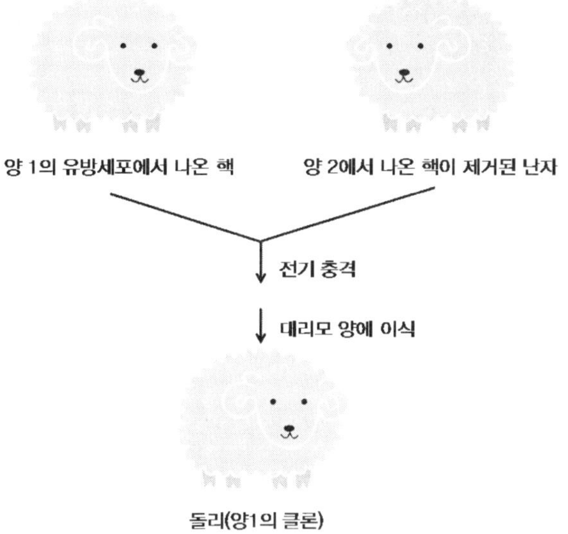

그림 15-12 성숙된 동물로부터 돌리의 클로닝

참조

복제양 돌리의 의의와 논란

돌리의 탄생은 단순한 과학적 성과에 그치지 않았고 이로 인해 유전자 복제와 관련된 윤리적이고 사회적 논란을 불러일으켰다. 주요 논란으로 첫째, 윤리적 문제: 생명체를 인위적으로 복제하는 것이 도덕적으로 옳은지에 대한 논란이 있다. 특히 복제된 동물의 생명은 그 자체로 가치가 있을지 아니면 실험의 대상으로 취급해야 할지에 대한 의문이 제기된다. 둘째, 건강 문제: 돌리와 같은 복제된 동물이 건강하게 자랄 수 있을지에 대한 우려가 있으며 실제 돌리는 여러 가지 건강상 문제가 있었다. 셋째, 인간 복제: 인간을 복제할 수 있을 것이며, 이는 더 큰 윤리적 논란을 일으킨다.

복제 기술의 현재와 미래

복제양 돌리는 1990년대 후반과 2000년대 초반에 복제 기술에 대한 연구와 논의의 중심에 있었고, 이후 복제 기술은 다양한 분야에서 연구되고 있다. 특히, 유전자 치료나 종 보존을 위한 복제 연구가 활발히 이루어지고 있다. 하지만 인간 복제에 대한 논의는 여전히 윤리적 논란이 많고, 대부분 국가에서는 인간 복제를 법적으로 금지하고 있다.

결론적으로 복제양 돌리는 생명과학과 유전학 분야에서 이정표가 되었으며, 복제 기술이 실용될 수 있음을 보여주었다. 그러나 이와 같은 기술이 실용되기 위해서는 윤리적, 사회적, 과학적 그리고 법적 문제들을 해결해야 한다.

15.11 사람 유전체 프로젝트

DNA의 염기 순서를 결정하는 생어(Sanger)의 사슬 종결법을 근거로 하여 만든 자동화된 DNA 염기 순서 분석기의 개발로, 긴 DNA에 대한 빠른 염기 순서 분석이 가능하게 되었다. 1995년에 자유 생활하는 생물인 박테리아 *Haemorphilus influenza*의 유전체 염기 순서가 최초로 결정되었다. 이 유전체는 183만 137개의 염기쌍으로 이루어져 있으며 1,740개 정도의 단백질에 대한 암호를 가지고 있다. 이어 림프절 페스트인 *Yersina pestis*와 탄저균인 *Bascillus anthracis*와 같은 병원균, 그리고 대장균인 *E. coli*와 *Salmonella typhimurium*과 같은 생물들의 염기 순서들이 결정되었다. 1996년에 효모인 *Saccharomyces cerevisiae*의 유전체 염기 순서가 진핵생물로는 첫 번째로 결정되었다. 효모 유전체는 16개의 염색체로 구성되어 있으며 1,200만 개 정도의 염기쌍을 가지고 6,000개 이상의 단백질에 대한 암호를 지니고 있다. 이후 1998년에 다세포 생물로는 처음으로 선충류인 *Caenorhabditis elegans*의 유전체 염기 순서가 밝혀졌다. 이 유전체는 9,700만 개의 염기쌍으로 이루어져 있으며 1만 9,000개 정도의 유전자를 가진다. 그리고 더 많은 생물을 예로 들면 초파리, 생쥐, 녹색식물의 한 종류인 애기장대(*Arabidopsis thaliana*) 등의 유전체에 대한 염기 순서 분석이 완결되었다(표 15-3 참조).

유전체 연구는 사람 유전체의 염기 순서를 결정하고 분석하는 것을 궁극적인 목표로 삼았다. 사람을 구성하는 100조 개 정도의 세포들의 각 핵 내에는 46개의 염색체(성 염색체인 X와 Y, 22쌍의 상염색체)가 들어 있고 24개의 염색체는 약 30억 개의 염기쌍으로 구성되어 있다. 이 염기쌍의 염기 서열을 결정하고 사람의 전체 유전자 정보를 해독하고 분석하는 국제적인 연구 프로젝트가 사람 유전체 프로젝트(Human Genome Project, HGP)이고 이 프로젝트는 DNA 이중 나선 구조를 밝힌 왓슨의 책임하에 미국, 영국, 프랑스, 독일, 일본 및 중국으로 구성된 대학의 여

표 15-3 여러 생물의 유전체 크기

유전체	유전체 크기(염기쌍)	완성된 해(년)
대장균	4,640,000	1996
효모	12,100,000	1996
녹색식물(*A. thaliana*)	125,000,000	2000
선충(*C. elegans*)	97,000,000	1998
초파리	137,000,000	2000
사람	3,120,000,000	2004

러 연구실과 미국의 생명 공학 벤처 기업인 셀레라 제노믹스 회사 등의 사기업들이 합류하여 국제적으로 조직된 국제 사람 유전체 컨소시엄에 의해 1990년에 시작되었다. 30억 달러라는 막대한 연구비를 사용하면서 10년이 넘는 연구 기간 끝에 2001년에 사람 유전체의 염기 순서의 초고(draft)가 발표되었고 2004년에 완결된 염기 순서가 보고되었다.

HGP의 주요 목적은 다음과 같다. 첫째, 인간 유전체의 완전한 해독: 인간의 모든 유전자를 정확하게 식별하고 위치를 파악하여 인간의 유전자 지도를 만든다. 둘째, 유전자와 질병의 관계 규명: 특정 유전자가 질병이나 건강과 어떤 관련이 있는지 이해하려는 연구 수행한다. 셋째, 개인화된 의학 발전: 개인의 유전자 정보를 바탕으로 맞춤형 치료법을 개발하려는 연구를 위한 기초 자료 제공한다.

HGP는 생명과학, 의학, 유전학, 그리고 생물학의 발전에 크게 공헌하였고 개인 치료법 및 질병 예방의 가능성을 여는 중요한 연구가 되었다. HGP를 통해 인간 유전자의 약 3억 개 이상의 염기쌍이 해독되었으며, 이는 생명과학 분야에서 많은 발전을 가져왔다. HGP 이후에도 유전체 연구는 계속해서 발전했고 다양한 인간 변이와 유전적 질병에 관한 연구가 진행되고 있다.

표 15-3에 의하면 사람의 유전자 수가 2만 5,000에서 3만 개 정도인데, 그 수는 하등 생물인 애기장대의 유전자 수 2만 5,000개와 선충인 *Caenorhabditis elegans*의 1만 9,000개의 유전자 수와 그렇게 차이가 나지 않는다. 다른 생물들의 유전체와 비교해서 상대적으로 큰 유전체를 가지는 사람이 적은 개수의 유전자를 가지는 것은 유전자들이 mRNA의 이어 맞추기와 단백질의 번역 과정 후 변형과 같은 메커니즘을 통해서 한 개 이상의 단백질에 대한 암호를 내리는 것으로 보인다. 생물들의 전체 유전체의 염기 순서에 대한 정보들로 인하여 이제 생물 정보의 특성과 조직을 연구하는 생물정보학(bioinformatics)이라는 새로운 과학의 한 분야가 열리게 되었다.

사람의 유전체는 생화학과 진화를 포함하여 인류에게 많은 정보를 풍부하게 제공해 줄 수 있으며, 특히 의학 발전에 크게 공헌하게 될 것으로 기대된다. 왜냐하면 사람의 많은 질병이 유전체에서 그 위치가 확인된 유전자의 결함으로 야기되기 때문이다. 사람 유전체 분석의 완성으로 심장병, 당뇨, 고혈압, 알츠하이머 그리고 암과 연관된 유전자를 찾아내 질병을 조기 진단하고 치료할 수 있는 길이 열렸고 인류 진화의 근원에 대한 통찰력을 가질 수 있을 것으로 생각한다. 그러나 이와 같은 긍정적인 면 이외에도 컴퓨터와 인터넷의 발달로 개인의 유전정보가 상업적으로 사용되어 사생활의 침해가 일어날 수 있다는 비판의 우려도 제기되고 있다.

다음은 질병과의 연관이 확인된 몇 개의 유전자이다.

- 방광 섬유증 유전자
- 유방암 유전자 BRCA1과 2
- 두센 근육 장애 유전자
- 헌팅턴 질병 유전자
- 신경섬유종 유전자
- 신경아세포종 유전자(뇌암의 한 형태)
- 근육 경화증 유전자(루게릭병)
- X-연관성 정신 지체 유전자
- 당뇨병, 여러 가지 암과 조울증과 같은 정서 질환에 연관된 유전자

유전자 치료법은 사람 몸 안에서 특정 유전자가 발현되도록 하는 분야로서 지금까지 많은 연구를 통하여 상당한 진전을 이루었다. 예를 들면 아데노신 탈아미노화 효소(adenosine deaminase)에 대한 유전자가 없어 정상적인 환경에서는 감염으로 죽게 되는 중증 복합 면역 결핍증 환자들에게 레트로바이러스를 유전자 치료의 운반체로 사용하여 아데노신 탈아미노화 효소에 대한 유전자를 도입하여 증상을 줄일 수 있다.

지구과학 VI

16장 대기

17장 오존층

18장 지구 온난화

19장 지구과학

16장

대기

16.1 대기의 구성

러시아의 생화학자인 오파린(Aleksandr Ivanovich Oparin; 1894~1980)은 1936년에 지구에서 생명이 어떻게 발생했는지에 대한 『생명의 기원』이라는 책을 출판하였다. 그는 이 책에서 지구상에서는 오랜 기간을 거쳐 무기물에서 유기물이 생겨났었고 이 유기물에서 최초의 원시 생물이 만들어졌을 것이라는 자연 발생설을 제안하였다. 태초에 우주가 만들어졌을 때 수소와 헬륨의 질량비가 3:1이었고 이들이 모여서 태양계를 만들었으므로 약 45억 년 전에 형성된 원시 지구의 대기는 환원성 대기(reducing atmosphere)였을 것이다. 1953년에 미국 시카고 대학교의 화학자인 밀러(Stanley Lloyd Miller; 1930~2007)는 원시 지구의 대기 상태와 같은 조건에서 무기물에서 유기물이 만들어지는지를 확인하고자 하였다. 그는 실험실에서 수소(H_2), 메테인(CH_4), 암모니아(NH_3), 수증기(H_2O)를 플라스크에 넣어 전기 방전시켜서 글라이신, 아스파트산, 글루탐산과 같은 아미노산들과 핵산에서 발견되는 네 가지 염기들 가운데 하나인 아데닌을 합성할 수 있었다. 밀러의 실험에서처럼 무기물로부터 아미노산과 같은 간단한 유기 화합물이 만들어지는 과정을 화학적 진화(chemical evolution)라고 한다.

인물보기 밀러

밀러는 캘리포니아 대학교와 시카고 대학교에서 공부하였으며 1960년 이후로는 UC San Diego 대학에서 연구했다. 지구와 생명의 기원에 관심이 많았던 그는, 원시 지구의 대기는 환원성이었다는 그의 지도교수인 유리(Harold Calayton Urey; 1893~1981)의 생각을 이용해서 생명의 기원에 관한 실험을 하였다. 그는 이 실험에서 수소, 메테인, 암모니아, 수증기와 같은 기체 혼합물을 전기 방전시켜 며칠간 반응을 시킨 후 사이안화수소, 메탄알, 폼산, 아세트산, 유레아, 아미노산들의 혼합물을 합성할 수 있었다. 그리고 그는 다른 기체 혼합물과 다른 에너지원(자외선과 감마선)을 이용하여 반복 실험을 하고서 더 복잡한 유기 화합물들을 합성할 수 있었다. 그의 이런 노력에도 불구하고 유기 화합물에서 생명체까지의 진화 과정에 대해서는 아직 잘 알려지지 않았다.

오늘날의 대기는 질소(N_2), 산소(O_2), 수증기(H_2O), 이산화 탄소(CO_2) 등으로 구성되어 있으므로 산화성 대기라고 한다. 태초의 환원성 대기에서 오늘날의 산화성 대기로 바뀔 수 있었던 것은 바다에서 광합성을 할 수 있는 박테리아가 출현하여 대기 중에 산소를 내놓음으로써 가능할 수 있었다. 광합성에 의해 발생한 산소가 바닷물에 잘 녹으면 대기 중으로 방출될 수 없었기 때문에 오늘날의 산화성 대기는 될 수가 없었을 것이다. 그럼 산소가 왜 물에 녹지 않고 대기로 방출될 수 있었는지에 대하여 알아보자.

폴링(Linus Pauling; 1901~1994)과 멀리켄(Robert Sanderson Mulliken; 1896~1986)이 고안한 개념인 원소의 전기음성도(electronegativity)는 분자 내의 원자들이 자기 쪽으로 공유 전자쌍을 끌어당기는 정량적 척도를 나타낸다. 전자를 끌어당기는 능력이 가장 센 원소인 플루오린(F)의 전기음성도 값을 4.0으로 정하고

H 2.1						
Li 1.0	Be 1.5	B 2.0	C 2.5	N 3.0	O 3.5	F 4.0
Na 0.9	Mg 1.2	Al 1.5	Si 1.8	P 2.1	S 2.5	Cl 3.0
K 0.8	Ca 1.0	Ga 1.8	Ge 1.8	As 2.0	Se 2.4	Br 2.8
Rb 0.8	Sr 0.9	In 1.7	Sn 1.8	Sb 1.9	Te 2.1	I 2.5
Cs 0.7	Ba 0.9	Tl 1.8	Pb 1.9	Bi 1.9	Po 2.0	At 2.2

그림 16-1 여러 원소의 전기음성도 값

이에 대한 다른 원소들의 상대적 값들을 정하였다(그림 16-1). 이 그림에서처럼 전기음성도는 같은 주기에서 원자 번호가 증가하는 쪽, 즉 주기율표의 오른쪽으로 갈수록 증가하고 같은 족에서 원자 번호가 증가할수록, 즉 주기율표의 아래로 내려갈수록 감소하는 경향이 있다.

인물보기 폴링

폴링은 1901년에 미국 오리건주의 포틀랜드에서 약사의 아들로 태어났다. 1922년에 오리건 주립 대학의 화학공학 분야에서 학사 학위를 받았고 1925년에 캘리포니아 공과대학에서 화학 분야로 박사 학위를 받았다. 그리고 유럽에서 잠시 슈뢰딩거, 보어와 함께 연구하였고 그 후에 교수 요원으로 캘텍 연구소에 합류하였다. 그는 화학 분야에서 특히 화학 결합에 관한 연구를 하였고 또한 아미노산과 단백질의 복잡한 구조에 관한 연구를 하였다. 코리(Robert Brainard Corey; 1897~1971)와 함께 단백질에서 발견되는 나선과 판과 같은 구조 요소들을 제안하였다. 화학 결합 이론과 단백질에 관한 연구로 그는 1954년에 화학 분야에서 노벨상을 받았다. 1939년에 제이 차 세계 대전 발발 후에 그와 그의 아내는 핵무기 사용을 제한하는 개혁운동을 시작하였고 그 운동은 1963년에 제안된 핵실험 금지 협약에서 결실을 거두게 되었다. 이러한 노력으로 그는 1962년에 노벨 평화상을 받았다. 폴링 이전에 단독으로 두 개의 노벨상을 받은 사람은 없었다.

물(H_2O)은 가운데 산소 원자를 중심으로 양쪽으로 두 개의 수소 원자가 결합한 형태를 가진다. 이때 산소 원자의 전기음성도가 수소 원자보다 크기 때문에 결합 전자가 산소 원자 쪽으로 끌어당겨져서 산소 원자는 부분적으로 음전하를 띠고 두 개의 수소 원자들은 상대적으로 양전하를 띠게 된다. 이처럼 전기음성도의 차이로 공유 전자쌍이 한쪽 원자로 치우쳐서 분자 내에 부분 전하를 가지는 결합을 극성 공유 결합이라고 한다. 그리고 가운데 산소 원자에는 결합에 참여하지 않은 비공유 전자쌍 두 쌍이 존재하므로 이 전자쌍들의 반발력에 의해 물은 내부의 수소, 산소, 수소 사이의 결합각을 약 105° 정도를 가지는 극성 분자이다(그림 16-2).

광합성 과정에서 방출되는 산소는 두 개의 산소 원자로 이루어져서 공유 전자쌍을 끌어당기는 정도가 같으므로 전자쌍이 어느 한쪽으로 치우침이 없이 분자 내에 부분 전하가 생기지 않는 무극성의 이원자 분자이다. 그리고 광합성에 이용되는 이산화 탄소는 탄소 원자를 중심으로 양쪽에 두 개의 산소 원자가 배치하는 구조를

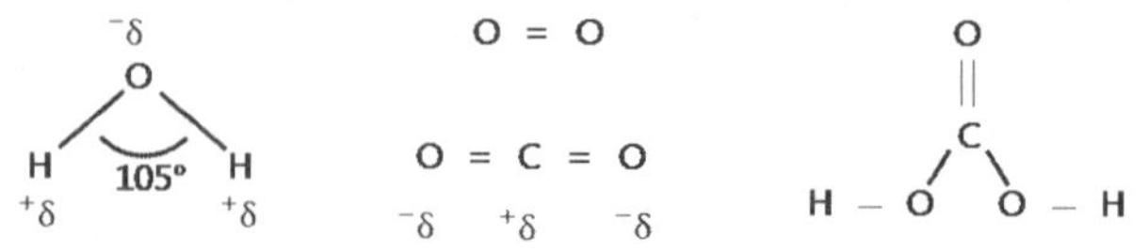

그림 16-2 여러 화합물의 구조

가진다. 이때 탄소보다 산소의 전기음성도가 크기 때문에 전자들은 양쪽 끝으로 끌리게 되고 상대적으로 탄소는 부분적으로 양전하를 가지고 반면 두 개의 산소 원자들은 부분적으로 음전하를 가지게 된다. 탄소를 중심으로 산소 원자로 끌리는 전자들의 방향이 서로 반대인 대칭 구조를 가진다. 따라서 쌍극자 모멘트의 벡터(vector) 합성을 하면 분자 전체의 쌍극자 모멘트가 0이 되므로 이산화 탄소는 무극성 분자가 된다.

순수한 물은 전기를 통하지 않는 비전도체이다. 그러나 정밀한 실험으로 측정하면 순수한 물에도 약간의 이온이 존재한다(순수한 물은 25°C에서 수소 이온(H^+)과 수산화 이온(OH^-)이 각각 10^{-7} M의 농도를 가진다). 이렇게 물의 자동이온화(autoionization)로 생성된 수소 이온과 수산화 이온은 부분적으로 내부 전하를 가지는 이산화 탄소에 배위 결합을 할 수 있게 된다. 즉, 양전하를 띠는 수소 이온은 이산화 탄소 내에 부분적으로 음전하를 띠는 산소 원자에 달라붙고 음전하를 띠는 수산화 이온은 이산화 탄소의 양전하를 띠는 중심 탄소에 달라붙어 결과적으로 탄산(H_2CO_3)을 형성하게 된다. 이처럼 이산화 탄소는 무극성이지만 물에 녹으면 극성을 띠는 탄산으로 되고 약산인 탄산은 부분적으로 이온화를 하므로 극성 용매인 물에 산소보다는 잘 녹게 된다. 탄산이 바다에서 칼슘과 같은 금속을 만나면 탄산염을 만드는데 이것은 딱딱한 물질을 만들 수 있으므로 물속에서 조개와 같은 생물들이 만들어질 수 있는 여건이 조성되기도 했을 것이다.

결국 무극성의 산소는 극성의 물에 녹지 못하고 대기에 방출되었고 이것이 원시의 환원성 대기가 오늘날의 산화성 대기로 바뀌는 데 결정적인 역할을 하게 되었다. 이처럼 물질의 극성, 용해도, 끓는점, 어는점, 표면 장력 등과 같은 물리적 성질들은 분자를 구성하는 내부 원자들의 배열로 결정된다.

태양계가 생겼을 때 태초의 지구 주위를 덮고 있었던 대기들은 태양열 때문에 밀려났고 대신 환원성 대기는 화산 폭발과 같은 지구 내부로부터 공급되었거나 우주로부터 날아드는 소혹성 같은 것들에 의해서 지구로 공급되었을 것으로 생각된다.

참조

쌍극자 모멘트

극성 분자에서 크기가 같고 부호가 서로 반대인 두 전하가 분리된 것을 쌍극자라고 하고 이때 전하와 거리의 곱의 벡터값을 쌍극자 모멘트(μ)라고 한다. 쌍극자 모멘트는 화살표로 나타내는데 크기는 화살표의 길이로, 방향은 (+)전하에서 (−)전하로 표시한다.

$$\mu = q \times r$$

여기서 q는 양극의 전하를, r은 두 전하 사이의 거리를 나타낸다.

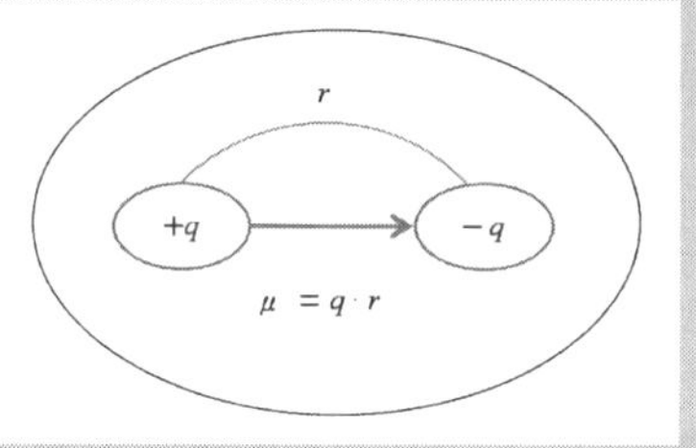

무극성 분자

분자의 입체적 구조가 대칭이어서 전하의 분포가 균등한 분자로서 전기장 내에서 분자의 방향과는 관계없이 에너지가 일정하다. 산소, 질소, 수소와 같은 이원자 분자들은 무극성 분자이다. 분자 전체의 쌍극자 모멘트의 합이 0이 되는 이산화 탄소, 메테인, 에테인과 같은 다원자 분자들도 무극성 분자들이다.

자동이온화

순수한 물은 이온화하여 수소 이온(H^+)과 수산화 이온(OH^-)을 내놓는데 이들 이온의 농도는 같으므로 순수한 물은 중성이다. 물의 이온화 정도는 매우 작지만 생성되는 수소 이온과 수산화 이온의 농도의 곱은 일정한 온도에서 상수이다. 이 상수를 물의 이온곱 상수(K_w)라 하며 25℃에서 K_w는 1.0×10^{-14} $(mol/L)^2$이고 온도가 상승하면 그 값은 커진다.

쉬어가기

탄산(H_2CO_3)은 왜 약산일까?

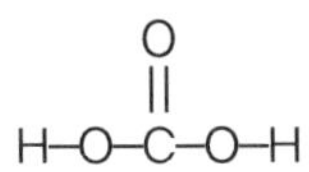

탄산의 구조식

염산(HCl)에서는 전기음성도가 큰 염소가 염소 원자와 수소 원자 사이의 공유 전자쌍을 끌어당기므로 상대적으로 전자가 제거된 수소 양이온이 떨어져 나갈 경향이 커지기 때문에 염산은 강산이 된다. 반면에 탄산은 구조식에서 알 수 있듯이 전기음성도가 큰 산소 원자가 전자쌍을 탄소 원자에서 얻을 수도 있고 수소 원자로부터 얻을 수 있으므로 수소 양이온이 염산보다 쉽게 만들어지지 않는다. 따라서 탄산은 약산이 된다. 이처럼 분자 내의 원자 배열은 산성도를 결정하는 데 중요한 요인이 된다.

우리가 매일 호흡하는 공기는 부피 비율로 질소(N_2) 78%, 산소(O_2) 21%, 그리고 나머지 다른 기체들이 1% 정도의 조성을 가지는 균일 혼합물이다(그림 16-3). 지구 생명체의 존재에 중요한 대기의 역할은 다음과 같다. 첫째, 대기 중의 이산화탄소와 수증기는 온실 효과를 일으켜 지구의 적절한 온도를 유지하게 한다. 둘째, 대기는 해로운 자외선을 차단하고 우주에서 오는 물질이 지구에 떨어지지 않도록 지구를 보호한다. 셋째, 대기 중의 수증기와 온도 변화가 구름, 비, 눈과 바람과 같은 날씨를 형성하게 한다. 각 기체의 성질을 요약하면 다음과 같다.

질소는 공기 중에서 가장 많이 존재하고 색, 맛, 냄새가 없고 물에 잘 녹지 않으

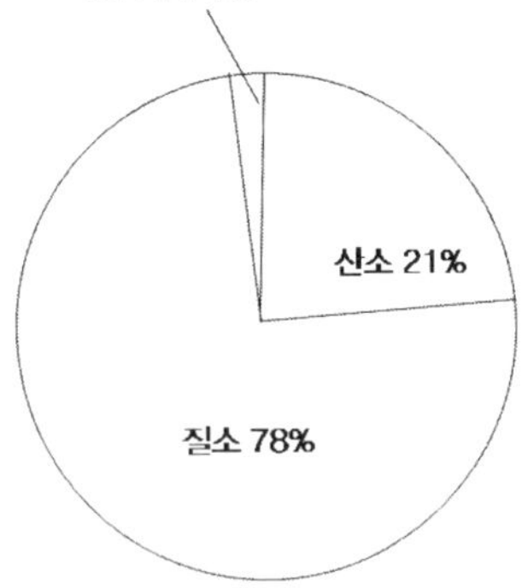

그림 16-3 공기의 조성

며 화학적으로 안정하여 다른 물질과의 반응성이 좋지 않다. 인간의 호흡 과정에서 폐로 들어온 질소 대부분은 그대로 대기로 방출된다. 단백질을 구성하는 질소 원자는 생명체를 유지하는 기본 구성 성분이지만 대부분 생명체는 질소를 대기에서 직접 얻는 것이 아니라 무기물에서 얻는다. 번개, 뿌리혹박테리아나 비료에 의해서 토양에 존재하게 되는 질산 이온(NO_3^-)이나 암모늄 이온(NH_4^+) 등을 식물이 흡수하여 단백질 합성에 이용한다. 질소와 수소를 450℃의 높은 온도, 200~600기압의 높은 압력, 그리고 적당한 촉매하에서 반응시키면 암모니아가 생성되는데 이 과정을 하버 공정(Harber process)이라고 한다.

$$N_2(g) + 3H_2(g) \rightleftharpoons 2NH_3(g)$$

질소는 반응성이 작고 안정하기 때문에 백열전구, 분유통, 과자 봉지 등의 충전 기체로 이용되고 또한 끓는점이 −196℃로 매우 낮으므로 초전도체의 냉각제로도 사용된다.

인물보기 하버

하버(Fritz Haber; 1868~1934)는 독일의 화학자로 브레슬라우에서 태어났으며 암모니아를 대량으로 합성하는 방법을 개발하였다. 제1차 세계 대전이 발발하자 그는 독일의 Chemical Warfare Service에서 복역하였고, 격전지인 프랑스의 이프르(벨기에의 서부에 있는 도시)에서 전쟁 기간 화학 무기로 염소를 사용하는 것을 감독하였다. 그의 아내는 화학 무기 분야의 연구를 그만두도록 하버에게 탄원하였지만, 하버는 거절하였고 그러자 그녀는 자살하였다. 1918년에 그는 암모니아를 합성한 업적으로 노벨상을 받았지만, 그가 화학전에 관여한 역할 때문에 끊이지 않는 비난을 받았다. 제1차 세계 대전 후에 그는 독일에서 연구를 계속하였지만, 곧 나치가 집권하자 유태인 배경에서 비롯된 위험을 피해서 1933년 여름에 독일을 떠날 수밖에 없었고, 1934년에 사망하였다.

산소는 색, 맛, 냄새가 없는 기체로, 지구의 모든 생명체의 생명을 유지하는 데 없어서는 안 되는 가장 중요한 기체이다. 또한 산소는 연소(산화 반응)나 부식 반응에 관여하고 물과 암석을 구성하는 성분으로서 인체와 지각에 존재하는 가장 풍부한 원소들 가운데 하나이다. 산소(O_2)는 오존(O_3)과 동소체(allotrope, 같은 원소로 구성되어 있고 그러나 그 구조가 서로 다른 형태의 것들) 관계에 있고 이 두 가지 화합물들은 태양광선 가운데 생물에 해로운 자외선을 흡수하여 지표에 도달하는 자외선의 양을 감소시켜 주는 역할을 한다(17장 참조).

산소는 반응성이 크기 때문에 다른 물질과 반응하여 산화물을 형성한다. 금속은 산소와 반응하여 금속 산화물을 만들고 이 산화물은 물과 반응하여 금속 수산화물을 만들기 때문에 금속 산화물은 염기성이 된다.

$$2Mg(s) + O2(g) \longrightarrow 2MgO(s)$$

$$MgO(s) + H_2O(l) \longrightarrow Mg(OH)_2(aq)$$

비금속이 산소와 반응하면 비금속 산화물을 만들고 이 산화물은 물과 반응하여 산소산을 형성한다. 따라서 비금속 산화물은 산무수물(acid anhydride)이라고 하고 그 용액은 산성이 된다.

$$S(s) + O_2(g) \longrightarrow SO_2(g)$$

$$SO_3(g) + H_2O(l) \longrightarrow H_2SO_4(aq)$$

산소는 이산화 망가니즈를 촉매로 사용하여 염소산 포타슘을 가열하여 얻거나 과산화 수소수를 이산화 망가니즈 촉매와 반응시켜서 얻을 수 있다.

$$2KClO_3(s) \xrightarrow[\text{가열}]{MnO_2} 2KCl(s) + 3O_2(g)$$

$$2H_2O_2(aq) \xrightarrow{MnO_2} 2H_2O(l) + O_2(g)$$

산소-아세틸렌 불꽃은 온도가 높으므로 금속의 용접과 절단에 사용되거나 잠수부의 산소통과 병원 응급실의 고압 산소통 등에 사용된다.

이산화 탄소는 색과 냄새가 없으며 공기보다 무겁고 타지 않는 성질이 있다. 이산화 탄소의 고체 상태인 드라이아이스는 승화성이 있으며 이산화 탄소는 녹색식물의 광합성에 사용되고 생물의 호흡 과정에서 발생한다. 이산화 탄소는 탄산 칼슘에 묽은 염산을 가하거나, 탄산 칼슘을 가열하거나 탄산 수소 소듐을 가열함으로써 얻을 수 있다.

$$CaCO_3(s) + 2HCl(aq) \longrightarrow CaCl_2(aq) + H_2O(l) + CO_2(g)$$

$$CaCO_3(s) \xrightarrow[\text{가열}]{} CaO(s) + CO_2(g)$$

$$2NaHCO_3(s) \xrightarrow[\text{가열}]{} Na_2CO_3(s) + H_2O(l) + CO_2(g)$$

이산화 탄소를 석회수에 통과시키면 탄산 칼슘의 흰색 침전이 만들어져서 석회수가 뿌옇게 흐려지기 때문에 석회수를 사용하여 이산화 탄소를 검출할 수 있다. 이산화 탄소는 공기보다 무겁고 불에 타지 않는 기체이기 때문에 소화기에 이용되고 드라이아이스는 승화성이 있으므로 아이스크림 포장의 냉각제로 사용된다. 이산화 탄소가 물에 녹아 만들어지는 탄산은 청량감을 주기 때문에 탄산음료에 사용된다.

공기의 나머지 부분에는 아르곤(0.93%)과 미량의 헬륨과 네온 기체가 존재한다. 이 기체들은 안정하기 때문에 다른 물질과 반응하지 않고 낮은 압력에서 방전시키면 특유의 색깔을 띤다. 헬륨은 가벼워 애드벌룬의 주입 기체로 사용되고 또한 혈액에 대한 용해도가 작아 잠수병을 예방하기 위해 잠수부의 공기통에 질소 대신에 주입된다. 아르곤은 형광등과 백열전구의 충전 기체로 사용된다.

표 16-1에 나타낸 대기 구성비는 부피 비율에 기초한 것으로 수증기를 제외한 건조한 공기의 조성 비율은 거의 일정하다. 즉 공기 100 L는 질소 78 L, 산소 21 L, 그리고 나머지 기체 1 L를 함유한 혼합물이다. 같은 온도와 압력에서 같은 부피의 기체에는 같은 개수의 입자가 존재하므로 이때 부피 비로 나타낸 농도 표현은 입자 개수로 나타낼 수 있다. 다시 말해서, 100개의 공기 입자 중에는 78개의 질소, 21개의 산소 그리고 나머지 기체 입자 1개가 존재하게 된다. 엄밀하게 말하면, 이산화 탄소는 대기 중에 0.036% 정도의 낮은 농도로 존재하는데 이것은 100개의 공기 입자들 가운데 0.036개의 이산화 탄소 입자가 존재한다는 것이다. 이 값은 너무 작아서 종종 ppm(parts per million)으로 나타낸다. 이 단위는 100만 개 가운데 존재하는 특정 입자의 개수를 나타내는 것으로 100만 개의 공기 입자들 가운데 존재하는 이산화 탄소의 개수는 360개가 되기 때문에 그 농도는 360 ppm이다.

$$\frac{0.036\text{개의 이산화 탄소}}{100\text{개의 공기 입자}} = \frac{x}{100\text{만 개의 공기 입자}}$$

표 16-1 공기의 조성

성분	%
질소	78
산소	21
아르곤	0.9
이산화 탄소	0.03

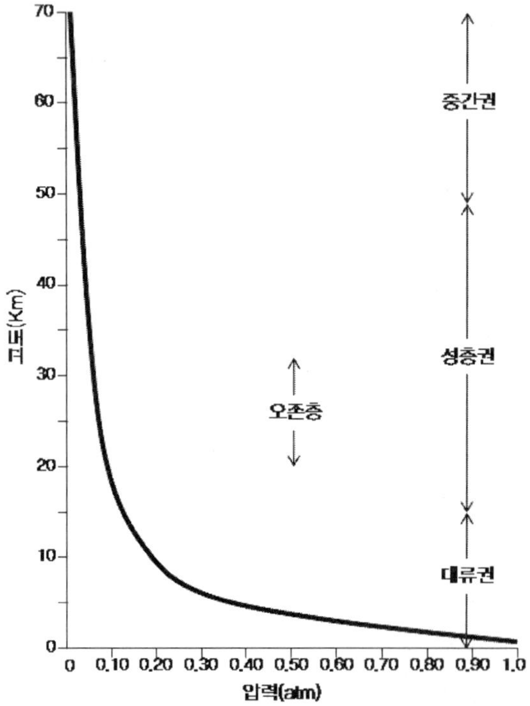

그림 16-4 고도에 따른 대기의 분류

$$x = 360$$

지구를 둘러싸고 있는 공기층인 대기의 주요 구성 성분의 상대적 농도는 고도에 무관하게 거의 일정하다. 즉, 질소의 농도 78%와 산소의 농도 21%는 고도에 무관하게 일정하다. 단지 고도가 높아질수록 공기층이 엷어져 공기의 밀도가 감소한다.

대기는 여러 층으로 나누는데 고도에 따른 온도 분포에 따라서 아래에서부터 차례로 대류권(트로포스피어), 성층권(스트라토스피어), 중간권(메소스피어), 열권(열권)과 외기권(엑소스피어)으로 나누어진다(그림 16-4). 지표에서 10 km 정도의 높이인 대류권에서는 고도가 증가함에 따라 기압이 급격하게 감소하고 그러나 그보다 더 높은 고도에서는 기압이 아주 천천히 감소한다. 대류권에서는 대기가 불안정하여 대류 현상과 기상 현상 등과 같은 날씨 변화가 일어난다. 10~15 km 정도의 높이인 성층권에 있는 오존층은 태양으로부터 오는 해로운 자외선을 흡수하여 차단한다. 50~85 km 정도의 높이인 중간권은 온도가 낮아지고 유성이 여기에서 불타 소멸한다. 85~500 km 정도의 높이인 열권에서는 대기 온도가 급격하게 상승한다. 500 km 정도의 높이 이상인 외기권은 대기가 거의 존재하지 않고 우주와의 경계를 이룬다. 외기권 바깥 우주는 거의 진공상태가 된다.

16.2 기체의 성질

한 기체가 다른 기체 속으로 퍼져나가는 현상을 확산이라고 한다. 반면에 기체가 작은 구멍을 통해 밖으로 빠져나가는 현상은 분출이라고 한다. 기체 확산 속도에 대한 그레이엄의 법칙에 의하면 일정한 온도와 압력에서 기체의 확산 속도는 기체 분자량의 제곱근에 반비례한다.

$$\frac{v_A}{v_B} = \frac{\sqrt{M_B}}{\sqrt{M_A}} = \frac{\sqrt{d_B}}{\sqrt{d_A}}$$

여기서 v_A와 v_B는 각 기체 A와 B의 확산 속도이고 M_A와 M_B는 기체 A와 B의 분자량, d_A와 d_B는 기체 A와 B의 밀도를 나타낸다. 기체의 확산 속도는 온도가 높을수록, 기체의 분자량이 적을수록 빨라진다. 실내의 한쪽 구석에서 나는 냄새를 다른 구석에서도 맡을 수 있는 것은 확산 현상이다.

끊임없이 운동하는 기체 분자들은 다른 기체 분자들과 혹은 용기 벽면과 충돌하여 속도 분포가 넓게 퍼진 그래프 모양을 가진다. 이들 기체 분자들의 평균 운동 속력은 다음과 같이 나타낼 수 있다.

$$v = \sqrt{\frac{3RT}{M}}$$

여기서 R은 기체 상수, T는 절대 온도, M은 기체 분자량을 나타낸다. 즉, 기체의 평균 운동 속력은 절대 온도의 제곱근에는 비례하고 기체 분자량의 제곱근에는 반비례한다. 반면에 기체 분자의 평균 운동 에너지는 절대 온도에 비례한다.

$$E = \frac{3}{2} \times kT$$

예제

0°C, 1기압에서 수소 기체가 가득 들어 있는 용기에 작은 구멍을 내어서 수소 기체

절반이 빠져나오는 데 5시간이 걸렸다. 같은 조건에서 수소 기체 대신에 산소 기체를 사용해서 같은 실험을 하면 산소 기체 1/4이 빠져나오는 데 걸리는 시간은 얼마일까? (단, 수소 기체의 몰 질량은 2 g/mol이고 산소 기체의 몰 질량은 32 g/mol이다)

풀이 수소 기체의 분자량이 산소 기체의 $\frac{1}{16}$배이기 때문에 수소 기체의 분출 속도는 산소 기체보다 4배 빠르다. 수소 기체 절반이 빠져나오는 데 5시간이 걸리기 때문에 같은 양의 산소 기체가 빠져나오는 데 20시간이 걸리게 된다. 따라서 1/4 부피의 산소 기체가 빠져나오는 데 걸리는 시간은 10시간이다.

돌턴의 부분 압력 법칙

돌턴의 부분 압력 법칙은 서로 반응하지 않는 혼합 기체의 전체 압력은 각 성분 기체의 부분 압력의 합과 같다는 법칙으로, 일정한 온도와 부피하에서 기체의 압력은 기체의 몰수에 의해 결정된다는 것을 나타낸다.

$$P_{\mathrm{T}} = P_{\mathrm{A}} + P_{\mathrm{B}} + P_{\mathrm{C}} + \cdots$$

여기서 P_{T}는 전체 압력, P_{A}, P_{B}, P_{C}는 각 성분 기체의 부분 압력을 나타낸다.

예제

그림과 같이 일정한 온도에서 3 L와 4 L의 용기에 각각 질소(N_2) 기체와 헬륨(He) 기체를 채워서 4기압과 5기압이 되도록 하였다. 콕을 열어 두 기체를 혼합시켜서 평형에 도달하였을 때 혼합 기체의 전체 압력과 각 성분 기체인 질소 기체와 헬륨 기체의 부분 압력을 구하시오. (단, 두 기체는 이상 기체이고 연결관의 부피는 무시한다.)

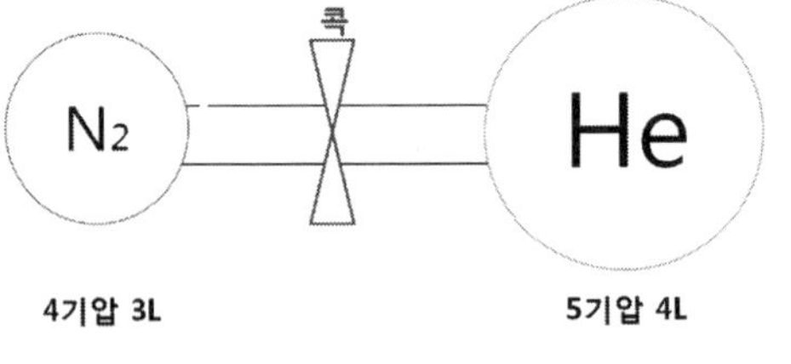

풀이 기체 전체의 몰수는 불변이므로 혼합 기체의 전체 압력을 P_{T}라 하면 $3 \times 4 +$

$4 \times 5 = P_T \times 7$이므로 P_T는 4.57기압이 된다. 평형에서 질소 기체의 부분 압력(P_{N_2})은 $3 \times 4 = P_{N_2} \times 7$에서 $P_{N_2} = 1.7$기압이고 헬륨 기체의 부분 압력(P_{He})은 $4 \times 5 = P_{He} \times 7$에서 $P_{He} = 2.86$기압이다.

16.3 대기 오염물질

지표면의 대기를 오염시키는 주된 네 가지 물질인 일산화 탄소(CO), 오존(O_3), 이산화 황(SO_2), 질소 산화물(NO_x) 등은 대기에 0.06% 정도의 적은 양이 존재하지만 대기의 질을 떨어뜨린다. 특히, 이들 모두는 1 ppm 이하의 적은 농도에서조차 사람의 건강에 치명적일 수 있다. 이 오염물질들의 작용과 그 피해에 대하여 간단하게 알아보면 다음과 같다.

일산화 탄소(CO)는 혈관에서 산소를 운반하는 단백질인 헤모글로빈에 대하여 산소보다 200여 배 더 강하게 결합한다. 일단 헤모글로빈에 결합한 일산화 탄소는 체내에 산소가 공급되는 것을 방해하므로 극단적으로 사람을 죽음에 이르게 할 수 있다.

오존은 자동차 배기가스의 질소 산화물(NO_x)과 휘발성 유기 화합물(VOC)이 햇빛과 반응해서 만들어지고 강한 자극성의 냄새를 가지고 독성이 강하며 호흡기에 악영향을 주는 물질로서 폐 기능 저하와 천식을 유발할 수 있다. 또한 오존은 식물 생장을 방해하고 농작물에 피해를 주고 고무를 갈라지게 하여 타이어의 수명을 단축시키고 페인트칠이 된 표면을 탈색시키기도 한다. 한편, 대류권의 오존은 오염물질이지만 성층권에 존재하는 오존은 태양으로부터 오는 자외선을 차단하는 유익한 물질이다. 이처럼 같은 물질이라도 위치한 장소에 따라 오염물질일 수도 있고 그렇지 않을 수도 있다. 오염물질(pollutant)이란 잘못된 장소에 있는 화합물을 일컫는다.

황 산화물과 질소 산화물은 호흡기에 악영향을 주는 물질이고 산성비의 원인 물질이다.

네 가지의 주된 공기 오염물질인 일산화 탄소(CO), 이산화 황(SO_2), 질소 산화물(NO_x), 오존(O_3)은 인류가 에너지를 얻는 과정에서 주로 발생한다. 대부분 에너지는 발전과 수송에 사용된다. 발전을 위해 사용하는 석탄은 황과 무기물을 1~3% 정도 함유하고 있으며, 화력 발전소나 공장 등에서 연료로 사용되는 석탄이 연소하면 석탄에 존재하는 황은 이산화 황으로 변하고 무기물은 고운 재로 변한다. 이산화 황은 공기 중에서 더 많은 산소와 반응하여 삼산화 황(SO_3)을 형성하고 삼산화 황이 빗방울에 용해되어 황산(H_2SO_4)을 형성하므로 이산화 황은 산성비 형성의 주된 원인 물질이 된다.

$$2SO_2 + O_2 \longrightarrow 2SO_3$$

$$SO_3 + H_2O \longrightarrow H_2SO_4$$

자동차가 연료로 사용하는 가솔린은 황을 거의 함유하고 있지 않기 때문에 자동차는 이산화 황을 발생시키는 오염 원인은 아니다. 그러나 자동차는 대기의 일산화 탄소, 질소 산화물, 오존 농도를 증가시키는 데 영향을 끼친다. 가솔린의 탄화수소 분자들의 불완전 연소로 발생하는 배기가스 속의 일산화 탄소는 촉매 변환기를 사용함으로써 부분적으로 해결할 수 있다.

$$2CO + O_2 \longrightarrow 2CO_2$$

질소 산화물은 자동차 배기가스에서 주로 발생한다. 그러나 가솔린은 질소를 함유하고 있지 않다. 공기 대부분을 차지하는 질소와 산소는 안정하여 쉽게 화학 반응을 일으키지 않지만, 자연의 번개나 내연기관의 전기스파크에 의해 충분한 에너지를 공급받으면 두 원소는 결합하여 일산화 질소를 형성한다. 더구나 달리는 자동차 실린더 내부는 고온과 고압 상태이므로 질소와 산소 분자가 가깝게 있어 일산화 질소의 생성은 더욱 쉽게 일어난다. 대기로 방출된 일산화 질소(NO)는 공기 중의 산소 기체와 빠르게 반응하여 이산화 질소(NO_2)가 되고 이것이 빗방울과 반응하여 질산(HNO_3)을 형성하기 때문에 질소 산화물은 산성비의 주된 원인 물질이 된다.

$$N_2(g) + O_2(g) + E \longrightarrow 2NO(g)$$

$$2NO(g) + O_2(g) \longrightarrow 2NO_2(g)$$

$$3NO_2(g) + H_2O(l) \longrightarrow 2HNO_3(aq) + NO(g)$$

이산화 질소는 태양에 노출되면 가시광선을 흡수하여 일산화 질소와 자유 산소 원자를 생성한다. 이 산소 원자는 반응성이 커서 대기 중의 산소 분자와 반응하여 오존을 형성하므로 지표 오존의 상당 부분이 자동차와 같은 내연기관의 운행에서 발생한다.

$$NO_2(g) \longrightarrow NO(g) + O(g)$$

$$O(g) + O_2(g) \longrightarrow O_3(g)$$

16.4 스모그

스모그(smog)는 연기(smoke)와 안개(fog)의 복합어로서 대기 중의 미세먼지와 유해 가스가 섞여서, 공기가 오염되어 안개가 낀 것처럼 뿌옇게 흐려지는 현상을 말한다. 주로 산업 활동, 자동차 배기가스와 난방 등으로부터 발생한 오염물질들이 대기 중에 섞여 형성된다. 스모그는 발생 원인에 따라 두 가지 유형으로 양분할 수 있다.

첫째, 포그(fog)와 스모그의 혼합인 로우 스모그(low smog)로, 런던형 스모그라고도 한다. 1952년에 런던에서 난방을 위해 화로와 벽난로를 많이 사용하는 겨울밤 시간에 자주 발생하였고 환원제인 이산화 황과 일산화 탄소를 포함하고 있으므로 환원성 스모그(reducing smog)라고 한다. 왜냐하면 이산화 황은 공기 중의 산소와 반응하여 자신은 삼산화 황으로 산화되면서 산소를 환원시키기 때문이다. 이 스모그는 대기 중에 수분을 많이 함유하고 있고 안개처럼 뿌옇고 황 산화물(SO_2)과 질소 산화물(NO_2)이 주요 원인 물질이다.

둘째, 하이 스모그(high smog)로, 광화학 스모그(photochemical smog)라고도 한다. 오늘날 로스앤젤레스와 같은 대도시에서 볼 수 있는 황갈색 연무는 반응이 진행되기 위해 고온과 태양 에너지가 요구되므로 광화학 스모그라고 한다. 이 연무는 태양 빛이 가장 강한 여름 낮 동안에 일어나기 때문에 광화학 스모그라고 불린다. 이 스모그는 자동차 배기가스나 산업 활동으로부터 배출된 질소 산화물, 그리고 휘발성 유기 화합물(volatile organic compounds, VOCs)이 햇빛과 반응하여 만드는 오존(O_3)이 주요 원인 물질이다. 표 16-2에서 환원성 스모그와 광화학 스모그를 비교하였다.

표 16-2 환원성 스모그와 광화학 스모그의 비교

	환원성 스모그	광화학 스모그
오염물질	SO_2, CO	NOx, O_3
발생 시기	난방을 하는 춥고 습한 겨울밤이나 새벽	바람이 적고 태양이 강한 맑은 여름 낮
피해	호흡기 환자에게 치명적임	눈, 호흡기, 폐의 질환 유발
대책	석탄 소비를 줄임	자동차 운행을 줄임

스모그의 영향

광화학 스모그에 영향을 주는 물질인 오존과 PAN(그림 16-5)은 사람의 눈, 코와 호흡기에 영향을 줄 수 있으며 또한 환원성 스모그의 원인 물질인 이산화 황도 호흡기에 영향을 끼칠 수 있다. 특히, 오존과 같은 산화제는 식물의 DNA와 조직을 손상시키고 발육을 저해시키며 고무를 약하게 갈라지게 하므로 타이어의 수명을 단축시킨다.

스모그의 영향을 줄이는 방법으로 크게 세 가지가 가능하다. 첫째, 자가용보다 대중교통 수단을 많이 이용함으로써 대기 중에 배출되는 오염물질의 양을 줄이는 것이다. 둘째, 연비가 높은 자동차 엔진을 설계하여 불완전 연소로 인한 오염물질이 대기 중에 배출되는 것을 줄이는 것이다. 셋째로 촉매 변환기(catalytic converter)의 성능을 개선하는 것이다. 자동차의 밑바닥에 설치된 촉매 변환기는 여러 가지 금속 촉매들을 함유하고 있어서 배기가스 중의 NO, CO와 같은 불완전 연소물의 농도를 감소시켜 대기에 오염물질들이 배출되는 것을 줄여 준다. 이 변환기 내의 팔라듐이나 백금 촉매는 일산화 탄소를 이산화 탄소로 완전 산화시켜 준다.

$$2CO(g) + O_2(g) \longrightarrow 2CO_2(g)$$

그리고 로듐 촉매는 일산화 질소를 질소와 산소로 바꾸는 역할을 한다.

$$2NO(g) \longrightarrow N_2(g) + O_2(g)$$

위의 두 반응을 합하면 전체 반응은 다음과 같다.

$$2NO(g) + 2CO(g) \longrightarrow N_2(g) + 2CO_2(g)$$

금속 촉매들은 위 반응을 1초 이내에 일어나도록 해 주고, 불완전 연소한 탄화수소

$$\text{탄화수소} + O_2 + NO_2 \longrightarrow CH_3-\overset{\overset{\displaystyle O}{\|}}{C}-O-O-NO_2$$

PAN(peroxyacetyl nitrate)

그림 16-5 PAN의 형성

를 이산화 탄소(CO_2)와 물(H_2O)로 완전히 산화시켜 주는 역할을 하기도 한다.

참조

오염물질의 농도를 나타낼 때 ppm 단위를 자주 사용하지만 이보다 훨씬 적은 농도로 존재하는 입자들은 다른 단위를 사용하여 나타낼 수 있다.

00,000,000,000,000

t b m t

영어로 천의 자리를 thousand, 백만의 자리를 million, 십억의 자리를 billion 그리고 일조의 자리를 trillion이라고 한다. 따라서 십억 개의 입자들 가운데 특정 입자가 1개 존재한다면 1 ppb(parts per billion), 1조 개의 분자들 가운데 표적 분자가 1개 존재한다면 1 ppt(parts per trillion)가 된다.

17장

오존층

17.1 오존 | 17.2 빛의 이중성 | 17.3 자외선 차단 | 17.4 오존층 파괴
17.5 오존 파괴의 대책과 대체 물질

오존층은 지표면으로부터 20~30 km 정도의 높이에 위치하며 다른 부분보다 오존의 농도가 1 cm^3당 3×10^{12}개 정도로 높은 대기층이다. 이 층은 0℃, 1기압 상태에서 0.3 cm 정도의 두께에 해당한다. 오존층은 태양으로부터 오는 생물에 해가 되는 자외선을 차단하기도 하고 자외선을 흡수하여 성층권을 따뜻하게 데워 주는 중요한 열원으로 작용하므로 기후와 밀접한 관계가 있다. 이처럼 오존층은 생물학적으로, 기후학적으로 중요한 기능을 한다. 성층권의 오존층은 태양광선 가운데 자외선의 광화학 작용으로 만들어진다. 산소 분자(O_2)가 자외선을 받으면 두 개의 산소 원자(O)로 쪼개지고 이 산소 원자가 인접한 산소 분자와 결합하여 오존(O_3)이 생성된다. 물론 질소 산화물, 수소 산화물, 염소 산화물도 오존 생성에 영향을 끼치는 것으로 밝혀졌다.

17.1 오존

오존의 화학식은 O_3이고 분자량은 47.998 amu이다. 상온의 대기압에서 엷은 푸른색의 기체이고 전기스파크 냄새와 같은 강한 자극적인 냄새를 띠며 1840년에 독

일의 화학자인 쇤바인이 처음 발견하였다. 번개가 치면 그로부터 발생하는 높은 에너지를 받아 대기 중의 산소 분자로부터 자연적으로 생성될 수 있고 또한 자동차의 운행과 같은 인위적인 활동으로부터도 발생할 수 있다. 오존이란 명칭은 그리스어 '냄새 맡다'에서 유래되었다.

$$3O_2 + 에너지 \longrightarrow 2O_3$$

오존은 산소 원자 두 개로 이루어진 산소 분자(O_2)와 동소체(allotrope, 같은 원소로 이루어져 있지만 분자 구조가 달라서 그 성질이 다른 두 가지 형태를 말한다)의 관계가 있으며 일반 대기압 그리고 −112℃에서 청색 액체로 변화하는 물성을 가진다. 산소보다 화학적 반응성이 크고 물의 정화나 직물의 표백제로 사용된다.

대부분 오존은 고도 10~50 km의 성층권에서 가장 높은 농도(10 ppm)로 존재하며(오존의 농도는 위도에 따라 다르다) 이곳의 오존은 태양에서 오는 대부분의 자외선(UV−B와 UV−C)을 여과하여 지구에서 생물들이 살 수 있게 해 주는 유익한 물질이다. 그러나 우리가 생활하는 대기의 아래 영역에 존재하는 오존은 대기오염물질이고 광화학 스모그를 일으키며, 고무, 플라스틱 및 동식물 등의 생태계에 해를 끼친다. 대기 중 오존의 농도가 증가하면 머리가 아프거나 눈이 쓰리고 백내장, 피부암과 호흡기에 염증이 유발될 수도 있다.

오존 내의 산소 원자들이 옥텟 규칙을 만족하기 위해서는 다음과 같은 구조가 가능한데 실제 구조는 두 공명 구조의 혼성 형태를 가진다. 즉, 중심 산소 원자에는 단일 결합을 형성하는 한 쌍의 전자, 이중 결합을 구성하는 두 쌍의 전자, 그리고 한 쌍의 비공유 전자쌍 등 총 세 종류의 다른 전자쌍들이 존재한다. 음의 전하를 가지는 전자쌍들은 서로 반발하여 가장 멀리 분포할 것이므로 오존 분자는 굽은 형태를 가지고 세 개의 산소 원자들 사이의 각은 120° 정도가 될 것으로 예측할 수 있다. 실제 실험치는 117°로 예측한 값과 아주 비슷하다.

17.2 빛의 이중성

빛은 서로 수직인 전기장과 자기장으로 이루어진 전자기파로, 파동의 진행 방향과 전기장과 자기장은 수직이다. 지구에 도달하는 태양 빛을 분해하는 장치인 프리즘에 통과시키면 일곱 색깔의 무지개를 관찰할 수 있다. 이것은 태양 복사선이 같지 않은 여러 가지의 서로 다른 복사선으로 구성되어 있다는 것을 나타낸다. 빛(전자기 복사)은 두 가지의 다른 성질, 즉 파동과 광자라고 하는 에너지 알갱이(입자)로 이해될 수 있다(그림 17-1).

파동은 에너지를 한 지점에서 다른 지점으로 전달하는 운동으로 이때 물질 전달은 불가능하다. 파동은 대부분 매질이라는 물질을 통해서 전달되는데, 호수 표면 위의 수면파는 물이 매질이 된다. 그러나 열, 빛과 전파 등의 전자기파는 매질이 없는 진공 속에서도 전파되기 때문에 매질이 없어도 전파되는 파동도 있다. 파동은 파장, 진동수와 속도의 세 가지 기본 특징을 가진다. 파동에서 가장 높은 언덕 부분을 마루이고 가장 낮은 계곡 부분을 골이라고 한다. 매질이 정지해 있는 파동의 중심선 위치에서 마루 또는 골까지의 거리를 파동의 진폭이라고 한다. 파장(wavelength)은 인접한 마루와 마루 사이, 또는 골과 골 사이의 거리이고 그리스 문자 λ(lambda)로 나타낸다. 파장은 아주 짧아 보통 nm(10^{-9} m)로 나타낸다. 우리 눈은 빨간색(700 nm)에서 보라색(400 nm) 사이의 가시광선 영역의 빛만을 확인할 수 있다.

진동수(frequency)는 1초당 특정 지점을 통과하는 파동의 개수로 그리스 문자 ν (nu)로 나타낸다. 그 단위는 1/s(s^{-1})로 쓰고 Hz(hertz)로 나타낼 수 있다. 파장이 짧을수록 1초 동안 더 많은 개수의 파동이 특정 지점을 통과할 수 있으므로 진동수

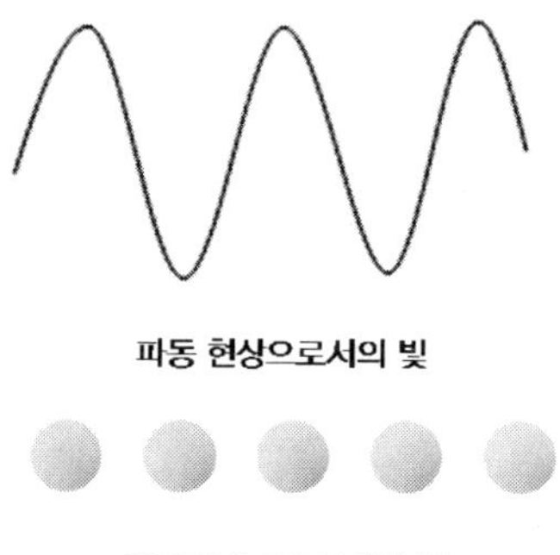

그림 17-1 빛의 이중성

는 커진다. 반대로 파장이 길수록 단위 시간당 특정 지점을 통과할 수 있는 파동의 개수가 적어지고 진동수는 감소한다. 이처럼 파장과 진동수는 서로 반비례 관계에 있다.

파동의 속도(speed)는 한 봉우리가 공간을 얼마나 빨리 움직여 나가는지를 나타내며 영어 인쇄체 소문자 c로 표시한다. 파동의 속도는 진폭이나 진동수와는 무관하고 매질의 경직성과 밀도에 좌우된다. 예를 들면, 파동은 팽팽한 줄보다 느슨한 줄에서 더 느리게 전달되고, 또한 가볍고 밀도가 작은 줄보다 무겁고 밀도가 큰 줄에서 더 느리게 전달된다. 빛의 속도는 진공에서 3.00×10^8 m/s이다. 파장과 진동수 사이의 관계는 다음과 같이 나타낼 수 있다.

$$\nu(\text{진동수}) = \frac{c}{\lambda}$$

이 식에서 700 nm 파장을 가진 빨간색의 진동수는 $4.29\times10^{14}\ \text{s}^{-1}$이고 400 nm 파장을 가진 보라색은 $7.50\times10^{14}\ \text{s}^{-1}$의 진동수를 가진다.

$$\nu(\text{빨간색}) = \frac{c}{\lambda} = \frac{3.00\times10^8 \text{m/s}}{700\times10^{-9}\text{m}} = 4.29\times10^{14}\ \text{s}^{-1}$$

$$\nu(\text{보라색}) = \frac{c}{\lambda} = \frac{3.00\times10^8 \text{m/s}}{400\times10^{-9}\text{m}} = 7.50\times10^{14}\ \text{s}^{-1}$$

가시광선 영역의 빨간색보다 파장이 더 긴 적외선(IR) 영역은 눈으로는 확인할 수 없지만 따뜻함으로 그것을 느낄 수 있다. 그리고 적외선보다 긴 1 cm 정도의 파장을 가진 마이크로파는 음식물을 데울 때 사용하는 전자레인지에 이용되고 이보다 더 긴 파장(1 m~1000 m)의 전자기파는 AM과 FM 라디오와 텔레비전 신호를 전달할 때 사용된다. 보라색보다 더 짧은 파장을 가진 자외선(UV)은 생명체에 나쁜 영향을 끼치고 이 자외선보다 더 짧은 파장인 X-선은 고분자의 결정 구조를 확인하고자 할 때 그리고 의학적 진단에 널리 사용된다. 그리고 방사능 과정에서 방출되는 감마선과 우주 공간에서 날아 들어오는 전자기 복사선의 파장은 우주선 쪽으로 갈수록 짧아진다(그림 17-2).

진공관 내부의 음극에 빛을 쪼여 거기로부터 전자가 방출되도록 한 장치를 광전관이라고 한다(그림 17-3). 이 광전관 내의 금속 표면에 빛을 쪼여 주면 전자(광전자라고 한다)가 방출하여 전류가 발생하는데 이 현상을 광전 효과(photoelectric effect)라고 한다. 이 효과에 의하면 특정 파장보다 짧은 파장에서만 전류가 흐르고

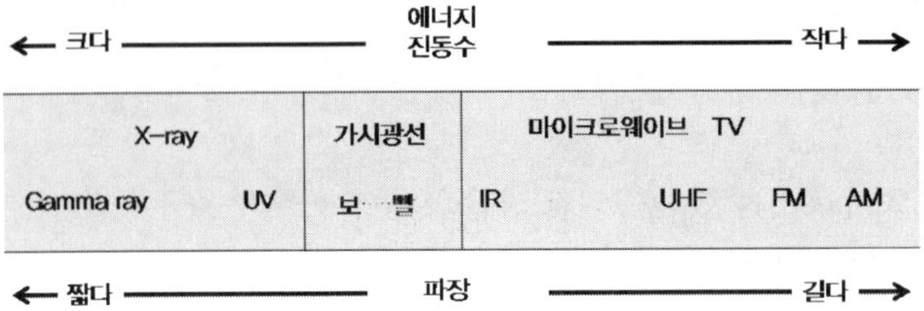

그림 17-2 전자기 복사선의 분류

그보다 긴 파장에서는 전류가 흐르지 않는다. 만약 빛이 파동이라면 파장에 무관하게 오랜 시간 동안 빛을 쪼이면 금속에서 전자가 튀어나와야 하는데 긴 파장의 빛을 아무리 오랜 시간 동안 쪼여도 전류는 흐르지 않는다. 그리고 같은 파장의 빛을 강하게 쪼여 주거나 약하게 쪼여 주어도 금속에서 방출되는 전자의 에너지는 모두 같고 다만 빛을 강하게 쪼여 주면 금속에서 튀어나오는 전자의 개수가 증가하였다. 1887년에 일찍 세상을 떠난, 촉망받았던 독일의 물리학자인 헤르츠(Heinrich Rudolph Hertz, 1857 ~ 1894)가 이 현상을 처음 관찰하였고 그러나 그 이유를 당시의 빛에 대한 파동설로는 설명하지 못하였다.

1905년에 아인슈타인(Albert Einstein, 1879 ~ 1955)은 플랑크의 양자 개념을 빛에 도입하여 빛 에너지의 양자화, 즉 빛도 진동수에 따라 에너지가 다른 입자라고 생각하고서 그것을 광자(photon)라고 불렀다. 그리고 이 광자의 에너지는 플랑크 상수에 진동수를 곱한 값이라고 가정하고서 광전 효과를 깔끔하게 설명하였다.

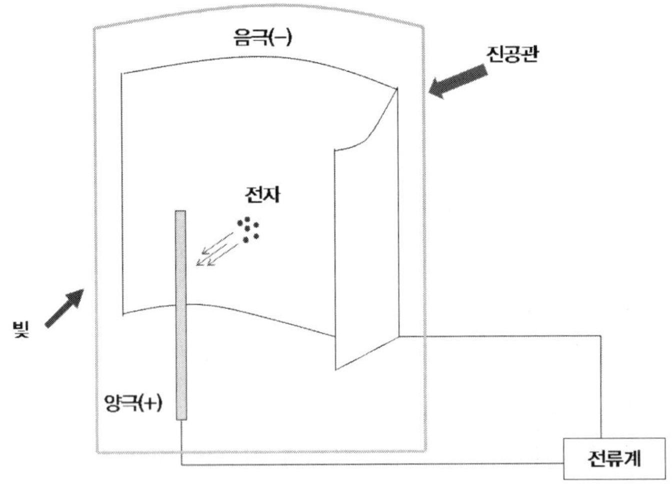

그림 17-3 광전 효과

$$E = h\nu = \frac{hc}{\lambda}$$

이 식에서 E는 광자 하나가 가지는 에너지를 나타내고 h는 Planck 상수로서 6.63×10^{-34} J·s의 값을 가진다. 700 nm의 파장과 진동수 4.29×10^{14} s^{-1}를 가진 빨간색의 광자 하나가 가지는 에너지와 400 nm의 파장과 진동수 7.50×10^{14} s^{-1}를 가진 보라색의 광자 하나가 가지는 에너지는 다음과 같다.

E (빨간색 광자) $= h\nu = 6.63\times10^{-34}$ J·s $\times$ 4.29×10^{14} $s^{-1} = 2.84\times10^{-19}$ J
E (보라색 광자) $= h\nu = 6.63\times10^{-34}$ J·s $\times$ 7.50×10^{14} $s^{-1} = 4.97\times10^{-19}$ J

예제

다음 형태의 복사선을 광자당 에너지 증가 순서에 따라 배열하여라.
(가) X-선 (나) 라디오파 (다) 마이크로파 (라) 가시광선 (마) 적외선

답 (나) → (다) → (마) → (라) → (가)

17.3 자외선 차단

지표면에 들어오는 태양 복사선의 에너지 분포를 보면 그림 17-4에서 나타낸 것처

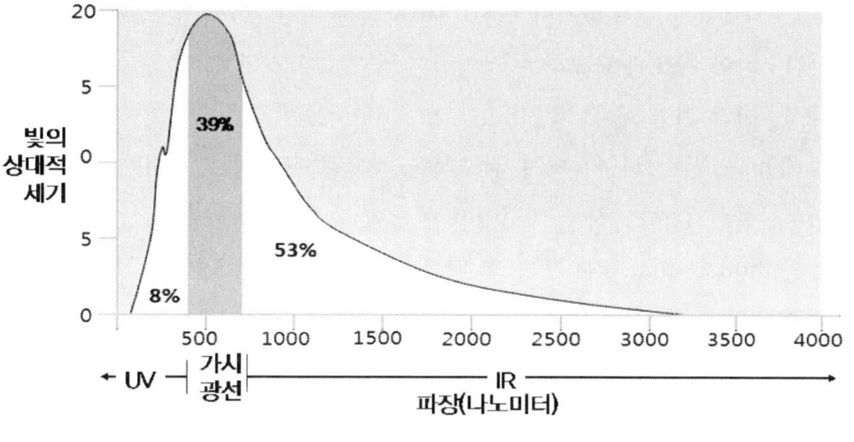

그림 17-4 지표면에 도달하는 태양 복사선의 분포

럼 가장 높은 강도를 나타내는 가시광선 영역이 39%이고 넓은 파장에 걸쳐서 지구에 들어오는 중요한 에너지원인 적외선 영역이 53%를 차지한다. 반면에 자외선 영역은 대부분 차단되고 약 8% 정도만 지구에 도달한다.

자외선이 차단되는 것은 산소 원소의 두 가지 동소체인 산소 분자와 오존 분자에 의해서 주로 일어난다. 산소 분자를 구성하는 두 산소 원자는 강한 공유 결합으로 연결되어 있으므로 자외선 영역의 242 nm보다 짧은 파장의 높은 에너지를 가진 광자를 흡수하여 깨어질 수 있다. 이처럼 두 개의 원자로 구성된 산소 분자는 242 nm보다 짧은 자외선 영역의 빛을 흡수한다.

$$O_2 + \text{광자} \longrightarrow 2\ O$$
$$\lambda \le 242\ \text{nm}$$

반면에 자외선 영역의 또 다른 긴 파장의 영역인 242~320 nm에 해당하는 빛은 오존에 의해 흡수된다. 산소 분자는 강한 이중 결합으로 되어 있지만, 오존을 구성하는 산소 원자 사이의 결합은 이중 결합과 단일 결합의 중간 정도의 세기를 가지므로 산소의 이중 결합보다는 약하다. 따라서 오존은 산소보다 더 적은 에너지인 242~320 nm 해당하는 광자를 흡수하여 다음과 같이 해리하여 이 영역의 자외선이 지구에 도달하는 것을 차단한다.

$$O_3 + \text{광자} \longrightarrow O_2 + O$$
$$242\ \text{nm} \le \lambda \le 320\ \text{nm}$$

이처럼 성층권에 존재하는 오존은 태양광선 가운데 생물에게 해로운 자외선(UV-B와 UV-C) 대부분을 흡수하거나 반사하여 자외선 차단 필터처럼 작용한다. 오존의 농도가 감소하여 지표에 도달하는 자외선의 양이 많아지면 인체는 자외선에 노출되어 백내장, 면역 저하, 무흑색종(non- melanoma)과 같은 피부암의 발생률이 증가하고 해양 광 플랑크톤의 수가 감소하는 것으로 나타났다. 광합성을 하는 이와 같은 미생물들의 감소는 지구 대기에서 이산화 탄소의 농도 증가를 가져와서 온실효과(greenhouse effect)와 같은 또 다른 대기 문제를 일으킬 수 있다. 따라서 오존층 보호는 기후 변화와 생태계 건강을 유지하는 데 필수적이다.

미국을 비롯한 세계 여러 나라에서는 자외선의 과다 노출로 인한 위험을 예방하고자 1990년대 초부터 자외선 지수를 예보해 오고 있으며 우리나라에서도 1998년

6월부터 기상청에서 예보하고 있다. 자외선 지수는 총 10등급으로 구분되는데, 0부터 시작하며 9등급 이상의 환경에 과다하게 노출되면 위험성이 매우 크다.

17.4 오존층 파괴

성층권에서 오존의 양은 매일 3백만 톤씩 형성되었다가 없어지는데 이것은 새로이 형성되거나 없어지는 것이 아니라 단순히 물리적 또는 화학적 형태가 변화하는 것이므로 성층권에서의 오존의 농도는 일정한 안정된 상태(steady state)를 유지한다. 성층권의 대기 순환에 따라 오존의 농도는 지구 전체를 통해 균일하지 않고 시간적, 공간적으로 분포가 다르다. 일반적으로 적도 지방의 성층권 상부에서는 광화학 반응으로 오존이 많이 생성되고 생성된 오존은 양극의 성층권 하부 쪽으로 이동한다. 따라서 중위도와 고위도 온도가 낮은 성층권 하부의 겨울에서 봄까지의 시기에 오존의 농도가 최대가 된다. 이 지역의 오존량은 0.4~0.5 cm 정도의 두께에 해당하고 반면에 계절에 따른 오존량의 변화가 거의 없는 적도의 오존량은 0.25 cm 정도의 두께에 해당한다.

성층권에서의 오존층 파괴는 크게 두 가지 요인에 의해 발생한다. 즉, 자연적으로 또는 인간 활동으로 인위적으로 일어날 수 있다. 자연적 요인은 다시 두 가지로 나눌 수 있다. 첫째는 지표면에서 증발한 수증기(H_2O)에 의해 일어나는 것이다. 성층권에 도달한 수증기는 거기서 자외선을 받아 수소 원자(H·)와 하이드록실(·OH)의 자유 라디칼(홀수개의 전자를 가지고 있으므로 불안정하고 반응성이 좋은 화학종)로 분해되고 이 라디칼들이 오존이 산소로 변환되는 반응에 참여한다.

$$H_2O + \text{자외선 영역의 광자} \longrightarrow H\cdot + \cdot OH$$

둘째는 대기를 구성하는 질소와 산소 기체가 자연에서 발생하는 번개에 의해 고에너지를 공급받으면 일산화 질소를 형성하고 이것이 오존 파괴를 일으키는 경우이다.

$$N_2 + O_2 + \text{에너지} \longrightarrow 2\,NO$$

이 반응은 오존층 영역에서 날 수 있는 초음속 비행기(supersonic transport: SST)의 엔진에 의해서 일어나기도 한다. 이처럼 인간 활동으로 오존의 농도가 감소하여 오존 구멍이 생길 수도 있다. 최근 연구에서는 냉장고, 에어컨과 스프레이 등에서 사용되는 염화 플루오린화 탄소(chlorofluorocarbon, CFC)가 인간 활동에 의한 오존 파괴의 주된 원인 물질로 밝혀졌다. 염소, 플루오린, 탄소로 이루어진 합성 유기 화합물인 염화 플루오린화 탄소 화합물은 자연에서는 발생하지 않고 인위적으로 생산된 것으로 1930년대 미국의 듀폰(Dupont) 회사에 의해 합성되었다. CF_2Cl_2 (dichlorodifluoromethane, CFC-12, Freon 12)와 $CFCl_3$(trichlorofluoromethane, CFC-11, Freon 11)의 두 종류가 냉장고나 에어컨의 냉매로 또는 포장용 플라스틱의 발포제와 절연체 등으로 널리 사용되었다(프레온은 듀폰 회사의 상품명임)(표 17-1). CFC-11과 CFC-12는 유독성이 없으며 비활성이고 안정하며 적당한 범위의 끓는점을 가지므로 액체에서 기체로 혹은 기체에서 액체로 쉽게 변한다. 이와 같은 성질 때문에 냉장고와 에어컨의 냉매로, 그리고 스프레이의 추진제로 널리 사용되었다. CF_3Br나 CF_2BrCl와 같이 브로민이 염소나 플루오린을 치환한 할론(halon) 화합물들은 소화제(fire extinguisher)로 사용되었고 CFC의 염소 성분과 소화제의 브로민 성분은 오존층으로 올라가 오존을 파괴하는 것으로 또한 밝혀졌다.

1974년에 캘리포니아 대학교의 로우랜드(F. Sherwood Rowland)와 몰리나(Mario Molina)는 대기에 CFC가 축적되면 양극 지방에서 오존층이 파괴될 수 있다고 발표하였다. 대기에 대한 많은 양의 자료의 수집과 분석 연구를 통해 이 가설이 명백하게 밝혀지게 되었고 이들은 1995년에 노벨 화학상을 받았다.

CFC 화합물에 의한 오존층 파괴 과정은 다음과 같다. 대기 중에 방출된 CFC는 안정하여(특히 CFC-12 분자는 대기 중에서 120년 동안 지속되는 것으로 생각된다) 확산해서 성층권에 도달할 수 있게 된다. 여기서 이 화합물은 오존과 직접 반응하는 것이 아니고 220 nm 이하의 자외선을 받아 파괴되어서 염소 라디칼을 형성한다.

표 17-1 중요한 두 개의 CFC 화합물

<table>
<tr><th>CFC-12(Freon 12)</th><th>CFC-11(Freon 11)</th></tr>
<tr><td>CF_2Cl_2</td><td>$CFCl_3$</td></tr>
<tr><td>F
|
Cl − C − Cl
|
F</td><td>F
|
Cl − C − Cl
|
Cl</td></tr>
</table>

$$CCl_2F_2 + \text{광자} \longrightarrow \cdot CClF_2 + \cdot Cl$$

$$\lambda \leq 220\ nm$$

그리고 반응성이 좋은 염소 원자는 다음과 같은 연쇄 반응을 일으킨다.

$$\cdot Cl + O_3 \longrightarrow \cdot ClO + O_2$$

$$\cdot ClO + O \longrightarrow \cdot Cl + O_2$$

위 두 반응을 합하면 다음과 같은 알짜 반응식을 얻게 된다.

$$O + O_3 \longrightarrow 2\,O_2$$

위 반응식에서처럼 한 개의 염소 라디칼 원자는 평균적으로 최대 10만 개의 오존 분자를 파괴하는 반응을 촉매할 수 있다. 어떤 과학자들은 성층권의 염소 원자들이 바다나 화산과 같은 자연에서 형성된 것으로 주장하기도 한다. 그러나 성층권에서의 HCl과 HF의 높은 농도는 항상 같이 생성되는 것으로 증명이 되었고 이것은 오존을 파괴하는 염소 원자의 근원은 CFCs가 된다는 것을 의미하게 되었다. 왜냐하면 성층권에 존재하는 HF는 자연에서는 발생하는 것이 아니므로 그 근원은 CFC로부터 발생한 것이 된다.

인물보기 솔로만

1985년에 남극 대륙 Halley Bay Station의 영국 탐사팀은 남극 대륙 위의 오존층에 구멍이 존재하는 것을 발견하였다. NOAA(National Oceanic and Atmospheric Administration)의 젊은 과학자인 솔로만(Susan Soloman; 1956~)은 최초로 이 구멍의 존재에 대한 훌륭한 이론을 제안하였다. 성층권의 극성 구름에 대한 강의를 수강하던 중에 그녀는 구름에 있는 얼음 결정이 남극 대륙에서 빛을 훨씬 많이 산란시킬 수 있다는 것을 깨달았다. 화학자의 직감으로 그녀는 얼음 결정이 CFC 화합물의 화학 반응이 일어날 수 있는 표면을 제공할 수 있다고 하였다. 1986년에 NASA는 오존 구멍에 대한 정확한 설명을 끄집어내기 위해 솔로만(당시 나이는 30세였다)에게 남극 대륙 탐사팀을 이끌도록 하였다. 남극 대륙에서 연구한 결과 그녀의 구름 이론은 정확한 것으로 판명이 났고 그해 두 번째의 탐험에서도 그 이론의 확실성에 대하여 신빙성을 더하였다. 솔로만의 탐사팀과 그들의 실험은 CFC와 오존 고갈 사이의 관계를 최초로 입증하는 것이었다. National Academy of Sciences의 가장 젊은 연구원들 가운데 한 사람인 솔로만은 10세의 나이에 과학자가 될 것을 결심하였다. 16세에 그녀는 산소의 비율을 결정하기 위한 빛의 이용(Using Light To Determine Percentage of Oxygen)이라고 하는 프로젝트에 대한 시카고 과학 박람회에서 1등을 수상하였고 같은 해에 국가 과학 박람회에서 3등을 수상하였다. 수상식에서 그녀는 시카고에서 보낸 소녀 시절의 겨울 덕분에 남극 대륙을 방문하게 되었다고 말하였다.

극지방의 상공에서 오존의 양이 현저하게 감소하여 오존층이 얇아지거나 사라진 부분을 오존 구멍 또는 오존홀(ozone hole)이라고 한다. 북극의 상공에서도 작은 규모로 나타나기도 하지만 주로 남극의 상공에서 오존 손실이 가장 많이 일어난다. 그 감소 현상은 계절에 따라 달라지며 9월에서 11월 사이 동안 오존의 농도가 비정상적으로 감소해서 오존 구멍이 생긴다. 1970년대 후반에 나타나기 시작한 오존 구멍은 1989년 이후로는 그 크기가 매우 커졌다. 1984년에 일본의 주바치 박사가 처음으로 오존 구멍의 존재를 발표하였고 그다음 해인 1985년에 파먼 박사가 그 존재를 확인하였다. 남극 상공의 성층권은 지구상에서 가장 추운 곳이고 해가 뜨지 않고 밤만 계속되는 극야의 겨울인 6월에서 9월까지의 온도는 영하 90℃ 정도이다. 질산을 함유한 수증기가 성층권의 구름 표면에서 승화하여 얼음 결정을 만들면 염화 질산과 염산 분자들이 반응하여 염소 기체를 형성한다. 남극의 봄인 10월에 태양 복사선 중의 자외선이 성층권에 들어오면 겨울에 생성된 염소 기체들이 쪼개지면서 염소 라디칼을 형성하게 되어 오존 파괴 반응을 일으켜 오존 구멍이 생기게 되는 것이다. 그러나 남반부의 여름이 시작되는 11월 말쯤에는 성층권이 따뜻하게 되면서 염소 원자를 생성하는 화학 반응은 멈추고 극으로부터 부는 바람에 의해 오존 구멍은 다시 채워지게 된다. 늦은 겨울 북극의 상공에서도 오존 구멍이 생긴다는 사실이 관찰되었고 그러나 그 정도는 남극의 상공보다는 덜하다.

17.5 오존 파괴의 대책과 대체 물질

염화 플루오린화 탄소가 오존층을 파괴한다는 사실이 밝혀지면서 오존층의 오존을 파괴로부터 보호하기 위한 대책으로 여러 모임과 조약들이 있었다. 특히, 1987년에 채택된 오존층 보호를 위한 국제 협약인 몬트리올 의정서에서 오존 파괴에 영향을 주는 CFCs의 생산을 1998년까지 1986년 수준의 절반으로 줄이기로 동의하였고, 이 협약은 거의 모든 국가가 참여한 성공적인 환경 협약 중 대표적인 하나로 평가된다. 1988년에 염화플루오린화탄소의 세계 최대 생산업체인 듀폰사는 이 화합물의 생산을 단계적으로 중단하겠다는 계획을 발표하였다. 1990년 여름 런던에서는 CFCs의 생산을 2000년까지 금지하기로 하였고, 1992년 코펜하겐에서의 개정안은 CFCs 공업제품을 1995년 말 이후부터는 중단할 것을 동의하였다. 이처럼 일련의 노력으로 지구상에서 CFCs 소비량이 감소하고 오존층이 점차 회복하는 것이 관측되었다. 현재의 추세라면 2060년경에 오존층이 완전히 회복될 것으로 추정된다.

오존층의 파괴에 대한 해결책으로 여러 가지 계획들이 시도되었다. 첫째, 전자를 성층권에 도입하여 염소 원자를 염화 이온(Cl^-)으로 바꾸자는 계획이 있었고 그러나 이것은 효과적이지 않은 것으로 판명되었다. 둘째, 성층권에 프로페인(C_3H_8)을 도입하여 염소 원자와 반응시켜 제거하자는 계획이었다. 이 계획의 가시적인 효과를 보기 위해 많은 양의 프로페인을 성층권에 도입해야 하는데 그 비용 문제로 이 계획도 취소되었다. 마지막으로, 비행기를 이용하여 성층권에 오존을 직접 보충하려는 계획이었다. 성층권에 10%의 오존을 보충하기 위해서는 현재 지구 전체가 사용하는 에너지보다 훨씬 많은 에너지가 필요하므로 이 계획은 비효율적인 것으로 판명되었고 또한 오존은 독성이 강해서 조심해서 다뤄야 한다.

CFCs의 발생량을 줄이기 위해서는 CFC를 대체할 수 있는 새로운 물질이 합성되어야 한다. 그리고 성공적인 합성을 위해서는 유독성, 가연성(flammability), 안정성을 우선적으로 고려해서 실행되어야 한다. CFC의 대체 물질의 합성을 위한 첫째 시도가 염소가 함유되지 않고 수소, 플루오린과 탄소만으로 이루어진 수화 플루오린화 탄소(hydrofluorocarbon, HFCs) 화합물의 합성이었다. 여기에는 HFC-134a와 CF_3CH_2F 등이 포함되며 새로 합성된 이 화합물들이 CFC를 대체해서 냉매로 사용될 수 있음이 입증되었다. 이 화합물은 독성과 가연성이 없고 성층권에서도 자외선에 의해 분해되지 않아서 오존 파괴를 촉진하지 않는다. 그러나 대기에 많은 양이 쌓이게 되면 온실 효과를 일으킬 수 있는 단점이 있다. 또 다른 시도는 염소와 플루오린이 전혀 포함되지 않은 수소와 탄소만으로 이루어진 탄화수소 화합물의 합성이었다. 여기에는 프로페인(C_3H_8)과 아이소뷰테인(C_4H_{10}) 등이 포함되며 이것들은 잠재적으로 기존 냉매를 대체하여 사용될 수 있다. 이 화합물은 낮은 고도에서 분해되기 때문에 성층권의 오존을 파괴하지 않는 장점이 있고 그러나 가연성이 있으며 지구 온난화를 일으킬 수 있다는 단점이 있다. 지금까지 CFCs의 대체 물질로 합성된 화합물들의 에너지 효율이 CFC보다 좋지 않기 때문에 CFCs의 대체 물질을 이용할 때는 CFCs를 사용할 때의 효과를 얻기 위해서 더 많은 에너지의 소비를 해야 하는 문제점이 있다.

오존층 보호를 위해 개인이 할 수 있는 방법에는 다음과 같다. 첫째, 에어컨과 냉장고에서 냉매의 누출이 없는지 점검한다. 둘째, CFC를 사용하지 않는 에어로졸 제품 이용한다. 셋째, 오존층 파괴 물질이 없는지를 확인하고 사용한다.

18장

지구 온난화

18.1 분자 모형 | 18.2 분자 진동과 온실 효과 | 18.3 온실 기체
18.4 온실 효과의 영향과 대책

밤하늘의 아름다운 천체들 가운데 하나인 금성은 황산과 이산화 탄소를 대기의 주 성분으로 가지며(96% 차지) 그 대기는 지구보다 90배의 높은 기압을 가지고 약 450°C 정도의 평균 온도를 가진다. 반면에 지구 대기의 연평균 온도는 약 15°C 정도이다. 태양으로부터의 거리만을 고려해 볼 때 금성의 온도는 약 100°C 정도일 것이고 지구는 −18°C의 평균 온도를 가질 것으로 추정된다. 대기는 예상치보다 33℃나 높은 평균 온도를 유지할 수 있게 지구를 따뜻하게 감싸주는 온실의 유리와 같은 역할을 하며, 특히 대기의 구성 성분 가운데 수증기(H_2O), 이산화 탄소(CO_2)와 오존(O_3) 등이 그 주된 기능을 담당한다. 이 기체들이 태양열을 방출하지 않고 흡수함으로써 지표 근처에서 기온이 상승하게 된다.

1800년대 프랑스의 수학자이자 물리학자인 푸리에(Jean-Baptiste Joseph Fourier; 1768~1830)는 대기 기체가 온실 유리와 같이 지구의 열을 잡아줄 수 있다는 가정을 하였고 그러나 그 기체의 본질은 알지 못하였다. 그 후에 스웨덴의 화학자인 아레니우스(Svante Arrhenius; 1859~1927)는 열복사선을 흡수하는 중심 기체가 이산화 탄소(CO_2)라고 가정하였고 그의 가정은 영국의 틴들(John Tyndall; 1820~1893)에 의해 실험적으로 입증되었다.

지구 대기권을 통과하여 지표면에 도달하는 태양 복사선은 주로 적외선과 가시광선 영역에 해당하고 이것들은 지구에서 흡수되어 지구의 현재 평균 온도를 지구

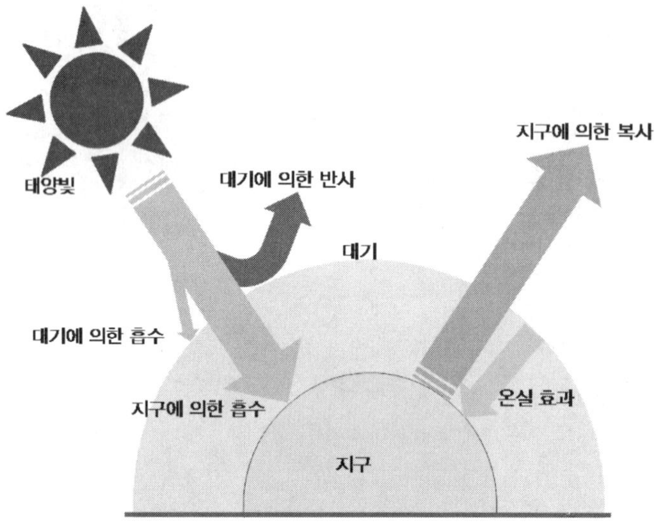

그림 18-1 지구 에너지의 균형

밖의 우주 온도 -270℃ 정도보다 훨씬 높은 15℃ 정도로 유지할 수 있게 하였다. 대부분의 태양 복사선은 반사되어 현재의 지구 에너지 균형을 유지한다. 즉 지표면에서 방출되는 에너지의 84%가 대기 중의 수증기, 이산화 탄소 및 오존에 의해 우주로 방출되지 못하고 적외선 복사 에너지 형태로 다시 지구로 돌아와서 지표를 데우게 되는데 이 효과를 온실 효과(greenhouse effect)라고 한다(그림 18-1). 이 효과는 지구의 평균 기온을 유지하게 하지만, 온실 기체 농도가 과하게 증가하면 지구 온난화와 같은 부정적인 영향을 일으킨다. 대기 중의 온실의 유리 역할을 하는 이 기체 분자들은 가시광선은 통과시키고 그러나 적외선 영역을 흡수하는 분자로 구성되어 있어서 지구에서 방출되는 열 대부분을 가둔다.

18.1 분자 모형

대기를 구성하는 질소와 산소는 온실 기체가 아니고 하지만 이산화 탄소, 수증기, 메테인은 온실 기체이다. 왜 그럴까? 이 질문에 답하기 위해 먼저 분자 구조부터 알아보자.

분자를 구성하는 원자들이 어떻게 배치되는지는 분자 모양을 결정하는 중요한 요인이다. 분자를 구성하는 원자들의 가장 안정한 배열은 원자들 사이의 전자쌍 반

표 18-1 원자가 전자쌍 반발 모형에 의한 분자 모양

공유 전자쌍 수	2	3	4
분자 모양	직선형	평면삼각형	정사면체
결합각	180°	120°	109.5°

발을 최소화하도록 서로 멀리 위치하는 것이다. 이것을 원자가 전자쌍 반발 모형(VSEPR, valence shell electron pair repulsion model)이라고 하고 이 모형은 분자 구조를 예측하는 데 사용된다.

VSEPR 모형으로 분자 구조를 예측해 보자. 먼저 중심 원자에 비공유 전자쌍이 존재하지 않는 경우부터 살펴보자. H_2와 HCl과 같은 이원자 분자는 항상 직선형 분자 모양을 가진다. BeF_2처럼 중심 원자에 공유 전자쌍이 2개 존재하는 분자는 전자쌍들이 서로 정반대 위치에 놓일 때 가장 안정하므로 직선형의 모양을 가지고 결합각은 180°가 된다. BF_3처럼 중심 원자에 공유 전자쌍이 3개 존재하는 분자는 전자쌍들이 정삼각형의 꼭짓점에 위치할 때 가장 안정하므로 평면삼각형의 모양을 가지고 결합각은 120°가 된다. 메테인은 중심 탄소에 4개의 전자쌍을 가지고 있고 이 전자쌍들은 반발력을 최소화하기 위해서 평면에서 모든 원자가 90°의 각을 이루는 것보다 삼차원 공간에서 정사면체 구조를 이루게 된다. 이때 전자쌍 사이의 각은 109.5°가 된다. 원자가 전자쌍 반발 모형에 의한 분자 모양은 표 18-1에 정리되어 있다.

중심 원자에 비공유 전자쌍이 존재하는 경우의 분자 모양 예측은 다음과 같다. 암모니아(NH_3)는 중심 질소 원자에 4개의 전자쌍이 존재하므로 이들의 배열은 정사면체 구조가 될 것이다. 그러나 4개 가운데 1개의 전자쌍은 비공유 전자쌍이고 3개의 전자쌍만이 수소 원자와 결합하고 있으므로 암모니아의 분자 모양은 삼각뿔형 구조이다. 물(H_2O)은 중심 원자인 산소 주위에 4개의 전자쌍이 존재하고 하지만 이들 가운데 2개의 전자쌍만이 수소 원자에 결합하므로 물은 굽은 형 모양을 한다(그림 18-2). 이때 산소에 있는 나머지 2개의 전자쌍은 비공유 전자쌍이다. 이처럼 중심 원자 주위의 전자쌍 배열이 분자 구조를 결정하고 하지만 분자 모양은 결합한 원자들의 위치에 의해 결정된다. 메테인에서 암모니아, 물로 갈수록 끓는점이 높은 이유는 분자 사이에 존재하는 비교적 강한 수소 결합 때문이다.

분자	메테인	암모니아	물
공유 전자쌍 수	4	3	2
비공유 전자쌍 수	0	1	2
결합각(°)	109.5	107	104.5
분자 모양	정사면체	삼각뿔형	굽은형
끓는점(℃)	−161	−33	100

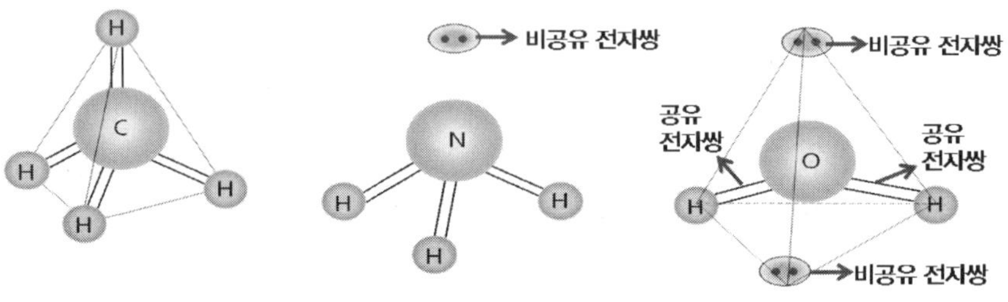

메테인 암모니아 물

그림 18-2 메테인, 암모니아, 물의 분자 구조

인물보기

반트호프

화학자인 반트호프(Jacobus Henricus van't Hoff; 1852~1911)는 네델란드의 로테르담에서 출생하였으며 독일의 본 대학교와 파리 대학교에서 공부하였다. 1872년에 본 대학교에서 케쿨레에게 배웠으며 비대칭 탄소에 관하여 연구해서 입체화학에 대한 개념을 정립하였고 화학 반응 속도와 화학 평형에 관한 연구도 하였다. 상온에서 기체인 메테인의 정사면체 구조를 처음으로 제안하였고, 용액에서의 삼투압에 대한 법칙을 발견한 업적으로 1901년에 첫 번째 노벨 화학상을 받았다. 그는 묽은 용액에서의 삼투압을 나타내는 반트호프 식이 이상 기체 상태 방정식($PV=nRT$)과 일치함을 발견하고서 기체에 적용되는 법칙들이 묽은 용액에도 적용될 수 있다는 것을 입증하였다.

$$\pi V=nRT$$

(π: 묽은 용액의 삼투압, V: 용액의 부피, n: 용질의 몰수, R: 기체 상수)

노벨

스웨덴의 스톡홀름에서 태어난 노벨(Alfred Bernhard Nobel; 1833~1896)은 아버지의 공장에서 나이트로글리세린으로 많은 실험을 하였고 1867년에 다이너마이트를 발명하여 큰 부자가 되었다. 다이너마이트는 운반하거나 취급하기에 안전한 폭약이다. 그러나 노벨은 병약하였고 나이가 들수록 건강이 더욱 나빠졌으며 많은 사람을 죽이거나 다치게 한 폭약을 만들었다는 죄책감에 사로잡혀 괴로워하였다. 그래서 그는 900만 달러의 기금을 조성하여 노벨상을 제정하였고 이 기금에서 나오는 수익금을 노벨상의 상금으로 사용하게 하였다.

18.2 분자 진동과 온실 효과

전자기 복사선의 스펙트럼에서 자외선 영역의 광자는 분자 내의 원자들 사이의 공유 결합을 깰 수 있을 정도의 충분한 에너지를 가지고 있고 하지만 적외선 영역의 광자는 분자를 깰 정도의 에너지를 함유하지 못하기 때문에 단지 분자의 진동만을 일으킨다(그림 18-3). 그리고 마이크로파 영역의 광자는 분자를 회전시킬 수 있는 정도의 에너지를 함유하고 있으므로 이 영역의 전자기 복사선을 이용하는 전자레인지는 물 분자를 회전시켜 그 마찰로 음식물을 데워 주는 것이다.

이산화 탄소가 적외선을 흡수하면 그림 18-4에 나타낸 것처럼 네 가지 방법으로 진동할 수 있다. C와 D의 진동 방식은 15.00 μm 파장의 적외선을 흡수할 때 일어나고 B의 진동 방식은 4.26 μm 파장의(C, D보다 약간 높은 에너지) 적외선을 흡수하여 일어난다. 적외선을 흡수하여 일어나는 B, C, D의 분자 진동은 분자 내의 전하 분포의 변화를 일으킬 수 있다. 그러나 A의 경우 탄소를 중심으로 산소 원자의 대칭적 진동 방식은 전하의 변화가 서로 상쇄되므로 적외선을 흡수하여 일어날 수 없다. 따라서 이산화 탄소는 4.26~15.00 μm 파장의 적외선을 흡수하여 B, C, D의 방식으로 진동하고 다시 에너지를 재방출하여 바닥 상태로 되돌아온다. 즉

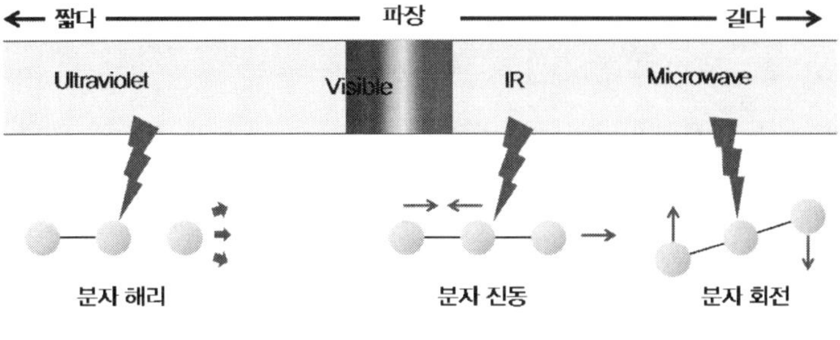

그림 18-3 복사선의 유형에 따른 분자의 반응

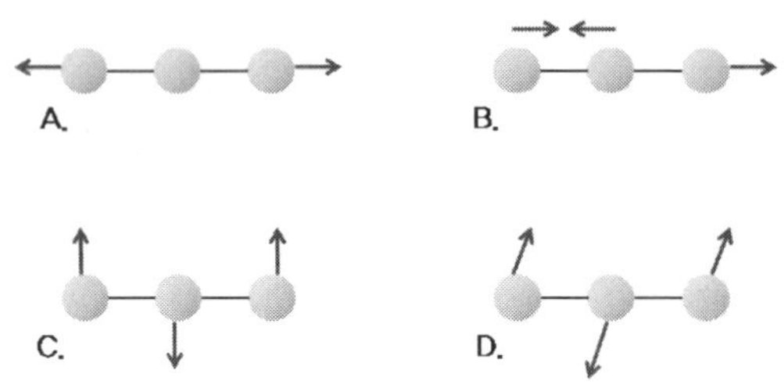

그림 18-4 이산화 탄소의 네 가지 진동 방식

이산화 탄소는 지표면에서 방출된 적외선을 잡아서 다시 지구로 돌려보낸다. 이처럼 적외선을 받아서 진동할 때 분자 내의 전체적 전하의 분포가 변하는 분자는 온실 효과를 일으킬 수 있는 기체이고 여기에는 메테인(CH_4), 일산화 이질소(N_2O), 오존(O_3), 염화 플루오린화 탄소(CFC) 등이 있다. 그러나 불활성 기체와 같은 단원자 분자나 질소(N_2), 산소(O_2)와 같은 이원자 분자는 온실 기체가 될 수 없다.

예제

다음 화학종 중에서 온실 효과를 일으키는 기체들을 모두 고르고 그 이유를 설명하시오.

① CO_2 ② CH_4 ③ N_2O ④ O_3 ⑤ 프레온-12

풀이 모든 기체가 온실 기체이다. 위의 기체들은 적외선을 흡수하여 분자 진동을 할 때 전체적 전하 분포가 변하므로 온실 기체이다.

18.3 온실 기체

온실 기체들이 지구 온난화에 어느 정도의 영향을 끼치는지는 크게 두 가지 요인에 의해 결정된다. 즉, 기체가 적외선을 흡수할 수 있는 능력의 정도와 대류권에 존재하는 농도에 의해 좌우된다. 온실 기체의 온실 효과 정도와 대류권에서의 농도를 표 18-2에 실었다.

표 18-2 온실 기체의 온실 효과 정도와 대류권의 분포

물질	온실 효과	대류권의 분포
이산화 탄소	1(할당 값)	3.6×10^{-2}
메테인	30	1.7×10^{-3}
물	0.1	1
오존	2,000	4×10^{-6}
CCl_3F	21,000	2.8×10^{-8}
CCl_2F_2	25,000	4.8×10^{-8}

화석 연료의 연소, 산업 활동과 산림 벌채 등으로 배출되는 이산화 탄소는 온실 효과를 일으키는 정도가 다른 기체들에 비해 작지만 대기 중에 높은 농도로 존재하기 때문에 주된 온실 기체 가운데 하나이다.

메테인은 천연가스의 주성분이고 이산화 탄소보다는 30배나 더 효과적으로 적외선을 흡수하는 강력한 온실 기체이지만 대기 중의 농도는 비교적 낮은 편이다. 메테인을 발생하는 주요 근원은 다양하다. 먼저 식물이 부패할 때 발생하므로 메테인의 초기 이름은 습지 기체(marsh gas)라고 하였다. 또한 경작된 볏짚에서 발생하기도 한다. 소, 양과 같은 반추 동물들도 소화 과정에서 메테인을 발생시키는데, 소 한 마리가 하루에 대략 500 L의 메테인을 배출한다.

CFC는 이산화 탄소보다 훨씬 적외선을 잘 흡수하고 하지만 다행스럽게도 대류권에서 그 분포는 매우 낮게 존재한다.

농업에서의 비료 사용, 화석 연료 연소와 폐기물 처리에서 배출되는 일산화 이질소는 메탄보다 온실효과를 덜 일으키지만, 중요한 온실가스 가운데 하나이다.

대기 중에서 자연적으로 발생하는 수증기 역시 온실 효과가 이산화 탄소보다 작지만, 대류권에 많이 존재하므로 영향을 미치는 주요 온실가스 중 하나이다.

대기에서 자외선에 의한 화학 반응으로 생성되는 오존은 이산화 탄소보다 2,000배나 더 효과적으로 적외선을 흡수하는 강력한 온실 기체이지만 다행스럽게도 대기 중의 농도는 매우 낮은 편이다. 고도에 따라 다른 역할을 하는데 대기에서 오존은 온실 효과를 일으키지만, 높은 고도에서는 자외선을 흡수하여 지구의 생물을 보호한다.

참조

이산화 탄소

탄소 원자 한 개와 산소 원자 두 개로 이루어져 있으며 화학식은 CO_2이다. 1750년대에 영국의 의사이면서 화학자인 블랙이 처음 발견하였다. 기체 이산화 탄소를 −78.5℃ 이하로 낮추면 액체 상태를 거치지 않고 바로 고체 드라이아이스로 승화한다. 무색, 무취의 기체로서 지구를 포함한 많은 행성의 대기 중에 존재한다.

18.4 온실 효과의 영향과 대책

탄소는 지구의 대기, 땅과 물 사이를 옮겨 다니면서 끊임없이 순환한다. 현재의 순환은 대기에서 탄소가 제거되는 것만큼 또 더해지고 해서 균형을 이루고 있다. 그러나 석탄, 석유, 천연가스와 같은 화석 연료의 사용 및 삼림의 훼손과 같은 인간 활동의 결과로 이산화 탄소는 매년 대기 중에 다량으로 방출되고 있다. 많은 연구 보고에 의하면 지구의 온도가 1800년대 이후로 증가하고 있다고 한다.

이산화 탄소와 같은 온실 기체의 농도 증가로 야기된 지구 온난화(global warming)는 기후 변화를 초래하고 여러 가지 환경 문제를 일으킨다. 지구 기온이 상승함으로써 극지방의 빙하와 얼음이 녹고 해수면이 상승하고 이는 저지대 국가와 섬나라에 의한 침수, 홍수와 염수 침입 등의 큰 영향을 줄 수 있다. 또한, 바닷물의 온도가 높아지면 이산화 탄소의 용해도가 감소하여(기체의 용해도는 온도가 증가하면 감소한다), 더 많은 이산화 탄소의 대기 방출로 이어지므로 지구의 온도는 더욱 증가하게 될 것이다. 이렇게 되면 많은 물이 수증기로 증발하게 되고 열대 우림 지역이 사막으로 변하게 될 것이며 그로 인해 기후와 농산물에도 변화가 일어나게 된다. 그리고 평균 기온의 상승은 모기와 파리와 같은 해충들이 들끓게 하여 말라리아와 같은 질병의 발병률이 증가하게 된다.

또한 온실 효과로 인한 기후 변화는 농업에 영향을 준다. 일부 지역에서는 고온과 가뭄으로 농업 생산량이 감소하고 다른 지역에서는 강한 폭풍과 홍수로 피해를 받을 수 있다. 그리고 기온 상승과 기후 변화로 동식물이 서식지를 잃고 멸종 위기에 처할 수 있어 생물 다양성에 영향을 줄 수 있다. 이처럼 지구 온난화로 인하여 지구 생태계의 균형에 큰 변화가 오게 될 것이다.

앞으로 일어날 수 있는 피해에 대응하기 위해 국제적 협약인 파리 기후 협정을 통해 각국은 온실 기체를 줄이려고 노력하고 있다. 그 가능한 대책으로는 다음과 같은 것들이 있다. 첫째, 석탄과 같은 화석 연료에 대한 의존도를 줄임으로써 이산화 탄소의 방출량을 줄이는 것이다. 그러기 위해 풍력, 수력, 핵에너지, 태양 에너지와 같은 대체 에너지 개발이 시급한 문제가 된다. 둘째, 산림은 이산화 탄소를 흡수하므로 벌목을 중단하고 더 많은 나무를 심어서 방출되는 이산화 탄소의 양을 줄이는 것이다. 셋째, 에너지 효율성을 개선해서 에너지 소비를 줄이고 온실 기체 배출을 감소시키는 것이다. 넷째, 친환경 농법을 개선해서 온실 기체 배출양을 줄이는 것이다.

끝으로, 대기 오염과 연관 있는 지구 온난화와 오존 파괴의 특성들을 표 18-3에 비교하였다. 이들 사이의 차이를 확실히 알고 넘어가면 좋을 것이다.

표 18-3 지구 온난화와 오존 파괴의 비교

	지구 온난화	오존 파괴
발생하는 곳	대류권	성층권
주요 원인	화석 연료의 사용과 벌목으로 인한 CO_2 증가와 농업으로부터의 CH_4 발생	냉매로 사용하는 CFC
특성	적외선 흡수	자외선 흡수
영향	지구 평균 온도의 상승으로 해수면의 상승	유해 자외선에 대한 노출 증가로 피부암 발병률이 증가
대책	화석 연료 사용 제한과 벌목 중단	CFC 사용 금지와 대체 물질의 개발

참조

엘니뇨와 라니냐

• 엘니뇨(El Nino)

엘니뇨는 태평양 적도 부근에서 발생하는 기후 현상으로 에스파냐어로 '아기 예수' 혹은 '어린아이'라는 뜻이고 그 어원으로 페루와 에콰도르 국경의 과야킬 만에 난류가 유입되어 해수 온도가 증가하면서 물고기가 많이 잡혀 페루 어민들이 하늘에 감사한다는 의미에서 아기 예수의 의미를 가진 '엘니뇨'라 하였다. 2~4월경 페루 연안을 따라 남동무역풍이 지나가면서 발생하는 남아메리카 서해안을 따라 흐르는 차가운 페루 해류에는 영양염과 플랑크톤이 풍부하여 세계적인 정어리 어장을 이룬다. 그런데 남동무역풍이 약해지는 9월에서 다음 해의 2월에는 적도에서 불어오는 북풍과 함께 이상 난수가 침입하는 해류의 이변으로 해수면 온도가 예년보다 0.5도

이상 올라가는 현상인 엘니뇨가 발생하게 된다. 발생 지역은 적도 부근의 열대 태평양에서 남아메리카 해안을 거쳐 중태평양에 이르는 광범위한 지역에서 일어나고 있다. 이 시기에는 영양분이 많은 찬물이 수면 위로 올라오지 못해서 정어리가 사라지며 오징어와 바닷새들이 죽고 육상에서는 엄청난 강우와 큰 홍수가 일어나 피해를 받게 된다. 이 시기에 우리나라와 일본에서는 여름에는 저온 현상이, 겨울에는 고온 현상이 나타난다. 엘니뇨는 2~7년 주기로 불규칙하게 발생하고 해수면 온도가 상승하면서 태평양의 대기 순환 형태를 변화시킨다. 이로 인해 무역풍이 약해지거나 방향이 바뀌면서 전 세계 날씨와 기후에 광범위하게 영향을 끼친다. 1500년대 초에 엘니뇨에 대한 최초 기록이 있고 그 뒤 4년 주기로 관찰되었다. 대체로 엘니뇨가 끝나면 연속해서 라니냐가 나타난다.

• 라니냐(La Nina)

라니냐는 에스파냐어로 '여자아이'라는 의미이고 엘니뇨와 반대의 기후 현상이다. 라니냐는 적도 무역풍이 강해지면 서태평양의 해수 온도가 상승하게 되고 이로 인하여 동태평양의 해수 온도가 평년보다 5개월 이상 0.5도 이상 낮아지는 해류의 이변 현상을 말한다. 이 현상이 일어나면 원래 찬 동태평양의 해수는 더욱 차가워져서 서쪽으로 이동하게 된다. 바닷물이 차가워지면서 수증기의 증발량이 적어지고 해양 상공이 건조해지면서 페루 등의 남아메리카에는 가뭄이, 인도네시아와 필리핀 등의 동남아시아에는 장마가, 그리고 미국 등의 북아메리카에는 강추위가 올 수 있다. 그러나 현재까지 이 현상의 발생 과정, 활동 주기, 기상에 미치는 영향 등에 대하여 확실하게 밝혀진 것은 없다. 우리나라에서는 1967년과 1973년에 라니냐가 발생하였고 이 시기의 평균 기온이 평년보다 1.1~2.2℃ 정도 낮았으며 강수량도 40.3~65.7 mm가 적은 춥고 건조한 날씨였다. 라니냐는 오래전부터 있어 온 현상이지만 최근에는 지구 온난화의 영향으로 옛날보다 더 자주, 그리고 심하게 나타나는 경향이 있다.

19장

지구과학

오래전 우리나라의 위치가 적도 부근이었다는 이야기가 있다. 적도 부근에서 현재의 위치로 이동하였다는 것이다. 이 말은 대륙이 이동하였다는 것을 의미하는데, 이 장에서는 지질 구조와 대륙 이동에 대하여 알아보자.

19.1 지질학

프랑스 대혁명이 일어났던 시기에는 진화론보다 격렬한 변화가 사회적 조류를 타고 널리 퍼져 있었다. 이 시기에 퀴비에(George Cuvier; 1769~1832)는 지구에는 과거부터 지금까지 네 차례의 격변이 있었고 6,000여 년 전의 노아의 홍수가 마지막 변화였다는 천변지이설(catastrophism)을 주장하였다. 그의 생각은 당시의 종교 사상과 큰 마찰이 없었으므로 널리 받아졌다. 하지만 그의 주장에는 아무런 과학적 근거도 존재하지 않았다. 그의 생각에 일격을 가하고 당시의 사조에 역행하는 생각이 스코틀랜드의 허튼(James Hutton; 1726~1797)에 의해 주장되었다. 허튼은 1795년에 출판한 『지구의 이론(theory of earth)』이라는 저서에서 지구 내부에 있는 열이 지질 변화의 원인이며 지구의 나이가 당시에 받아지고 있던 6,000년보다 훨씬 길다는 새로운 이론을 제시하였다. 그리고 그는 퇴적암의 정상 부분에 수평으로 있는 퇴적층을 조사하여 지구 표면에서는 침식과 퇴적 작용이 과거나 지금이나 끊임없이 일어나고 있다고 생각하였다.

허튼의 생각은 근대 지질학을 개척한 스코틀랜드 태생의 영국의 과학자 라이엘(Charles Lyell; 1797~1875)에 의해 발전되었다. 라이엘은 1830년에서 1833년 사이에 3권짜리 『지질학의 원리(Principles of Geology)』라는 저서에서 현재 일어나고 있는 침식과 퇴적 작용과 같은 지질학적 현상들이 과거에도 같은 속도와 양식으로 똑같이 진행되었다고 하였다. 즉 오랜 기간 같은 과정으로 지구가 천천히 변화한다고 주장하였는데, 이 가설을 제일설(uniformitarianism)이라고 한다. 또한 라이엘은 빙하기와 진화에 관한 근대적 이론을 수용하였으며 그의 생각은 다윈(Charles Robert Darwin; 1809~1882)의 진화론에 상당한 영향을 주었다.

18세기 이탈리아를 중심으로 퍼져 있었던, 모든 지각 변동의 원인이 화산 활동으로 기인한다는 화성론(plutonism)을 믿었던 허튼과 라이엘은 옛날에 지구가 용융 상태에서 식으면서 암석이 생성되었고 지금도 지구 내부는 뜨거운 상태가 지속되고 있다고 밝혔다. 반면에 독일의 암석학자인 베르너(Abraham G. Werner; 1749~1818)는 화강암과 현무암을 포함해서 지각을 구성하는 모든 암석이 원시 대양에서의 침전 작용으로 생성되었다고 주장하였는데, 이것을 수성론(Neptunism)이라고 한다. 이 두 가지 이론은 처음부터 격렬하게 대립하였다.

19.2 대륙 이동설

베르너의 문하생 가운데 한 사람인 독일의 지질학자 훔볼트(Alexander von Humbolt; 1769~1859)는 프랑스의 식물학자 봉쁠랑과 함께 남아메리카를 탐험하면서 많은 식물을 수집하였다. 이때 그는 수집한 자료들을 근거로 하여 지리적으로 멀리 떨어진 어떤 두 지역에서 생물학적으로 유사한 식물들이 발견되면 두 지역은 지리학적으로 관련이 있다는 생물지리학(biogeography)이라는 새로운 분야를 개척하였다. 그리고 그는 세계의 여러 지점의 지자기 분포와 강도를 측정하였으며 지자기는 어느 시기에 급격하게 변하고(자기 폭풍이라고 한다.) 적도 부근에서 가장 작은 값을 가진다는 것을 발견하였다. 또한 그는 세계 여러 곳을 항해하면서 여러 지점의 기온을 측정하여 등온선(isotherm)에 관한 연구도 하였다. 그는 자신의 저서 『우주(kosmos)』에서 지리학과 지질학의 연구 결과들을 동물과 식물에 관한 연구 결과인 생물학에 접목하였다. 또한 남아메리카의 동쪽 해안선과 아프리카의 서쪽 해안선이 서로 잘 대응한다는 것을 알고서 그 원인을 연구하였다. 이 연구에서 그는 남아메리카의 동쪽 해안선의 산맥이 아프리카의 서쪽 해안선의 산맥과 연결된다는 것을 지적하였고, 두 지역이 같은 지층으로 이루어져 있다는 증거를 제시함으로써 대륙 이동에 대한 기반을 만들었다.

1858년에 펠레그리니(Antonio Snider-Pellegrini; 1802~1885)는 유럽과 북아메리카의 두 대륙에서 발견되는 고생대 석탄기의 식물 화석들이 유사하다는 것을 발견하고 두 대륙이 당시에는 붙어 있었다고 발표하였다. 1911년에 베이커(Baker)는 세계 여러 곳의 암석 분포를 토대로 하여 오래전에 세계는 하나의 대륙으로 존재하였다고 주장하였다. 이들의 결과는 대륙 이동에 대한 더 많은 증거가 되었다.

지구물리학자이면서 기상학자였지만 지질학과 고생물학에 더 관심이 많았던 독일의 베게너(Alfred Lothar Wegener; 1880~1930)는 1915년에 출판된 『대륙과 해양의 기원(Origin of continents and oceans)』이라는 책에서 대륙 이동에 대한 다음과 같은 증거들을 제시하였다.

- 지형적 유사성: 남아메리카 대륙의 동해안 해안선과 아프리카 대륙의 서해안 해안선이 그림의 조각처럼 서로 잘 들어맞는다.
- 지질학적 증거: 현재 멀리 떨어져 있는 북아메리카의 애팔레치아 산맥과 스코틀랜드의 칼레도니아 산맥의 지질 구조가 연속적으로 연결되어 있다.
- 화석 증거: 현재 멀리 떨어져 있는 호주, 남아메리카, 남아프리카 등에서 고대 동물과 식물의 화석(예를 들면, 메소사우루스)이 같게 분포한다.
- 기후 증거: 과거 열대성 기후의 흔적인 석탄층이나 빙하 퇴적층이 남아메리카, 아프리카, 인도, 호주 등에 분포한다.

이처럼 모든 대륙 사이의 고생물 화석, 산맥의 형태와 빙하의 흔적과 같은 지질학적 자료들을 토대로 세계는 지금으로부터 약 2억 5,000만 년 전인 중생대 이전에는 판게아(pangaea)라는 하나의 큰 초대륙으로 존재하였다가(판게아를 에워싸고 있었던 큰 대양을 판탈라사(panthalassa) 초대양이라고 한다) 그 이후 지표면을 구성하는 여러 개의 판이 오랜 시간 동안 움직여 여러 개의 대륙으로 나뉘어 이동하여 현재와 같은 위치에 오게 되었다는 대륙 이동설(Theory of continental drift)이 발표되었다. 대륙이 이동하기 시작하였을 무렵 판게아는 전체적으로 두 부분으로, 즉 남쪽과 북쪽의 두 대륙으로 나누어졌다. 남쪽은 오늘날의 남아메리카,

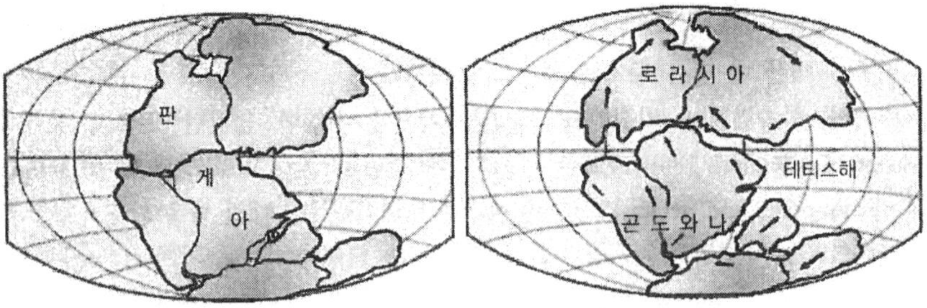

그림 19-1 중생대의 대륙 이동: 약 2억 5,000만 년 전인 중생대 초기의 대륙 분포(왼쪽)와 약 1억 9,000만 년 전인 중생대 중기의 대륙 분포(오른쪽)

아프리카, 오스트레일리아, 인도 대륙, 남극 대륙으로 구성된 곤드와나(Gondwana) 대륙이, 북쪽은 유라시아, 그린란드 및 북아메리카로 된 로라시아(Rauracia) 대륙으로 나누어지게 되었다(그림 19-1). 판게아가 남쪽과 북쪽의 두 대륙으로 갈라지는 시기에 두 대륙 사이에 형성된 대양을 테티스해(tethys sea)라고 한다.

인물보기 베게너

1912년에 독일 프랑크푸르트에서 열린 지질학회에서 베게너는 하나의 초대륙이 분열하여 오랜 기간 움직여서 오늘날과 같은 대륙들의 분포가 형성될 수 있었다는 대륙 이동설을 발표하였다. 그의 발표는 당시 사람들에게 격렬한 비판을 받았는데 비판의 주된 이유는 대륙 이동에 대한 원동력을 확실하게 설명하지 못하였기 때문이다. 스승인 쾨펜 교수의 딸과 결혼한 그는 제1차 세계 대전에서 부상을 입고 후방 측후소에서 대륙 이동에 관한 연구를 계속하였고 이듬해인 1915년에 그의 이론을 정리하여 『대륙과 해양의 기원』이라는 책으로 출판하였다. 대륙 이동설에 관한 연구로 평생을 보낸 그는 미지의 그린란드를 네 번이나 탐험하였고 1930년에 결국 그린란드 빙원에서 50세의 나이로 일생을 마쳤다. 그리고 그가 죽은 뒤 20여 년 후인 1950년대에 그의 이론은 고지구 자기학과 맨틀 대류설이라는 새로운 학문에 의해 입증되었다. 현재 그의 대륙 이동설은 판구조론의 기본 개념으로 자리잡게 되었다.

당시에는 지구가 단단하게 굳어 있다는 생각과 대륙 이동에 대한 에너지의 근원을 설명하지 못하였으므로 베게너의 주장은 과학자들에게 받아들여질 수 없었다. 그러다가 1950년대 중엽에 고지자기학의 발전으로 대륙 이동설이 다시 관심을 받

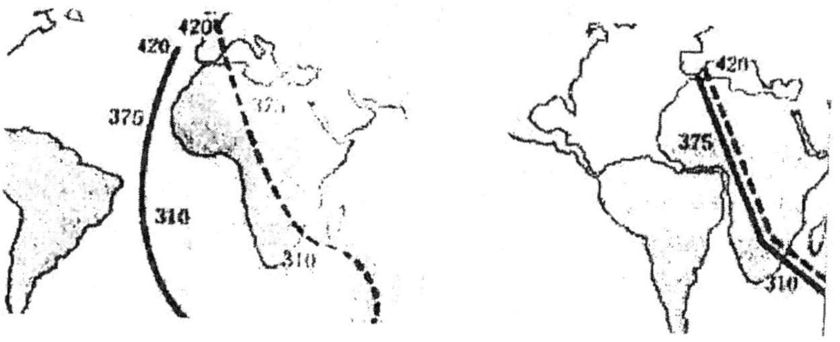

그림 19-2 잔류자기의 이동 방향

게 되었다. 뜨거운 용암이 식으면서 굳어지는 과정에서 지구자기장의 방향에 따라 용암이 굳어져서 만들어진 암석은 자성을 띠는데, 이것을 잔류자기라고 한다. 암석에 있는 잔류자기의 방향을 조사하여 옛날 지구자기의 이동 경로를 추적할 수 있는데 이 분야를 고지자기학이라고 한다. 그림 19-2에서 남아메리카 대륙의 암석에 있는 잔류자기의 이동 방향을 실선으로 그리고 아프리카 대륙의 암석에 있는 잔류자기의 이동 방향을 점선으로 나타내었다. 옛날 지질 시대에도 지구의 자극은 하나였으므로 두 개의 곡선이 일치하도록 두 대륙을 이동시키면 옛날에 두 대륙은 합쳐져 있었음을 알 수 있다.

남아메리카 대륙과 아프리카 대륙은 약 1억 5,000만 년 전부터 갈라지기 시작하여 현재의 위치에 있고 현재 두 대륙 사이의 거리는 대략 6,000 km이다. 따라서 붙어 있었던 두 대륙이 반대 방향으로 각각 3,000 km씩 움직인 것이므로, 대륙 이동의 속도는 3,000 km를 1억 5,000만 년으로 나눈 것에 해당한다. 즉 매년 약 2 cm 정도 이동한 것이다.

참조

지진파의 종류

• 내부파

대부분의 지진 피해는 땅속 깊은 곳에서 빨리 전파되는 내부파에 의해 발생하며 일명 중심파라고 한다. 여기에는 P파와 S파가 있다. P파는 지구 내부를 지나면서 암석을 밀고 당기기 때문에 지표면에 이르면 건축물들을 압축하거나 팽창시켜서 피해를 주고 일명 압축파라고 한다. S파는 지구 내부를 지나면서 암석을 비틀기 때문에 지표면의 건축물들이 심하게 흔들리게 된다. 고체, 액체 및 기체를 통과하는 P파는 빠르므로 멀리 떨어진 곳까지 가장 먼저 도착한다. 고체만 통과하는 S파는 P파보다 느리게 진행한다.

• 표면파
파장이 길고 속도가 느린 지진파로서 지표면을 따라 전파되며 건축물에는 거의 피해를 주지 않는다. 여기에는 러브파와 레일리파가 있으며 속도가 4.4 km/s인 러브파는 지표면을 따라 좌우로 움직이고 반면에 레일리파는 바다의 파도처럼 지표면을 따라 위아래로 움직인다. 레일리파는 속도가 가장 느리며 약 3.7 km/s이다. 두 지진파의 명칭은 영국의 물리학자인 러브와 레일리의 이름에서 명명되었다.

19.3 지구의 구조

인공적으로 발생시킨 지진파가 지구 내부의 물리적 특성 및 구조에 따라서 굴절된다는 사실을 이용해서 지구 내부의 구조가 확인되었다. 지구 내부는 층상 구조를 이루고 화학적 구성에 따라 크게 네 부분으로 나누어진다. 지구 중심에서 반지름 1,400 km 정도까지를 내핵(inner core)이라 하는데 내핵은 온도가 약 7,000°C이고 압력이 높으며 철(Fe)과 니켈(Ni)이 주성분인 고체 상태이다. 이 내핵을 감싸고 있는 두께 2,000 km 정도를 외핵(outer core)이라 한다. 외핵은 철(Fe)과 니켈(Ni)로 되어 있으며 높은 압력과 온도로 인하여 액체 상태이고 유동성 있으며 지구 자기장 형성에 관여한다. 외핵 온도는 윗부분이 4,500°C, 아랫부분이 6,300°C이고 밀도는 9~12 g/cm^{3}이며 P파는 통과하지만 S파는 통과하지 못한다. 외핵으로부터 두께 2,900 km 정도의 구역은 맨틀(mantle)이고 철(Fe)과 마그네슘(Mg)이 풍부한 규산염으로 구성되어 있으며 고체 상태이고 상부(부분적으로 유동적임)와 하부로 나뉜다. 그 밖의 나머지 지구 표면은 지각(crust)으로 규산염으로 구성되며 고체 상태이다. 육지의 지표면 지각 두께는 25~40 km 정도이고 산악 지역은 50~60 km 정도로 두껍지만, 해양지각은 5~8 km 정도로 얇다(그림 19-3).

지구 내부는 또한 물리적 성질에 따라 크게 다섯 부분으로 나누어진다. 즉, 암권(lithosphere, 리소스피어)은 지각과 상부 맨틀 일부로 구성되며 100 km 정도의 두께를 가지며 단단한 고체층으로 '판'에 해당한다. 연약권(asthenosphere, 아스테노스피어)는 암권 아래에 위치하며 부분적으로 녹은 상태이고 판이 움직일 수 있는 유동층이다. 암류권이라고도 한다. 메조스피어(mesosphere)는 맨틀의 아랫부분이고 압력이 높고 단단하고 하지만 유동성이 있다. 외핵(outer core)은 액체 상태이

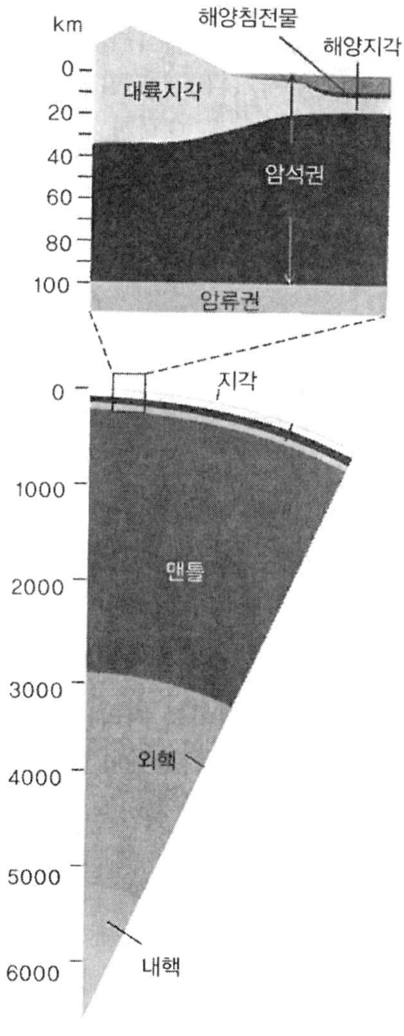

그림 19-3 지구의 단면도

고 지구자기장의 원천이다. 내핵(inner core)은 고체 상태이고 중심부는 온도와 압력이 높다. 지구 중심부로 갈수록 온도는 6000℃ 정도까지 올라가고 압력도 증가하고 밀도도 높아진다. 가벼운 물질은 표면에 위치하고 무거운 금속은 내부에 위치한다.

고체인 맨틀과 지각의 경계를 모호로비치치 불연속면이라고 하고 맨틀과 외핵의 경계면을 구텐베르크 불연속면이라고 하는데 구텐베르크 불연속면은 지표에서 약 2,900 km의 깊이에 존재한다. 지표면에서 400~1,000 km 사이의 구역에서는 지진파의 속도가 매우 빨라지는데 이것을 기준으로 지표면에서 1,000 km까지를 상부 맨틀이라고 하고 그 이하를 하부 맨틀이라고 한다. P파의 속도는 맨틀에서 깊이에 따라 증가하고 하지만 구텐베르크 불연속면에 다다르면 급격하게 감소한다. S파는 맨틀의 상부 일부분을 제외하고는 깊이에 따라서 증가하고 하지만 구텐베르크 불연속면은 통과하지 못한다. 이것은 S파는 액체 상태를 통과하지 못하고 하지만 P파는 액체 상태를 통과할 수 있기 때문이다. 일반적으로 맨틀에서 지진파의 속도는 지표면으로부터의 깊이에 따라 증가하며 그 깊이가 100~250 km 정도에서 지진파의 속도가 줄어드는 저속도층이 존재한다.

이 층을 이루는 암석들은 높은 압력과 온도로 인해 부분적으로 녹아 있는 상태이며 상부나 하부의 지층보다 단단하지 못하기 때문에 연약권이라고 한다. 판구조론에서 연약권의 상부 지층이 판을 이루는데 이것이 암권(lithosphere; 또는 암석권이라고 하고 대기권과 수권에 대하여 고체 부분을 나타내기 위해 사용하기도 한다)이다. 연약권에서는 맨틀 대류가 일어날 수 있으므로 상부의 판들이 움직일 수 있다. 연약권의 암석들이 녹으면 마그마가 만들어지고 이 마그마가 지각을 뚫고 나오는 것이 화산이다.

맨틀 내에는 여러 개의 대류 단위가 있으며 각 대류 단위가 서로 마주치는 곳에서 해저 산맥인 해령이 생성되며 여기서 화산 폭발이 빈번하게 일어난다. 맨틀의 순환 작용인 맨틀 대류가 대륙 이동의 원동력이 되는데 그 힘의 근원은 지구 중력에 의한 수축의 영향과 방사성 동위 원소의 붕괴에 의한 영향 등 크게 두 가지이며, 후자의 것이 더 중요한 요인으로 생각되고 있다. 맨틀 윗부분의 온도는 870℃ 정도이고 아래쪽 외핵과 만나는 곳에서의 온도는 4,400℃ 정도이다. 맨틀의 가장 윗부분은 두께 80 km에서 수백 km 정도의 연약권(asthenospere)이고 그 위에 두께 100 km 정도의 암석으로 이루어진 암권이 존재한다. 암권 상층부는 두께 4~5 km 정도의 현무암층인 해양지각으로 구성되어 있다(그림 19-3). 그리고 이 암권과 해양지각으로 이루어진 부분이 지판(plate)을 구성한다.

참조

핵

지표면에서 약 2900 km 아래에 있는 구텐베르크 불연속면 밑에서 지구 중심까지의 지역으로, 외핵과 내핵(1936년에 덴마크의 지질학자인 레만에 의해서 발견)으로 구성된다. 외핵은 액체이기 때문에 S파는 통과하지 못하고 하지만 P파는 속도가 감소하면서 통과한다. 그러나 내핵은 S파가 통과하므로 고체인 것으로 생각된다. 핵을 구성하는 원소는 철과 니켈이다. 외핵은 높은 온도와 압력으로 인하여 액체로 생각되고 하지만 내핵은 비록 온도가 높고 하지만 지구 중심으로 향할수록 압력이 빠르게 증가하기 때문에 철이 고체로 변하여 존재할 것으로 생각된다. 외핵에 있는 전기 전도체인 철의 유체운동으로 발생한 전류로 인해 지구자기장이 만들어지고 시간이 지남에 따라 전류의 흐름도 변하기 때문에 지구자기장도 변하는 것으로 생각된다.

지각

지구의 맨 바깥층으로 모호로비치치 불연속면 위에 위치한다. 대륙에서 해양으로 갈수록 지각의 두께는 약 35 km에서 10 km 정도로 얇아지고 그 조성도 차이가 난다. 대륙지각은 주로 화강암으로 이루어져 있으며 해양지각은 현무암과 반려암으로 구성된다. 해저 산맥에서 올라온 맨틀의 물질로 만들어진 해양지각은 2억 년 정도 지나면 대륙 주변의 해구의 맨틀 속으로 사라지고 그 구조도 간단하다. 그러나 대륙지각은 지구가 만들어진 뒤 40억 년 동안의 지질 시대를 거치면서 여러 가지 지각 변동을 받으면서 그 구조도 차이가 난다.

모호로비치치 불연속면

지각과 맨틀 사이의 경계면으로 간단하게 모호면이라고 하며 유고슬라비아의 지진학자이면서 기상학자인 모호로비치치(Andrija Mohorovicic; 1857~1936)가 발견하였다. 모호면을 경계로 지진파의 속도뿐만 아니라 화학 조성도 바뀐다. 예를 들면 P파의 속도는 6.5~7.2 km/s에서 7.8~8.5 km/s로 빨라지고 암석의 밀도도 2.9 g/cm^{3}에서 3.3 g/cm^{3}로 증가한다. 그리고 이 면을 경계로 지각과 맨틀을 구성하는 암석의 종류도 서로 다르다.

인물보기 구텐베르크

독일 출신의 미국 지진학자인 구텐베르크(Beno Gutenberg, 1889~1960)는 지구 내부 핵의 존재를 발견하였으며, 맨틀과 핵 사이의 경계면인 구텐베르크 불연속면도 발견하였다. 독일 프랑크푸르트 대학교의 교수를 거쳐 미국 캘리포니아 공과대학교(Cal-Tech) 지구물리학과 교수와 지진연구소 소장을 역임하면서 지진에 관한 많은 연구를 하였다. 진앙 거리 103~142°에 나타나는 지진파가 도달하지 않는 암영대의 연구에서 핵의 존재를 발견하였으며 리히터와 함께 협력해서 연구하였다. 상부 맨틀 안에 있는 저속도층(100~250 km 정도의 깊이)을 확인하였으며 지진의 여러 가지 유형도 결정하였다.

참조 **암영대**

지진파가 지구 내부를 통과하지 못하는 지역으로, 액체 상태의 외핵을 지나는 P파는 그 속도가 갑자기 줄어들어 굴절되기 때문에 진앙에서 103~142° 사이의 지표면에는 도달하지 못한다. S파는 액체의 외핵을 통과하지 못하므로 진앙으로부터 103° 이상의 전 지역이 암영대에 해당한다.

19.4 해저의 구조

1950년대 중엽에 해양학자들은 해저 지형의 분포를 체계적으로 정리하였다. 바다 밑의 잠수함을 감지하는 데 이용되는 초음파를 바닷속에 발사시켜서 이것이 반사되어 오는 시간을 측정하여 바다 밑의 구조에 대한 정보를 얻었다. 바다 밑에는 총 6만 5,000 km 정도의 해저 산맥인 해령이 존재하고 이 해령의 정상은 폭이 10 km 정도이면서 깊이가 수백 m인 균열 계곡이 있다. 그리고 해령은 연속적으로 이어져 있는 것이 아니고 분단된 단편으로 존재한다. 또한 바다 밑바닥에 도랑 모양의 깊고 움푹 들어간 곳인 해저의 골짜기인 해구는 그 깊이가 6,000 m 이상이며 지금까지 총 27개가 발견되었다. 그중에서 통가 케르마데크(Tonga Kermadec) 해구의 규모가 가장 크고, 수심이 약 18 km인 마리아나(Mariana) 해구가 세계에서 가장 깊다. 한편으로 지진학자들은 해구 밑부분의 땅속 깊은 곳에서 지진이 발생하고 해령의 위치와 지진 및 화산이 자주 일어나는 지역이 서로 평행하다는 것도 밝혔다.

1962년에 미국 프린스턴 대학의 지질학자인 헤스(H. Hess)는 바다 밑에 존재하는 해령과 해구의 생성에 대한 해저 확장설(sea-floor spreading theory)을 발표하였다. 이 이론에 의하면 해령의 커다란 틈은 두 개의 맨틀 대류 단위가 서로 부딪혀서 상승하여 지판 사이로 용암이 솟아 나와 식어서 만들어진 곳으로, 해구는 한 지판이 이웃한 지판 밑으로 들어가서 생긴 골짜기가 된다. 다시 말해서, 해령에서 올라와 굳어버린 용암 물질로 만들어진 새로운 해저 지각은 마치 컨베이어 벨트(conveyor belt)가 도는 것과 같이 해령으로부터 양쪽으로 밀려나서 해구에 도달하여 지구 내부로 다시 들어가면서 맨틀 속으로 사라진다. 이 이론은 대륙 이동의 중요한 증거 가운데 하나이다.

지구의 자장, 즉 지자기는 과거 7,000만 년 동안 약 170회 정도 역전되었으므로 지구의 극은 대략 40만 년에 한 번의 주기로 바뀌게 된 셈이다. 그러나 지구 자장이 이처럼 바뀌는 이유에 대해서는 아직 확실하게 규명되지 않았다. 현재 지구 자장의 세기는 매년 조금씩 감소하고 있으므로 약 2,000년 후에는 다시 역전될 수 있다. 해령의 정상에서 솟아 나온 용암이 냉각하면서 그 속에 포함된 자철광 같은 자성을 갖는 물질은 당시의 지구 자장에 따라 그 방향성이 결정되면서 해구 쪽으로 이동하므로 지구 자장의 방향은 암석 속에 그대로 유지된다. 그리고 해저가 계속해서 새롭게 만들어지는 동안 지자기의 방향이 역전된다. 1963년 케임브리지 대학의 지구물리학자인 매슈스(Matthews; 1931~1997)는 인도양의 아덴만에서 해령을 중심으로 양쪽으로 대칭적으로 지자기가 역전되는 것을 발견하고, 해저 확장설을 증명하였다.

1968년 미국의 지구과학자인 사이크, 아이작스 그리고 올리버 등은 알프레드 베게너의 대륙 이동설과 헤스의 해저 확장설을 합쳐서 지각의 움직임과 변화 과정을 설명하는 판구조론(plate tectonics)이라는 새로운 이론을 발표하였다. 이 이론에 의하면 지구 표면은 크고 작은 독립된 약 30개의 딱딱한 지판들로 구성되어 있으며 이들이 지구 내부에서 작용하는 힘으로 연간 2 cm 정도의 속도로 움직이므로 대륙과 해양도 이에 따라 움직이며, 이로 인하여 화산 작용, 지진 작용, 마그마의 형성, 습곡 산맥 등의 형성과 같은 다양한 지각 변동을 일으키게 된다는 것이다(그림 19-4). 지구상에 존재하는 판의 종류에는 크게 6개의 큰 판(유라시아 판, 아프리카 판, 인도판, 태평양판, 아메리카판, 남극 판)과 4개의 작은 판(필리핀 판, 카리브 판, 코코스 판, 나스카 판)이 있으며 피지 판은 그 크기가 매우 작다.

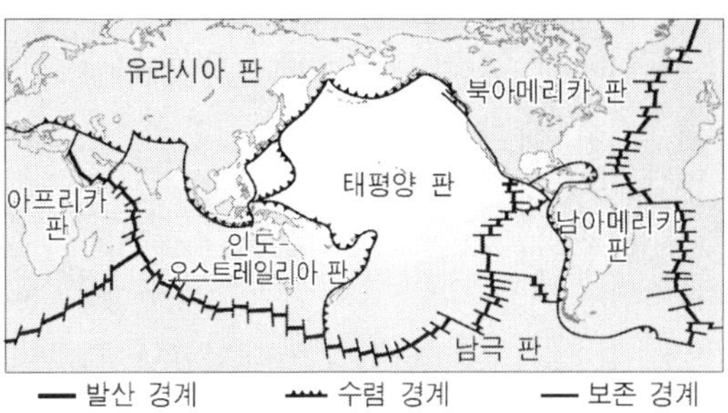

그림 19-4 지판의 구조

참조 **판구조론**

지표면에서 일어나는 지진과 화산 등과 같은 커다란 변화의 원인을 설명해 주는 학설로, 이 이론으로 화산이 일정한 구역에서만 일어나는 이유, 바닷속의 산맥인 해령과 깊은 곳인 해구의 존재 이유, 산맥이 어떻게 형성되었는지에 대한 과정 등을 설명할 수 있다.

판의 이동 유형은 세 가지로 나눌 수 있다. 첫째, 두 판이 서로 가까워지면서 충돌하거나 겹치는 곳인 수렴형 경계(convergent boundary)로 여기서는 화산이 만들어지게 된다. 둘째, 두 판이 서로 멀어지는 곳인 발산형 경계(divergent boundary)로 여기서는 새로운 지각이 형성되고 해저 산맥이 만들어진다. 셋째, 두 판이 서로 미끄러지듯 이동하는 곳인 변환형 경계(transform boundary)로 여기서는 주로 지진이 일어난다. 화산은 수렴형 경계나 발산형 경계에서 마그마가 지각을 뚫고 나오면서 만들어진다.

판들의 이동은 맨틀의 대류에 의해서 일어나는데 맨틀 대류가 충돌하는 해령에서 용암이 솟아오르면 두 개의 판이 갈라지게 되고 솟아오른 용암이 식으면서 새로운 해저가 생성된다. 예를 들면 대서양의 중앙해령에서 솟아오른 용암 물질로 인해 남아메리카 판과 아프리카 판이 갈라지게 되었다. 반면에 두 개의 판이 부딪히는 곳에서는 하나의 판이 다른 판의 아래로 밀려 들어가 맨틀 안으로 들어가면서 깊은 해구를 형성하게 된다. 이때 판이 두꺼워서 맨틀 안으로 들어가지 못하면 크게 솟아오른 산맥이 만들어진다. 예를 들면 태평양판과 남아메리카 판이 부딪히는 곳에서 페루-칠레 해구와 안데스산맥이 형성되었으며 세계에서 가장 높은 히말라야산맥은 약 4,000만 년 전에 인도-오스트레일리아 판이 유라시아 판과 충돌해 그 밑으로 들어가면서 생성된 것이다. 그리고 북아메리카에 있는 로키산맥은 태평양판이 북아메리카 판 밑으로 들어가서 생겨난 것이다.

판의 변환형 경계에서 지진이 주로 발생하는데 1967년에 대륙과 해양 사이의 경계에서 발생하는 지진 연구에 관심이 많았던 미국의 지구물리학자인 베니오프(Hugo Benioff; 1899~1968)는 해양 지판이 대륙판 쪽으로 45° 각도로 비스듬히 들어간 부분에서 지진이 자주 일어나는 것을 관찰하였다. 이와 같은 지진대를 그의 이름을 따서 베니오프대(Benioff zone)라고 한다. 이 지역은 주로 태평양 연안에 있는 해구에서 해양판이 대륙판 아래로 침강하는 곳에서 많이 발견된다. 판구조론에 의하면 대륙판 밑으로 들어간 해양판은 깊이 700 km 정도에 이르게 되면 맨틀 내부의 높은 온도로 맨틀 속으로 녹아 없어지게 된다. 이 경우 지진이 자주 일어나는 베니오프대는 태평양 연안의 해양판과 대륙판 사이의 경계 부분에서 생성된다.

참조

산안드레아스 단층(San Andreas fault)

미국 캘리포니아주의 북서부 연안에서 시작해서 남동부 끝까지 길게 뻗어 있는 길이가 970 km 정도인 대규모 단층이다. 이 단층은 태평양판과 북아메리카 판의 경계 일부분으로 이 단층을 따라 두 개의 판은 서로 반대 방향으로 해마다 약 5~6 cm 움직인다. 이 단층대에 있는 트랜스버스 산맥과 샌프란시스코의 두 지역은 두 개의 판이 맞물려 있는 곳이기 때문에 큰 규모의 지진이 일어난다. 샌프란시스코 지역에서는 1906년과 1989년에 큰 지진이 일어났었다.

찾아보기

ㄹ

ㅁ

ㅂ

ㅇ

ㅈ

ㅊ

ㅋ

ㅌ

ㅍ

저자 소개

조봉래
서울대학교 화학과 이학사
서울대학교 화학과 이학석사
서울대학교 화학과 이학박사
미국 미주리(콜롬비아)대학교 생화학과 박사후연구원
미국 인디아나(블루밍턴)대학교 화학과 객원연구원
현재 청주대학교 신소재화학과 교수

기초 자연과학

저　　자　조봉래
발 행 인　김지영
발 행 처　자유아카데미
주　　소　경기도 파주시 회동길 37-42
　　　　　파주출판도시
전　　화　031-955-1321
팩　　스　031-955-1322
홈페이지　www.freeaca.com
전자우편　main@freeaca.com (대표)
　　　　　editor@freeaca.com (편집)
　　　　　crm@freeaca.com (영업)
등　　록　제406-2003-017호, 1980. 7. 12
제1판1쇄　2025년 12월 10일 발행

저자와의
협의하에
인지생략

ISBN 979-11-5808-781-4　93430